Einführung in die Elektronik

Einführung in die Elektronik

Das Buch zur gleichnamigen Fernsehreihe

von Norbert Adolph, Ernst Beckmann,
Herbert Frisch, Dieter Grabnitzki,
Roland Jeschke, Bernhard Nutsch

Herausgegeben von Jean Pütz

vgs

Verlagsgesellschaft Schulfernsehen

Fotos bzw. elektronische Bauelemente,
von denen Aufnahmen gemacht wurden, stellten
zur Verfügung:

AEG-Telefunken
Arlt-Elektronik GmbH, Köln
Georg Bader, Köln
Robert Bosch GmbH, Stuttgart
IBM Deutschland (Foto Hans Paysan)
Intermetall, Halbleiterwerk der Deutsche
ITT Industrie GmbH, Freiburg i. Br.
Klöckner-Möller GmbH, Bonn
Leybold-Heraeus GmbH & Co KG, Köln
Norddeutsche Mende Rundfunk KG, Bremen
Ortloff, Köln
Siemens AG

2. Auflage, 1972
© Verlagsgesellschaft Schulfernsehen mbH & Co KG, Köln 1971
Umschlagsentwurf: R. und R. Triltsch, Köln
Zeichnungen: Wolfgang Niechoj und Bernhard Schley
Gesamtherstellung: Julius Beltz, Hemsbach über Weinheim
Printed in Germany
ISBN 3 8025 1022 4

Inhalt

3. Der Elektronenstrahl-Oszillograph 63

Von Ernst Beckmann

4. Die Halbleiterdiode 87

Von Herbert Frisch

5. Die Physik des Transistors *107*

Von Herbert Frisch und Dieter Grabnitzki

6. Der Transistor im Verstärkerbetrieb *123*

Von Herbert Frisch und Dieter Grabnitzki

7. Der Transistor als Schalter

Von Roland Jeschke

8. Computer treffen logische Entscheidungen

Von Ernst Beckmann

9. Der Thyristor

Von Bernhard Nutsch

10. Die Technologie elektronischer Bauelemente und gedruckter Schaltungen *217*

Von Bernhard Nutsch

11. Integrierte Schaltungen *237*

Von Bernhard Nutsch

12. Elektronik – Zukunft des Autos

Von Norbert Adolph

Anhang

Vorwort

Zu keiner Zeit der Geschichte hat sich die Welt für den Menschen derart schnell und entscheidend verändert wie in den letzten zwanzig Jahren. Ein großer Anteil an dieser Entwicklung ist der Elektronik zuzuschreiben. Kein anderer Industriezweig hat jemals eine solche Expansion erlebt. Die Elektronik ist in alle Lebens- und Wirtschaftsbereiche eingedrungen; ihre Methoden bestimmen entscheidend den technischen Fortschritt.

Eine Fülle elektronischer Bauelemente wurde von einer hochgezüchteten Technologie entwickelt. Als besonders bedeutsam stellten sich die Halbleiterbauelemente heraus: Dioden, Transistoren, Thyristoren und integrierte Schaltkreise sind Begriffe, die heute fast jeder Laie schon einmal gehört hat, unter denen er sich jedoch in den seltensten Fällen etwas vorstellen kann. Aber nicht nur der Laie hat die Übersicht verloren; manchem Fachmann geht es ähnlich. Die wichtigsten Bauelemente und ihre Anwendung spielen praktisch erst seit den letzten fünfzehn Jahren eine Rolle. Ein fortwährendes Selbststudium ist daher für den interessierten Laien wie für den Fachmann unumgänglich, wenn er mit der Entwicklung auf dem Gebiet der Elektronik Schritt halten will.

Das wdr/Westdeutsche Fernsehen hat mit seiner Sendereihe „Einführung in die Elektronik" einem weitverbreiteten Zuschauerwunsch nach Information über dieses Gebiet Rechnung getragen. Mehr als 3 Millionen Menschen kommen heute in der Bundesrepublik beruflich direkt oder indirekt mit der Elektronik in Berührung; nicht zu sprechen von einer großen Zahl von Laien, die ganz allgemein an technischen Fragen interessiert sind. Dazu zählt vor allem ein Heer von Freizeitbastlern, die immer wieder erstaunliche Fähigkeiten und Fertigkeiten entwickeln.

Die Autoren waren sich bei der Entwicklung der Sendereihe bewußt, daß ein derart großes Gebiet wie das der Elektronik in 11 Folgen nicht erschöpfend abgehandelt werden kann; außerdem hat auch das Fernsehen, als audio-visuelles Medium, seine Grenzen. Zur Aneignung eines bestimmten Wissensstoffes reicht es nicht aus, sich mehr oder weniger passiv ein Geschehen am Bildschirm anzusehen. Zum Lernen gehört zweifellos auch ein gewisses Maß an Selbsttätigkeit. Das Begleitbuch regt zu dieser Selbsttätigkeit an; erst die Arbeit mit ihm macht das Selbststudium möglich.

Das Buch geht in vielen Bereichen weiter als es in der Sendereihe aus zeitlichen Gründen möglich war.

Wir haben uns bemüht, die häufig sehr schwierigen theoretischen Grundlagen zu vereinfachen. Auf die Mathematik haben wir so wenig wie möglich zurückgegriffen; manchmal war sie allerdings nicht zu umgehen.

Am Ende jeder Folge werden eine Reihe von Wiederholungsfragen gestellt, die der Selbstkontrolle des erarbeiteten Stoffes dienen. Mit Hilfe dieser Übungsaufgaben können Sie feststellen, ob Sie alles richtig verstanden oder irgendwo einen Denkfehler gemacht haben und es sich empfiehlt, das Kapitel noch einmal durchzuarbeiten.

Sie finden in unserem Buch außerdem Schaltungen, die mit relativ geringem Aufwand nachgebaut werden können. Wir glauben, daß dies die beste und schnellste Art ist, sich die Elektronik zu erschließen.

Der Herausgeber

1. Grundlagen der Elektrotechnik

Elektrische Ladungen sind im Bauplan des Weltalls enthalten

Alle Fragen nach dem Wesen der Elektrizität führen zu den Bausteinen der Elemente, zu den *Atomen*. Atome sind nicht sichtbar. Sie sind in ihrer Ausdehnung so klein, daß wir sie nur modellhaft beschrei-

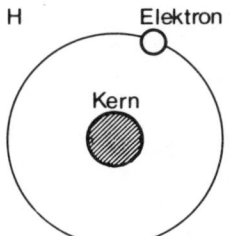

H   Elektron

Kern

Abb. 1 Wasserstoffatom

ben können. *Abbildung 1* zeigt das Bohrsche Modell des Wasserstoffatoms, des einfachsten Atoms, das wir kennen.

Das Wasserstoffatom besteht aus einem *Proton* und, auf der Elektronenhülle, einem *Elektron*. Das Elektron besitzt die kleinste bekannte negative elektrische Ladung. Die elektrische Ladung des Protons ist dieser Ladung des Elektrons gleich groß. Die Ladung des Protons ist jedoch positiv.

Elektron

 Träger der negativen
Elementarladung

 Träger der positiven
Elementarladung

Abb. 2 Elektrische
Elementarladungen

Die Begriffe *positiv* und *negativ* sind grundsätzliche Festlegungen; sie werden bei allen Betrachtungen elektronischer Phänomene konsequent beibehalten.

Elektronen sind Träger der negativen Elementarladungen. Protonen sind Träger der positiven Elementarladungen *(Abb. 2)*.

Elektrische Kräfte halten das Elektron auf seiner Bahn

Die Umlaufgeschwindigkeit des Elektrons liegt bei 2 000 km/sec. Die auftretende Fliehkraft F_F wird durch die elektrische Kraft F_e aufgehoben. Die Massenanziehungskraft zwischen Kern und Elektron ist so klein, daß sie vernachlässigt werden kann *(Abb. 3)*.

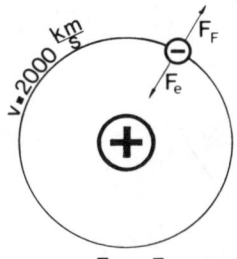

Abb. 3 Kräfte im Atom

$$F_F = F_e$$

Die positive Ladung des Protons und die negative Ladung des Elektrons sind Ursache für die anziehenden elektrischen Kräfte.

Gleichnamige elektrische Ladungen wirken aufeinander abstoßend: Zwei positive Ladungen stoßen sich also ab, ebenso zwei negative Ladungen *(Abb. 4)*.

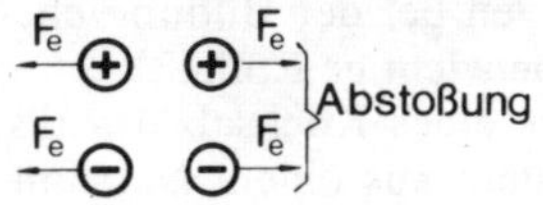

Abb. 4 Richtung
elektrischer Kräfte

Die abstoßenden Kräfte und die anziehenden Kräfte wachsen stark an, wenn die elektrischen Ladungen näher zusammengerückt werden. Je weiter die Ladungen auseinandergerückt werden, um so schwächer wirken die Kräfte.

Weshalb die uns umgebenden Körper elektrisch neutral sind

Alle uns umgebenden Körper sind aus Atomen zusammengesetzt; sie enthalten unzählige elektrische Elementarladungen. Aber weshalb bemerken wir keine elektrische Wirkung, wenn wir die Körper anfassen?
Die Antwort gibt das Atommodell.
Die Zahl der im Atom enthaltenen Protonen und Elektronen ist gleich groß. Bei Ladungsgleichgewicht tritt jedoch keine elektrische Wirkung nach außen. Das Atom wirkt bei Ladungsgleichgewicht nach außen hin also elektrisch neutral *(Abb. 5)*.

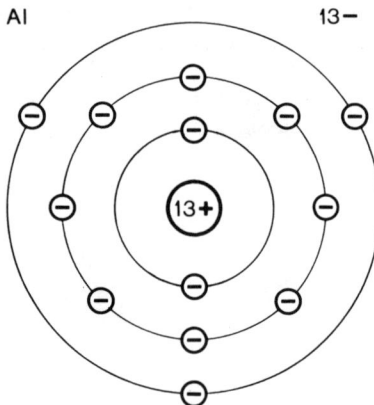

Abb. 5 Aluminium-Atom (13 − /13 +), elektrisch neutral

Was hat das Kochsalz mit der Elektrizität zu tun?

Für den Elektroniker sind die Vorgänge in der Chemie keineswegs ein Buch mit sieben Siegeln; denn elektrische Ladungen spielen bei der Bildung chemischer Verbindungen eine wichtige Rolle.
Betrachten wir die Atome eines Kochsalzkristalls. Ein Kochsalzmolekül besteht aus einem Natrium-

und einem Chloratom. Das Natriumatom besitzt 11 Protonen und 11 Elektronen. Das Chloratom besitzt 17 Protonen und 17 Elektronen. In beiden Atomen besteht Ladungsgleichgewicht, sie sind also elektrisch neutral *(Abb. 6)*.

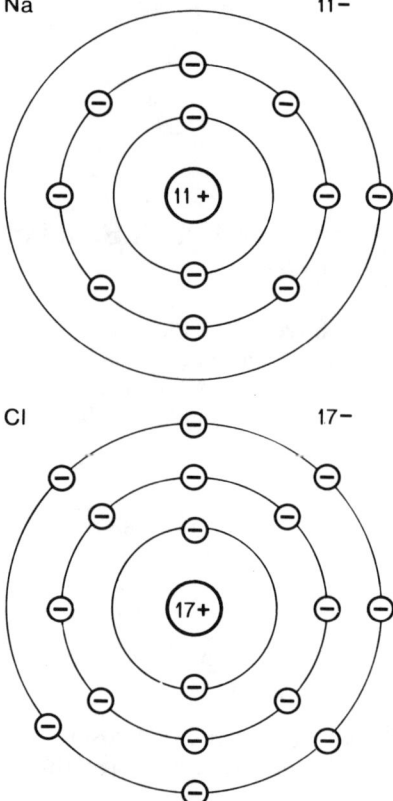

Abb. 6 Natrium-Atom (11 − /11 +) und Chlor-Atom (17 − /17 +)

Kommen nun ein Natriumatom und ein Chloratom in Wirknähe zueinander, so bilden sie ein NaCl, ein Kochsalzmolekül. Dieser Vorgang der Molekülbildung ist für die hier besprochenen Zusammenhänge wichtig, denn für die Molekülbildung ist das Verhalten der Elektronen der äußeren Elektronenschale bestimmend.
Chemische Stabilität wird erreicht, wenn die äußere Schale der Atome mit 8 Elektronen besetzt ist. In unserem Fall werden die beiden Atome chemisch stabil, wenn die äußere Schale des Chloratoms auf 8 Elektronen aufgefüllt und die äußere Schale des Natriumatoms aufgelöst wird. In diesem Prozeß gibt

das Natriumatom sein äußeres Elektron an das Chloratom ab.

Bei diesem Elektronenaustausch verlieren beide Atome ihre elektrische Neutralität. Die Ladungsbilanz des Natriumatoms weist einen positiven, die des Chloratoms einen negativen Ladungsüberschuß auf. Das Natrium ist zu einem positiven *Ion*, das Chloratom zu einem negativen *Ion* geworden *(Abb. 7)*.

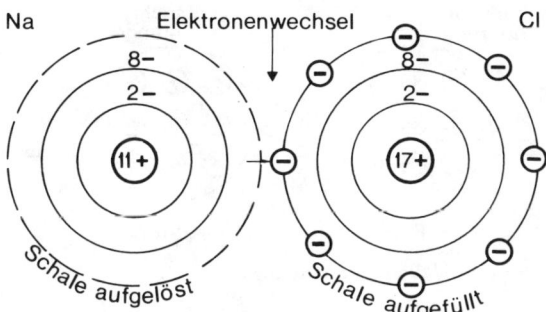

positives Ion (11 + / 10 –)   negatives Ion (17 + / 18 –)

Abb. 7 Molekülbildung durch Ionenbindung (Kochsalzmolekül)

So wie sich Proton und Elektron anziehen, müssen sich auch die beiden ungleichmäßig geladenen Ionen anziehen. Vereinigen sich beide Ionen durch elektrische Kräfte, so entsteht im vorliegenden Fall ein Kochsalzmolekül.

Obwohl die einzelnen Ionen des Kochsalzmoleküls selbst elektrisch wirksam sind, herrscht im Molekül wieder Ladungsgleichgewicht. Das Ionengitter des Kochsalzkristalls ist nach außen hin elektrisch neutral *(Abb. 8)*.

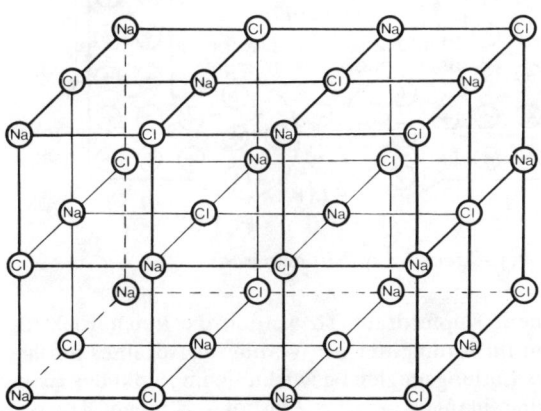

Abb. 8 Ionengitter des Kochsalz (elektrisch neutral)

Was die Metalle für den Elektroniker so interessant macht

Die Gitterstruktur von Metallen unterscheidet sich grundsätzlich von derjenigen der Kristalle, die durch Ionenbindung gebildet werden. In der Elektronik findet als gebräuchlicher elektrischer Leiter das Kupfermetall Verwendung.

Das Kupferatom besitzt auf der äußeren Schale ein Elektron. Bei der Bindung der Kupferatome, die auch Metallbindung genannt wird, geben die Kupferatome ihre äußeren Elektronen ab, wobei die Kupferatome zu positiven Ionen werden *(Abb. 9)*.

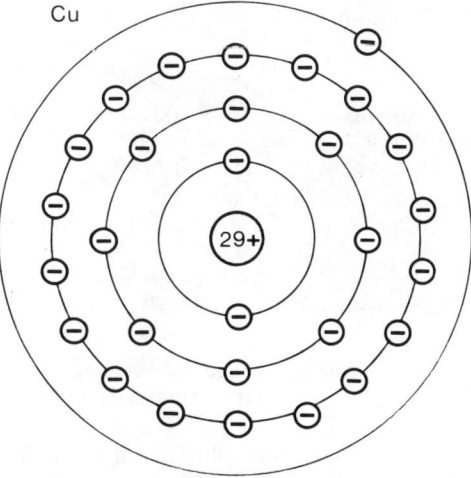

Abb. 9 Kupferatom (29 + / 29 –)

Die positiven Ionen verteilen sich gleichmäßig und bilden das starre Gerüst des Metallraumgitters. Die von den Atomen abgegebenen Elektronen finden ihren Platz zwischen den positiven Ionen des Metallraumgitters. Sie sind gleichmäßig verteilt *(Abb. 10)*.

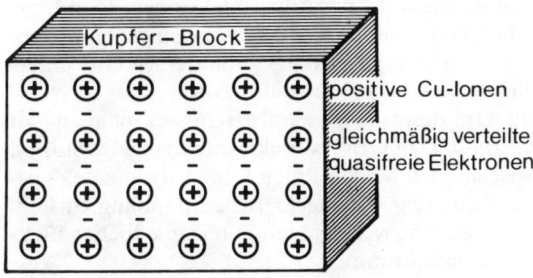

Abb. 10 Metallraumgitter des Kupfers (elektrisch neutral)

15

Die abgegebenen freien Elektronen sind nun nicht mehr an das einzelne Atom gebunden; sie können im Metallraumgitter durch auf sie einwirkende Kräfte verschoben werden. Das ist die Voraussetzung für den elektrischen Strom.

Wie man einen Kupferblock elektrisch wirksam macht

Normalerweise sind die freien Elektronen im Metallraumgitter gleichmäßig verteilt. Die Ladungsbilanz für einen beliebigen Teil des Kupferblocks: aufgrund des ausgeglichenen Ladungszustandes ist elektrische Neutralität feststellbar.

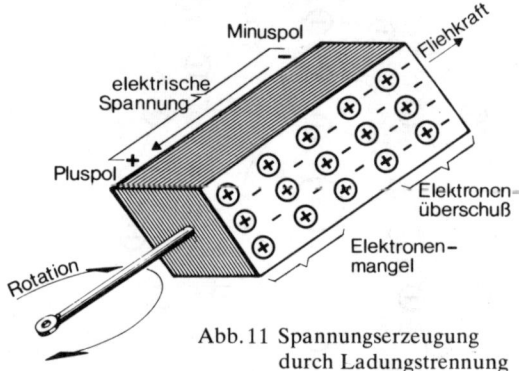

Abb. 11 Spannungserzeugung durch Ladungstrennung

Diese elektrische Neutralität läßt sich auf recht einfache Weise stören. Dazu ein Denkversuch: ein Kupferblock wird, wie in *Abbildung 11* gezeigt, in eine Drehung versetzt. Infolge der auftretenden Fliehkraft werden die leicht verschiebbaren freien Elektronen nach außen hin abgedrängt. Zieht man jetzt für die beiden Enden des Kupferblocks die Ladungsbilanz, so überwiegen am Ende des Blocks, das dem Drehpunkt zugewandt ist, die positiven Ionen, am abgewandten Ende die negativen Elektronen. Durch die Ladungsverschiebung, die unter Einwirkung mechanischer Energie erfolgte, erhalten wir eine unterschiedliche Ladungskonzentration.

Den Ort des Elektronenüberschusses nennen wir *Minuspol*. Den Ort des Elektronenmangels *Pluspol*. Zwischen den beiden Polen finden wir eine elektrische *Spannung*. Eine elektrische Spannung entsteht also zwischen zwei Punkten unterschiedlicher Elektronenkonzentration.

Technische Spannungserzeuger arbeiten freilich nach anderen Prinzipien als dem hier vorgestellten.

Elektronen strömen durch den Draht

Wir wollen jetzt untersuchen, welche Möglichkeiten die elektrische Spannung bietet.

Die Pole unserer Modellspannungsquelle *(Abb. 12)* enthalten eine unterschiedliche Elektronenkonzentration. Ursache für diese Ladungsdifferenz ist die

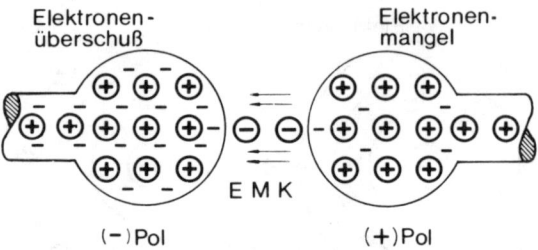

Abb. 12 Modell einer Spannungsquelle

EMK – die elektromotorische Kraft. (In diesem Zusammenhang muß der Kraftbegriff eigentlich durch den Energiebegriff ersetzt werden, da die Elektronen nur unter Aufwand von Energie von Pluspol zum Minuspol transportiert werden können.) Infolge der unterschiedlichen Elektronenkonzentration zwischen den beiden Polen finden wir eine Spannung vor *(Abb. 13)*. Verbindet man beide Pole mit

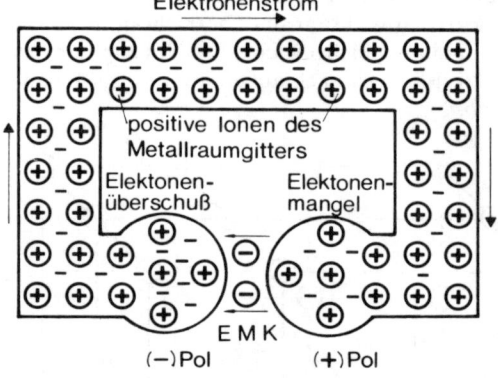

Abb. 13 Modell eines Stromkreises

einem Kupferdraht, so werden die freien Elektronen im Raumgitter des Verbindungsdrahtes infolge des Ladungsungleichgewichtes zum Punkt des Elektronenmangels – zum Pluspol – streben. Da der Kupferdraht selbst mit Elektronen ausgefüllt ist,

16

werden alle Elektronen im Draht gleichzeitig mit gleicher Geschwindigkeit zum Pluspol bewegt.

Es kommt also zu einem Elektronenstrom, der an allen Stellen des Drahtes gleich groß ist. Der Elektronenstrom verläuft vom Minus- zum Pluspol.

Langsame Elektronen, superschnelle Wirkung

Die Geschwindigkeit der Elektronen im Draht ist sehr gering; sie legen nur wenige Millimeter in der Sekunde zurück *(Abb. 14)*. Da sich jedoch alle Elek-

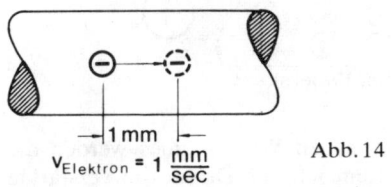

Abb. 14

tronen des Drahtes gleichzeitig in Bewegung setzen, ist ihre Stoßwirkung außerordentlich hoch. Sie ist so hoch, daß sich die Wirkung des Elektronenstroms ungefähr mit Lichtgeschwindigkeit – also mit 300 000 Kilometer in der Sekunde – fortsetzt.

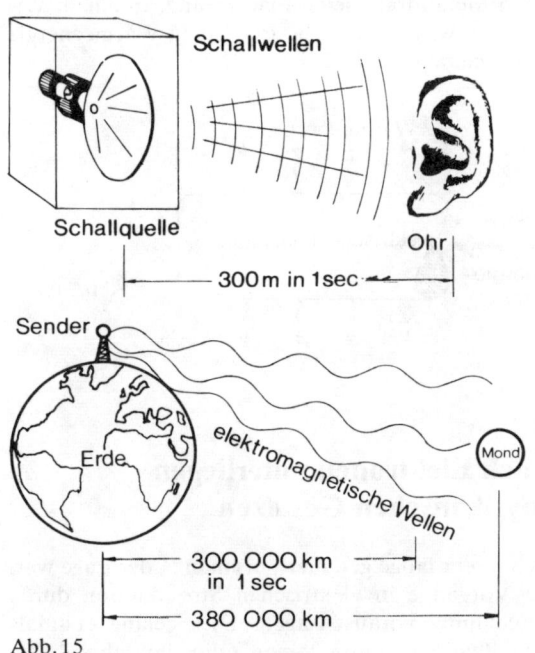

Abb. 15

Wie ungeheuer diese Geschwindigkeit ist, verdeutlicht dieses Beispiel: Denken Sie sich in einen Konzertsaal versetzt. Sie sitzen etwa 30 Meter vom Orchester entfernt. Der Schall braucht bis zu Ihrem Platz etwa eine zehntel Sekunde. Würde jetzt das Programm gleichzeitig per Funk in den Äther ausgestrahlt, so legten die elektromagnetischen Wellen in derselben Zeit eine Strecke von 30 000 Kilometern zurück *(Abb. 15)*. Ein Urlauber auf Mallorca würde folglich die Sendung bereits vor Ihnen hören.

Elektronik – Tradition und Fortschritt

Es ist allgemein bekannt, daß der elektrische Strom vom Pluspol zum Minuspol fließt. Sollten wir uns geirrt haben, wenn wir den Elektronenstrom vom Minuspol zum Pluspol gerichtet angegeben haben? Die Richtung des elektrischen Stromes wurde zu einer Zeit festgelegt, als man von den wirklichen Vorgängen im elektrischen Stromkreis noch nichts wußte. Und diese Festlegung lautet *(Abb. 16)*: Der

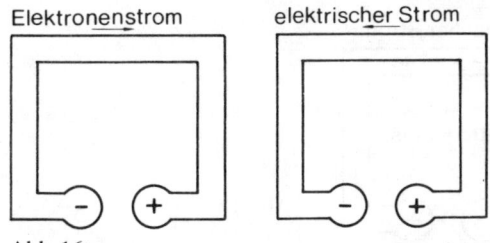

Abb. 16

elektrische Strom fließt vom Pluspol zum Minuspol. Man ist bei der ursprünglichen festgelegten Stromrichtung geblieben. Sie bleibt auch für uns gültig, wenn wir eine elektrische Schaltung besprechen und berechnen.

Für alle physikalischen Untersuchungen in elektrischen Stromkreisen müssen wir jedoch auf die Bewegungsrichtung des Elektronenstromes zurückgreifen.

Warum die Elektronen im Kreise fließen

Die Elektronen wandern im äußeren Verbindungsdraht unter dem Einfluß der elektrischen Spannung *vom Minus- zum Pluspol (Abb. 17)*. Käme es jetzt durch Elektronenwanderung zum Ladungsausgleich, so würden die elektrische Spannung und somit auch der Strom verschwinden.

Nur solange zwischen den Polen der Spannungsquelle eine elektromotorische Kraft, die EMK, wirkt, bleibt der Spannungszustand erhalten. Innerhalb

Elektronenstrom

Abb. 17

der Spannungsquelle müssen also laufend Elektronen vom Pluspol zum Minuspol wandern. *Die Elektronen bewegen sich im Kreis.*

Geht man bei der Beschreibung dieses physikalischen Zusammenhanges von der Definition des Stromes aus, so finden wir auch hier einen geschlos-

elektrischer Strom

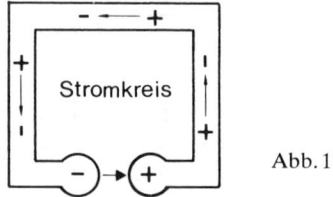

Abb. 18

senen Kreislauf vor *(Abb. 18)*. Im äußeren Stromkreisteil fließt der Strom vom Pluspol zum Minuspol. Innerhalb der Spannungsquelle muß er folglich vom Minuspol zum Pluspol gerichtet sein.

Trillionen Elektronen wirken zusammen

Je mehr Elektronen pro Sekunde durch den Draht fließen, um so stärker ist der elektrische Strom.

Die Stromstärke wird in *Ampere* (A) angegeben. Fließt in einem Stromkreis ein Strom von 1 Ampere, so bewegen sich pro Sekunde 6,25 Trillionen Elektronen durch den Drahtquerschnitt. Eine ungeheure Zahl *(Abb. 19)*.

Auf dem Wege durch den Kupferdraht werden die

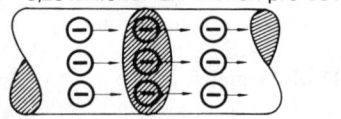

Abb. 19

Elektronen in ihrer Bewegung behindert; sie haben im Metallraumgitter des Drahtes einen Reibungswiderstand zu überwinden. Dieser Reibungswiderstand wird *elektrischer Widerstand* genannt *(Abb. 20)*.

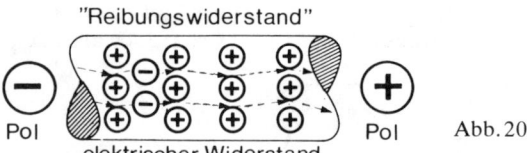

Abb. 20

Infolge des elektrischen Widerstandes werden die Metallraumgitterteilchen des Drahtes in verstärkte Schwingungen um ihre Ruhelage gebracht. Nach der Modellvorstellung der Wärmelehre ist aber eine verstärkte Schwingung der Atome und Moleküle gleichbedeutend einer Erhöhung der Körpertemperatur.

Elektronen bewirken also bei ihrem Durchtritt durch einen Metalldraht seine Erwärmung. In einem Widerstand wird elektrische Energie in Wärmeenergie umgewandelt *(Abb. 21)*.

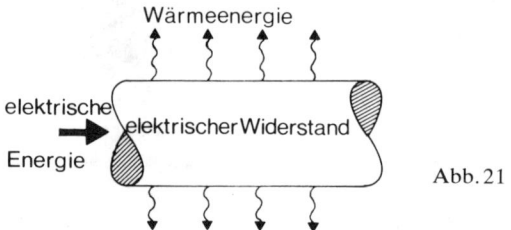

Abb. 21

Auch Elektronen unterliegen physikalischen Gesetzen

Es hat sehr lange gedauert, bis man in der Lage war, die Vorgänge in elektrischen Stromkreisen durch Berechnung vorauszusagen. Dies gelang erstmals dem Physiker *Georg Simon Ohm* im Jahre 1826.

Das nach ihm benannte Ohmsche Gesetz erschließt folgenden gesetzmäßigen Zusammenhang:

$$\text{elektrische Stromstärke} = \frac{\text{elektrische Spannung}}{\text{elektrischer Widerstand}}$$

Bei vorgegebener elektrischer Spannung führt eine Verkleinerung des elektrischen Widerstandes zur Vergrößerung des elektrischen Stromes. Eine Vergrößerung des elektrischen Stromes kann aber im elektrischen Widerstand derart viel Wärme erzeugen, daß dadurch der Widerstand zerstört wird. Bei der Festlegung einer elektronischen Schaltung muß also durch entsprechende Wahl der elektrischen Größen von Spannung, Widerstand und Stromstärke auf die Belastbarkeit der Bauelemente, zum Beispiel auch durch Wärme, geachtet werden.

Beispiele der Anwendung des Ohmschen Gesetzes

Die Darstellungsform des Ohmschen Gesetzes in der Schreibweise

$$\text{elektrische Stromstärke} = \frac{\text{elektrische Spannung}}{\text{elektrischer Widerstand}}$$

ist für die Praxis zu umständlich. Hier wählt der Techniker die Kurzschreibweise $I = \frac{U}{R}$

I steht stellvertretend für die elektrische Stromstärke, U für die Spannung und R für den Widerstand. Die Maßeinheit für die elektrische Spannung ist das *Volt* (V). Für den elektrischen Strom das *Ampere* (A) für den Widerstand das *Ohm* (Ω).
Diese drei Größen sind wie folgt untereinander verknüpft *(Abb. 22)*: Legt man ein Widerstandsbauele-

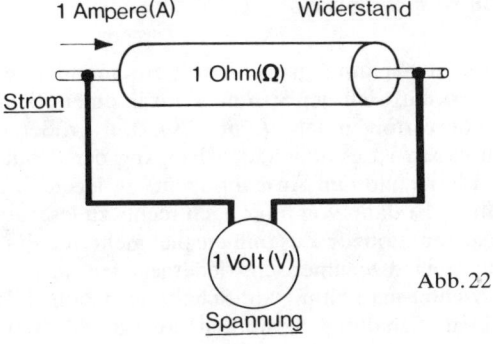

Abb. 22

ment mit dem Widerstandswert 1 Ohm an eine Spannung von 1 Volt, so wird der Strom auf 1 Ampere begrenzt.
In der folgenden Übersicht sind die in der Praxis gebräuchlichen Einheiten für Spannung, Strom und Widerstand zusammengestellt.

1 A = 1000 mA	1 mA = 0,001 A
1 V = 1000 mV	1 mV = 0,001 V
1 Ω = 0,001 kΩ	1 kΩ = 1000 Ω
	1 MΩ = 1000 kΩ

Das Zusammenspiel dieser drei elektrischen Größen läßt sich an drei einfachen Beispielen zeigen.

Problem 1 (Abb. 23):

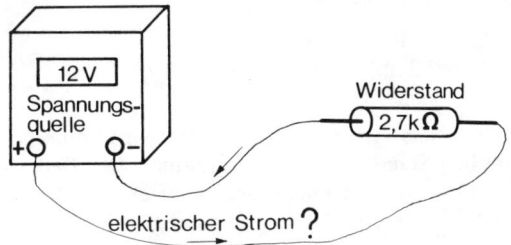

Zu bestimmen ist die elektrische Stromstärke, die sich einstellt, wenn ein Widerstand von 2,7 Kiloohm an eine Spannung von 12 Volt gelegt wird.

$$I = \frac{U}{R} = \frac{12\,V}{2,7\,k\Omega} = \frac{12\,V}{2700\,\Omega} = 0,0045\,A = 4,5\,mA.$$

Problem 2 (Abb. 24):

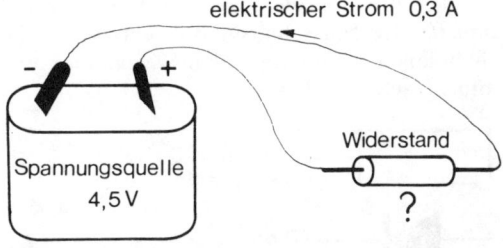

Welcher Widerstandswert ist zu wählen, wenn in einem Stromkreis ein Strom von 0,3 Ampere fließen soll und eine Spannungsquelle von 4,5 Volt zur Verfügung steht

$$R = \frac{U}{I} = \frac{4,5\,V}{0,3\,A} = 15\,\Omega.$$

19

Problem 3 (Abb. 25):

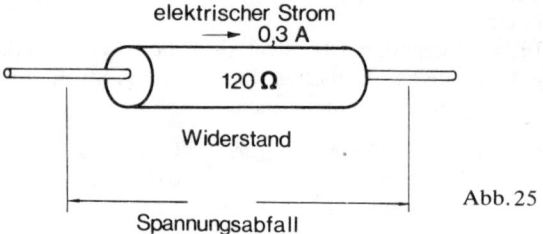

elektrischer Strom
→ 0,3 A

120 Ω

Widerstand

Spannungsabfall

Abb. 25

Wenn ein Strom durch einen elektrischen Widerstand fließt, wird an dem Widerstand ein elektrischer Spannungsabfall erzeugt.

An welcher Spannung liegt ein Widerstand von 120 Ohm, wenn er von einem Strom von 3,2 Milliampere durchflossen wird?

$$U = I \cdot R$$
$$U = 3,2 \text{ mA} \cdot 120 \ \Omega = 0,0032 \text{ A} \cdot 120 \ \Omega$$
$$U = 0,38 \text{ V} = 380 \text{ mV}$$

Das Ohmsche Gesetz ist für den Entwurf von elektronischen Schaltungen von fundamentaler Bedeutung. Wir werden in einem der nächsten Abschnitte auf Seite 22 weitere Anwendungsmöglichkeiten zeigen.

Schaltsymbole: Kurzschriftelemente des Elektronikers

Den Elektroniker interessiert die konstruktive Ausführung der elektronischen Geräte und Bauelemente erst in zweiter Linie; ihm geht es im wesentlichen um deren funktionelles Verhalten.
Zur Kurzbeschreibung elektronischer Elemente und Baueinheiten werden Schaltsymbole entwickelt, die in Schaltplänen zu funktionellem Zusammenspiel zusammengesetzt werden.

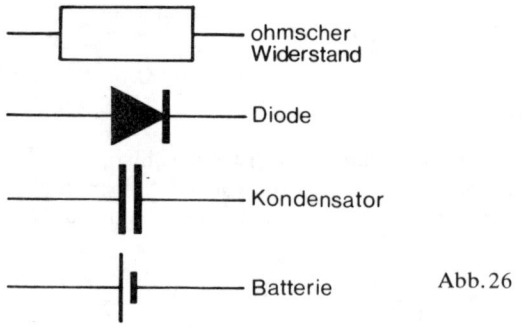

ohmscher Widerstand

Diode

Kondensator

Batterie

Abb. 26

So können alle Ohmschen Verbraucher – zu denen zum Beispiel Heizofen, Glühlampe gehören – mit dem allgemeinen Widerstandssymbol erfaßt werden. Sie bilden eine funktionelle Einheit, da ihre physikalische Wirkung auf dem Widerstand des Metallraumgitters beruht. Allerdings geht aus einem einfachen Stromkreis wie in *Abbildung 27a* nicht hervor, welches Widerstandsgerät an welche Art von Spannungsquelle angeschlossen ist. Will man die

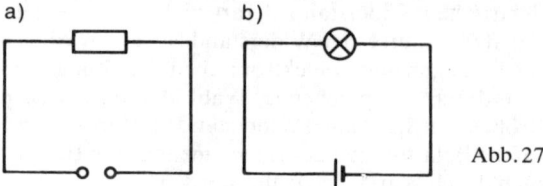

a)   b)

Abb. 27

besondere Art des Gerätes bezeichnen, muß ein entsprechendes Symbol benützt werden. Das zweite Schaltbild *(Abb. 27b)* beispielsweise läßt erkennen, daß die Spannungsquelle eine Batterie und der Widerstand eine Glühlampe ist. Aber auch diese noch sehr reduzierende Symbolik läßt keinen Schluß auf die eigentliche Konstruktion der Schaltkreiselemente zu.
In der Praxis haben sich bestimmte Darstellungsarten für elektronische Zeichnungen bewährt.
Im sogenannten *Wirkschaltplan* wird die räumliche Anordnung der Schaltelemente weitgehend berücksichtigt *(Abb. 28)*. Im *Stromlaufplan* sind dagegen

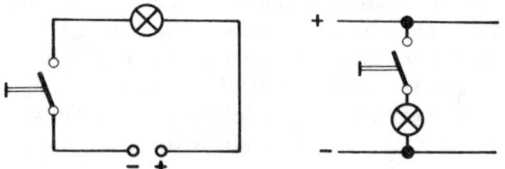

Abb. 28 Wirkschaltplan   Abb. 29 Stromlaufplan

die Pole der Spannungsquelle weit auseinander gezogen, so daß sich der Stromverlauf in einer Richtung gut verfolgen läßt *(Abb. 29)*. Bei größeren Schaltplänen ist es üblich, den Eingang der Schaltungen links und den Ausgang rechts zu legen. Die Schaltung ist dann von links nach rechts zu lesen.
Soll das funktionelle Zusammenspiel mehrerer Einzelschaltungen zeichnerisch wiedergegeben werden, so verzichtet man häufig auf Schaltungsdetails. Die einzelnen Schaltungen werden als geschlossene

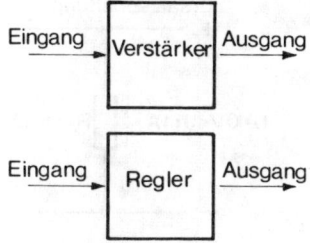

Abb. 30 Blockschaltbild

Einheiten, als Schaltblöcke, dargestellt und in einem *Blockschaltbild* zusammengefaßt *(Abb. 30)*. Ist die Funktion der einzelnen Baueinheiten bekannt, so kann man anhand des Blockschaltbildes die Organisation der Signalverarbeitung verfolgen *(Abb. 31)*.

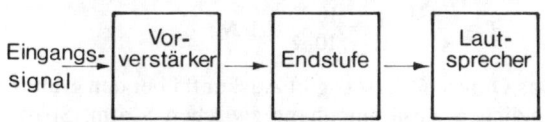

Abb. 31 Blockschaltbild eines NF-Verstärkers zur Erzeugung der Lautsprecherleistung

Wir messen Strom und Spannung

Die elektrischen Vorgänge in einem Stromkreis entziehen sich der direkten Beobachtung. Die Techniker haben nun im Laufe der Zeit eine Reihe von Meßgeräten konstruiert, mit deren Hilfe man die Abläufe in elektrischen Stromkreisen verfolgen kann. Da diese Meßgeräte zur Messung direkt in die Schaltung eingebaut werden müssen, verändern sie grundsätzlich die Verhältnisse im Stromkreis. Deshalb muß man sich bei jeder Messung elektrischer Größen darüber Gewißheit verschaffen, inwieweit man durch die Hinzuschaltung von Meßinstrumenten die Schaltung selbst verändert.
(Abb. 32). Bei den gebräuchlichen Zeigerinstrumenten beruht der Zeigerausschlag auf der Wirkung eines vom Strom hervorgerufenen magnetischen Feldes. Zu diesem Zweck muß der Strom durch eine Meßwerkspule fließen. Diese Spule besitzt selbst einen elektrischen Widerstand, sie hat einen Innenwiderstand. Dieser Innenwiderstand spielt für die Auswahl und die Konstruktion von Meßgeräten eine große Rolle. Will man zum Beispiel den elektrischen

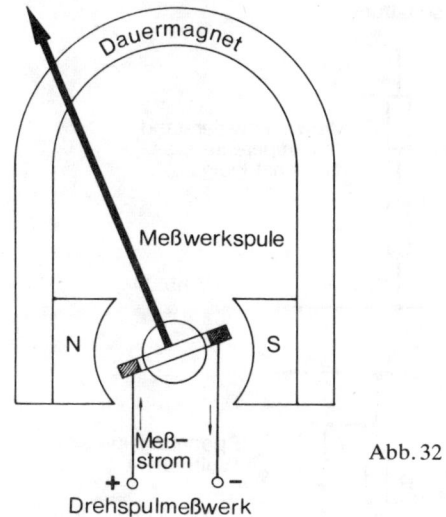

Abb. 32

Drehspulmeßwerk

Strom messen, der durch einen Verbraucherwiderstand fließt, so muß durch das Meßinstrument der gleiche Strom fließen, der auch durch den Verbraucherwiderstand fließt.
Der Strommesser ist folglich in Reihe mit dem Verbraucherwiderstand zu schalten *(Abb. 33)*. Damit

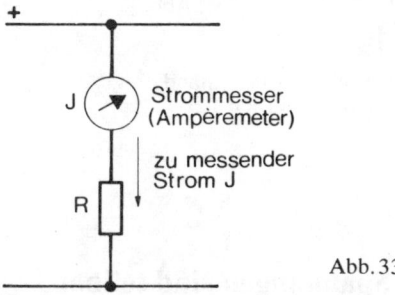

Abb. 33

das Meßergebnis durch das Hinzuschalten des Meßinstrumentes nicht unzulässig verfälscht wird, muß der Innenwiderstand des Strommessers sehr klein gehalten werden *(Abb. 34)*.
Anders ist es bei der Messung einer elektrischen Spannung. Der Spannungsmesser muß an der gleichen Spannung wie der Verbraucherwiderstand liegen. Zu diesem Zweck wird der Spannungsmesser dem Verbraucherwiderstand parallel geschaltet *(Abb. 35)*.
Wir werden später (vergl. S. 29) noch näher begründen, weshalb der Innenwiderstand des Spannungsmessers sehr groß sein muß *(Abb. 36)*.

21

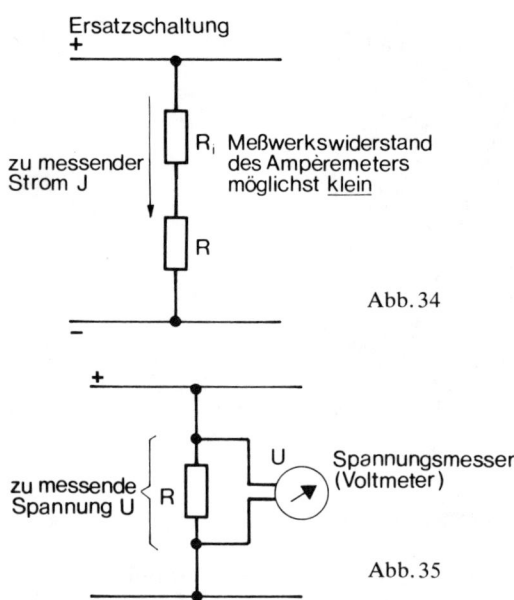

Ersatzschaltung

zu messender Strom J

R_i Meßwerkswiderstand des Amperemeters möglichst klein

R

Abb. 34

zu messende Spannung U

R

U Spannungsmesser (Voltmeter)

Abb. 35

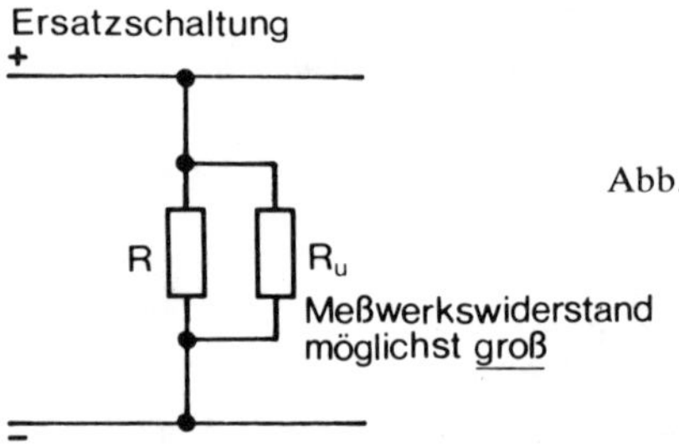

Ersatzschaltung

R R_u

Meßwerkswiderstand möglichst groß

Abb. 36

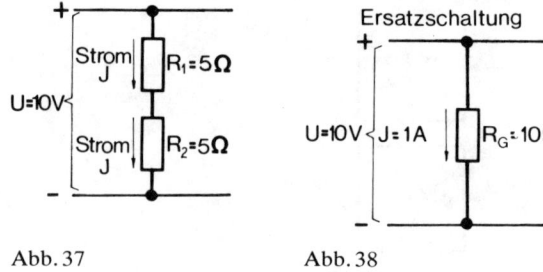

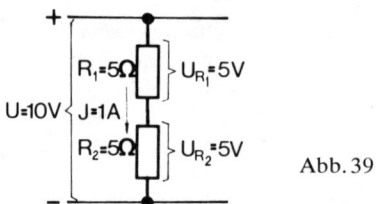

U=10V
Strom J $R_1=5\,\Omega$
Strom J $R_2=5\,\Omega$

Abb. 37

Ersatzschaltung

U=10V J=1A $R_G=10\,\Omega$

Abb. 38

Elektrische Spannungen sind teilbar

Abbildung 37 zeigt eine Reihenschaltung von Ohmschen Widerständen. Auf ihrem Weg vom Minuspol zum Pluspol müssen die Elektronen den Widerstand R_1 und den Widerstand R_2 passieren.

In beiden Widerständen erfahren die Elektronen einen Reibungseffekt, der sich in seiner Wirkung auf den Elektronenfluß addiert.

$$R_G = R_1 + R_2.$$

Der Gesamtwiderstand der Reihenschaltung setzt sich folglich aus der Summe der beiden Einzelwiderstände zusammen.

$$R_G = R_1 + R_2 = 5\,\Omega + 5\,\Omega = 10\,\Omega.$$

Da die Elektronen sich auf ihrem Weg von Pol zu Pol an allen Stellen des Stromkreises mit gleicher Geschwindigkeit bewegen, muß die Anzahl der Elektronen, die pro Sekunde durch den Draht dringt, und somit die Stromstärke in allen Widerständen gleich groß sein. Der elektrische Strom wird durch den Gesamtwiderstand begrenzt.

$$I = \frac{U}{R_1 + R_2} = \frac{10\ V}{10\ \Omega} = 1\ A.$$

Das Ohmsche Gesetz gibt Auskunft über den grundsätzlichen Zusammenhang zwischen Strom, Spannung und Widerstand. Es hat nicht nur Gültigkeit für die ganze Schaltung, sondern auch für jeden ihrer Teile. Also läßt sich für jeden Widerstand ein Spannungsabfall bestimmen.

$$U_{R_1} = I \cdot R_1 = 1\ A \cdot 5\ \Omega = 5\ V$$
$$U_{R_2} = I \cdot R_2 = 1\ A \cdot 5\ \Omega = 5\ V$$

U=10V J=1A
$R_1=5\,\Omega$ $U_{R_1}=5V$
$R_2=5\,\Omega$ $U_{R_2}=5V$

Abb. 39

Um einen Strom von 1 Ampere durch einen Widerstand von 5 Ohm zu treiben, benötigt man eine Spannung von 5 Volt. Da der Strom durch zwei in Reihe geschaltete Widerstände getrieben werden muß, müssen sich die beiden an den Widerständen gebildeten Spannungsabfälle zu der Spannung addieren, die man braucht, um den Strom von 1 Ampere durch den Gesamtwiderstand zu treiben.

Die *Abbildungen 40* und *41* enthalten die Werte der elektrischen Teilspannung für andere Widerstandsverhältnisse. Obwohl der Gesamtwiderstand und somit der elektrische Strom sich im Verhältnis zu

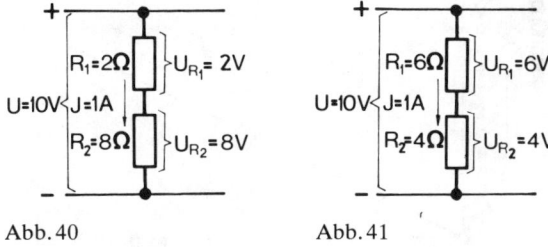

Abb. 40   Abb. 41

Ein kontinuierlich einstellbarer Spannungsteiler: Das Potentiometer

Wir gehen bei den folgenden Überlegungen davon aus, daß wir einen elektrischen Widerstand von 10 Ohm und einer Baulänge von 10 Zentimeter zur Verfügung haben. Der Widerstand soll sich über die Länge des Bauelementes gleichmäßig verteilen. Auf jeden Zentimeter Baulänge des Widerstandes entfallen somit 1 Ohm *(Abb. 44).*

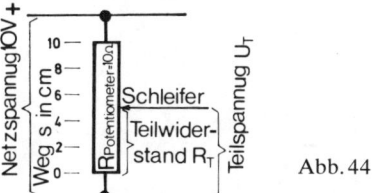

Abb. 44

unserem vorhergehenden Beispiel nicht verändert haben, liegt eine andere Spannungsverteilung vor. Zur Überwindung des größeren Widerstandes benötigt man bei gleicher Stromstärke eine größere Teilspannung. Alle Teilspannungen zusammen ergeben immer wieder die Gesamtspannung, die benötigt wird, den elektrischen Strom durch den Gesamtwiderstand zu treiben.

Der im Widerstand fließende Strom errechnet sich so:

$$I = \frac{\text{Netzspannung}}{\text{Gesamtwiderstand des Bauelements}}$$

$$I = \frac{10\ \text{V}}{10\ \Omega} = 1\ \text{A}$$

Über einen Schleifkontakt, der auf dem Widerstand verschoben werden kann, messen wir die zwischen Schleifer und Minuspol der Schaltung liegende Spannung.

In *Abbildung 44* liegt zwischen den Anschlußklemmen des Spannungsmessers eine Widerstandsteillänge von 5 Zentimeter. Sie entspricht einem Widerstand von 5 Ohm.

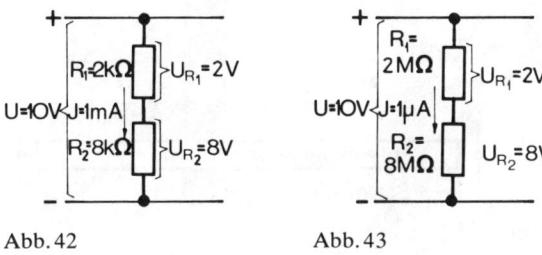

Abb. 42   Abb. 43

Die *Abbildungen 42* und *43* zeigen, daß die Spannungsverteilung nicht von der wirklichen Größe der Widerstände selbst, sondern nur von den Verhältnissen der Widerstände untereinander abhängig ist. Die Gesetzmäßigkeiten der Reihenschaltung Ohmscher Widerstände lauten zusammengefaßt:

1. Der Gesamtwiderstand der Reihenschaltung ergibt sich aus der Summe der einzelnen Teilwiderstände.
2. Die Stromstärke in allen Widerständen der Reihenschaltung ist gleich groß.
3. Am größten Widerstand der Reihenschaltung fällt die größte Teilspannung ab.
4. Alle an den Teilwiderständen abfallenden Teilspannungen addieren sich zur Gesamtspannung.

Besonders zu beachten ist: Das Ohmsche Gesetz ist für jeden beliebigen Widerstand der Reihenschaltung gültig.

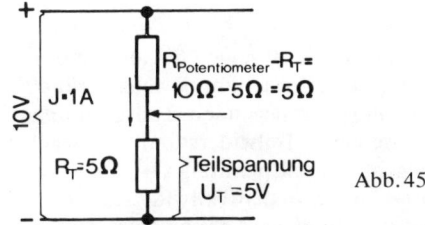

Abb. 45

Nun kann man diese Schaltung zu einer Reihenschaltung zweier Einzelwiderstände umzeichnen *(Abb. 45).* Dann kann man deutlich erkennen, daß eine Spannungsteilung an den beiden Teilwiderständen erfolgt. Die Teilspannung errechnet sich:

$$U_T = I \cdot R_T = 1\ \text{A} \cdot 5\ \Omega = 5\ \text{V}.$$

23

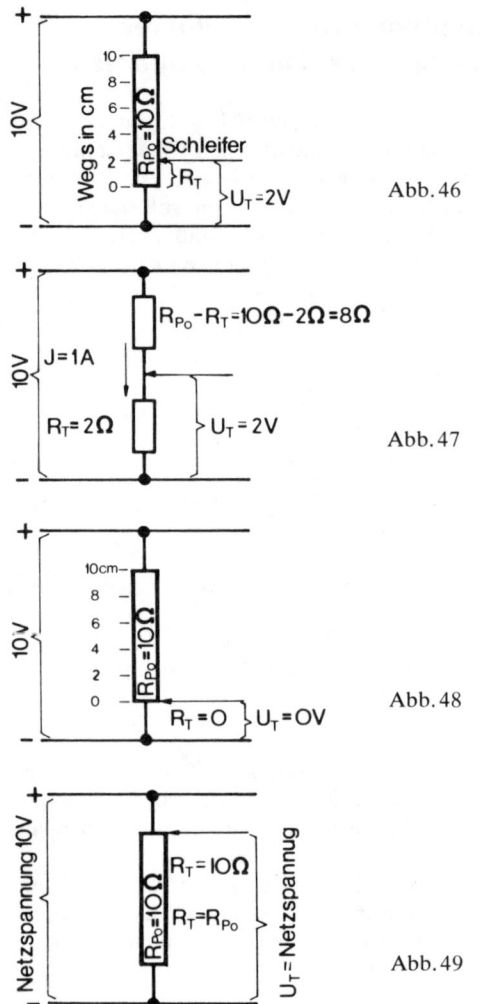

Abb. 46

Abb. 47

Abb. 48

Abb. 49

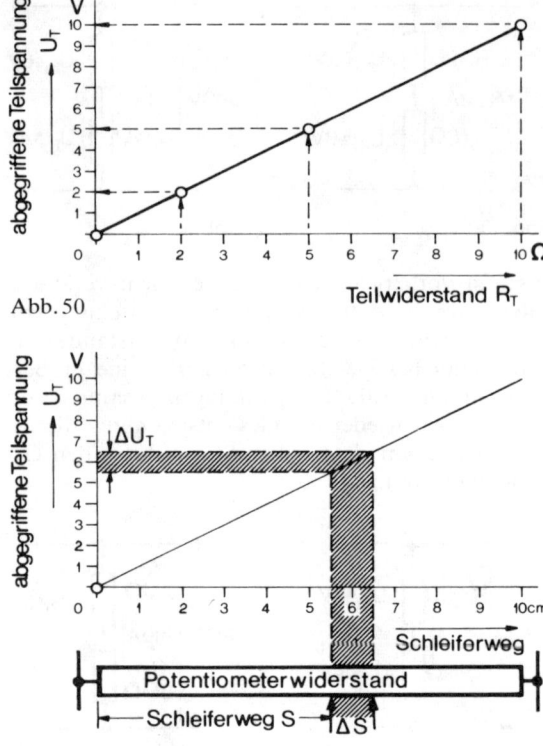

Abb. 50

Abb. 51

änderung des Schleifers Δ S (Delta S), so ergibt sich daraus eine Spannungsänderung von ΔU_T (Delta U_T). Die hier vorliegende Spannungsteilerschaltung, man nennt sie *Potentiometerschaltung,* spielt in der Elektronik eine wichtige Rolle.

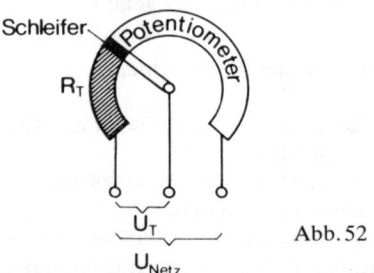

Abb. 52

Die *Abbildungen 46* bis *49* zeigen die an den durch Verschieben der Schleiferstellung jeweils veränderten Teilwiderständen anliegenden Teilspannungen U_T. Mit wachsendem Teilwiderstand R_T wächst auch die abgegriffene Teilspannung U_T.

Abbildung 50 zeigt die an den Teilwiderständen abgegriffene Teilspannung in Abhängigkeit von den Teilwiderständen; desgleichen *Abbildung 51,* in der sie jedoch über dem vom Schleifer zurückgelegten Weg aufgetragen ist.

Dem Diagramm des veränderlichen Spannungsteilers kann ohne Mühe entnommen werden, wie sich die Ausgangsspannung U_T bei einer Veränderung der Schleiferstellung S ändert. Nennt man die Weg-

Beim Potentiometer liegt der Gesamtwiderstand ständig an der zu teilenden Spannung. Zwischen Schleife und einem der Widerstandsenden kann man grundsätzlich einen beliebig kleinen Teil der Gesamtspannung abgreifen, mit der man dann weitere Bauelemente versorgen kann *(Abb. 52).*

Das Besondere der Potentiometerschaltung ist, daß die abgegriffenen Teilspannungen nicht vom wahren Widerstandswert des gesamten Potentiometers abhängig sind. Die Spannungsteilerverhältnisse werden ausschließlich durch die Widerstandsteilerverhältnisse bestimmt.

Wie man durch Hinzuschalten von Widerständen den Gesamtwiderstand verkleinert

In der Schaltung nach *Abbildung 53* befinden sich zwei Widerstände R_1 und R_2, die einzeln oder gemeinsam auf die Netzspannung von 10 Volt aufgeschaltet werden können.

Betätigen wir den Schalter I, so fließt über den Widerstand $R_1 = 2$ Ohm ein Strom $I_1 = \dfrac{U}{R_1} = 5$ Ampere *(Abb. 54)*. Legt man dagegen $R_2 = 5$ Ohm einzeln an die Netzspannung, so fließt ein Strom $I_2 = \dfrac{U}{R_2} = 2$ Ampere.

In *Abbildung 55* haben wir die Schaltung leicht variiert. An den elektrischen Verhältnissen des Stromkreises, einer *Parallelschaltung* zweier Widerstände – so genannt, weil beide Widerstände auf die Spannungsquelle parallel aufgeschaltet sind –, hat sich dabei nichts verändert. Der in der gemeinsamen Zuleitung zu den Widerständen eingebaute Strommesser mißt den Summenstrom beider durch die Widerstände fließenden Einzelströme.

Bei der Parallelschaltung von Ohmschen Widerständen fließt in der gemeinsamen Zuleitung die Summe der Einzelströme:

$$I_G = I_1 + I_2.$$

Im Beispiel beträgt

$$I_G = 7\,A.$$

Durch das Zuschalten des zweiten Parallelwiderstandes hat sich der Gesamtstrom um den im zugeschalteten Widerstand fließenden Strom erhöht.

Wenn sich der Gesamtstrom durch das Hinzuschalten eines Parallelwiderstandes erhöht hat, muß die gesamte Widerstandswirkung der Schaltung vermindert worden sein. Diese gesamte Widerstandswirkung läßt sich leicht berechnen:

$$\text{Widerstand der Parallelschaltung} = \frac{\text{Netzspannung}}{\text{Gesamtstrom}}$$

oder $R_e = \dfrac{U}{I_G}$.

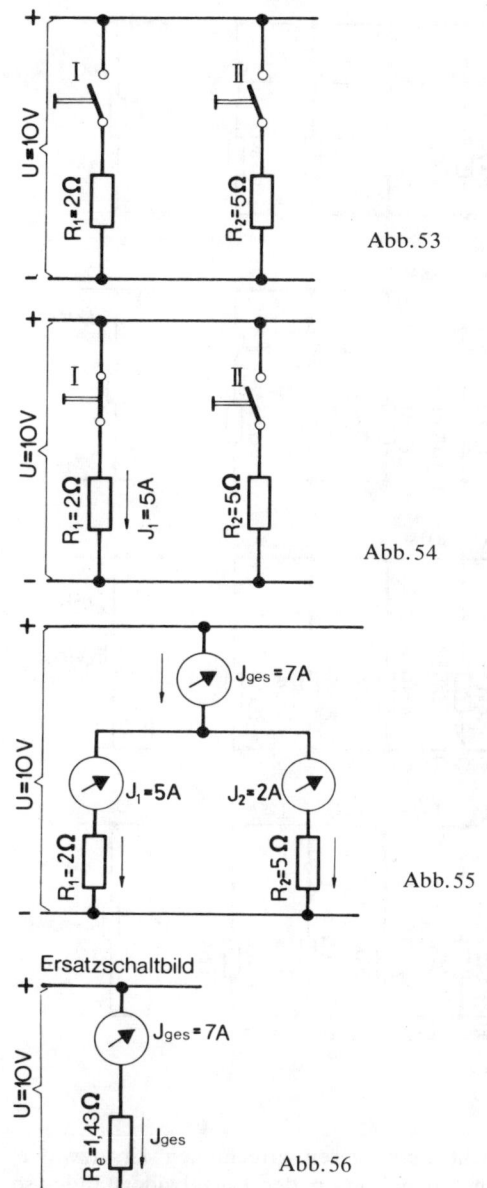

Abb. 53

Abb. 54

Abb. 55

Ersatzschaltbild

Abb. 56

Im Beispiel lauten die Werte:

$$R_e = \frac{10\,V}{7\,A} = 1,43\,\Omega.$$

Diesen errechneten Widerstandswert R_e können wir ersatzweise für die beiden Einzelwiderstände R_1 und R_2 in die Schaltung einsetzen, ohne daß dadurch der Gesamtstrom verändert wird *(Abb. 56)*.

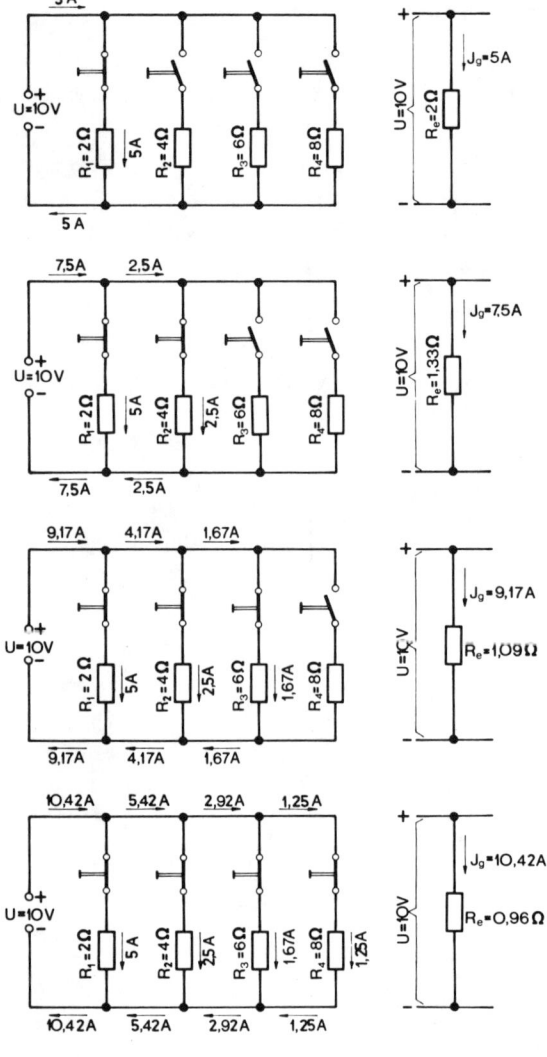

Abb. 57

Herabsetzung des wirksamen Gesamtwiderstandes ist.

Zusammengefaßt lauten die Gesetzmäßigkeiten der Parallelschaltung:

1. Jeder Widerstand der Parallelschaltung liegt an der Spannungsquelle; daher muß die Spannung an allen Widerständen gleich groß sein.
2. In jedem Teilwiderstand fließt ein Strom. Je größer der Teilwiderstand ist, um so kleiner ist der Teilstrom.
3. In der gemeinsamen Zuleitung fließt die Summe aller Teilströme.
4. Da durch das Hinzuschalten eines Parallelwiderstandes die Gesamtstromstärke zunimmt, muß die Gesamtwiderstandswirkung der Schaltung abnehmen.
5. Parallelgeschaltete Widerstände können gegen einen Ersatzwiderstand ausgetauscht werden. Der Ersatzwiderstand ist immer kleiner als der kleinste Einzelwiderstand.

In *Abbildung 57* werden nacheinander vier Widerstände zueinander und zur Spannungsquelle parallel geschaltet. Beachten Sie bitte die Stromverteilung in den einzelnen Leitungszügen über die die Widerstände versorgt werden.

Ein Spannungsteiler wird belastet

Bei der Beschreibung der Potentiometerschaltung sind wir davon ausgegangen, daß über den Schleifer selbst kein Strom abfließt *(Abb. 58)*. Völlig andere

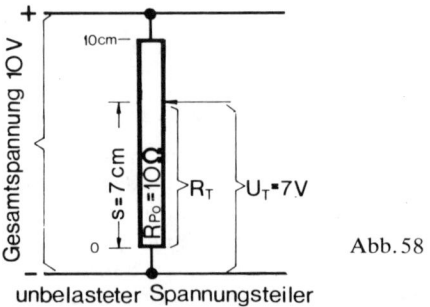

Abb. 58

unbelasteter Spannungsteiler

Verhältnisse treten ein, wenn die Teil-Spannung U_T auf einen Belastungswiderstand R_B geschaltet wird *(Abb. 59)*.

In *Abbildung 60* haben wir die Ersatzschaltung aufgetragen. Der gesamte Potentiometerwiderstand

Vergleicht man diesen errechneten Ersatzwiderstand mit den Werten der Einzelwiderstände, so wird deutlich, daß dieser noch kleiner ist als der kleinste der Einzelwiderstände. Eine kurze Überlegung bestätigt, weshalb das so sein muß. Der kleinste Einzelwiderstand bestimmt den größten Einzelstrom. Wird jetzt ein weiterer Widerstand zu diesem Einzelwiderstand parallel geschaltet, so fließt noch ein zusätzlicher Strom. Folglich muß die Gesamtstromstärke erhöht werden, was nach der Physik des elektrischen Stromkreises gleichbedeutend mit einer

26

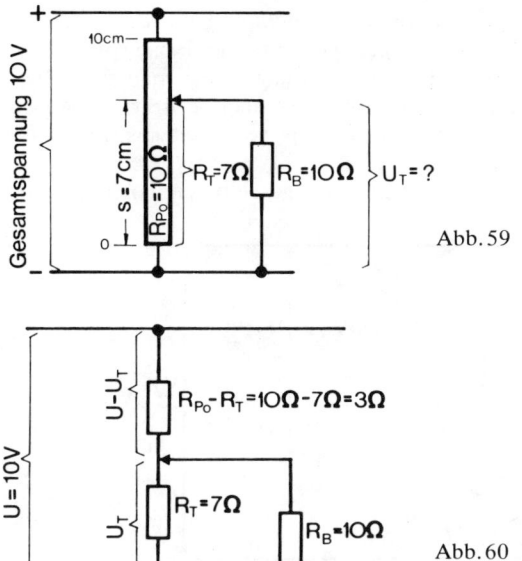

Abb. 59

Abb. 60

sen miteinander multipliziert und durch ihre Summe geteilt werden.

Da der errechnete Ersatzwiderstand R_e den in der Schaltung fließenden Strom nicht verfälscht, muß der an R_e gebildete Spannungsabfall gleich der Spannung an der ursprünglichen Parallelschaltung sein. Der Spannungsabfall an der Parallelschaltung ist wiederum identisch mit der vom Schleifer abgegriffenen und am Belastungswiderstand anliegenden Teilspannung.

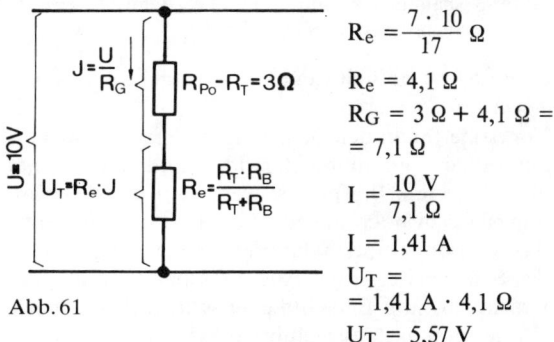

$$R_e = \frac{7 \cdot 10}{17} \, \Omega$$

$$R_e = 4,1 \, \Omega$$

$$R_G = 3 \, \Omega + 4,1 \, \Omega = 7,1 \, \Omega$$

$$I = \frac{10 \, V}{7,1 \, \Omega}$$

$$I = 1,41 \, A$$

$$U_T = 1,41 \, A \cdot 4,1 \, \Omega$$

$$U_T = 5,57 \, V$$

Abb. 61

$R_{po} = 10$ Ohm wird in zwei Teile geteilt. Über dem Teilwiderstand $R_T = 7$ Ohm liegt der Belastungswiderstand $R_B = 10$ Ohm.

Die Widerstände R_T und R_B liegen parallel. Beide werden von der Teilspannung U_T versorgt, die vorläufig unbekannt ist. In Reihe mit der Parallelschaltung von R_T und R_B liegt der Potentiometerwiderstandsanteil $R_{po} - R_T$. Im Beispiel: 3 Ohm. An diesem Reihenwiderstand fällt die Spannung $U - U_T$ ab.

Durch Berechnung soll nun festgestellt werden, wie groß die Spannung U_T bei der vorgegebenen Schleiferstellung ist.

Zunächst muß die hier vorliegende gemischte Schaltung – eine Parallelschaltung, die mit einem weiteren Widerstand in Reihe geschaltet ist – in eine Reihenschaltung verwandelt werden. Dafür muß für die Parallelschaltung von R_T und R_B ein Ersatzwiderstand gesucht werden.

Hier hilft eine Formel weiter, die an dieser Stelle nicht weiter begründet werden soll:

$$R_e = \frac{R_T \cdot R_B}{R_T + R_B}$$

In unserem Beispiel ergibt das:

$$R_e = \frac{7 \, \Omega \cdot 10 \, \Omega}{7 \, \Omega + 10 \, \Omega} = 4,1 \, \Omega.$$

Die beiden parallelgeschalteten Widerstände müs-

Abbildung 61 enthält alle in der Rechnung verwendeten Werte einschließlich der Endwerte.

In der Tabelle *(Abb. 62)* wurde die Teilspannung U_T für einige Schleiferstellungen von 0 bis 10 Zentimeter berechnet. Die Art der Berechnung entspricht dabei vollständig derjenigen unseres Beispiels. Trägt

U (V)	R_{pot} (Ω)	R_B (Ω)	R_T (Ω)	$R_{pot}-R_T$ (Ω)	R_e (Ω)	R_G (Ω)	I (A)	U_T (V)
			0	10	0	10	1	0
			2	8	1,83	9,83	1,03	1,88
10	10	10	4	6	2,86	8,86	1,13	3,23
			6	4	3,75	7,75	1,29	4,84
			8	2	4,45	6,45	1,51	6,72
			10	0	5,0	5,0	2,0	10

Abb. 62

man die Ergebnisse der Tabelle auf, so ergibt sich das Diagramm der Teilspannung U_T in Abhängigkeit von der Schleiferstellung s.

Das Diagramm *Abbildung 63* des belasteten Spannungsteilers unterscheidet sich deutlich von dem des unbelasteten Spannungsteilers. Denn bei Belastung wird die Hälfte der Gesamtspannung nicht mehr auf der Hälfte des Gesamtschleiferweges s erreicht, son-

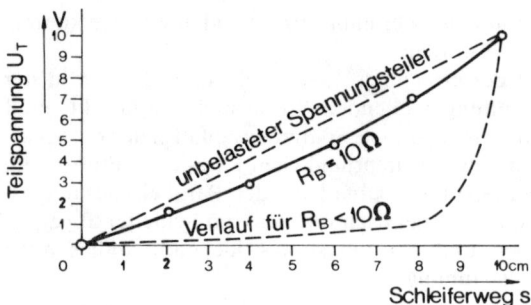

Abb. 63 Spannungskennlinie eines belasteten
Spannungsteilers

dern erst wesentlich weiter zum Ende des Gesamt-
weges hin.

Verkleinert man den Belastungswiderstand im Verhältnis zum Potentiometerwiderstand noch weiter
als in unserem Beispiel, so verlaufen die Teilspan-
nungskurven noch flacher. Für die Praxis bedeutet
das, daß über einen relativ großen Anfangsbereich
des Schleiferweges die Ausgangsspannung nur unwesentlich, zum Ende hin aber sehr stark anwächst.
(In der praktisch ausgeführten Schaltung ist darauf
zu achten, daß der Potentiometerwiderstand im Verhältnis zum Belastungswiderstand nicht zu groß
gewählt wird.)

Messen von elektrischen Spannungen

In *Abbildung 64* sind die beiden Spannungsmesser
so angeschlossen, daß sie in beiden Fällen gegen
einen gemeinsamen Bezugspunkt, den Minuspol,

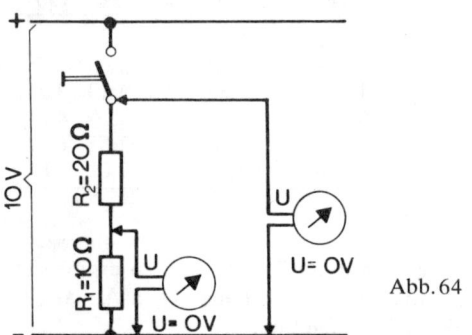

Abb. 64

messen. Da in den Widerständen kein Strom fließt,
tritt zwangsläufig auch kein Spannungsabfall auf.
In den beiden Meßpunkten wird keine Spannung
gegen den Minuspol gemessen.

In der Schaltung nach *Abbildung 65* wurde der den
beiden Messungen gemeinsame Bezugspunkt auf
den Pluspol gelegt. Vernachlässigt man den Meßstrom, der den Zeigerausschlag bewirkt, so müssen
alle Spannungsmesser die volle Netzspannung von
10 V anzeigen.

Wird jetzt der Schalter geschlossen, so führen die

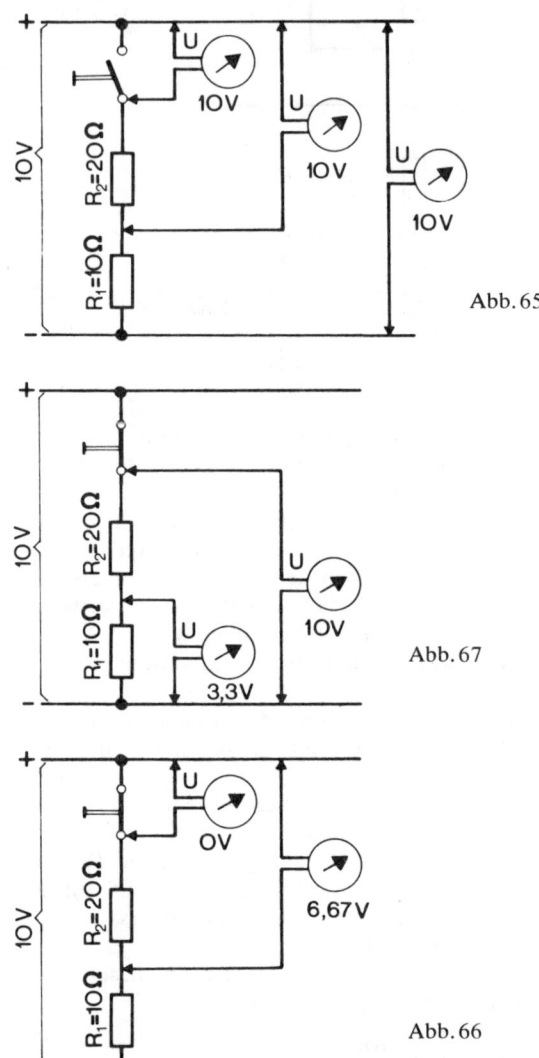

Abb. 65

Abb. 67

Abb. 66

Spannungsmessungen – wie die *Abbildungen 66*
und *67* zeigen – je nach vorgegebenem Bezugspunkt
an denselben Punkt der Reihenschaltung zu völlig
unterschiedlichen Ergebnissen. Zu beachten ist, daß

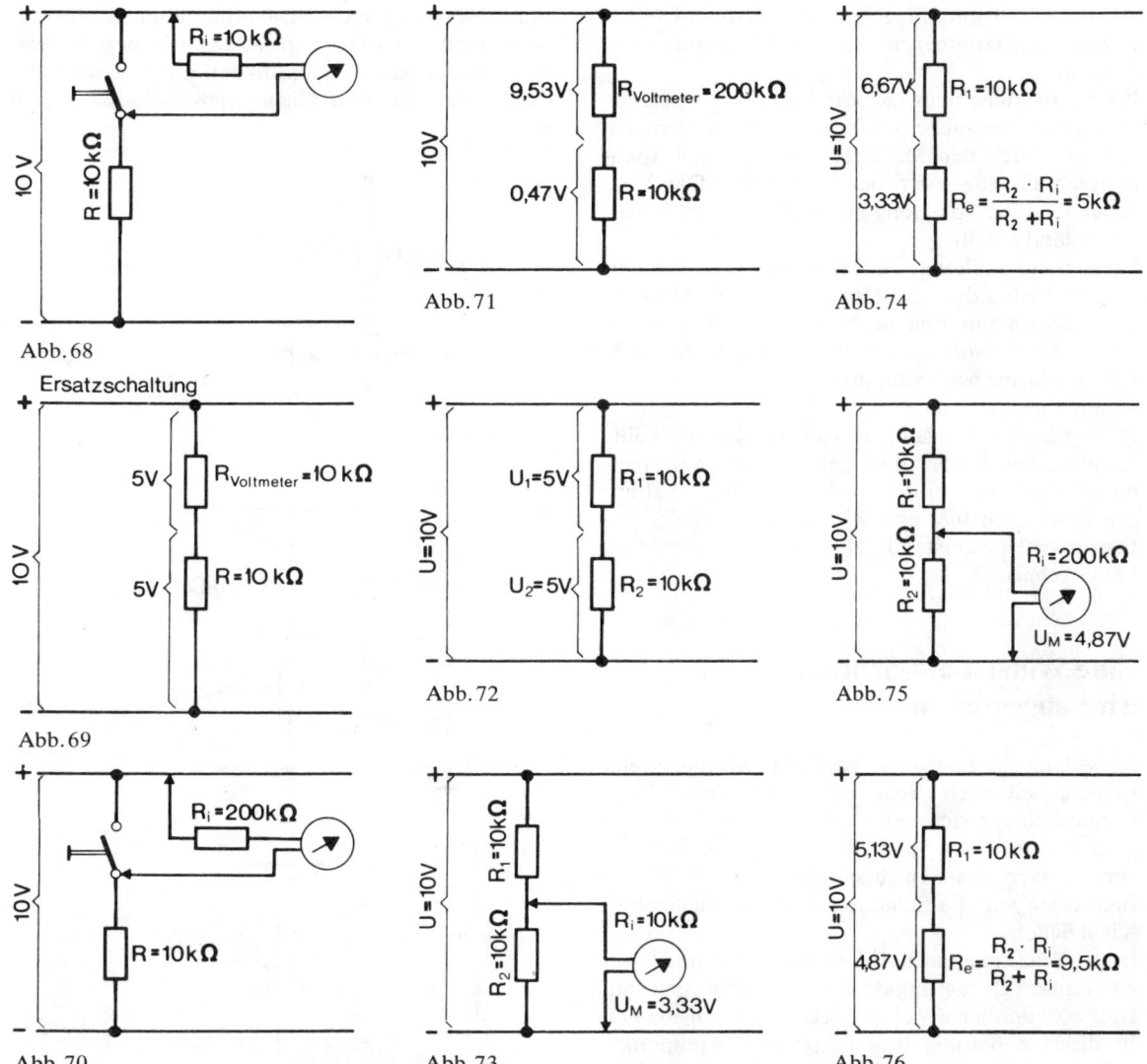

Abb. 68

Ersatzschaltung

Abb. 69

Abb. 70

Abb. 71

Abb. 72

Abb. 73

Abb. 74

Abb. 75

Abb. 76

der Stromkreis nun geschlossen ist. Der in der Schaltung fließende Strom verursacht an den Widerständen Spannungsabfälle, die den Widerständen verhältnisgleich sind.

Nicht ganz so überschaubar werden die Spannungsmessungen, wenn man den Innenwiderstand des Voltmeters mit in den Ansatz bringen muß. In *Abbildung 68* liegt der Innenwiderstand des Voltmeters mit einem relativ hohen Verbraucherwiderstand in Reihe. Die Ersatzschaltung nach *Abbildung 69* verdeutlicht die Stromkreisverhältnisse. Bei

einem angenommenen Innenwiderstand des Instruments von 10 kΩ teilt sich die Gesamtspannung von 10 V auf Instrument- und Verbraucherwiderstand zu gleichen Teilen auf.

Nun messen wir nicht, wie bei offenem Schalter zu erwarten wäre, die Gesamtspannung von 10 V, sondern nur den durch den Meßstrom am Innenwiderstand des Meßwerks erzeugten Spannungsabfall von 5 V. Das Meßergebnis ist also unzulässig verfälscht. Es wird wesentlich verbessert, wenn der Innenwiderstand des Spannungsmessers sehr hoch ist.

29

Abbildung 70 und *71* zeigen die Verhältnisse für einen angenommenen Innenwiderstand von 200 kΩ.

Da der Instrumentenwiderstand den zwanzigfachen Wert des Verbraucherwiderstands besitzt, verteilen sich die durch den Meßstrom verursachten Spannungsabfälle zugunsten des Voltmeters. Das Voltmeter zeigt die Spannung an, die an seinem Innenwiderstand abfällt.

Diese Untersuchung der Spannungsmesserschaltungen ergibt, daß die Genauigkeit der Messung mit wachsendem Innenwiderstand des Voltmeters steigt. Die *Abbildungen 72* bis *76* zeigen, daß ähnliche Probleme bei Spannungsmessungen in Reihenschaltungen auftreten.

Diese Meßschaltungen sind vom Prinzip her völlig identisch mit der Schaltung eines belasteten Spannungsleiters. Wie in den vorherigen Meßschaltungen führt auch hier erst wieder ein relativ großer Instrumentenwiderstand zu einem brauchbaren Meßergebnis.

Eine Widerstandsbrückenschaltung wird abgeglichen

Abbildung 77 zeigt eine Parallelschaltung zweier Reihenschaltungen. Jede der Schaltungen kann rechnerisch für sich betrachtet werden. In beiden kommt es zu einer Spannungsteilung, die den Widerstandsverhältnissen entspricht.

Betrachten wir die Schaltung von der meßtechnischen Seite:

In der Schaltung nach *Abbildung 78* wurde als gemeinsamer Bezugspunkt der Minuspol gewählt. Dies wird durch das Zeichen ⊥ bei D angedeutet. In dieser Schaltung liegen sämtliche Meßpunkte elektrisch näher dem Pluspol als der Punkt D. Deshalb werden in den Meßpunkten A, B und C nur positive Spannungen gegen den Punkt D gemessen. (In diesem Zusammenhang wäre der Ausdruck *elektrisches Potential* präziser, da alle Messungen gegen einen gemeinsamen Bezugspunkt vorgenommen wurden.)

In *Abbildung 79* tritt der Pluspol als gemeinsamer Bezugspunkt auf (vgl. das entsprechende Zeichen bei A). Jetzt liegen sämtliche Meßpunkte dem Minuspol näher als der Punkt A. Gegen die Meßpunkte B, C und D werden ausschließlich negative Spannungen (Potentiale) gemessen.

Aus unseren meßtechnischen Begründungen im vorhergehenden Kapitel (vgl. S. 28) geht hervor, weshalb für die beiden Meßpunkte B und C je nach Bezugspunkt unterschiedliche Meßergebnisse erzielt werden.

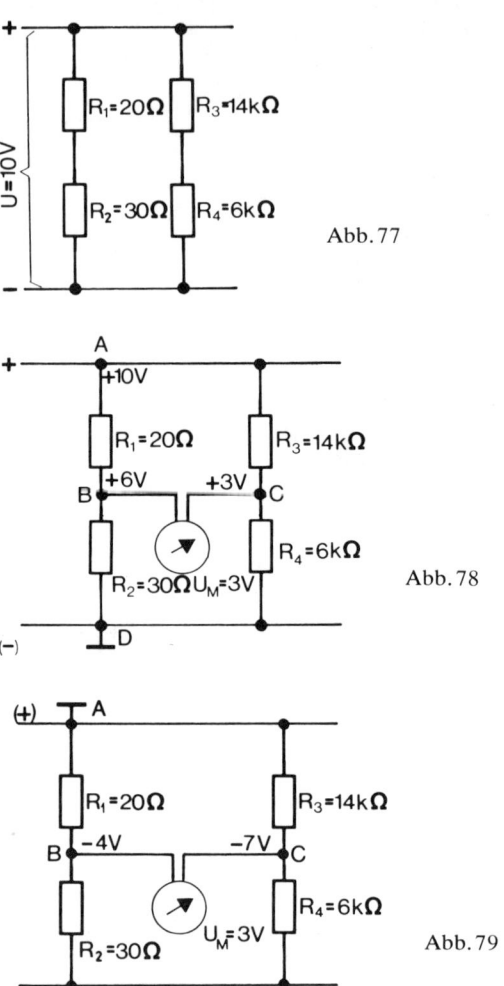

Abb. 77

Abb. 78

Abb. 79

Schließt man jetzt zwischen den beiden Meßpunkten B und C (vgl. Abb. 78 und 79) ein Voltmeter an, so zeigt es die Differenz beider gegen einen gemeinsamen Bezugspunkt gemessenen Spannungen an. Unabhängig von dem gewählten Bezugspunkt A oder D messen wir in beiden Fällen 3 V.

In den Schaltungen nach Abbildung 78 und 79 fließt der Meßstrom von B nach C; für die erste Schaltung ist dies auch leicht einzusehen. Punkt B ist positiver als Punkt C; der Strom fließt vom positiveren Punkt zum weniger positiven Punkt.

Punkt B der Schaltung nach Abbildung 79 ist weniger negativ als Punkt C; der Strom fließt vom weniger negativen Punkt zum stärker negativen. Dabei bleibt im Grunde die Definition der Stromrichtung vom Plus- zum Minuspol erhalten.

Diese Schaltung wird in der Praxis recht oft verwendet. Sie ist allgemein unter dem Namen *Brückenschaltung* bekannt. Nun gibt es verschiedene Verwendungsarten, bei denen man die Spannung am Brückenzweig – also zwischen den Punkten B und C – auf Null reduzieren möchte. Die Brückenspannung wird aber nur dann Null, wenn in beiden Reihenschaltungen der Brücke gleiche Spannungsverhältnisse herrschen. Verhalten sich jedoch die Span-

verhalten, müssen sich auch die Widerstände wie

$$R_1 : R_2 = R_3 : R_4$$

verhalten.

Die Brücke kann prinzipiell über die Veränderung einer der vier Widerstände abgeglichen werden. In den *Abbildungen 80* und *81* sind zwei Möglichkeiten dafür angegeben.

Spannungsmesser mit Verstand benutzen

Es wurde bereits gesagt, daß die Höhe des Innenwiderstandes des Spannungsmessers von besonderer Bedeutung für die Genauigkeit der Messung ist.

Bei den gebräuchlichen Vielfachmeßgeräten sind die Spannungsmeßbereiche vorwählbar. Im Innern des Meßinstruments werden je nach Meßbereichsveränderung Ohmsche Widerstände umgeschaltet, die die Meßspule den Stromkreisverhältnissen anpassen. Je höher der gewählte Spannungsmeßbereich ist, um so höher ist der der Meßspule vorgeschaltete Widerstand. Auf diese Weise kann der Meßwerkstrom bei richtiger Wahl des Meßbereichs den zulässigen Wert niemals übersteigen.

Der wirksame Innenwiderstand des Spannungsmessers läßt sich auf sehr einfache Weise ermitteln, wenn man den Kennwiderstand des Instrumentes kennt. Diese *Kennwiderstandszahl* gibt an, wie groß der Innenwiderstand pro Volt Meßbereichsspannung ist.

Dafür ein Beispiel: Der Kennwiderstand beträgt 20 000 Ω/V. Wird jetzt ein Meßbereich von 3 V eingeschaltet, so beträgt der Innenwiderstand des Instruments 3 x 20 k Ω = 60 k Ω. Gleichgültig, ob nun tatsächlich 3 V gemessen werden oder etwa nur 1,6 V – der Innenwiderstand bleibt für einen vorgewählten Meßbereich immer gleich.

Mit Meßinstrumenten möchte man möglichst genau messen. Nun ist es aber nicht möglich, Meßinstrumente zu bauen, die völlig frei von Restfehlern sind. Diese Restfehler werden in *Genauigkeitsklassen* erfaßt, die auf den Meßinstrumenten angegeben sind. Der Hersteller garantiert damit, daß die Abweichung des vom Instrument angezeigten Meßwertes innerhalb einer bestimmten Toleranz liegt. Für die meisten Messungen reicht ein Gerät der Genauigkeitsklasse 1,5 völlig aus.

Was heißt nun Genauigkeitsklasse 1,5?

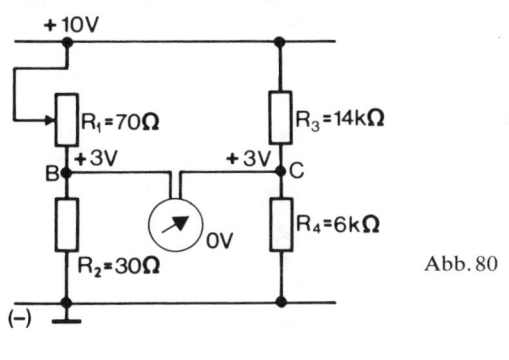

Abb. 80

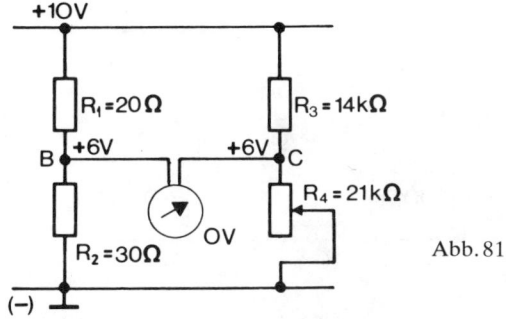

Abb. 81

nungsabfälle untereinander gleich, so müssen auch die Widerstände im gleichen Verhältnis zueinander stehen. Damit sich die Spannungen bei Brückenabgleich wie

$$U_1 : U_2 = U_3 : U_4$$

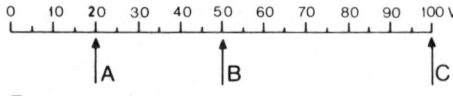

Zeigerausschlag

Abb. 82 Meßskala eines Voltmeters: Endausschlag
100 V

Zeigerstellung (V)	mögliche Abweichung (V)	Fehler bezogen auf Zeigerstellung (%)
100	± 1,5	± 1,5
50	± 1,5	± 3
20	± 1,5	± 7,5

Abb. 83

Der Anzeigefehler des Instruments wird auf den
Skalenendwert bezogen. Beträgt er 100 V, so kann
die gemessene Spannung bei einem Zeigerausschlag
von 100 V um 1,5 % über oder unter 100 V liegen.
Das heißt – vorausgesetzt, es liegt kein Schaltungs-

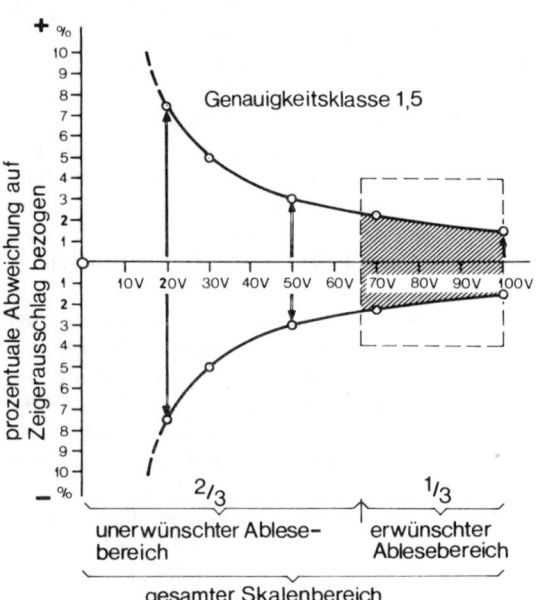

Abb. 84

fehler vor –, daß die tatsächliche Spannung zwischen
98,5 V und 101,5 V liegen kann.
Auch bei einem Zeigerausschlag von nur 50 V ist das
Ergebnis – da die Genauigkeitsangabe auf 100 V
Endausschlag bezogen ist – um ± 1,5 V unsicher.

Prozentual ausgedrückt bedeutet jedoch eine Abweichung von ± 1,5 V bei 50 V bereits einen möglichen Fehler von 3 %. Noch ungünstiger werden die
Fehlermöglichkeiten bei einem Zeigerausschlag
von 20 V. Die *Abbildungen 82* und *83* stellen diesen Zusammenhang sehr deutlich dar. In *Abbildung
84* sind die auf den Zeigerausschlag bezogenen
Fehlergrenzen graphisch dargestellt.
Nun müssen diese Fehler bei einer Messung nicht
zwangsläufig auftreten. Sie können freilich auch
nicht ausgeschlossen werden. Deshalb ist es vorteilhaft, elektrische Meßinstrumente möglichst im letzten Skalendrittel zu benutzen. Ist dieser Bereich
unterschritten, so sollte nach Möglichkeit auf einen
anderen Meßbereich umgeschaltet werden. Dabei
ist zu beachten, daß der Innenwiderstand des Meßinstrumentes sich ändert. Ist eine Meßbereichsveränderung nicht möglich, weil sie nicht fein genug ab-
gestuft ist, müssen die Meßergebnisse entsprechend
vorsichtig beurteilt werden.

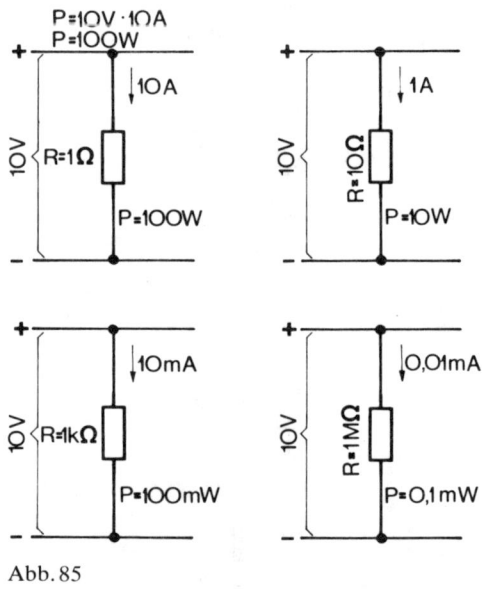

Abb. 85

Wie man die Leistungsfähigkeit des Elektronenstromes bestimmt

Fließt ein elektrischer Strom durch einen Ohmschen
Widerstand, so wird im Widerstand elektrische
Energie in Wärmeenergie umgesetzt. Die Leistungs-

fähigkeit des Stromes hängt von der Größe der pro Zeiteinheit freigesetzten Arbeit ab.

Diese elektrische Leistung errechnet sich so:

$$P = U \cdot I.$$

In *Abbildung 85* sind verschiedene Verbraucherwiderstände auf eine Spannung von 10 V aufgeschaltet. Errechnet man jeweils den Strom in Ampere und multipliziert man diesen mit der am Widerstand liegenden Spannung in Volt, so ergibt sich daraus die elektrische Leistung in *Watt* (W).

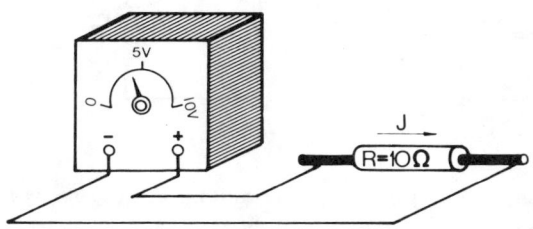

Abb. 86

An der Versuchsschaltung nach *Abbildung 86* soll der Zusammenhang zwischen elektrischer Spannung und Leistung gezeigt werden.

Die von 0 bis 10 V veränderbare Spannung wird dem Widerstand von 10 Ω aufgeschaltet. In der *Ta-*

U (V)	R (Ω)	I (A)	P (W)
0		0	0
2		0,2	0,4
4	10	0,4	1,6
6		0,6	3,6
8		0,8	6,4
10		1,0	10,0

Abb. 87

belle 87 sind die Ströme und die Leistungswerte für die verschiedenen Spannungswerte aufgeführt.

Trägt man den elektrischen Strom I in Abhängigkeit von der Spannung U im *Diagramm 88* auf, so ergibt sich ein linearer Zusammenhang. Eine Verdopplung der Spannung von 2 V auf 4 V bewirkt eine Verdoppelung der Stromstärke von 0,2 A auf 0,4 A.

Anders verhält es sich dagegen in *Diagramm 89*, das den Zusammenhang zwischen Spannung und elektrischer Leistung demonstriert. Die Verdoppelung der Spannung von 2 V auf 4 V bewirkt eine Vervierfachung der elektrischen Leistung. Die elektri-

sche Leistung verändert sich quadratisch mit der Spannung. Auch zwischen Strom und Leistung besteht ein quadratischer Zusammenhang *(Abb. 90)*.

In den *Abbildungen 91* bis *93* wird durch Rechnung nachgewiesen, daß die Nennleistung einer Glüh-

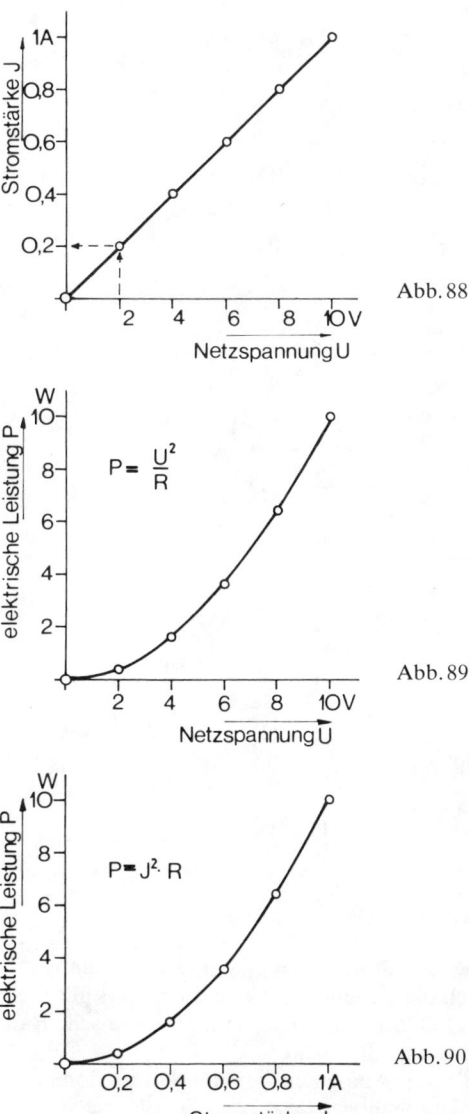

Abb. 88

Abb. 89

Abb. 90

lampe – d. h. die vom Hersteller konstruktiv vorgesehene Leistung – nur erzielt wird, wenn die Glühlampe an die Nennspannung angeschlossen wird. Bei solchen Rechnungen geht man näherungsweise von einem gleichbleibenden Lampenwiderstand R_L aus.

Für die Praxis haben diese Zusammenhänge große Bedeutung. Ein Unterschreiten der Nennleistung z. B. verlängert die Lebensdauer der Glühlampe.

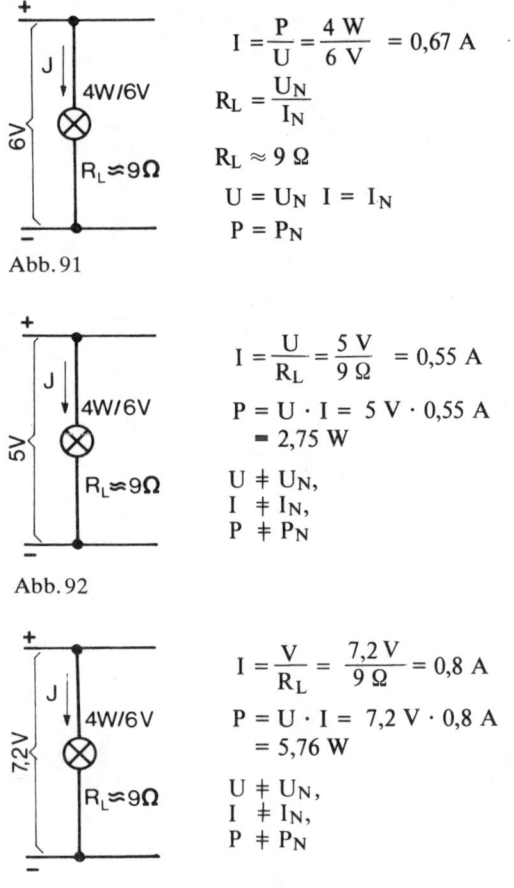

$$I = \frac{P}{U} = \frac{4\ W}{6\ V} = 0,67\ A$$

$$R_L = \frac{U_N}{I_N}$$

$$R_L \approx 9\ \Omega$$

$$U = U_N \quad I = I_N$$

$$P = P_N$$

Abb. 91

$$I = \frac{U}{R_L} = \frac{5\ V}{9\ \Omega} = 0,55\ A$$

$$P = U \cdot I = 5\ V \cdot 0,55\ A = 2,75\ W$$

$$U \neq U_N,$$
$$I \neq I_N,$$
$$P \neq P_N$$

Abb. 92

$$I = \frac{V}{R_L} = \frac{7,2\ V}{9\ \Omega} = 0,8\ A$$

$$P = U \cdot I = 7,2\ V \cdot 0,8\ A = 5,76\ W$$

$$U \neq U_N,$$
$$I \neq I_N,$$
$$P \neq P_N$$

Abb. 93

Wird sie jedoch nur geringfügig überschritten, verkürzt sich die Lebensdauer erheblich. Das gilt nicht nur für Glühlampen, sondern für elektronische Bauelemente ganz allgemein.

Darum also: Aufpassen bei der Dimensionierung von Schaltungen.

Auch Spannungsquellen haben einen Innenwiderstand

Werden Verbraucherwiderstände mit unterschiedlichen Widerstandswerten an eine Spannungsquelle angeschlossen und soll der im Widerstand fließende Strom I nach dem Ohmschen Gesetz errechnet wer-

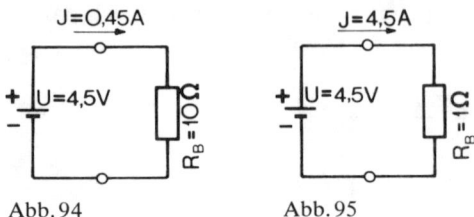

Abb. 94   Abb. 95

den, so kann bei dieser Rechnung keineswegs von einer ständig konstanten Spannung ausgegangen werden, wie dies in *Abbildung 94* und *95* erfolgt ist. Erinnern wir uns, was über den elektrischen Strom-

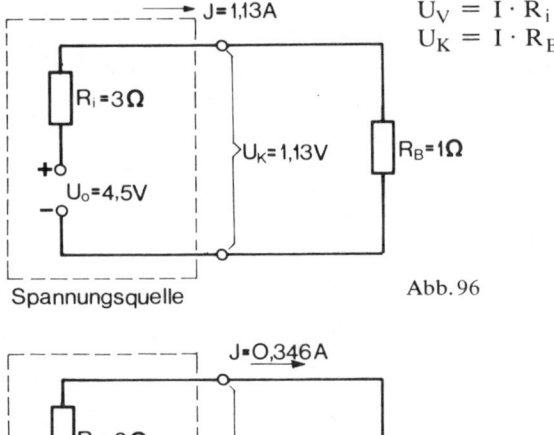

$$U_V = I \cdot R_i$$
$$U_K = I \cdot R_B$$

Spannungsquelle   Abb. 96

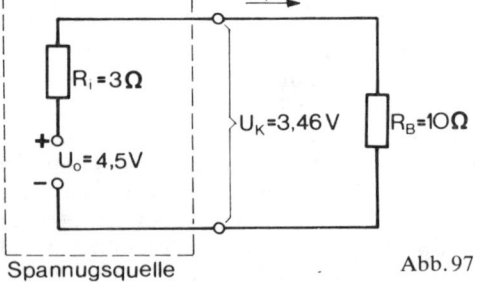

Spannugsquelle   Abb. 97

kreis gesagt wurde (vgl. S. 18). Der elektrische Strom fließt durch die Spannungsquelle in gleicher Stärke wie durch den Belastungswiderstand. Konsequenterweise erfährt er in der Spannungsquelle einen

Widerstandseffekt, denn auch die Spannungsquelle besitzt einen Innenwiderstand. Dieser Innenwiderstand R_i ist mit dem Belastungswiderstand R_B in Reihe geschaltet. Beide sind auf die durch die EMK erzeugte *Urspannung* U_O geschaltet.

In den *Abbildungen 96* und *97* geht es um folgende Zusammenhänge: Der elektrische Strom erzeugt im Innenwiderstand R_i einen inneren Spannungsabfall U_V. An den Klemmen der Spannungsquelle steht die Klemmenspannung $U_K = U_O - U_V$ zur Verfügung. Je größer der Belastungsstrom ist, desto größer muß der innere Spannungsverlust und desto kleiner muß die Klemmenspannung sein. Beachten Sie die *Tabelle 98* und das *Diagramm 99*. Für jeden

U_O (V)	R_i (Ω)	R_B (Ω)	R_G (Ω)	I (A)	$U_K = I \cdot R_B$ (V)	$U_{Vi} = I \cdot R_i$
↑	↑	0	3	1,5	0	4,5
		2	5	0,9	1,8	2,7
4,5	3	4	7	0,643	2,57	1,93
		6	9	0,50	3,0	1,5
↓	↓	8	11	0,408	3,27	1,23
↓	↓	10	13	0,346	3,46	1,04

Abb. 98

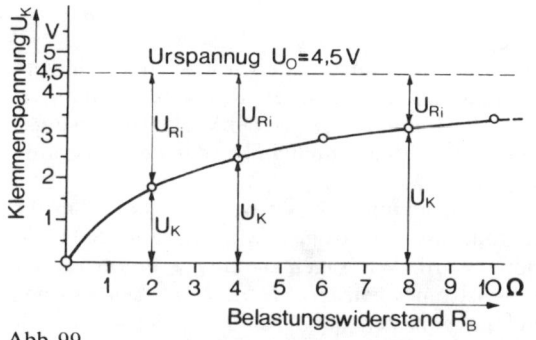

Abb. 99

Belastungsfall ist die Summe aus der inneren Verlustspannung U_V und Klemmenspannung U_K gleich der Urspannung U_O.

Nun gibt es beim Betrieb elektrischer Spannungsquellen drei Sonderfälle:

Sonderfall 1 (Abb. 100):

Die Spannungsquelle wird im Kurzschluß betrieben. Setzt man die Verbindung der Klemmen der Spannungsquelle widerstandslos an, so fließt ein Kurz-

schlußstrom I_K, der nur durch den Innenwiderstand R_i begrenzt wird. Die gesamte Spannung U_O fällt am Innenwiderstand ab, so daß zwischen den Klemmen keine Spannung gemessen werden kann.

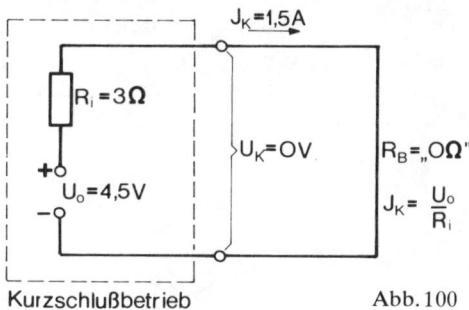

Kurzschlußbetrieb   Abb. 100

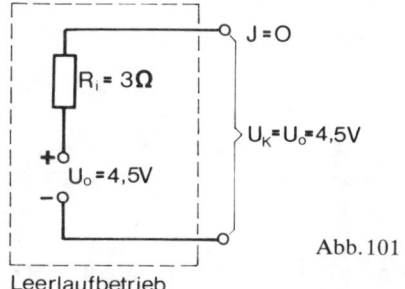

Abb. 101

Leerlaufbetrieb

Sonderfall 2 (Abb. 101):

Die Spannungsquelle wird im Leerlauf betrieben. Da bei offenen Klemmen kein Strom fließt, tritt im Inneren der Spannungsquelle kein Spannungsabfall auf. Die Klemmenspannung U_K ist gleich der Urspannung U_O.

Sonderfall 3 (Abb. 102):

In der Tabelle wurden durch Rechnung die von der Spannungsquelle abgegebene Leistung und die in der Spannungsquelle selbst umgesetzte Verlustleistung in Abhängigkeit vom Belastungswiderstand ermittelt.

Diese Ergebnisse sind in den *Abbildungen 103* und *104* aufgetragen.

Die Spannungsquelle gibt ihre maximale Leistung bei einem Belastungswiderstand von 3Ω ab. Dieser Widerstand entspricht dem Innenwiderstand der Spannungsquelle. Will man nun aus einer Spannungsquelle die höchstmögliche Leistung herausholen, so muß der Belastungswiderstand so an die

35

U_o (V)	R_i (Ω)	R_B (Ω)	I (A)	$U_K = U_{RB}$ (V)	$P_B = I \cdot U_K$ (W)	Uv_i (V)	$Pv_i = I \cdot Uv_i$ (W)
↑	↑	0	1,5	0	0	4,5	6,75
		2	0,9	1,8	1,62	2,7	2,43
4,5	3	4	0,643	2,57	1,65	1,93	1,24
		6	0,50	3,0	1,5	1,5	0,75
		8	0,408	3,27	1,33	1,23	0,5
↓	↓	10	0,346	3,46	1,19	1,04	0,36

Abb. 102

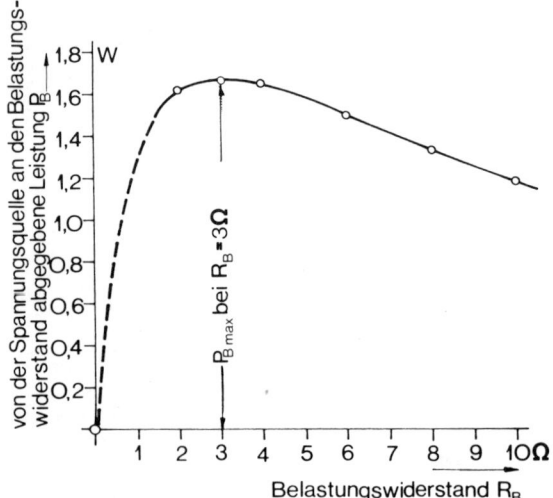

Abb. 103 Leistungsanpassung bei $R_B = R_i$

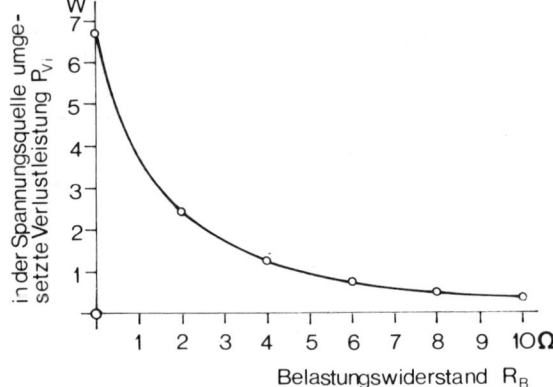

Abb. 104 Verlustleistung in der Spannungsquelle

Spannungsquelle angepaßt werden, daß Innenwiderstand und Belastungswiderstand gleich sind. Dieser Vorgang wird *Leistungsanpassung* genannt. Abbildung 104 läßt erkennen, daß bei kleinem Belastungswiderstand die in der Spannungsquelle umgesetzte elektrische Leistung beträchtlich sein kann. Die der Leistung entsprechende Wärmeentwicklung kann zur Zerstörung der Spannungsquelle führen.

Anmerkung zum Begriff des Wechselstroms

Die meisten technischen Einrichtungen werden mit Wechselstrom betrieben.
In Wechselstromnetzen liegt im Gegensatz zum Gleichstrom die Polarität der Klemmen nicht zu

jedem Zeitpunkt unverändert fest; vielmehr ändert die Spannung ständig ihre „Richtung" und ihren Betrag. *In Abbildung 105* ist der Verlauf einer sinusförmigen Wechselspannung über der Zeitachse aufgetragen.
Zur Vereinfachung nehmen wir einmal an, daß für eine volle Wechselstromschwingung eine Sekunde benötigt wird. Wir sagen dann: die Frequenz des Wechselstromes beträgt 1 *Hertz* (Hz). Der Zusammenhang zwischen der Anzahl der Schwingungen pro Sekunde und der Frequenz wird in den *Abbildungen 107* und *108* gezeigt.
Betrachten Sie nun Abb. 105 in Verbindung mit *Abb. 106*. Unter dem Verlauf der Spannung ist eine Reihe von Stromkreisen mit den Ohmschen Widerständen R = 10 Ω aufgetragen.
Zum Zeitpunkt t = 0 sec liegt am Widerstand R keine Spannung an. Folglich fließt auch kein Strom. Bis zum Zeitpunkt 3/12 sec steigt die Spannung an, um danach wieder auf 0 zu fallen. Im Widerstand verläuft der elektrische Strom verhältnisgleich dem Verlauf der elektrischen Spannung. Bei der Er-

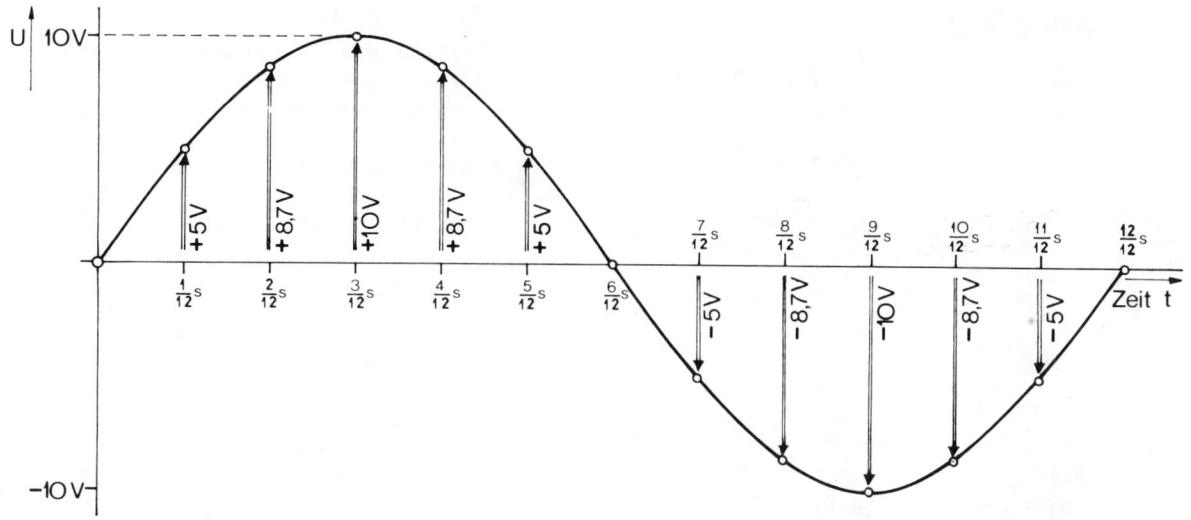

Abb. 105 Zeitlicher Verlauf der Klemmenspannung (Frequenz 1 Hz, 1 voller Schwingungsablauf in 1 sec)

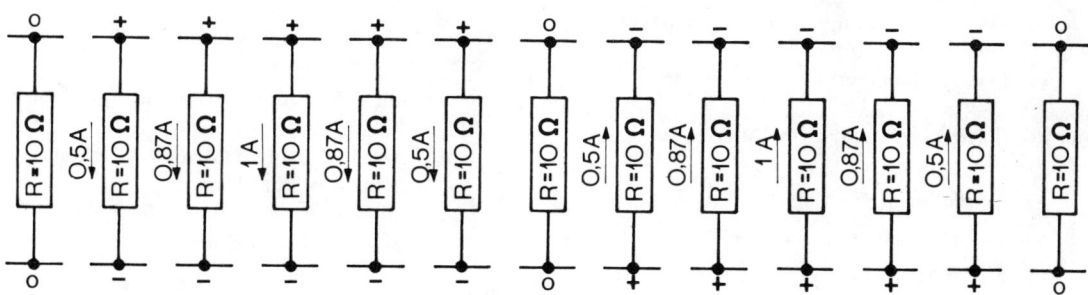

Abb. 106 Stromstärken und Stromrichtungen im Wechselstromkreis

Frequenz $1\,Hz = \dfrac{1\,\text{Schwingung}}{1\,\text{Sekunde}}$

Abb. 107

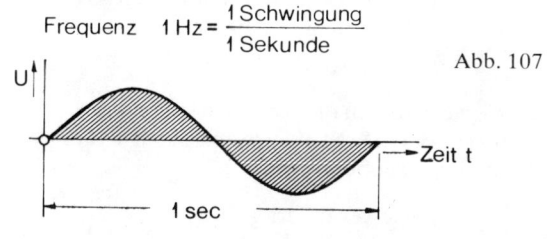

Frequenz $2\,Hz = \dfrac{2\,\text{Schwingungen}}{1\,\text{Sekunde}}$

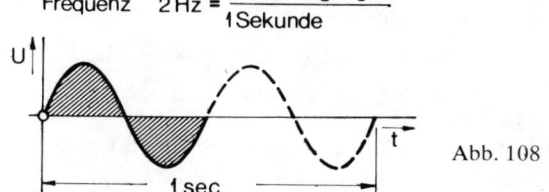

Abb. 108

mittlung der Stromstärke ist das Ohmsche Gesetz anzuwenden.

Beim Zeitpunkt 6/12 sec wird die Spannung zu 0, um dann ihre Richtung zu wechseln. Daraus folgt, daß der Strom ebenfalls seine Richtung im Widerstand verändern muß.

Bei der Zeitmarke 12/12 sec beginnt dieser Ablauf wieder von vorne usw.

*

Weiterführende Literatur findet sich im Anhang. Für dieses Kapitel gelten vor allem die Nummern 1, 14, 20, 43, 47

Übungsaufgaben

Bei den folgenden Fragen soll die jeweils richtige Antwort links im Kästchen angekreuzt werden. Es ist immer nur eine Antwort richtig.

1. Wieviel Elektronen besitzt ein elektrisch neutrales Atom, wenn ein Kern mit 11 Protonen vorhanden ist?

  ☐ a) 9 Elektronen

  ☐ b) 10 Elektronen

  ☐ c) 11 Elektronen

2. Was versteht man unter der Ionisierung von Atomen?

  ☐ a) Die Abgabe oder die Aufnahme von Elektronen an der äußeren Elektronenschale

  ☐ b) Die Verbindung zweier elektrisch wirksamer Atome

  ☐ c) Das Aufleuchten von Gas-Atomen

3. Wie verhalten sich zwei positive Ionen untereinander?

  ☐ a) Sie ziehen sich an

  ☐ b) Sie stoßen sich ab

  ☐ c) Sie zeigen keine Wirkung aufeinander

4. Welche der angegebenen Aussagen ist falsch?

  ☐ a) Die Elektronen bewegen sich in der Spannungsquelle vom Pluspol zum Minuspol

  ☐ b) Der elektrische Strom fließt in der Spannungsquelle vom Minuspol zum Pluspol

  ☐ c) In der Spannungsquelle fließt unter keinen Umständen ein elektrischer Strom

5. Die Meßgenauigkeit bei der Messung von elektrischen Spannungen wird erhöht, wenn

  ☐ a) der Innenwiderstand des Meßinstruments möglichst klein ist

  ☐ b) der Innenwiderstand des Meßinstruments möglichst groß ist

  ☐ c) man in der unteren Skalenhälfte des Instruments mißt

6. Welche Aussage ist richtig

  ☐ a) Das obere Instrument in nebenstehender Abbildung zeigt den größten Strom an

  ☐ b) Das untere Instrument zeigt den größten Strom an

  ☐ c) Alle Instrumente zeigen den gleichen Strom an

7. Bei der Belastung einer Spannungsquelle liegt Leistungsanspassung vor, wenn

  ☐ a) der Belastungswiderstand wesentlich kleiner als der Innenwiderstand der Spannungsquelle ist

  ☐ b) der Belastungswiderstand für eine große Nennleistung ausgelegt ist

  ☐ c) Belastungswiderstand und Innenwiderstand der Spannungsquelle gleich groß sind

8. In einem Leitungsdraht bewegen sich die Elektronen bei Gleichstrom

  ☐ a) mit sehr hoher Geschwindigkeit vom Pluspol zum Minuspol

  ☐ b) mit sehr geringer Geschwindigkeit vom Minuspol zum Pluspol

  ☐ c) mit wachsender Geschwindigkeit vom Minuspol zum Pluspol

9. In einer Parallelschaltung wird durch Zuschalten eines Widerstands

  ☐ a) der Gesamtwiderstand verkleinert

  ☐ b) die Leistungsaufnahme der gesamten Schaltung herabgesetzt

  ☐ c) der Strom verkleinert

10. Wie verhält sich die Ausgangsspannung der hier abgebildeten Schaltung, wenn der Schleifer nach oben verschoben wird?

  ☐ a) Sie verändert sich nicht, weil keine Spannungsteilung vorliegt

  ☐ b) Sie wird größer

  ☐ c) Sie wird kleiner

Die Lösungen der Übungsaufgaben finden Sie im Anhang 1 dieses Buches auf Seite 277.

2. Widerstände, Kondensatoren, Spulen – Grundbausteine der Elektronik

Widerstände *begrenzen Ströme, bilden Spannungs-abfälle, unterteilen Spannungen, verbinden Schalt-stufen miteinander.*
Kondensatoren *speichern elektrische Energie, ver-zögern oder beschleunigen Schaltvorgänge, verfor-men Impulse, sperren Gleichströme, übertragen gleichzeitig Wechselströme von einem Schaltkreis in einen anderen, sieben Störungen aus.*
Spulen *drosseln Wechselströme, übertragen Signale von einem Schaltkreis in einen anderen, dienen der Spannungserzeugung, speichern magnetische Ener-gie, transformieren Wechselspannungen, -ströme und -widerstände, filtern Frequenzen, bewirken in Verbindung mit Kondensatoren elektrische Schwin-gungen, dienen als elektromagnetische Wandler.*

Unentbehrliche Bausteine

Widerstände, Kondensatoren und Spulen werden in großer Zahl für elektronische Einrichtungen be-nötigt. Sie sind in ihrer äußeren Form ebenso unter-schiedlich wie die Aufgaben, die sie zu erfüllen ha-ben *(Abb. 1).*
Es soll hier einiges über die Eigenschaften dieser Bauelemente gesagt und an Beispielen gezeigt wer-den, welche Funktionen sie zu erfüllen haben. Daß dabei ein Anspruch auf Vollständigkeit nicht er-hoben werden kann, sei vorausgeschickt.

Widerstände begrenzen Ströme

Welche wichtigen Aufgaben hat das Bauelement „Widerstand" in elektronischen Schaltungen zu er-füllen?
Elektronische Einrichtungen arbeiten meist an

Abb. 1 Schaltplatine, bestückt mit Widerständen, Kondensatoren und Miniatur-Spulen

einer fest vorgegebenen Betriebsspannung. Nicht alle Bauelemente sind aber für diese Spannung ge-eignet.
Würde z. B. eine Lampe, die für eine Spannung von 2,5 V vorgesehen ist, ohne eine schützende Einrich-tung an eine Spannung von 12 V angeschlossen, so würde die überhöhte Spannung einen zu großen Strom durch die Lampe treiben; die Lampe würde

zunächst hell aufleuchten und dann zerstört *(Abb. 2 a)*.

Ein Durchbrennen wird verhindert, wenn der Lampe zur Strombegrenzung ein Widerstand vorgeschaltet wird *(Abb. 2 b)*.

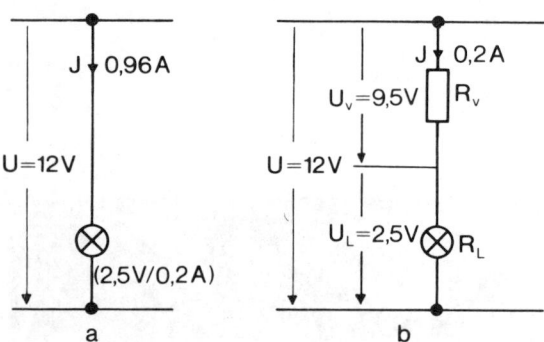

Abb. 2 Widerstand als Strombegrenzer

Wie kann in diesem Fall der erforderliche Wert des Vorwiderstandes ermittelt werden? Zur Berechnung der Größe des Vorwiderstandes werden fundamentale Gesetze der Elektrotechnik angewendet, die Ihnen bereits geläufig sind: das *Ohmsche Gesetz* und die *Kirchhoffschen Gesetze*.

Bei unserem Beispiel ist aus den Angaben für die Lampe bekannt, daß sie auf eine Nennspannung von 2,5 V für den normalen Betrieb eingerichtet ist. Da die an der Schaltung vorhandene Betriebsspannung aber 12 V beträgt, ist die Spannung für die Lampe um einen Anteil von 9,5 V zu groß. Das läßt sich nach der Beziehung

$$U_V = U - U_L = 12\,V - 2,5\,V = 9,5\,V$$

schon im Kopf errechnen.

Aus den Angaben für die Lampe ist außerdem bekannt, daß ein Nennstrom von 0,2 A fließen muß. Nach den Kirchhoffschen Gesetzen darf dann durch den Vorwiderstand ebenfalls nur eine Stromstärke von 0,2 A fließen, wenn sie den richtigen Wert haben soll.

Aus den Werten Spannungsabfall am Vorwiderstand ($U_V = 9,5\,V$) und der Stromstärke ($I = 0,2\,A$) läßt sich nun nach dem Ohmschen Gesetz der Wert des Vorwiderstandes errechnen:

$$R_V = \frac{U_V}{I} = \frac{9,5\,V}{0,2\,A} = 47,5\,\Omega.$$

Widerstände teilen Spannungen auf

Eine andere wichtige Aufgabe von Widerständen in elektronischen Schaltungen ist die der Spannungsteilung.

Zwei oder mehr in Reihe geschaltete Widerstände bilden einen Spannungsteiler, der eine vorhandene Spannung in einzelne kleinere Spannungen aufteilt. In unserem Beispiel *(Abb. 3 a)* wird ein Spannungsteiler aus zwei Widerständen gebildet. Ihre Widerstandswerte stehen im Verhältnis 2 : 1 zueinander. Dadurch wird die anliegende Betriebsspannung von 12 V in die Teilspannungen 8 V und 4 V zer-

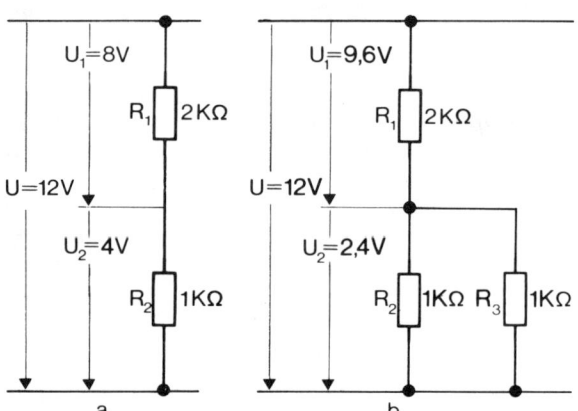

Abb. 3 Spannungsteiler; a) belastet, b) unbelastet

legt; denn bei einer Reihenschaltung verhalten sich die Teilspannungen wie die Widerstände, an denen sie auftreten. So besagt es das Kirchhoffsche Gesetz. Im Beispiel der *Abbildung 3 b* besteht der Spannungsteiler nicht nur aus den Widerständen R_1 und R_2; hier bestimmt zusätzlich der Widerstand R_3 das Verhältnis der Spannungsteilung. Da der dem Widerstand R_2 parallel geschaltete Widerstand R_3 im angenommenen Beispiel den gleichen Wert hat wie R_2, ergibt sich nun ein Verhältnis von 4 : 1. Das heißt, die Betriebsspannung von 12 V wird in Teilspannungen 9,6 V und 2,4 V aufgeteilt.

Die Widerstände R_2 und R_3 sind parallel geschaltet, so daß sie zusammen nur den halben Widerstandswert ausmachen, den sie einzeln besitzen. Man bezeichnet eine solche Schaltung als *belasteten Spannungsteiler*, wobei der Belastungswiderstand durch R_3 verkörpert wird.

Beim belasteten Spannungsteiler ist die abgegriffene Spannung immer kleiner als beim unbelasteten Spannungsteiler. Das ist zu beachten, wenn an einen Spannungsteiler zusätzlich Belastungswiderstände angeschlossen werden.

So kann z. B. die Ausgangsspannung bei einem Digitalbaustein durch das Anschließen einer zu großen Zahl von folgenden Schaltstufen so stark herabgesetzt werden, daß die Folgestufen nicht mehr sicher ansprechen.

Neben fest eingestellten Spannungsteilern, zu denen die eben erwähnten gehören, gibt es einstellbare Spannungsteiler, die auch Potentiometer genannt werden. Sie ermöglichen, einen beliebig großen Anteil einer vorhandenen Spannung zu verwerten *(Abb. 4)*.

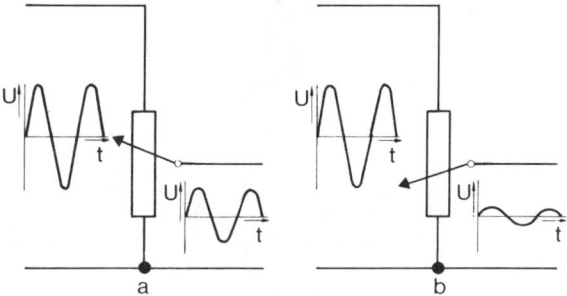

Abb. 4 Einstellbarer Spannungsteiler

Übrigens wird mit einem einstellbaren Spannungsteiler die Lautstärke am Rundfunk- oder Fernsehgerät eingestellt. Soll die Lautstärke erhöht werden, so wird durch entsprechendes Verstellen des Potentiometers ein größerer Anteil einer vorhandenen Spannung an einem Spannungsteiler im Gerät abgegriffen und zur Verstärkung weitergeleitet.

Wichtige Widerstandsdaten

Bei der Wahl eines Widerstandes für eine bestimmte Aufgabe sind mehrere Kenndaten zu berücksichtigen; zwei der wichtigsten sind der *Widerstandswert* und die *Belastbarkeit*.

Der Widerstand wird in der Maßeinheit Ohm – Kurzzeichen Ω – gemessen. Als Kurzbezeichnungen für dezimale Vielfache und Teile der Maßeinheit sind üblich:

1 Kiloohm	1 kΩ	= 1000 Ω
1 Megaohm	1 MΩ	= 1 000 000 Ω
1 Milliohm	1 mΩ	= 0,001 Ω

Die Industrie stellt Widerstände in verschiedenen Wertabstufungen her, die sich auf internationale Normen (IEC) oder auf deutsche Normreihen (DIN) beziehen.

Nach der Internationalen Normzahlenreihe E 6 gibt es z. B. nur die Abstufungen 1,0;1,5;2,2;3,3;4,7;6,8 für Widerstände mit einer Werttoleranz von $\pm$ 20 % *(Abb. 5)*.

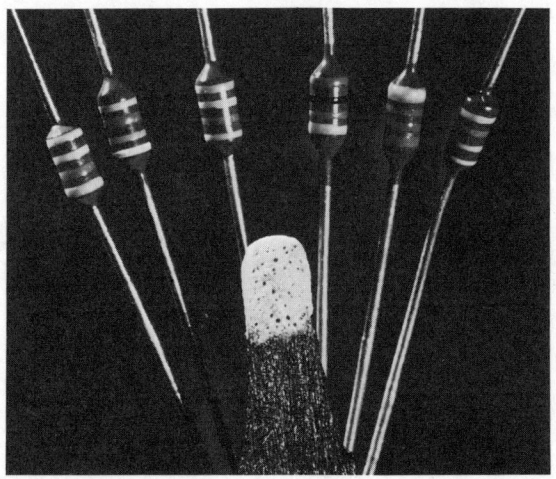

Abb. 5 Beispiel einer Stufung von Widerstandswerten (E6-Reihe)

Bei einer möglichen Abweichung von 20 % vom aufgedruckten Wert sind feinere Abstufungen nicht mehr sinnvoll. Wenn nämlich ein Widerstand von 3,3 kΩ mit dieser Toleranz von $\pm$ 20 % verwendet wird, so kann sein tatsächlicher Wert zwischen 2,64 kΩ und 3,96 kΩ liegen; größere Genauigkeit wird von der Industrie nicht garantiert. Für die nächst niedrige Stufe von 2,2 kΩ ergibt sich ein Toleranzbereich von 1,76 kΩ bis 2,64 kΩ; für die nachfolgende Stufe von 4,7 kΩ ein Toleranzbereich von 3,76 kΩ bis 5,64 kΩ. Es wird also deutlich, daß die Toleranzbereiche gerade ineinander greifen.

Beträgt die mögliche Abweichung bei den Widerstandswerten nur $\pm$ 10 %, so ist eine feinere Abstufung der Wertereihe erforderlich. Die Normzahlenreihe E 12 umfaßt beispielsweise 12 einzelne Stufen. Bei einer Toleranz der Widerstandswerte von nur $\pm$ 5 % sind 24 Stufen nötig, damit eine dieser Toleranz angepaßte lückenlose Reihe entsteht.

Die Übersicht *(Abb. 6)* zeigt Abstufungen der DIN-Reihen und der internationalen Reihen.
Bei Widerständen mit größeren äußeren Abmessungen können die Angaben aufgedruckt werden. Bei sehr kleinen Abmessungen reicht dafür der Platz nicht aus. Die Angaben werden dann in Form eines *Farbcodes* aufgebracht, der international genormt ist. Er besteht aus einer Reihe von Ringen oder Punkten auf dem Widerstandskörper.

Abb. 6 Abstufung von Widerstandswerten nach internationalen Reihen und nach DIN-Reihen

DIN-Reihen / Internationale Reihen

R 5	R 10	R 20	E 6	E 12	E 24
		1,00			1,0
	1,00			1,0	
		1,12			1,1
1,00			1,0		
		1,25			1,2
	1,25			1,2	
		1,40			1,3
		1,60			1,5
	1,60			1,5	
		1,80			1,6
1,60			1,5		
		2,00			1,8
	2,00			1,8	
		2,24			2,0
		2,50			2,2
	2,50			2,2	
		2,80			2,4
2,50			2,2		
		3,15			2,7
	3,15			2,7	
		3,55			3,0
		4,00			3,3
	4,00			3,3	
		4,50			3,6
4,00			3,3		
		5,00			3,9
	5,00			3,9	
		5,60			4,3
		6,30			4,7
	6,30			4,7	
		7,10			5,1
6,30			4,7		
		8,00			5,6
	8,00			5,6	
		9,00			6,2
					6,8
				6,8	
					7,5
			6,8		
					8,2
				8,2	
					9,1
Toleranz:			**Toleranz:**		
beliebig			± 20 %	± 10 %	± 5 %

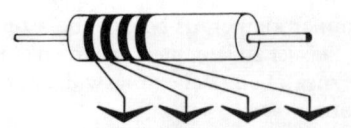

Farbe	1. Ziffer	2. Ziffer	Zahl der Nullen	Toleranz in %
schwarz	0	0	0	–
braun	1	1	1	1
rot	2	2	2	2
orange	3	3	3	–
gelb	4	4	4	–
grün	5	5	5	0,5
blau	6	6	6	–
violett	7	7	7	–
grau	8	8	8	–
weiß	9	9	9	–
gold	–	–	x 0,1	5
silber	–	–	x 0,2	10
ohne	–	–	–	20

Beispiele:

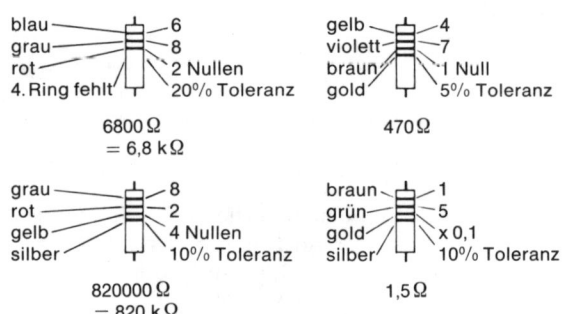

blau — 6
grau — 8
rot — 2 Nullen
4. Ring fehlt — 20% Toleranz
6800 Ω = 6,8 kΩ

gelb — 4
violett — 7
braun — 1 Null
gold — 5% Toleranz
470 Ω

grau — 8
rot — 2
gelb — 4 Nullen
silber — 10% Toleranz
820000 Ω = 820 kΩ

braun — 1
grün — 5
gold — x 0,1
silber — 10% Toleranz
1,5 Ω

Abb. 7 Internationaler Farbcode für Widerstände

In unserer Übersicht *(Abb. 7)* sind die Bedeutung der Farben und die Stellung der Markierungen zueinander festgehalten.
Da sich jeder Widerstand bei Stromdurchfluß erwärmt, muß für eine ausreichende Wärmeableitung gesorgt werden. Je größer die Oberfläche eines Widerstandes ist, desto mehr Wärme kann er abgeben und desto höher ist seine Belastbarkeit.
Die *Belastbarkeit* wird in der Maßeinheit für die elektrische Leistung – also in Watt – angegeben. Die in *Abbildung 8* gezeigten Widerstände sind vom gleichen Typ und besitzen den gleichen Widerstandswert. Ihre Belastbarkeit ist jedoch unterschiedlich hoch, was in ihren unterschiedlichen Abmessungen deutlich wird. Der kleinste Widerstand verträgt bei

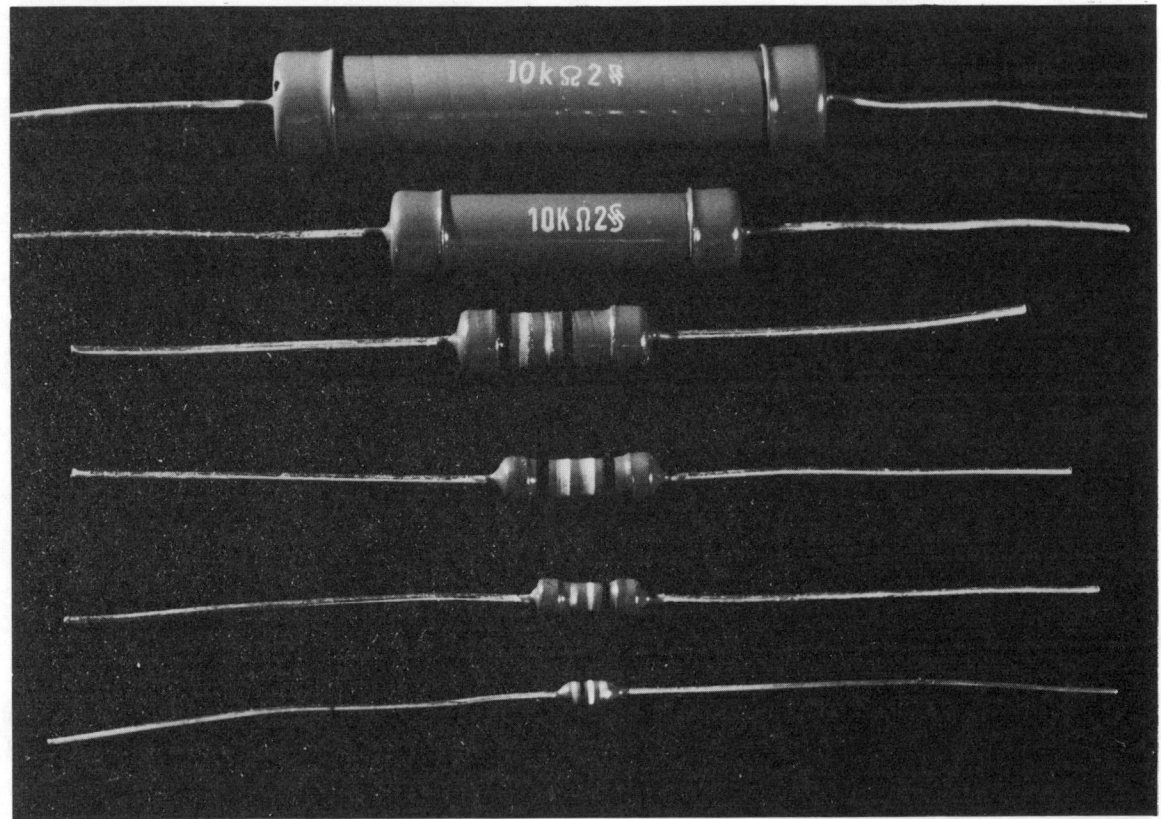

Abb. 8 Widerstände mit gleichem Widerstandswert, aber von unterschiedlicher Belastbarkeit

normaler Raumtemperatur und ohne zusätzliche Kühlung höchstens eine Dauerbelastung von 1/20 Watt; der größte hingegen ist bis 20 Watt belastbar.

Ausführungen von Widerständen

Widerstände in elektronischen Schaltungen sind am häufigsten als *Schichtwiderstände* ausgeführt. Dabei wird auf ein Keramikröhrchen eine dünne Schicht aus Kohle, Metalloxid oder Metall aufgebracht. Kappen oder Schellen, an die die Anschlußdrähte gelötet werden, stellen den Kontakt zur Widerstandsschicht her. Unterschiedliche Widerstandswerte werden vor allem durch Veränderung der Schichtdicke und ein wendelförmiges oder mäanderförmiges Aufschleifen der Schicht erzielt *(Abb. 9a)*. Für geringe Widerstandswerte und für höhere Be-

lastungen werden meist *Drahtwiderstände* verwendet *(Abb. 9b)*. Auch die Widerstandsdrähte werden auf Keramikkörper aufgebracht, die zur Isolation und zum Schutz gegen äußere Einflüsse oxydiert, zementiert oder glasiert werden.

Für verschiedene Zwecke werden veränderbare Widerstände *(Potentiometer, Trimmer)* gebraucht *(Abb. 10)*. Bei diesen Widerständen, die als Schicht- oder Drahtwiderstände ausgeführt sein können, läßt sich ein Schleifer bewegen, wodurch ein mehr oder weniger großer Bereich des vorhandenen Widerstandes ausgenutzt wird. Der Schleifer wird durch Drehbewegung auf einer ringförmigen Widerstandsbahn oder geradlinig auf einer flachen Widerstandsbahn bewegt.

Zu einer weiteren Gruppe von Widerständen, von denen hier kaum mehr als die Namen genannt werden können, gehören solche, bei denen der Wider-

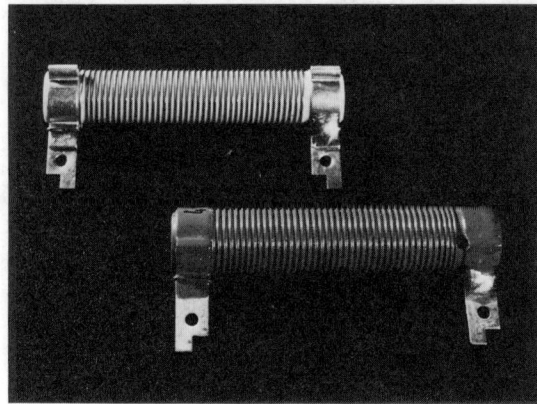

Abb. 9 a) Schichtwiderstand, b) Drahtwiderstand

standswert von bestimmten Faktoren abhängig ist und sich dementsprechend verändern läßt:

So gibt es temperaturabhängige Widerstände *(Thermistoren)*, die als Heiß- oder Kaltleiter zum Beispiel als Temperaturfühler verwendet werden; oder spannungsabhängige Widerstände *(Varistoren)* für Stabilisierungs- und Schutzaufgaben; oder strahlungsabhängige Widerstände *(Fotowiderstände)*, deren Widerstand bei Strahleneinwirkung meist stark vermindert wird. Und schließlich gibt es magnetfeldabhängige Widerstände *(Feldplatten)*, deren Widerstand in einem Magnetfeld größer wird. Zu den neuesten Entwicklungen gehören druckabhängige Widerstände.

Zwei Platten speichern Energie

Äußerlich sehen sie den Widerständen oft ganz ähnlich; allerdings erfüllen *Kondensatoren* ganz andere Funktionen.

Jeder Kondensator besteht im Prinzip aus zwei Platten bzw. zwei elektrisch leitenden Belägen, die einander isoliert gegenüberstehen.

Welche Funktion ein derart simpel gebautes Element in elektrischen Schaltkreisen erfüllen kann, zeigt ein einfacher Versuch: Wird ein Kondensator an eine Gleichspannungsquelle angeschlossen, so werden elektrische Ladungen verschoben. Dabei bildet sich auf der einen Platte ein Elektronenüberschuß, also eine negative Ladung; auf der anderen Platte dagegen entsteht ein Elektronenmangel, also eine positive Ladung *(Abb. 12)*. Zwischen den geladenen Platten besteht ein Einflußbereich, der als elektrisches Feld bezeichnet wird.

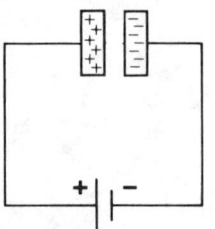

Abb. 12 Kondensator (Prinzip)

Sind die Platten aufgeladen, so fließt kein Ladestrom mehr, obwohl die Spannungsquelle noch anliegt. Wird die Spannungsquelle entfernt, so bleibt der Kondensator aufgeladen und stellt selbst eine Spannungsquelle dar. *Der Kondensator kann also Energie speichern!*

Schließt man an die Anschlüsse eines geladenen Kondensators z. B. einen Widerstand an, kann sich der Ladungsunterschied zwischen den beiden Platten wieder ausgleichen; durch den Widerstand fließt ein Elektronenstrom von der negativen Platte zur positiven Platte, also in umgekehrter Richtung wie bei der Aufladung. Ist der Ladungsunterschied ausgeglichen, so fließt kein Strom mehr.

Kapazität = Fassungsvermögen

Eine wesentliche Kenngröße des Kondensators ist sein Fassungsvermögen für elektrische Ladungen. Dieses Fassungsvermögen wird als Kapazität bezeichnet. Das Formelzeichen dafür heißt C. Die

Abb. 10 Ausführungsbeispiele von einstellbaren Widerständen

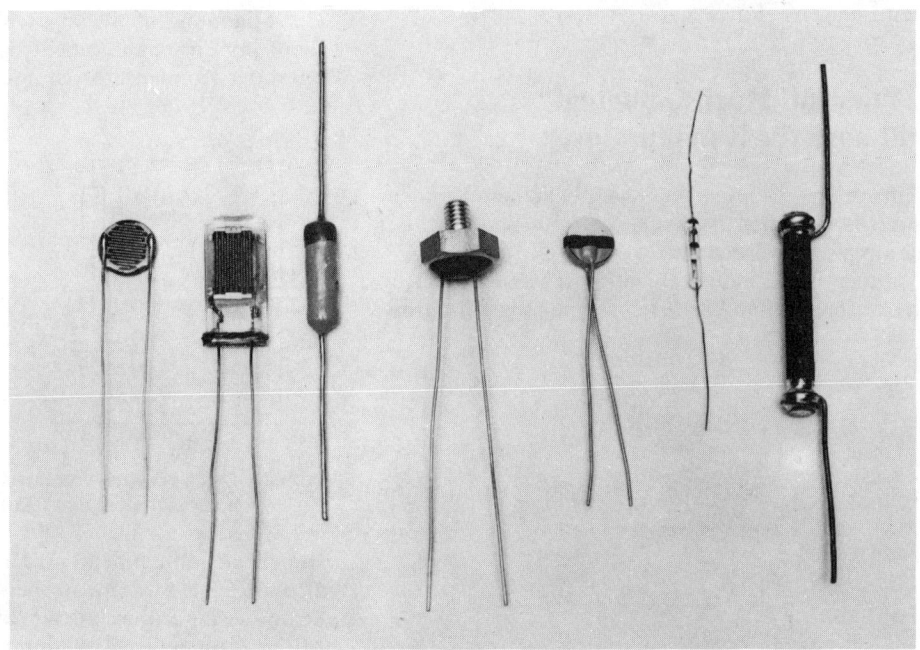

Abb. 11 Veränderliche Widerstände

Maßeinheit ist das *Farad,* kurz F. *Ein Kondensator, bei dem innerhalb einer Sekunde die Spannung um ein Volt ansteigt, wenn ein Ladestrom von einem Ampere fließt, besitzt die Kapazität von einem Farad.*

Die in der Praxis benutzten Kondensatoren haben Kapazitätswerte, die meist wesentlich kleiner sind als ein Farad, so daß bei der Angabe der Maßeinheit die Kurzbezeichnungen für dezimale Teile üblich sind.

1 Millifarad   1 mF = 0,001 F
1 Mikrofarad   1 μF = 0,000001 F
1 Nanofarad   1 nF = 0,000000001 F
1 Pikofarad   1 pF = 0,000000000001 F

Ein Kondensator, der z. B. aus zwei Markstücken gebildet würde, die 1 mm Luft zwischen sich haben, besäße nur eine Kapazität von nicht ganz 4 pF.

Die Kapazität eines Kondensators ist abhängig von der Größe, vom Abstand der Beläge und vom Isolierstoff zwischen den Belägen, der als *Dielektrikum* bezeichnet wird. Und zwar ist die Kapazität um so größer, je größer die Beläge sind und je kleiner der Abstand zwischen ihnen ist. Wird als Dielektrikum beispielsweise Hartpapier gewählt, so ist die Kapazität viermal größer, als wenn sich nur Luft zwischen den Belägen befände.

„Vorsicht, Hochspannung!" gilt auch für Kondensatoren

Ein anderer wichtiger Kennwert bei einem Kondensator ist die höchstzulässige Betriebsspannung, der er ausgesetzt werden darf.

Mitunter ist die Isolierschicht zwischen den Belägen recht dünn – es soll dadurch ja eine möglichst große

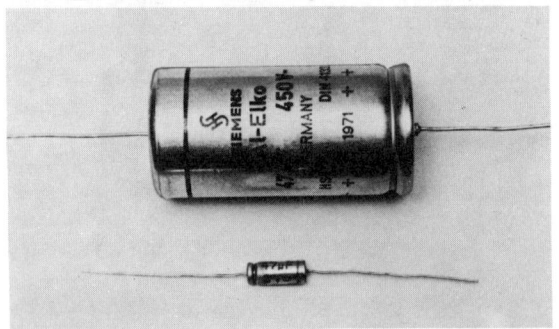

Abb. 13 Kondensatoren für unterschiedliche Höchstspannungen mit gleicher Kapazität

Kapazität erzielt werden. Die dünne Schicht wird bei einer zu hohen Spannung natürlich durchschlagen. Meist ist ein Kondensator nach einem Durchschlag zerstört, aber auch in der Schaltung, in die er eingebaut ist, können schwere Schäden entstehen, wenn Spannungen, die der Kondensator sperren sollte, nun an Teile gelangen, die nicht dafür ausgelegt sind.

Zwei Kondensatoren gleicher Kapazität können sich in den äußeren Abmessungen allein deshalb unterscheiden, weil sie für unterschiedliche Höchstspannungen ausgelegt sind *(Abb. 13).*

Ein Kondensator kann wie ein Kurzschluß wirken

Die Kapazität eines Kondensators und die Größe des Zuleitungswiderstandes sind von entscheidender Bedeutung bei der Ladung und Entladung. Es ist leicht einzusehen, daß es länger dauert, bis ein Kondensator mit großer Kapazität aufgeladen ist, als einer mit geringem Aufnahmevermögen für elektrische Ladungen.

Wird ein Kondensator über einen Widerstand an eine Spannungsquelle angeschlossen *(Abb. 14a),* so fließt im Einschaltmoment der größte Ladestrom; denn der Kondensator ist noch völlig leer und ent-

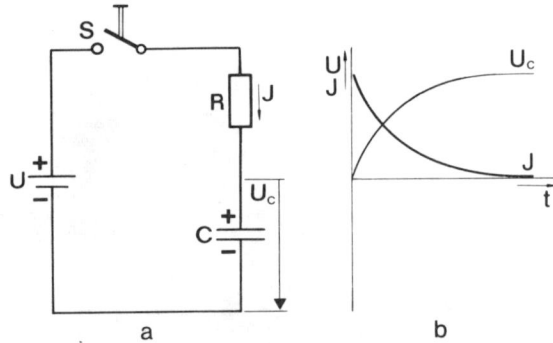

Abb. 14 Das Verhalten von Strom und Spannung beim Aufladen eines Kondensators

sprechend aufnahmefähig. Der Kondensator wirkt also im ersten Moment wie ein Kurzschluß! Der Strom wird nur durch den Widerstand begrenzt.

Mit zunehmender Aufladung wird der Ladestrom geringer, weil sich auf den Belägen des Kondensators Ladungsträger ansammeln, die eine ansteigende

Gegenspannung gegen die angelegte Spannung bewirken. Der Ladevorgang ist erst dann beendet, wenn die Spannung auf den Kondensatorbelägen ebenso groß ist wie die angelegte Betriebsspannung. Es werden dann keine Ladungen mehr bewegt; es fließt kein Ladestrom mehr.

Die Spannung auf den Kondensatorbelägen verhält sich während des Ladevorganges gerade umgekehrt wie der Strom: Sie steigt bis zum Wert der Betriebsspannung an, während der Strom mit fortschreitendem Ladevorgang immer mehr abfällt. Die beiden Kurven in *Abbildung 14b* verdeutlichen, wie sich Kondensatorspannung und Ladestrom – bezogen auf denselben Zeitabschnitt – verändern. Dieser Kennlinienverlauf ist kennzeichnend für den Ladevorgang jeder Kondensator-Widerstand-Kombination.

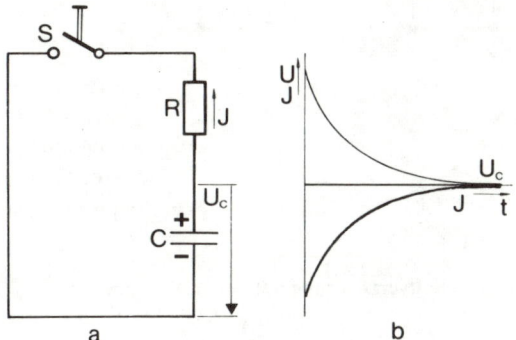

Abb. 15 Das Verhalten von Strom und Spannung beim Entladen eines Kondensators

Wird ein Kondensator über einen Widerstand entladen *(Abb. 15 a)*, so ist der Entladestrom ebenfalls anfangs am größten und sinkt schließlich auf Null. Die treibende Spannung wird ja auch geringer. Allerdings ist die Richtung des Entladestroms der Richtung des Ladestroms entgegengesetzt. Deutlich macht diesen Unterschied die Entladestromkennlinie unterhalb der waagerechten Diagrammachse in *Abbildung 15 b*.

Spannung und Stromstärke sinken während des Entladevorganges in gleicher charakteristischer Weise auf Null ab.

Die Zeitkonstante – eine Zeit als Produkt von Kapazität und Widerstand

Wie läßt sich nun die Zeitdauer der Ladung oder Entladung bei einem Kondensator ermitteln? Dafür gibt es folgendes, relativ einfaches Verfahren:
Es besteht die Gesetzmäßigkeit, daß ein Kondensator auf 63 % vom Höchstwert geladen bzw. auf 37 % vom Höchstwert entladen wird, wenn eine leicht zu

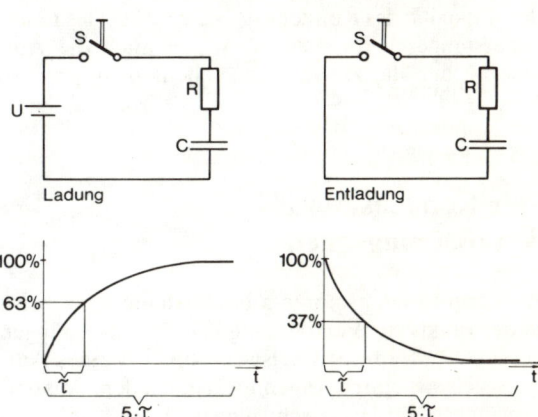

Abb. 16 Die Zeitkonstante beim Lade- und Entladevorgang eines Kondensators

errechnende Zeit, die sogenannte Zeitkonstante τ (sprich Tau), vergangen ist *(Abb. 16)*. Diese Zeitkonstante errechnet sich als Produkt der Kapazität des Kondensators und der Größe des Lastwiderstandes:

Zeitkonstante τ = Kapazität C · Widerstand R.

Praktisch vollständig aufgeladen oder entladen ist ein Kondensator nach einer Zeit, die fünfmal so lang ist wie die Zeitkonstante:

Zeit der vollständigen Ladung bzw.
Entladung t = 5 · Zeitkonstante τ.

Beispiel: Ein Kondensator mit der Kapazität 10 µF wird über einen Widerstand von 100 kΩ an eine Spannung von 100 V angeschlossen. Wie lange dauert es, bis der Kondensator aufgeladen ist?
Die Zeit, nach der der Kondensator auf 63 % vom Höchstwert der Spannung – nämlich auf 63 V – aufgeladen sein wird, errechnet sich aus dem Produkt Kapazität mal Widerstand.

Die Zeitkonstante ist also

$$\tau = R \cdot C = 100 \text{ k}\Omega \cdot 10 \text{ }\mu\text{F} =$$
$$= 100 \cdot 10^3 \text{ }\Omega \cdot 10 \cdot 10^{-6} \text{ F} = 1 \text{ F} \cdot \Omega =$$
$$= 1 \frac{\text{As}}{\text{V}} \cdot \frac{\text{V}}{\text{A}} = 1 \text{ s.}$$

Die praktisch völlige Aufladung ist nach einer Zeit vollzogen, die fünfmal größer ist als die Zeitkonstante: $t = 5 \cdot \tau = 5 \cdot 1\text{s} = 5\text{s}$.
Würde die Kapazität des Kondensators verdoppelt, so wären auch die Zeitkonstante und die Zeit der völligen Aufladung doppelt so lang. Und würde statt der Kapazität des Kondensators die Größe des Ladewiderstandes verdoppelt, so wären auch die Aufladezeit und die Zeitkonstante ebenfalls doppelt so lang.

Der Kondensator als Verzögerungsglied

Daß sich Kondensatoren allmählich entladen, wird in der Praxis zur Verzögerung von Schaltvorgängen verwendet. Wenn beispielsweise die Tür eines Aufzugs sich erst einige Augenblicke nach dem Aussteigen eines Fahrgastes schließen soll, weil noch ein nächster kommen könnte, oder wenn sich eine eingeschaltete Beleuchtungsanlage nach einiger Zeit selbsttätig abschalten soll, dann wird dies mit Hilfe von Kondensatoren erreicht.
Das Prinzip dieser Verzögerungswirkung von Kondensatoren läßt sich an einer einfachen Relaisschaltung erklären (selbstverständlich werden Kondensatoren in vielen vollelektronischen Einrichtungen zur Schaltzeitbeeinflussung auch dort eingesetzt, wo z. B. Transistoren oder Thyristoren die Funktion des Schalters erfüllen).
In unserem Beispiel schaltet ein Relais einen Lampenstromkreis. Sind keine weiteren Schaltelemente mit der Relaiswicklung verbunden *(Abb. 17a),* so läßt sich das Relais durch einen Schalter ohne nennenswerte Verzögerungen ein- und ausschalten. Soll jedoch die Lampe nach dem Öffnen des Schalters noch für einige Zeit weiterleuchten, so erreicht man das durch das Parallelschalten eines Kondensators zur Relaiswicklung *(Abb. 17b).* Bei geschlossenem Schalter hat sich der Kondensator aufgeladen. Wird der Schalter geöffnet, so wirkt der geladene Kondensator wie eine Spannungsquelle, wie ein Akkumulator, der sich über den Widerstand der Relaiswicklung entlädt.

Während des Entladevorganges wird durch die Relaiswicklung ein Strom getrieben, so daß das Relais seinen Anker und damit den Kontakt für die Lampe noch angezogen halten kann. Erst wenn der Entladestrom unter den Mindesthaltewert gesunken ist, den das Relais braucht, um den Anker zu halten, fällt der Anker ab, der Relaiskontakt öffnet sich, die Lampe verlöscht.

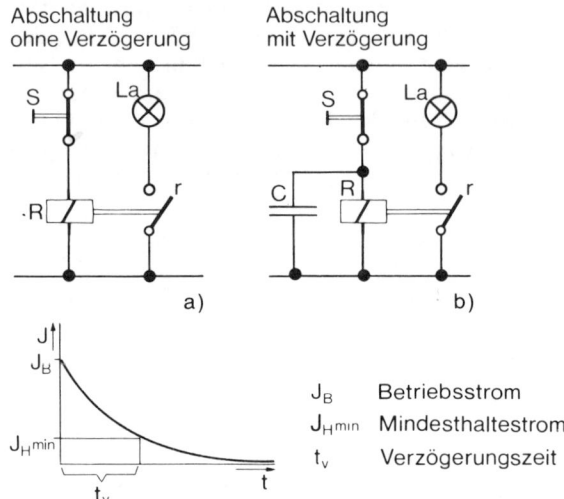

Abb. 17 Schaltverzögerung mit einem Kondensator

Die Dauer der Verzögerung hängt ab von der Kapazität des Kondensators, vom Widerstand der Relaiswicklung, der den Entladewiderstand darstellt, und vom Mindesthaltestromwert des Relais.
Es wurde bereits angedeutet, daß in gleicher Weise wie diese Relaisschaltung auch vollelektronische Schaltstufen mit Verzögerung gebaut werden können.

Läßt ein Kondensator Wechselstrom passieren?

Ein Kondensator im Gleichstromkreis verhält sich anders als ein Kondensator im Wechselstromkreis. Wird an einen Kondensator eine Gleichspannung angeschlossen, so zeigt ein Strommesser in der Zuleitung zum Kondensator nur einen kurzen Ladestromstoß. Danach fließt trotz weiter anliegender Betriebsspannung kein Strom mehr *(Abb. 18a).* Wird hinge-

gen der Kondensator an eine vergleichbare Wechselspannung angeschlossen, so wird vom Strommesser ein Dauerstrom angezeigt *(Abb. 18b)*.
Es scheint also, als sei der Kondensator nun stromdurchlässig. Ist er es tatsächlich?

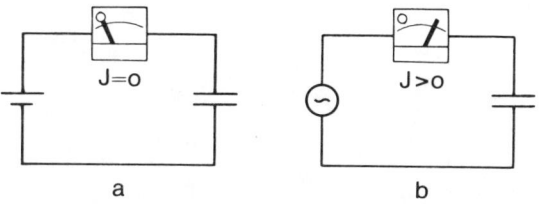

Abb. 18 Das Widerstandsverhalten eines Kondensators im Gleich- und im Wechselstromkreis

Wird an einen Kondensator eine Wechselspannung angeschlossen, so werden die Beläge abwechselnd negativ und positiv aufgeladen. Es fließt also ständig ein Lade- bzw. Entladestrom im Rhythmus der Wechselspannung der Spannungsquelle *(Abb. 19)*. Ein in den Stromkreis eingeschalteter Strommesser

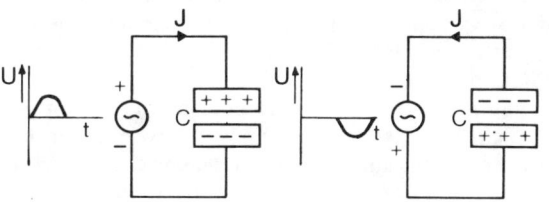

Abb. 19 Kondensator im Wechselstromkreis

mißt diesen Wechselstrom, so daß der Eindruck entsteht, der Kondensator sei stromdurchlässig. Gemessen wird aber kein tatsächlich durch den Kondensator fließender Strom, sondern der zum Kondensator oder vom Kondensator fließende Strom der elektrischen Ladungen.
Der Kondensator ist also für Wechselstrom scheinbar durchlässig.

Sperre und scheinbarer Durchlaß zugleich

Aufgrund des unterschiedlichen Verhaltens bei Gleich- und Wechselströmen können Kondensatoren zur Trennung von Gleich- und Wechselströmen eingesetzt werden; denn – vergröbernd gesagt – für

Gleichstrom stellt der Kondensator eine Sperre dar, für Wechselstrom einen mehr oder weniger guten Durchlaß.
Es gibt Stromkreise, in denen fließen Mischströme aus einem Gleich- und einem Wechselstromanteil *(Abb. 20)*. Oft soll aus einem solchen Stromkreis nur der Wechselstromanteil weitergeleitet und ausgewertet werden. Ein Beispiel dafür sind Tonfrequenzver-

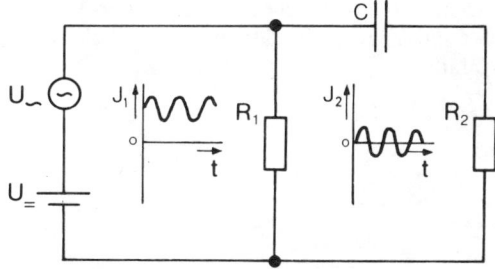

Abb. 20 Kondensator als Sperre für Gleichstrom und Durchlaß für Wechselstrom

stärker mit mehreren einzelnen Verstärkerstufen. Diese Trennung kann mit Hilfe eines Kondensators erreicht werden: der Wechselstromanteil wird über den Kondensator abgegriffen, der Gleichstrom aber bleibt gesperrt; im anschließenden Stromkreis ist dann nur ein Wechselstrom feststellbar mit dem charakteristischen Grundmerkmal der Richtungsänderung *(Abb. 20)*. Der Kondensator erfüllt hierbei die Funktion eines Trenn- und Koppelgliedes zugleich.

Der Wechselstromwiderstand des Kondensators sinkt mit steigender Frequenz

Bisher wurde hier sehr allgemein bemerkt, daß ein Kondensator für Wechselstrom scheinbar durchlässig sei. Genauer besehen zeigt sich freilich, daß ein Kondensator bei verschiedenen Frequenzen einer angelegten Wechselspannung einen unterschiedlich großen Wechselstromwiderstand aufweist.
Wird ein Kondensator an eine Wechselspannung mit relativ niedriger Frequenz angeschlossen, so läßt er nur einen kleinen Wechselstrom fließen. Je höher jedoch die Frequenz steigt, desto besser wird die scheinbare Durchlässigkeit des Kondensators und desto geringer also sein scheinbarer Widerstand.
Wie ist das zu erklären?

Bei niedriger Frequenz wird der Konsensator nur einige Male innerhalb einer bestimmten Zeiteinheit geladen und entladen; der durchschnittliche Wert des wechselnden Stromes ist also relativ gering. Bei hoher Frequenz hingegen wird der Kondensator innerhalb einer bestimmten Zeiteinheit sehr oft aufgeladen und wieder entladen, so daß der durchschnittliche Wechselstrom entsprechend größer ist.

Bei unendlich hoher Frequenz würde deshalb jeder Kondensator zu einem scheinbar absoluten Durchlaß, oder anders ausgedrückt: zu einem scheinbaren Kurzschluß.

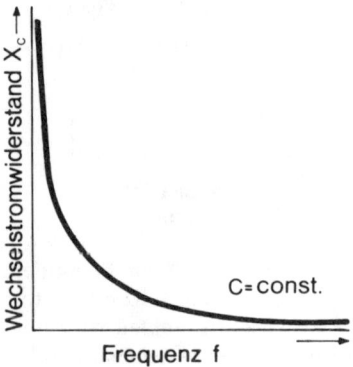

Abb. 21 Frequenzabhängigkeit des Wechselstromwiderstandes eines Kondensators

In *Abbildung 21* stellt sich die Abhängigkeit des Wechselstromwiderstandes eines Kondensators von der Frequenz so dar: *Bei niedriger Frequenz ist der Wechselstromwiderstand sehr groß, mit größer werdender Frequenz nimmt er immer mehr ab.*

Der Strom eilt voraus, die Spannung hinkt nach

Damit an den Belägen eines Kondensators eine Spannung entsteht, müssen auf sie negative bzw. positive Ladungen gebracht werden. Bevor also am Kondensator eine Spannung vorhanden ist, muß ein Ladestrom fließen. Der Ladestrom ist am größten, wenn die Spannung auf den Kondensatorbelägen ihren möglichen Höchstwert erreicht hat. Strom und Spannung treten am Kondensator also mit zeitlicher Verschiebung auf.

Der Strom eilt der Spannung voraus!

In *Abbildung 22* ist der zeitliche Verlauf eines sinus-

förmigen Stromes und einer sinusförmigen Spannung bei einem Kondensator dargestellt. Der Strom ist am größten, wenn die Spannung am Kondensator gerade anzusteigen beginnt; der Strom ist Null geworden, wenn die Spannung den Höchstwert erreicht hat usw.

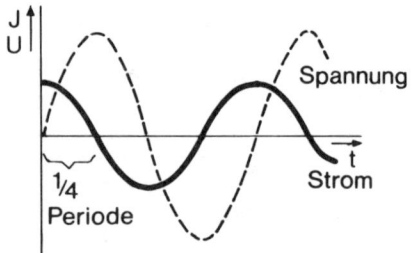

Abb. 22 Phasenverschiebung zwischen Strom und Spannung beim Kondensator

Man bezeichnet diese Erscheinung als *Phasenverschiebung*. Die Phasen sind Strom und Spannung.

Die Phasenverschiebung im dargestellten Beispiel beträgt eine Viertelperiode. Würden beide Phasen, der Strom und die Spannung, zur gleichen Zeit ihre Höchst- und ihre Nullwerte erreichen, so wäre keine Phasenverschiebung vorhanden.

Schaltungen mit Phasenschieberstufen werden gebraucht für: Oszillatoren, Gegentaktverstärker, bei der Phasenmodulation in der Nachrichtenübertragung. Auch der Farbton im Farbfernsehempfänger wird durch die Phasenverschiebung entsprechender Signale verändert.

Kondensatoren verformen Impulse

Oft werden in elektronischen Geräten Impulse ganz bestimmter Form zur Auslösung von Steuerungs- und Schaltvorgängen benutzt. Ein Beispiel: im Fernsehgerät schreibt ein Elektronenstrahl das Schirmbild zeilenweise und in Einzelphasen; er wird dabei durch präzise geformte Impulse geführt. Auch bei dieser Aufgabe helfen Kondensatoren.

Werden z. B. rechteckige Spannungsimpulse in die Reihenschaltung eines Kondensators und eines Widerstandes geschickt *(Abb. 23),* so entstehen am Kondensator und am Widerstand Spannungsimpulse, die nicht mehr rechteckförmig sind.

Die am Kondensator auftretenden Impulse besitzen Anstiegs- und Abfallflanken mit einem Verlauf, wie

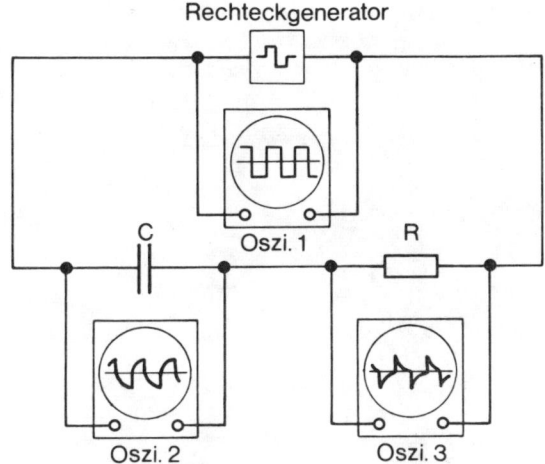

Rechteckgenerator

Oszi. 1

C

R

Oszi. 2

Oszi. 3

Abb. 23 Impulsverformung mit Kondensator-
Widerstands-Kombination

er beim plötzlichen Ein- und Ausschalten eines Kondensators immer zu beobachten ist.

Am Widerstand entstehen Impulse als Spannungsabfälle, die den Stromimpulsen bei der Ladung und Entladung proportional sind. Es sind unter den gegebenen Umständen nadelförmige Impulse; sie kommen in dieser Form zustande, weil bei jedem Kondensator im ersten Moment des Ein- bzw. Ausschaltens der Strom am größten ist und dann mit zunehmender Aufladung bzw. Entladung mehr und mehr abnimmt *(Abb. 24)*.

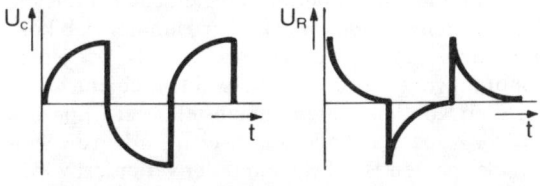

Impulse an Kondensator und Widerstand bei
f = 10 kHz, C = 5 nF, R = 1 kΩ

Abb. 24 Beispiel für durch eine RC-Kombination
verformte Rechteckimpulse

Die Bemessung der Bauelemente der Kondensator-Widerstand-Kombination in bezug zur vorhandenen Impulsfrequenz spielt für die Form der Spannungsimpulse an Kondensator und Widerstand eine entscheidende Rolle. Wird beispielsweise im vorliegenden Beispiel der Ladewiderstand verkleinert, so nähern sich die Impulse am Kondensator mehr der Rechteckform, während die Impulse am Widerstand noch spitzer werden *(Abb. 25)*. Der Grund hierfür: der Kondensator wird über einen kleineren Widerstand schneller geladen und entladen.

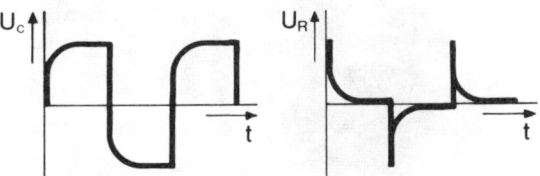

Impulse an Kondensator und Widerstand bei
f = 10 kHz, C = 5 nF, R = 100 kΩ

Abb. 25 Beispiel für durch eine RC-Kombination
verformte Rechteckimpulse

Ein Prinzip und viele Formen

In fast jedem elektronischen Gerät finden sich Kondensatoren, die sich schon rein äußerlich deutlich voneinander unterscheiden *(Abb. 26)*. Ausführung und Kennwerte eines Kondensators hängen von der ihm zugedachten Funktion ab.

Da gibt es winzige scheiben- oder röhrenförmige *Keramikkondensatoren*, bei denen die Metallbeläge aufgedampft wurden. Sie besitzen Kapazitäten von wenigen Pikofarad und werden in Hochfrequenzgeräten benötigt. Die Verluste bei diesen Ausführungen sind gering.

Wickelkondensatoren mit Metall-, Kunststoff- oder Papierfolien werden – luftdicht vergossen – mit Kapazitäten bis zu einigen Mikrofarad hergestellt. Auch hier gibt es Ausführungen hoher Güte, d. h. mit geringen Energieverlusten, die beim ständigen Umpolen bei Hochfrequenz entstehen können.

Relativ große Kapazitätswerte bis zu einigen tausend Mikrofarad oder einigen Millifarad bei relativ kleinen äußeren Abmessungen werden bei *Elektrolytkondensatoren* erreicht. Bei diesem Kondensatorentyp besteht einer der beiden Kondensatorenbeläge aus einer elektrisch leitenden Flüssigkeit, die Elektrolyt heißt. Als Isolierschicht wirkt eine dünne Oxidschicht auf einem aufgerauhten Metallstreifen, der selbst den zweiten Belag des Kondensators darstellt. Die dünne Oxidschicht und die große Oberfläche des aufgerauhten Metallbandes ergeben die große Kapazität der Elektrolytkondensatoren *(Abb. 27)*.

51

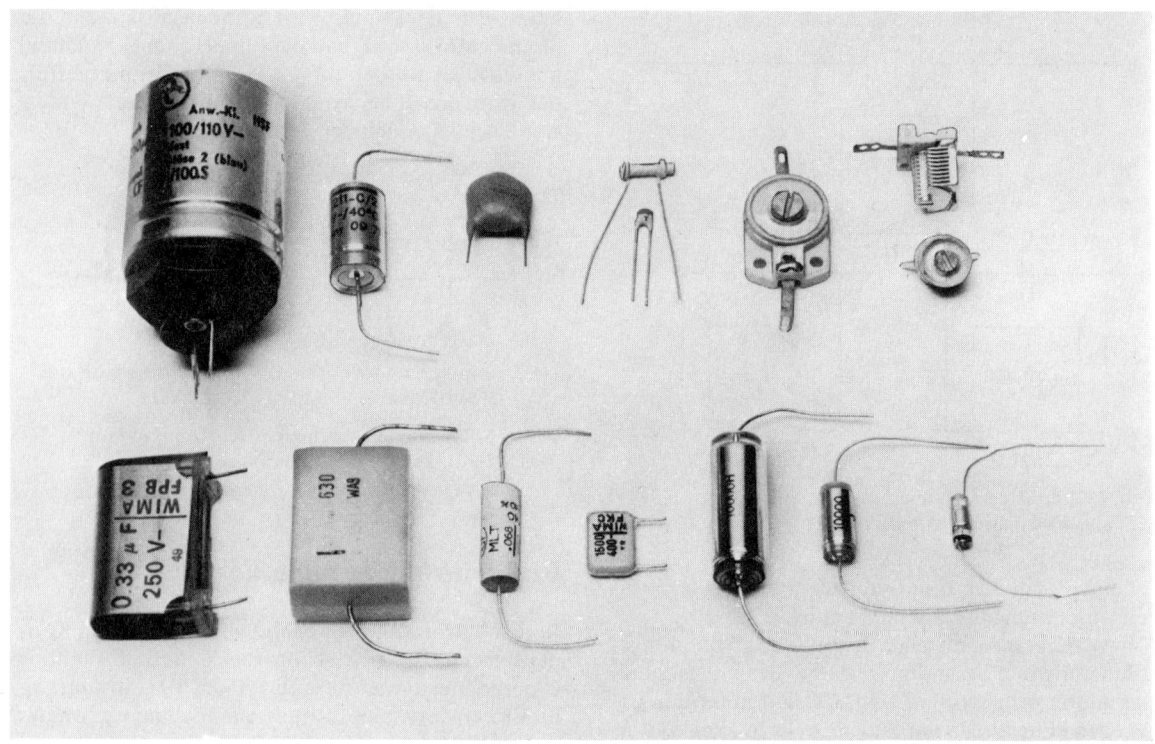

Abb. 26 Ausführungsbeispiele von Kondensatoren

Allerdings muß dieser Vorzug durch Nachteile erkauft werden: Elektrolytkondensatoren dürfen nicht falsch gepolt an Gleichspannung angelegt werden, weil sich sonst die Oxidschicht zersetzt. Außerdem verträgt die sehr dünne Oxidschicht nur verhältnismäßig niedrige Betriebsspannungen.

Außer Kondensatoren mit festen Werten gibt es auch solche mit einstellbarer Kapazität. Mit *Trimmerkondensatoren* läßt sich durch ständig korrigierbare oder einmalige Einstellung der Kapazität ein Optimum an Abstimmung mit anderen Bauelementen erzielen. *Drehkondensatoren* können über Handantrieb kontinuierlich verstellt werden, wie es z. B. bei jedem Rundfunkgerät bei der Senderwahl geschieht.

Bei allen Kondensatoren mit einstellbarer Kapazität wird die Kapazitätsänderung erreicht, indem die Stellung der beiden Beläge zueinander verändert wird.

Die Wahl eines Kondensators für einen bestimmten Zweck hängt von den geforderten Kennwerten ab: Kapazität, Betriebsspannung, Spannungsart (Gleich- oder Wechselspannung), Isolierfähigkeit bzw. Reststrom, Verluste bei Hochfrequenz, Toleranz, Temperaturabhängigkeit, Witterungsabhängigkeit. Nicht zuletzt spielt auch der Preis bei der Wahl eine Rolle.

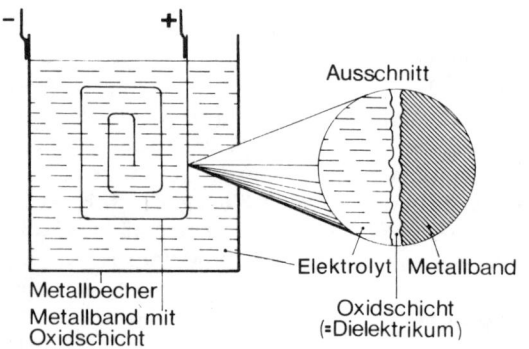

Abb. 27 Elektrolytkondensator, grob schematisch

Spulen sind Wechselstromwiderstände

Kondensatoren und Widerstände sind die am häufigsten benutzten passiven Bauelemente in elektronischen Schaltungen. Das bedeutet aber nicht, daß Spulen in dieser Gruppe keine wichtige Funktion hätten.

Eine Spule besteht im Prinzip aus einzelnen, voneinander isolierten Drahtwindungen, die häufig einen Kern aus magnetisierbarem Material umschließen *(Abb. 28)*. Bekanntlich entsteht in jeder Spule ein Magnetfeld, wenn sie ein elektrischer Strom durchfließt.

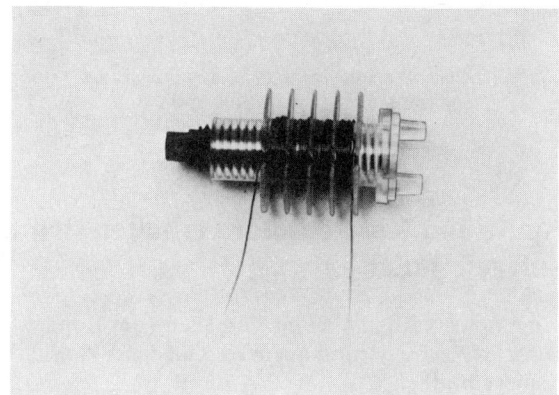

Abb. 28 Eine Spule mit Kern

Für die Elektronik ist dabei besonders wichtig, daß die Spule jeglicher Änderung ihres gerade vorhandenen elektromagnetischen Zustandes entgegenzuwirken versucht. Das ist der Grund dafür, daß eine Spule sich im Gleichstromkreis anders verhält als im Wechselstromkreis, der dauernder Veränderung unterworfen ist.

Wird in einem vergleichenden Versuch eine Spule zuerst in einen Gleichstromkreis und dann in einen Wechselstromkreis eingeschaltet – die vorhandene Gleichspannung und die Wechselspannung sollen dabei effektiv gleich sein –, so ist zu beobachten, daß der durch die Spule fließende Wechselstrom wesentlich kleiner ist als der Gleichstrom *(Abb. 29)*.

Offensichtlich setzt die Spule im Wechselstromkreis dem Stromfluß einen größeren Widerstand entgegen als im Gleichstromkreis.

Man spricht von einer *Drosselwirkung der Spule für Wechselstrom.*

Diese Wirkung der Spule hat folgende Ursache: Beim Stromzufluß durch die Spule wird immer ein Magnetfeld aufgebaut. Verändert der Strom seine Stärke oder gar seine Richtung, dann verändert sich auch das Magnetfeld. Ein sich änderndes Magnetfeld erzeugt aber – nach dem Gesetz der elektromagneti-

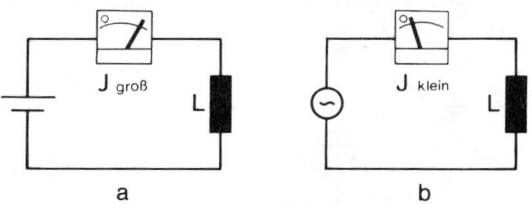

Abb. 29 Das Widerstandsverhalten einer Spule im Gleich- und im Wechselstromkreis

schen Induktion – in den Windungen der Spule eine Spannung: *Wird eine Spule von einem veränderlichen Magnetfeld durchdrungen, dann wird in ihren Windungen eine Spannung induziert.*

Eine Spule, die im Wechselstromkreis liegt, erzeugt in sich selbst dieses wechselnde Magnetfeld, da die Stromstärke ständig wechselt. Dieses selbst erzeugte wechselnde Magnetfeld induziert in den Windungen eine Spannung. Die induzierte Spannung wirkt aber ihrer Ursache entgegen, d. h. sie schwächt den Stromfluß durch die Spule.

Bei Gleichstrom hingegen verändert sich das einmal aufgebaute Magnetfeld in der Spule nicht; es entsteht daher auch keine Gegenspannung in ihr. Der Gleichstromwiderstand ist also wesentlich geringer als ihr Wechselstromwiderstand.

Vereinfachend läßt sich sagen:

Die Spule bildet für Gleichstrom einen Durchlaß, für Wechselstrom eine Sperre.

Spulen werden wegen ihrer Widerstandswirkung gegenüber Wechselstrom in elektronischen Schaltungen als Drosseln verwendet, mit denen man Störfrequenzen in Rundfunk- und Fernsehgeräten, in Motoren, Zündanlagen, Helligkeitsreglern oder anderen Schalteinrichtungen ausschalten, aber auch welligen Gleichstrom glätten kann.

Der Wechselstromwiderstand der Spule vergrößert sich mit steigender Frequenz

Der Wechselstromwiderstand einer Spule hat keinen unabänderlich festen Wert. Er ist vielmehr von der Frequenz der anliegenden Wechselspannung abhängig.

Der Wechselstromwiderstand einer Spule steigt mit der Frequenz.

Die Ursache: Bei schnellen Änderungen des elektromagnetischen Zustandes der Spule ist die in jedem Augenblick erzeugte Gegenspannung in der Spule, die gegen die Änderungen wirkt, entsprechend ausgeprägt.

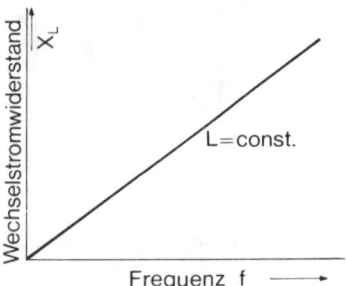

Abb. 30 Die Frequenzabhängigkeit des Wechselstromwiderstandes einer Spule

Im Diagramm *(Abb. 30)* ergibt sich für die Abhängigkeit des Wechselstromwiderstandes einer Spule von der Frequenz eine gerade Kennlinie, die von Null ansteigt.

Die Spannung eilt voraus, der Strom hinkt nach

Die Selbstinduktionswirkung der Spule hemmt und verzögert das Fließen eines Stromes in unmittelbarer Abhängigkeit von der gerade angelegten Spannung. Wird z. B. eine sinusförmige Wechselspannung an eine Spule angelegt, so kann der Strom nur zeitlich verzögert die Augenblickswerte erreichen, die denen der Spannung entsprechen. Das heißt, der Strom beginnt erst anzusteigen, wenn die Wechselspannung bereits einen Höchstwert erreicht hat; hingegen beginnt der Strom von seinem Höchstwert, den er mittlerweile erreicht hat, erst abzusinken, wenn die Spannung schon auf Null abgesunken ist *(Abb. 31)*.

Weil Spannung und Strom zu unterschiedlichen Zeitpunkten ihre markanten Werte durchlaufen, spricht man wie beim Kondensator von einer Phasenverschiebung. Allerdings: beim Kondensator eilt der Strom der Spannung voraus (vgl. dazu S. 50).

Bei der Spule ist es gerade umgekehrt: *Die Spannung eilt dem Strom voraus!*

Bei einer reinen Spule (eine Spule ohne Ohmschen Widerstand) beträgt die Phasenverschiebung zwischen Spannung und Strom eine Viertelperiode. Das bedeutet: erst wenn die Spannung einen Höchstwert erreicht hat, beginnt der Strom von Null zum Höchstwert anzusteigen usf.

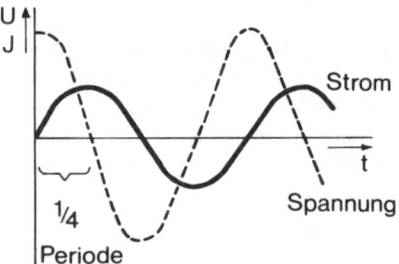

Abb. 31 Phasenverschiebung zwischen Strom und Spannung bei einer idealen Spule

Spule und Kondensator verhalten sich spiegelbildlich

Eine Spule verhält sich im Vergleich zum Kondensator im Wechselstromkreis in verschiedener Hinsicht „spiegelbildlich".

Während der Wechselstromwiderstand des Kondensators bei niedrigen Frequenzen groß ist, ist der Wechselstromwiderstand der Spule klein. Bei hohen Frequenzen ist es gerade umgekehrt. Der Kondensator hat dann einen kleinen Wechselstromwiderstand, während der Widerstand der Spule groß ist.

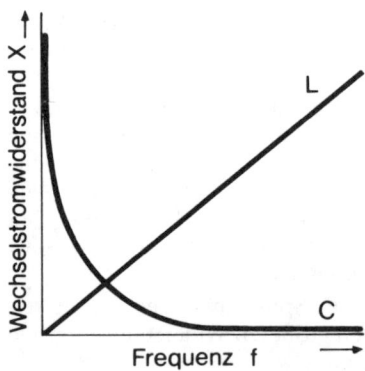

Abb. 32 Die Frequenzabhängigkeit des Wechselstromwiderstandes von Kondensator und Spule im Vergleich

Auch im Diagramm, das die Abhängigkeit der Wechselstromwiderstände von der Frequenz zeigt, wird der Unterschied deutlich: Der Wechselstromwiderstand des Kondensators fällt mit wachsender Frequenz, der Wechselstromwiderstand der Spule dagegen steigt *(Abb. 32)*.

Bei entsprechender Koppelung können die beiden Bauelemente in dieser Eigenschaft als Frequenzweiche verwendet werden: die Spule als Zweig für den niedrigen Frequenzbereich, der Kondensator als Zweig für die hohen Frequenzen.

„Spiegelbildlich" verhalten sich Kondensator und Spule auch bei der Phasenverschiebung. Während bei der Spule die Spannung dem Strom stets um eine Viertelperiode vorauseilt, eilt beim Kondensator die Spannung dem Strom um eine Viertelperiode nach *(Abb. 33)*.

Phasenverschiebung

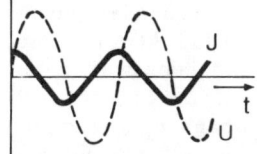 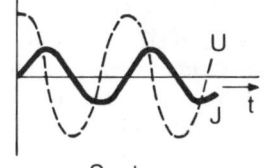

Kondensator   Spule

Abb. 33 Phasenverschiebung von Kondensator und Spule im Vergleich

Induktivität – ein Kennwert der Spule

Das elektromagnetische Verhalten einer Spule bei Änderungen des Stromflusses – die schon beschriebene Selbstinduktionswirkung – ist natürlich bei unterschiedlich beschaffenen Spulen verschieden ausgeprägt und hängt von ihren elektromagnetischen Eigenschaften ab. Man faßt die elektromagnetischen Eigenschaften einer Spule unter dem Begriff *Induktivität* zusammen.

Die Induktivität einer Spule wird von zwei wichtigen Faktoren bestimmt: einmal von der Windungszahl und zum anderen von den Abmessungen und vom Material des Spulenkerns.

Je größer die Windungszahl ist, desto größer ist die Induktivität der Spule. Es besteht sogar eine quadratische Abhängigkeit zwischen der Induktivität und der Windungszahl: wird die Windungszahl beispielsweise verdreifacht, so erhöht sich die Spuleninduktivität um das Neunfache.

Hat die Spule einen Eisenkern, so erhöht sich ihre Induktivität ebenfalls. Um also möglichst große Induktivitäten bei möglichst wenigen Windungen zu erhalten, versieht man in der Praxis die meisten Spulen mit einem Eisenkern.

Wie alle elektrischen Größen hat die Induktivität ein Formelzeichen – das L – und eine Maßeinheit – das Henry, abgekürzt H.

Eine Spule hat die Induktivität 1 Henry, wenn in ihr bei einer Änderung des Stromflusses um 1 Ampere während der Zeit von 1 Sekunde eine Selbstinduktionsspannung von 1 Volt induziert wird.

Da es in der Praxis viele Spulen mit wesentlich geringeren Induktivitäten als 1 Henry gibt, sind auch für diese Maßeinheit Kurzbezeichnungen für dezimale Teile üblich.

1 Millihenry	1 mH	= 0,001 H
1 Mikrohenry	1 µH	= 0,000001 H
1 Nanohenry	1 nH	= 0,000000001 H

Wer für eine elektronische Schaltung eine Spule selbst wickeln muß, weil er sie mit den gewünschten Werten im Fachhandel nicht bekommt, hätte Probleme bei der Berechnung der Spuleninduktivität, wenn er die Werte des verwendeten Kernmaterials nicht kennt. Einfach wird es, wenn für die Herstellung einer Spule mit bestimmter Induktivität ein Spulenkern verwendet wird, von dem die sogenannte Spulenkonstante bekannt ist, die meist von der Herstellerfirma angegeben wird. Die Induktivität läßt sich dann aus der Spulenkonstanten, die als A_L-Wert bezeichnet wird, und dem Quadrat der Windungszahl berechnen; also nach der Beziehung

Induktivität L = A_L-Wert · (Windungszahl N)², kurz:

$$L = A_L \cdot N^2.$$

Dazu ein *Beispiel:* Eine Herstellungsfirma gibt für einen Spulenkern von 30 mm Durchmesser und 19 mm Höhe einen A_L-Wert von 2 000 nH an. Wie groß ist die Induktivität der Spule, wenn 40 Windungen gewickelt werden sollen?

Lösung:

$$L = A_L \cdot N^2 = 2\,000 \text{ nH} \cdot 40^2 = 3\,200\,000 \text{ nH}$$
$$= 3\,200 \text{ µH} = 3,2 \text{ mH} = 0,0032 \text{ H}.$$

Ein anderes *Beispiel:* Für einen aus gepreßtem Ferritwerkstoff bestehenden E-Kern nach dem genormten E 30-Format (äußere Kantenlänge gleich 30 mm) ist ein A_L-Wert von 2 700 nH angegeben. Wie viele Windungen sind erforderlich, um für eine Spulen-

Abb. 34 Ausführungsbeispiele von verschiedenen Spulenkernen

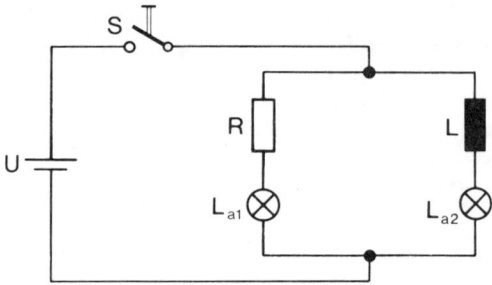

Abb. 35 Schaltung zur Demonstration der Selbstinduktionswirkung einer Spule beim Einschaltvorgang

wicklung auf diesem Kern eine Induktivität von 6,75 mH zu erhalten?

Lösung:

Durch Umformen der Gleichung

$$L = A_L \cdot N^2$$

erhält man

$$N = \sqrt{\frac{L}{A_L}}.$$

Nach dieser Beziehung läßt sich die gesuchte Windungszahl errechnen:

$$N = \sqrt{\frac{L}{A_L}} = \sqrt{\frac{6,75 \text{ mH}}{2700 \text{ nH}}} = \sqrt{\frac{6\,750\,000 \text{ nH}}{2700 \text{ nH}}}$$

$$= \sqrt{2500} = 50.$$

Änderungen unerwünscht – Ein- und Ausschaltungsvorgänge bei der Spule

Zwei gleiche Lampen sollen an eine Spannung angeschlossen werden *(Abb. 35)*. Der einen Lampe ist eine Spule vorgeschaltet, der anderen ein einfacher Ohmscher Widerstand. Spule und Widerstand besitzen die gleichen Widerstandswerte für Gleichstrom. Beide Lampen leuchten im Betrieb also gleich hell.

Nur im Augenblick des Einschaltens zeigt sich ein Unterschied: Während die Lampe im Widerstandszweig sofort aufleuchtet, strahlt die Lampe im Spulenzweig erst einen Augenblick später gleich hell. Offenbar verhindert die Spule im Einschaltmoment das sofortige Fließen des vollen Stromes und läßt ihn nur verzögert steigen *(Abb. 36a)*. Die Erklärung dieser Erscheinung liegt in der Selbstinduktionswirkung der Spule. In der Spule wird während des Entstehens eines Magnetfeldes eine Gegenspannung erzeugt, die dem Anwachsen des Stromflusses anfangs entgegenwirkt.

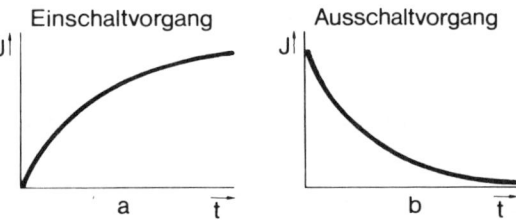

Abb. 36 Die Zeitabhängigkeit der Stromstärke bei einer Spule während des Ein- und Ausschaltvorganges

Aber auch beim Ausschalten der Spule zeigt sich eine Verzögerungswirkung. Wird die Betriebsspannung abgeschaltet, so bricht das Magnetfeld in der Spule zusammen. Diese Magnetfeldänderung induziert in den Windungen der Spule wiederum eine Spannung, die den Strom nicht abrupt, sondern verzögert absinken läßt *(Abb. 36b)*. (In der abgebildeten Versuchsschaltung würde noch ein Abschaltstrom, trotz des geöffneten Ausschalters von der Spule über den zweiten Lampenzweig, einen geschlossenen Stromkreis finden.)

Wichtig ist in diesem Zusammenhang eine Erscheinung, die beim Ausschalten von Spulen zur Zerstörung von Halbleiter-Bauelementen in elektronischen Schaltkreisen führen kann. Wird eine Spule durch einen Schalter abgeschaltet und existiert kein einfacher Ausgleichsweg für den Abschaltstrom, so entsteht durch den plötzlichen Zusammenbruch des Magnetfeldes in der Spule eine überhöhte Selbstinduktionsspannung, die weit über den Wert der Betriebsspannung hinausgehen kann. Diese überhöhte Spannung soll den Abschaltstrom noch über den sich öffnenden Kontakt treiben. Bei mechanischen Kontakten kommt es in diesem Fall zur Funkenbildung, bei kontaktlosen Schaltern – wie Transistoren und Thyristoren – können die Halbleitersperrschichten durchschlagen und zerstört werden, wenn dies nicht durch schaltungstechnische Maßnahmen, auf die noch an anderer Stelle eingegangen wird (vgl. Kapitel 7, S. 154), vermieden wird.

Zwei Spulen bilden einen Übertrager

Daß sich die elektromagnetischen Änderungen von einer Spule auf eine benachbarte Spule übertragen lassen, ist für die Praxis ein außerordentlich nützlicher Effekt.
Wird in einer Spule das Magnetfeld ständig verändert, weil sie von einem Wechselstrom durchflossen wird, und greift das sich ständig verändernde Magnetfeld durch die Windungen einer benachbarten Spule, so wird in dieser zweiten Spule nach dem Induktionsgesetz eine Spannung induziert (Abb. 37).

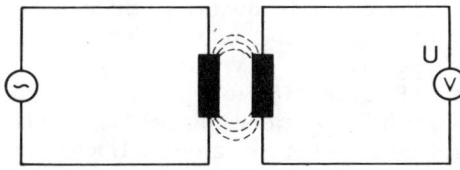

Abb. 37 Übertrager (Prinzip)

Das ist das Prinzip des *Transformators* oder *Übertragers*.
Die magnetische Koppelung zwischen den beiden Spulen wird in der Regel durch einen Eisenkern verbessert. Er bietet den magnetischen Feldlinien einen widerstandslosen Weg als die Luft. Übertrager können ähnlich wie Kondensatoren eingesetzt werden, wenn zwischen zwei Stromkreise zwar Wechselstrom,

nicht aber Gleichstrom fließen soll. Fließt in einem Stromkreis ein Mischstrom – ein Strom also mit einem Gleich- und einem Wechselstromanteil –, so wird nur der Wechselstromanteil vom Übertrager in den anschließenden Stromkreis gebracht (Abb. 38).

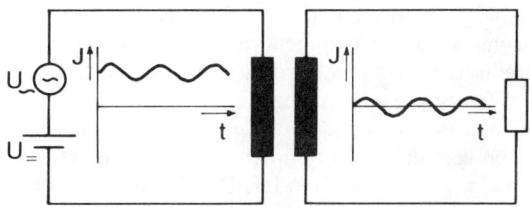

Abb. 38 Übertrager als Sperre für Gleichstrom und Durchlaß für Wechselstrom

Übersetzer von Spannungen, Strömen und Widerständen

Sind bei einem Transformator die Windungszahlen der beiden Wicklungen gleich groß und treten – wie zur Vereinfachung angenommen werden soll – keinerlei Verluste auf, so gilt die Gesetzmäßigkeit, daß die Eingangsspannung gleich der Ausgangsspannung, der Eingangsstrom gleich dem Ausgangsstrom und der Eingangswiderstand für Wechselstrom gleich dem Ausgangswiderstand ist.
Das Verhältnis der Windungszahlen ist aber beliebig variierbar, und daraus resultieren verschiedene Anwendungsmöglichkeiten:
Ist die Windungszahl der Eingangswicklung *größer* als die der Ausgangswicklung, so wird die Wechselspannung heruntertransformiert. Bei Netztransformatoren ist das die Regel.
Ist die Windungszahl der Eingangswicklung *kleiner* als die der Ausgangswicklung, so wird die Spannung herauftransformiert. Dieser Effekt wird z. B. bei Transformation in Spannungswandlern und bei Fernsehgeräten genutzt, wo zum Betrieb der Bildröhre teilweise Spannungen bis 17 kV benötigt werden.
Mit Transformatoren lassen sich also Spannungen herauf- und heruntertransformieren.
Da beim annähernd verlustlosen Transformator die Ausgangsleistung und die Eingangsleistung als gleich angesehen werden können, müssen sich die Ströme entgegengesetzt wie die Spannungen verhalten.
Durch die Transformatorwicklung, an der die größere Spannung auftritt, fließt die kleinere Stromstärke;

durch die Wicklung mit der kleineren Spannung fließt die größere Stromstärke. Ein Netztransformator, der auf der Sekundärseite bei einer Spannung von 12 V an einen Verbraucher 2 A abgibt, nimmt auf der Primärseite an der Netzspannung von 220 V nur einen Strom von rund 0,11 A auf.

Übertrager werden u. a. als Zwischenglieder für den Anschluß von Lautsprechern und Mikrofonen an Verstärker verwendet. In dieser Funktion dienen sie der Widerstandsanpassung.

Die Wechselstromwiderstände der Übertragerwicklungen verhalten sich nämlich wie die Quadrate der Windungszahlen zueinander. Das heißt: besitzt ein Transformator das Windungszahlenverhältnis 4 : 1, so verhalten sich die Wechselstromwiderstände von Primär- und Sekundärseite wie 16 : 1; bei einem Transformator mit dem Windungszahlenverhältnis 6 : 1 ist das Verhältnis der Widerstände dann 36 : 1. Würde z. B. ein Lautsprecher, dessen Spulenwiderstand nur wenige Ohm beträgt, an einen hochohmigen Ausgang eines Verstärkers angeschlossen, so würde der Lautsprecher nur eine verhältnismäßig geringe Schalleistung abstrahlen können. Man sagt in diesem Fall, die Anpassung sei schlecht.

Die Anpassung ist optimal, wenn der Wechselstromwiderstand des Lautsprechers gleich dem Ausgangswiderstand des Verstärkers ist, an den er angeschlossen werden soll. Das ist eine Gesetzmäßigkeit. Allerdings ist eine solche optimale Anpassung aus konstruktionstechnischen Gründen nicht ohne weiteres zu erreichen. Deshalb wird der Übertrager als anpassendes Zwischenglied benutzt, das den hochohmigen Widerstand der einen Seite in einen niederohmigen Widerstand auf der anderen Seite übersetzt.

Transformator ist nicht gleich Transformator

Transformatoren für die Stromversorgung von elektronischen Geräten aus dem Netz besitzen kräftige Wicklungen für größere Stromstärken und einen Eisenkern aus lackisolierten Eisenblechen. Auch Übertrager für Tonfrequenzen bis 20 kHz sehen den Netztransformatoren ähnlich; allerdings sind sie kleiner. Hochfrequenzübertragungen, die noch kleiner sind, haben Kerne aus speziellem Hochfrequenz-Eisenmaterial. Und schließlich gibt es Übertrager, bei denen ganz auf einen Kern verzichtet wird; die Wicklungen

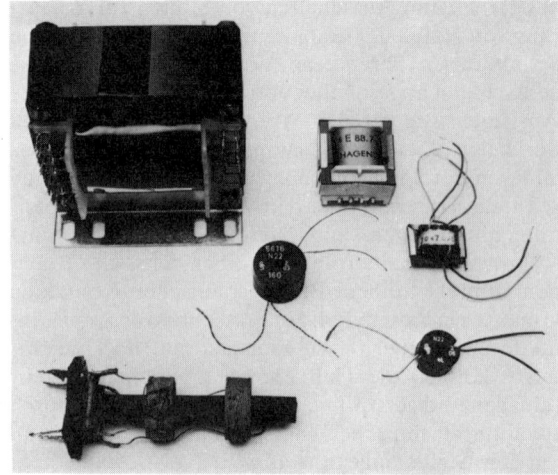

Abb. 39 Ausführungsbeispiele für Transformatoren (Übertrager)

bestehen bei Verwendung im Hochfrequenzbereich aus relativ wenigen Windungen. *(Abb. 39).*

Weshalb können Übertrager für hohe Frequenzen in den äußeren Abmessungen klein gehalten werden? Bei hohen Frequenzen werden weniger Windungen benötigt, um die gleichen Spannungen wie bei niedrigen Frequenzen zu induzieren; denn die Schnelligkeit der Magnetfeldänderungen, von der ja auch die Höhe der induzierten Spannung abhängt, ist bei hohen Frequenzen entsprechend groß. Dasselbe gilt für Wechselstromwiderstände. Aus dem gleichen Grund kann auf einen Spulenkern verzichtet werden, der normalerweise die Spuleninduktivität erhöht. Je höher jedoch die Frequenz steigt, um so problematischer wirken sich die entstehenden Verluste aus.

Bei niedrigen Frequenzen bis in den Tonfrequenzbereich lassen sich Wirbelströme, die bei Magnetfeldänderungen im Kern entstehen, durch Übertragerkerne vermeiden, die aus isolierten Spezialblechen geschichtet sind. Ohne diese Schutzmaßnahme würden die induzierten Ströme im Kern wie in einer Kurzschlußwicklung fließen und den Kern stark erwärmen. Bei hohen Frequenzen reicht dieser Schutz nicht aus. Deshalb bestehen Kerne für Hochfrequenzübertrager aus Materialien, die elektrischen Strom schlecht leiten, so daß Wirbelströme in ihnen nicht fließen können. Sie sind meist aus pulverigen Massen gepreßt und gesintert.

Außer dem Material sind die Form eines Transformatorkernes, die Anordnung der Wicklungen auf dem Kern und zueinander von Einfluß auf die möglichen Verluste. Transformatorenkerne werden so geformt, daß sie den magnetischen Feldlinien einen möglichst günstigen geschlossenen Weg bieten; dadurch werden Streuverluste gering gehalten.

Bei manchen Kernen ist es möglich, durch Verstellen von Schraubeinsätzen oder Verschieben von Teilen zueinander die Induktivität und den Kopplungsgrad der Wicklungen in einem gewissen Bereich zu verändern.

Spulen als elektromagnetische Wandler

Mit den bisher beschriebenen Anwendungen für Spulen in der Elektronik sind längst nicht alle Möglichkeiten behandelt. So kann z. B. eine Spule die Aufgabe der Energiewandlung bzw. der Signalwandlung übernehmen.

Mit Hilfe von *Relais*wicklungen wird elektrische Energie in mechanische Energie bei der Bewegung von Kontakten umgesetzt. Bei *Lautsprechern* dienen Spulen der Verwandlung elektrischer Stromschwankungen in mechanische Bewegungen der Membran, durch die wiederum Schallwellen erzeugt werden.

Die Ablenkkräfte für den Elektronenstrahl in einer *Bildröhre* werden mit Hilfe von Spulen erzeugt, die von Stromimpulsen durchflossen werden.

Im *Tonbandgerät* magnetisiert eine Spule bei der Tonaufzeichnung das laufende Magnetband im Rhythmus der Tonfrequenzen.

Nach dem gleichen Prinzip arbeiten Spulen beim *Speichern von Daten* auf Magnetbändern, Magnetplatten oder auf sogenannten Kernspeichern in elektronischen Datenverarbeitungsanlagen; von entsprechenden Stromimpulsen angeregt, hinterlassen sie Signale in Form von kleinen Magnetfeldern in diesen modernen Datenträgern.

Bei diesen Beispielen wandeln Spulen elektrische Energie in magnetische Energie und darüber hinaus meist noch in mechanische Energie um. Aber auch der umgekehrte Weg ist möglich:

Beim *elektrodynamischen Mikrofon* werden durch die Bewegung einer Spule, die an einer Membran befestigt ist, im Magnetfeld eines Dauermagneten winzige Spannungen im Rhythmus der Schallschwingungen erzeugt und weitergegeben. Nach einem ganz

ähnlichen Konstruktionsschema arbeiten *Tonabnehmer* von Plattenspielern. Die Bewegungen der Nadel in der Plattenrille werden durch eine Spule und einen Dauermagneten in elektrische Spannungssignale umgesetzt.

Das Abgreifen der auf *Magnetbändern* gespeicherten Tonsignale oder Daten erfolgt ebenfalls mit Hilfe entsprechend gestalteter Spulen. Die unterschiedlich stark magnetisierten Partikel auf dem Band werden an der Spule vorbeibewegt, dadurch werden in der Spule wechselnde Spannungen induziert, die den auf dem Band gespeicherten Daten entsprechen.

Spulen wirken zusammen mit Kondensatoren in Schwingkreisen bei der Erzeugung elektromagnetischer Schwingungen zur drahtlosen Nachrichtenübertragung und zum Empfang solcher Schwingungen.

In der Industrie-Elektronik dienen Spulen als Fühler beim Abtasten, Suchen und Zählen von Metallteilen, als Endabschalter und schließlich zum Erhitzen von Metallen beim Induktionshärten und -schmelzen.

Kurzbezeichnungen von dezimalen Vielfachen und Teilen der Maßeinheiten

T	Tera	10^{12}	=	1 000 000 000 000
G	Giga	10^{9}	=	1 000 000 000
M	Mega	10^{6}	=	1 000 000
k	Kilo	10^{3}	=	1 000
h	Hekto	10^{2}	=	100
D	Deka	10^{1}	=	10
d	Dezi	10^{-1}	=	0,1
c	Zenti	10^{-2}	=	0,01
m	Milli	10^{-3}	=	0,001
µ	Mikro	10^{-6}	=	0,000 001
n	Nano	10^{-9}	=	0,000 000 001
p	Piko	10^{-12}	=	0,000 000 000 001
f	Femto	10^{-15}	=	0,000 000 000 000 001
a	Atto	10^{-18}	=	0,000 000 000 000 000 001

*

Weiterführende Literatur findet sich im Anhang. Für dieses Kapitel gelten vor allem die Nummern 2, 4, 8, 19, 21, 23, 25, 26, 36, 42, 44, 45, 49, 51, 53, 55, 62, 67

Übungsaufgaben

Bei den folgenden Fragen sollen die jeweils richtigen Antworten links im Kästchen angekreuzt werden. Es können mehrere Antworten richtig sein.

1. Welches Bauelement läßt niedrige Frequenzen besser durch als hohe?

- [ ] **a)** Ohmscher Widerstand
- [ ] **b)** Kondensator
- [ ] **c)** Spule

2. Welches Bauelement läßt hohe Frequenzen besser durch als niedrige?

- [ ] **a)** Ohmscher Widerstand
- [ ] **b)** Kondensator
- [ ] **c)** Spule

3. Bei welchem Bauelement eilt im Wechselstromkreis der Strom der Spannung voraus?

- [ ] **a)** Ohmscher Widerstand
- [ ] **b)** Kondensator
- [ ] **c)** Spule

4. Mit welcher größtmöglichen Abweichung muß man bei den Widerstandswerten rechnen, die nach internationaler Norm zum Beispiel nur in der Abstufungsreihe . . . 1,8 kΩ, 2,2 kΩ, 2,7 kΩ, 3,3 kΩ . . . hergestellt werden?

- [ ] **a)** ± 2 %
- [ ] **b)** ± 5 %
- [ ] **c)** ± 10 %
- [ ] **d)** ± 20 %

5. In eine Schaltung soll ein Widerstand von 100 Ohm eingebaut werden. Er wird dauernd an der Spannung von 12 Volt liegen. Es stehen mehrere 100 Ω-Schichtwiderstände mit verschiedener Belastbarkeit zur Auswahl. Welche Belastbarkeitswerte dürfen nicht verwendet werden, weil sich die Widerstände zu stark aufheizen würden?

- [ ] **a)** 1/10 W
- [ ] **b)** 1/4 W
- [ ] **c)** 1 W
- [ ] **d)** 2 W
- [ ] **e)** 5 W

6. Im Betriebszustand sei ein Halbleiter-Bauelement durchgeschaltet, so daß es praktisch einen Kurzschluß bildet. Welcher Begrenzungswiderstand ist erforderlich, damit bei einer vorliegenden Spannung von 12 V der Strom auf dem Wert von 6 mA gehalten wird?

- [ ] **a)** 120 Ω
- [ ] **b)** 2 kΩ
- [ ] **c)** 20 kΩ
- [ ] **d)** 50 kΩ
- [ ] **e)** 72 kΩ

7. Ein Spannungsteiler, der an einer Betriebsspannung von 24 V liegt, liefert im unbelasteten Zustand am Abgriff eine Teilspannung von 12 V. An den Abgriff wird ein Lastwiderstand angeschlossen. Was geschieht dann?

- [ ] **a)** Die Spannung am Abgriff sinkt
- [ ] **b)** Die Spannung am Abgriff behält ihren Wert
- [ ] **c)** Die am Spannungsteiler anliegende Betriebsspannung sinkt
- [ ] **d)** Die Betriebsspannung bleibt konstant
- [ ] **e)** Die durch den Spannungsteiler insgesamt fließende Stromstärke wird größer
- [ ] **f)** Diese Stromstärke bleibt gleich

8. Wovon hängt die Kapazität eines Kondensators ab? Sie hängt ab von

- [ ] **a)** der Größe der Nennspannung
- [ ] **b)** der Frequenz der anliegenden Spannung
- [ ] **c)** dem Abstand der Beläge
- [ ] **d)** dem Dielektrikum im Kondensator
- [ ] **e)** der Größe der Beläge

9. Warum darf bei einem Kondensator die höchstzulässige Betriebsspannung nicht überschritten werden?

- [ ] **a)** Die Kapazität verändert sich zu stark
- [ ] **b)** Der Kondensator erwärmt sich sonst
- [ ] **c)** Das Dielektrikum wird durchschlagen
- [ ] **d)** Die Vorschrift gilt nur für Gleichspannung

10. Bei einem Drehkondensator werde die Kapazität durch Verdrehen der Platten vergrößert. In welcher Weise beeinflußt dies den Wechselstromwiderstand?

- [ ] **a)** Es ändert sich nichts
- [ ] **b)** Der Wechselstromwiderstand des Kondensators wird größer
- [ ] **c)** Der Wechselstromwiderstand wird kleiner

11. Welchen Vorteil bieten Elektrolytkondensatoren gegenüber Metall-Papier-Kondensatoren?

- [ ] **a)** Eignung für besonders hohe Betriebsspannungen
- [ ] **b)** Große Kapazität bei relativ kleinen Abmessungen
- [ ] **c)** Unempfindlichkeit gegenüber falscher Polung
- [ ] **d)** Geringe Restströme und wenig Verluste bei Wechselstrom

12. Ein Kondensator besitzt die Kapazität C = 2,2 μF. Er soll in der Zeit t = 10 s über einen Entladewiderstand praktisch völlig entladen werden.

a) Welche Formel zur Berechnung des Entladewiderstandes ist richtig?

- [ ] **aa)** $R = 5 \cdot C \cdot t$
- [ ] **ab)** $R = \dfrac{t}{5 \cdot C}$
- [ ] **ac)** $R = \dfrac{5 \cdot C}{t}$
- [ ] **ad)** $R = \tau \cdot C$

b) Wie groß muß der Entladewiderstand sein?

- [ ] **ba)** 9,1 Ω
- [ ] **bb)** 1,1 MΩ
- [ ] **bc)** 220 kΩ
- [ ] **bd)** 91 kΩ
- [ ] **be)** 0,91 MΩ

13. Ein Kondensator mit der Kapazität C = 10 μF wird über einen Widerstand R = 100 Ω an die Spannung U = 100 V angeschlossen. Welchen Wert besitzt im Einschaltmoment der Ladestrom?

- [ ] **a)** Der Strom ist unendlich groß
- [ ] **b)** Es fließt im ersten Moment gar kein Strom
- [ ] **c)** Der Strom ergibt sich aus der Kapazität und dem Widerstandswert zu 5 A pro Sekunde
- [ ] **d)** Der Strom wird durch den Widerstand begrenzt und beträgt im Einschaltmoment 1 A

14. Wie groß ist die Phasenverschiebung beim Kondensator?

- [ ] **a)** 1/2 Periode
- [ ] **b)** 1/4 Periode
- [ ] **c)** 1 Periode
- [ ] **d)** 90°

15. Wovon hängt die Induktivität einer Spule ab?

- [ ] **a)** Von der Windungszahl
- [ ] **b)** Vom Drahtwiderstand der Wicklung
- [ ] **c)** Von der Beschaffenheit des Spulenkerns
- [ ] **d)** Von der Frequenz der anliegenden Spannung

16. In welcher Weise ändert sich der Wechselstromwiderstand einer Spule, wenn aus ihr der Eisenkern entfernt wird?

- [ ] **a)** Es ändert sich nichts
- [ ] **b)** Der Wechselstromwiderstand wird größer
- [ ] **c)** Der Wechselstromwiderstand wird kleiner
- [ ] **d)** Der Wechselstromwiderstand wächst quadratisch

17. Welche Angaben sind richtig?
Beim Anlegen einer Spule an eine Gleichspannung

☐ **a)** fließt anfangs ein besonders
großer Strom

☐ **b)** wirkt in der Spule vorübergehend
eine Gegenspannung gegen die
angelegte Betriebsspannung

☐ **c)** tritt die volle Stromstärke verzögert auf

☐ **d)** ist die Selbstinduktionsspannung
größer als die Betriebsspannung

18. Warum sind die Kerne von Netztransformatoren
und Niederfrequenzübertragern aus isolierten
Eisenblechen geschichtet?

☐ **a)** Der Magnetfluß ist wesentlich besser
als in kompakten Kernen

☐ **b)** Es werden Wirbelströme verhindert

☐ **c)** Wärmeentwicklung im Kern
wird vermieden

☐ **d)** Die Herstellung ist billiger
und einfacher

19. In welchen der angeführten Einrichtungen besteht die wesentliche Aufgabe von Spulen darin,
mechanische Energie in elektrische Energie umzusetzen?

☐ **a)** Tonabnehmer beim Plattenspieler

☐ **b)** Abtastspule im Magnetbandgerät

☐ **c)** Aufspielspule im Magnetbandgerät

☐ **d)** elektrodynamisches Mikrofon

☐ **e)** Relaiswicklung

Bei den folgenden Aufgaben soll die Lösung gleich
auf die freigehaltenen Zeilen geschrieben werden
(mit Bleistift oder Kugelschreiber)

20. Geben Sie für die genannten Größen die Formelzeichen und die Maßeinheiten an:

a) Spannung _____

b) Stromstärke _____

c) Widerstand _____

d) Kapazität _____

e) Induktivität _____

f) Leistung _____

21. Wandeln Sie den Widerstandswert 3,15 kΩ um
in Ω, mΩ, MΩ!

22. Drücken Sie die Kapazitätsangabe 47 nF in
pF, µF, mF und F aus!

23. Wandeln Sie die Induktivitätsangabe 80 mH um
in nH, µH und H!

24. Was bedeuten die folgenden Farbkennzeichnungen auf Widerständen?

a) – gelb – violett – braun – gold –

b) – gelb – violett – gelb –

c) – weiß – braun – rot – gold –

d) – orange – orange – gold – silber –

Die Lösungen der Übungsaufgaben finden Sie in
Anhang 1 dieses Buches auf Seite 277 f.

3. Der Elektronenstrahl-Oszillograph

Unsichtbares wird sichtbar

Die Vorgänge in elektronischen Schaltungen sind dem direkten Einblick durch den Menschen entzogen. Es hat sehr lange gedauert, bis es den Wissenschaftlern gelang, die Gesetzmäßigkeiten der Elektrizität systematisch zu erfassen und zu beherrschen. Die Voraussetzung zur Beherrschung der Elektrizität war, daß das prinzipiell Unsichtbare sichtbar gemacht wurde. Zu diesem Zweck entwickelte man elektrische und elektronische Meßinstrumente, in denen die bekannten Wirkungen der ruhenden oder der bewegten elektrischen Ladungen ausgenutzt werden.

Im Laufe der Zeit wurden für die verschiedensten Anwendungsfälle sehr unterschiedliche Meßinstrumente konstruiert. So findet man im Meßgerätepark eines Elektroniklabors neben den relativ einfachen Vielfachmeßinstrumenten hochwertige und hochgezüchtete Oszillographen.
Besonders der Oszillograph ist zum unentbehrlichen Hilfsmittel des Elektronikers geworden. Mit Oszillographen lassen sich auch schnellste Vorgänge in Elektronikschaltungen verfolgen *(Abb. 1)*.

Von der Trägheit elektrischer und elektronischer Meßinstrumente

Es ist bekannt, daß wir den Steckdosen unserer Hausinstallation elektrischen Wechselstrom entnehmen; einen Strom also, der im Rhythmus der Frequenz ständig seine Richtung und seine Stärke verändert. Beim Betrieb unserer Haushaltsgeräte bemerken wir kaum etwas von diesen zeitlichen Veränderungen. Schließen wir z. B. eine Glühlampe an eine Wechselspannungsquelle an, so sehen wir wegen der Trägheit

Abb. 1

unserer Augen nichts von den Helligkeitsschwankungen in der Lampe.
Ein an die Steckdose angeschlossenes Vielfachmeßinstrument zeigt einen konstanten sogenannten *effektiven Wert* an. Die Trägheit des Meßwerks ist so groß, daß es den periodischen Vorgängen im Stromkreis nicht folgen kann *(Abb. 2)*.
Schließt man nun parallel zu dem Vielfachmeßinstru-

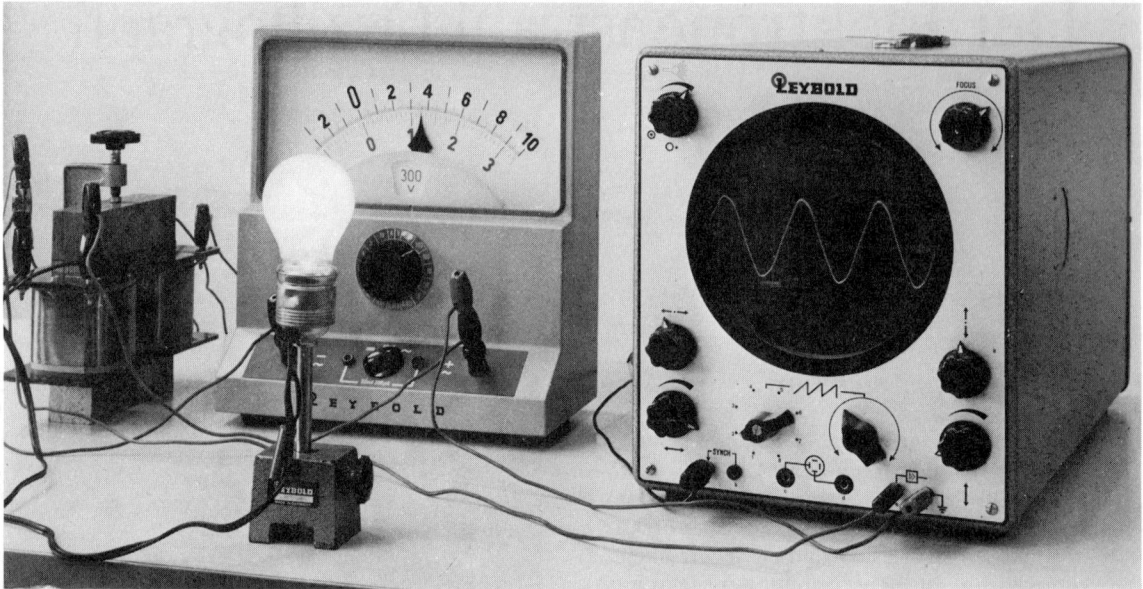

Abb. 2

ment einen Elektronenstrahl-Oszillographen an, so zeigt er uns den tatsächlichen Verlauf der elektrischen Vorgänge im Stromkreis.

Für schnelle und schnellste elektronische Vorgänge ist die Mechanik von Vielfachmeßinstrumenten zu träge. Hier helfen nur die superschnellen Elektronen eines Elektronenstrahl-Oszillographen weiter. Ein solches Gerät zeigt jede noch so geringe und schnelle Veränderung der elektrischen Vorgänge als Leuchtspur auf dem Oszillographenschirm.

Elektronen entfliehen der Elektrode

Die Leuchtspur auf dem Oszillographenschirm wird durch Aufprall der Elektronen erzeugt. Immer dann, wenn Elektronen mit hoher Geschwindigkeit auf die Atome der Leuchtschicht auftreffen, wird ein Lichtblitz frei *(Abb. 3).*

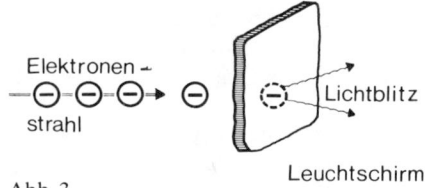

Abb. 3

Wie bringt man aber Elektronen auf eine so hohe Geschwindigkeit, daß sie beim Aufprall auf dem Leuchtschirm eine Leuchtspur erzeugen können?

Die Elektronen werden aus einer Elektronenkanone *(Abb. 4)* auf die Leuchtschicht gejagt. Wie eine solche

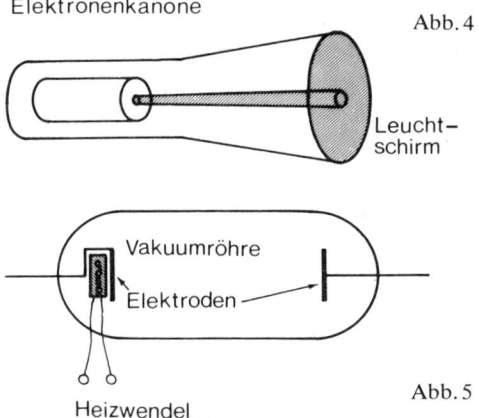

Elektronenkanone

Abb. 4

Leuchtschirm

Vakuumröhre

Elektroden

Heizwendel

Abb. 5

Elektronenkanone aufgebaut ist und wie sie funktioniert, wollen wir nun Schritt für Schritt kennenlernen.

In *Abbildung 5* ist ein Glaskolben mit zwei Elektroden dargestellt. Wir nehmen an, daß der Glaskolben

64

luftleer gepumpt ist, also keine Luftmoleküle mehr enthält. Beide Elektroden befinden sich zunächst auf Zimmertemperatur. Die linke Elektrode enthält einen elektrischen Heizwendel, der von der eigentlichen Elektrode elektrisch isoliert ist. Wird der Heizwendel von einem Strom durchflossen, so wird die Elektrode sehr stark erwärmt *(Abb. 6)*.

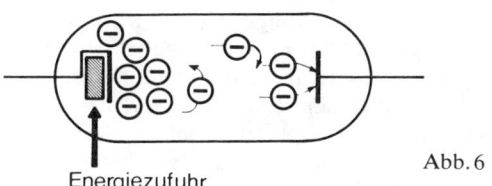

Energiezufuhr

Abb. 6

Durch die Energiezufuhr geraten die Metallionen und die freien Elektronen der beheizten Elektrode in starke Schwingungen. Die thermische Bewegung der sehr leichten Elektronen wird so heftig, daß einige von ihnen den Metallverband verlassen und in das Vakuum eintreten. Dieser Vorgang des Heraustretens der Elektronen aus der Elektrode wird *thermische Elektronenemission* genannt.

Die herausgeschleuderten Elektronen bilden um die beheizte Elektrode eine Elektronenwolke, Vereinzelte Elektronen erreichen eine derart hohe Geschwindigkeit, daß sie bis zur gegenüberliegenden unbeheizten Elektrode hinüberfliegen und sich dort anlagern *(Abb. 6)*.

Durch Anlagerung negativer Ladungen wird die kalte Elektrode elektrisch negativ wirksam, während die beheizte Elektrode durch den Elektronenverlust positiv wirksam wird. *(Abb. 7)*.

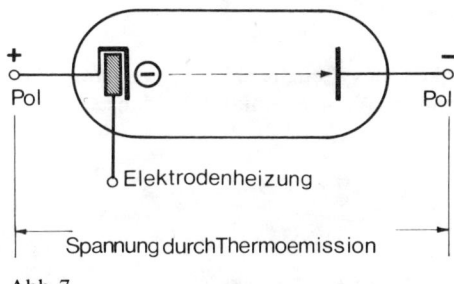

+
Pol

−
Pol

Elektrodenheizung

Spannung durch Thermoemission

Abb. 7

Als Folge der Elektronenemission ist zwischen den beiden Elektroden eine elektrische Spannung entstanden.

Elektronen werden beschleunigt

Technisch interessant wird die Zweielektrodenröhre dann, wenn man eine äußere Spannungsquelle aufschaltet *(Abb. 8)*.

Wir verbinden die beheizte Elektrode mit dem negativen Pol der Spannungsquelle und die kalte Elek-

Kathode   Anode

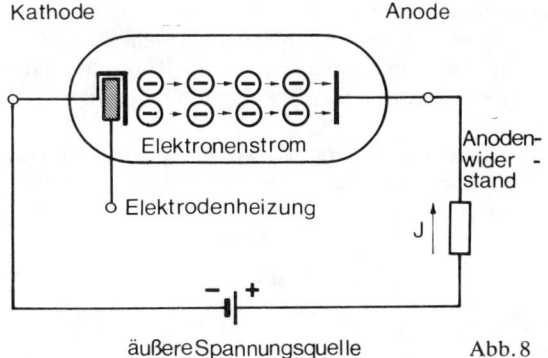

Elektronenstrom

Elektrodenheizung

Anodenwiderstand

J

äußere Spannungsquelle

Abb. 8

trode mit ihrem Pluspol. Die beheizte Elektrode, die durch das Aufschalten des Minuspols der Spannungsquelle negativ geworden ist, nennt man *Kathode,* die kalte Elektrode, die durch Verbindung mit dem Pluspol positiv wirksam ist, nennt man *Anode.* Die aus der beheizten Kathode emittierenden Elektronen werden von ihr abgestoßen und von der positiven Anode aufgesaugt. Über den zwischen Anode und Pluspol der Spannungsquelle liegenden Anodenwiderstand fließt ein starker Anodenstrom *(Abb. 9)*.

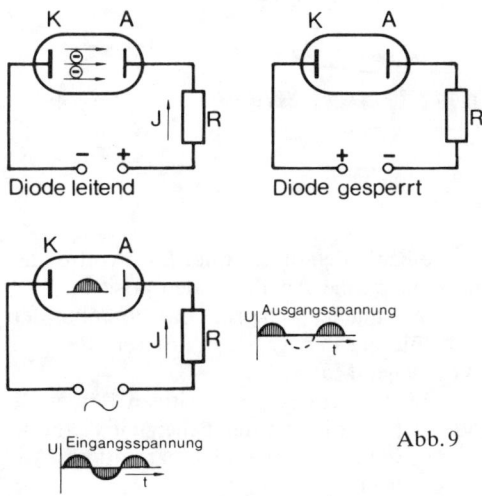

Diode leitend   Diode gesperrt

U Ausgangsspannung

U Eingangsspannung

Abb. 9

Die hier gezeigte Anordnung spielte früher in der Elektronik eine bedeutende Rolle. Legt man nämlich an die Kathode den Pluspol und an die Anode den Minuspol der Spannungsquelle, so sperrt die Röhre: der Elektronenstrom wird unterdrückt. Gibt man nun eine Wechselspannung auf die Röhre, so wird nur jede zweite Halbwelle durchgelassen. Die Zweielektrodenröhre ließ sich also bis zum Vordringen der Halbleiterdioden als Gleichrichterröhre verwenden. Wir interessieren uns hier jedoch nicht für diesen Gleichrichtereffekt, sondern für die Tatsache, daß emittierte Elektronen zum Pluspol hin beschleunigt werden.

Unsere Problemstellung ist: wir suchen einen Weg, wie man einen Elektronenstrahl erzeugen kann, der auf dem Leuchtschirm einen Lichteindruck hervorruft.

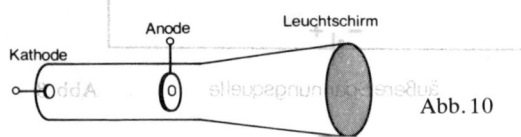
Abb. 10

In *Abbildung 10* haben wir es wieder mit einer Hochvakuum-Zweielektrodenröhre zu tun, die sich hier aber in einer abgeänderten Form vorstellt. Im linken, langen schlanken Hals der Röhre befinden sich die beiden Elektroden; auf der rechten Seite, am Abschluß des erweiterten Teils des Glaskolbens der Leuchtschirm. Die Kathode ist wiederum indirekt beheizbar. Die Anode hat zum Unterschied zur Hochvakuum-Diode in der Mitte eine Öffnung, durch die die Elektronen hindurchfliegen können (*Abb. 11*).

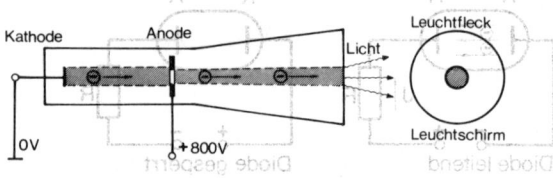
Abb. 11

Legt man die Kathode auf den mit Masse verbundenen Minuspol und die Anode an den positiven Pol einer Spannungsquelle, so beträgt das Potential der Kathode 0 Volt, das der Anode in unserem Beispiel + 800 Volt gegen Masse.

Unter dem Einfluß des hohen positiven Potentials der Anode werden die aus der beheizten Kathode emittierenden Elektronen beschleunigt und zur Anode hin angezogen.

Während ein geringer Teil der beschleunigten Elektronen auf die Oberfläche der Anode trifft und von dort zur Spannungsquelle hin abfließt, wird ein größerer Teil durch die Öffnung der Anode fliegen und auf die mit einer Leuchtschicht versehene Stirnfläche der Röhre prallen, wo sie einen Leuchtfleck erzeugen.

Die Geschwindigkeit, die die Elektronen bis zum Auftreffen auf dem Schirm erhalten, ist wesentlich größer als die Geschwindigkeit der Elektronen in einem Leitungsdraht. Da die Elektronen im Vakuum nicht abgebremst werden, wird außerdem ihre Geschwindigkeit unter dem Einfluß der zwischen den Elektroden liegenden Spannung mit fortlaufender Bewegung stetig größer. Die Endgeschwindigkeit läßt sich nach der Formel

$$v = 593 \sqrt{U}$$

berechnen.

Beträgt die Spannung 1 V, so ergibt sich die Elektronengeschwindigkeit v = 593 km/sec. In unserem Beispiel erzielen wir eine Elektronengeschwindigkeit von

$$v = 593 \sqrt{800} \text{ km/sec,}$$
$$v = 16\,800 \text{ km/sec.}$$

Erhöht man die Beschleunigungsspannung, so erhöht sich die Aufprallgeschwindigkeit der Elektronen ebenfalls. Je höher die Aufprallgeschwindigkeit wird, um so höher wird auch die Aufprallenergie der Elektronen.

Durch Veränderung der Beschleunigungsspannung läßt sich die Helligkeit des Leuchtflecks auf dem Oszillographenschirm beeinflussen.

Helligkeitssteuerung durch Hilfselektrode

Die Helligkeit des Leuchtschirmflecks kann aber noch auf andere Weise beeinflußt werden.

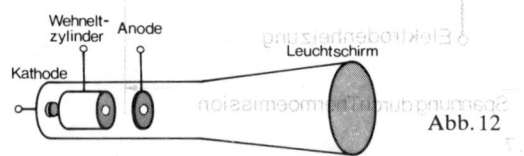
Abb. 12

Die in *Abbildung 12* dargestellte Elektronenstrahlröhre besitzt drei Elektroden: die Anode, die Kathode und eine dritte, zylinderförmige Elektrode, die wegen ihrer Form und nach ihrem Erfinder *Wehneltzylinder* genannt wird.

Legt man den Wehneltzylinder auf ein gegenüber der Kathode negatives Potential *(Abb. 13)*, so verursacht diese negativ geladene Hilfselektrode eine abstoßende Wirkung auf die zur Anode hin beschleunigten Elektronen. Ein Teil der Elektronen wird zurückgedrängt.

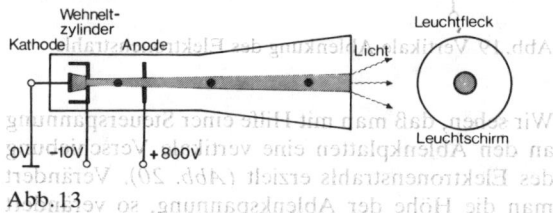

Abb. 13

Durch Veränderung des negativen Potentials des Wehneltzylinders kann der Elektronenstrahl in seiner Intensität nach Belieben beeinflußt werden. Auch auf diesem Wege ist die Helligkeit des Leuchtflecks auf dem Oszillographenschirm beeinflußbar.

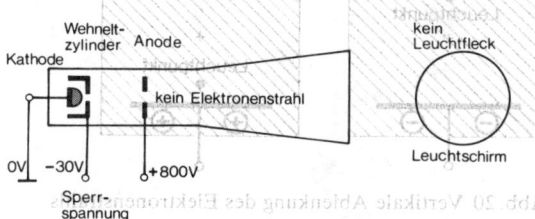

Abb. 14

Bei Erreichen des sogenannten Sperrpotentials *(Abb. 14)*, das bei den gebräuchlichen Strahlröhren zwischen − 30 V und − 100 V gegenüber der Kathode liegt, wird der Elektronenstrahl völlig unterdrückt. Diese *Strahlunterdrückung* wird beim Betrieb von Elektronenstrahl-Oszillographen dann nötig, wenn unerwünschte Leuchtspuren auf dem Schirm vermieden werden sollen.

Wie man den Elektronenstrahl bündelt

Der mit der Dreielektrodenkanone erzeugte Leuchtfleck erfüllt nicht die Forderung der Praktiker nach guter Punktabbildungsschärfe. Der Elektronenstrahl ist nicht gebündelt; er erzeugt deshalb einen relativ großen, unscharfen Leuchtfleck. Das Oszillogra-

phenbild soll jedoch hell und sehr konturenscharf sein. Um dies zu erreichen, muß der Elektronenstrahl gebündelt werden.

Zur Bündelung des Elektronenstrahls fügt man eine weitere zylinderförmige Hilfselektrode zwischen Wehneltzylinder und Anode. Diese zweite Hilfselektrode wird mit einem positiven Potential beschaltet, das jedoch deutlich unter dem der Anode liegt *(Abb. 15)*.

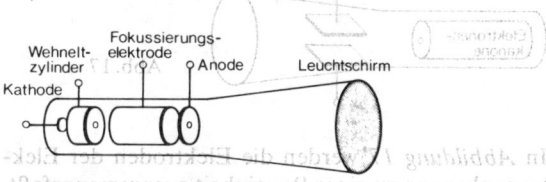

Abb. 15

Die positive Hilfselektrode, auch *Fokussierselektrode* genannt, bildet in Verbindung mit der Anode ein System, das dem einer optischen Sammellinse ähnlich ist. Im gemeinsamen elektrischen Feld beider Elektroden werden die Elektronen gebündelt. Dieser

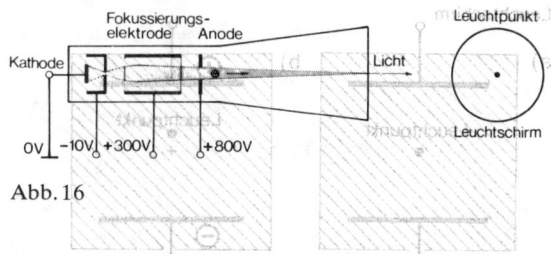

Abb. 16

gebündelte Elektronenstrahl erzeugt auf dem Leuchtschirm einen scharfen Leuchtpunkt. Der Leuchtfleck kann in gleicher Weise scharf eingestellt werden, wie z. B. der zu fotografierende Gegenstand auf der Mattscheibe einer Spiegelreflexkamera *(Abb. 16)*. Zu diesem Zweck verändert man die Spannung an der Fokussierselektrode und somit den konzentrierenden Einfluß der Elektronen-Optik auf den Elektronenstrahl.

Der Elektronenstrahl wird aus seiner Bahn gelenkt

Wir wissen nun, wie eine Elektronenkanone im Prinzip funktioniert. Mit Hilfe des beschriebenen Elektrodensystems gelingt es, einen scharfen, in seiner

Helligkeit steuerbaren Leuchtfleck zu erzeugen. Noch befindet sich dieser Leuchtfleck unbeweglich auf der Mitte des Leuchtschirms. Um nun auf dem Schirm einen Linienzug schreiben zu können, braucht man zusätzliche Einrichtungen, die den Elektronenstrahl nach den Seiten hin ablenken.

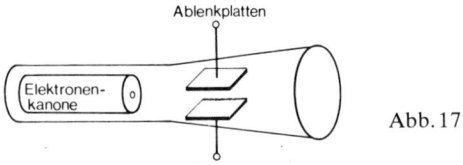

Abb. 17

In *Abbildung 17* werden die Elektroden der Elektronenkanone zu einer Baueinheit zusammengefaßt. Zwischen der Austrittsöffnung der Elektronenkanone und dem Leuchtschirm sind zwei waagerechte, untereinander parallelliegende Hilfselektroden, sogenannte *Ablenkplatten* eingebracht.

In *Abbildung 18a* sind die Ablenkplatten spannungslos; der von der Elektronenkanone ausgehende Elektronenstrahl findet unbeeinflußt seinen Weg zur Mitte

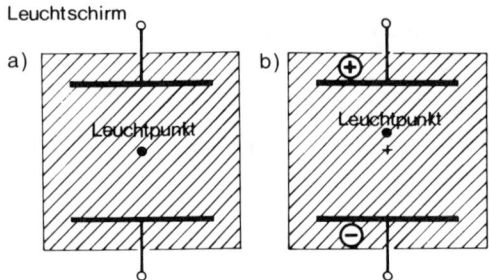

Abb. 18 Vertikale Ablenkung des Elektronenstrahls

des Leuchtschirms. Jetzt legen wir die Ablenkplatten an eine Steuerspannung *(Abb. 18b)*; die obere Platte ist mit dem Pluspol, die untere mit dem Minuspol der Steuerspannungsquelle verbunden. Da die Elektronen des Elektronenstrahls, die selbst negativ geladen sind, von der positiv geladenen Ablenkplatte angezogen und von der negativen Ablenkplatte abgestoßen werden, werden sie aus ihrem ursprünglichen Weg nach oben hin abgedrängt. Der Leuchtpunkt liegt oberhalb der Schirmmitte.

Jetzt polen wir die Steuerspannungsquelle an den Ablenkplatten um. Die auf den Elektronenstrahl ausgeübte Wirkung der Ablenkplatten verursacht eine Strahlablenkung nach unten *(Abb. 19)*.

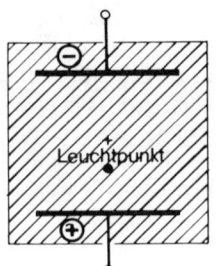

Abb. 19 Vertikale Ablenkung des Elektronenstrahls

Wir sehen, daß man mit Hilfe einer Steuerspannung an den Ablenkplatten eine vertikale Verschiebung des Elektronenstrahls erzielt *(Abb. 20)*. Verändert man die Höhe der Ablenkspannung, so verändert man damit das Maß der vertikalen Strahlverschiebung.

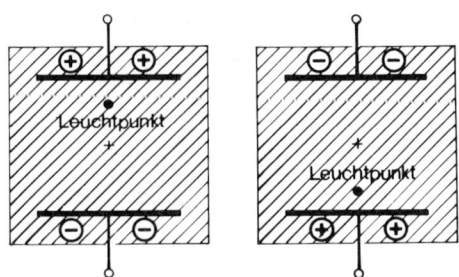

Abb. 20 Vertikale Ablenkung des Elektronenstrahls

Nachdem es uns gelungen ist, den Elektronenstrahl in vertikaler Richtung zu verschieben, liegt es nahe, durch das Einbringen zweier weiterer Ablenkplatten auch eine horizontale Verschiebung zu ermöglichen. In *Abbildung 21* haben wir zwei senkrechte zueinander parallele Ablenkplatten in die Elektronen-

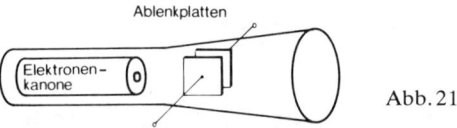

Abb. 21

strahlröhre eingebaut. Die horizontale Ablenkung des Elektronenstrahls erfolgt analog zu unseren bisherigen Überlegungen. Auch hier kann das Maß an Verschiebung durch die Wahl der Ablenkspannung bestimmt werden *(Abb. 22)*.

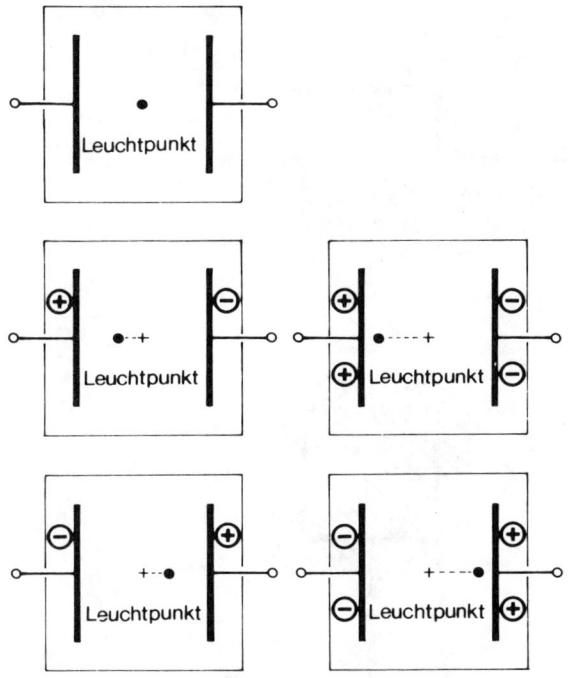

Abb. 22 Horizontale Ablenkung des Elektronenstrahls

Der Elektronenstrahl wird gleichzeitig horizontal und vertikal abgelenkt

Bringt man beide Ablenksysteme in eine Oszillographenröhre ein, so läßt sich der Elektronenstrahl nach allen Seiten hin ablenken *(Abb. 23)*. Man kann sich diese Strahlablenkung aus zwei Ablenkkompo-

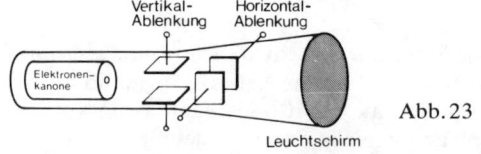

Abb. 23

nenten zusammengesetzt denken, so wie man sich in der Mathematik die Verschiebung eines Punktes im karthesischen Koordinatensystem als geometrische Summe einer Bewegung in X-Richtung und einer Bewegung in Y-Richtung vorstellen kann *(Abb. 24)*. Die horizontale Achse des karthesischen Koordinatensystems wird X-Achse, die vertikale Achse dagegen Y-Achse genannt.

Analog zu der Achsenbezeichnung in der Mathematik werden die Horizontal-Ablenkplatten des Oszillographen *X-Ablenksystem,* die Vertikal-Ablenkplatten *Y-Ablenksystem* genannt *(Abb. 25)*.
Wie die resultierende Strahlablenkung für verschie-

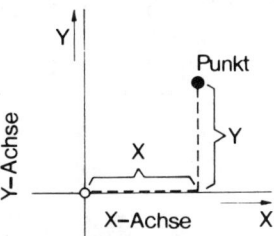

Abb. 24 Verschiebung eines Punktes im karthesischen Koordinatensystem

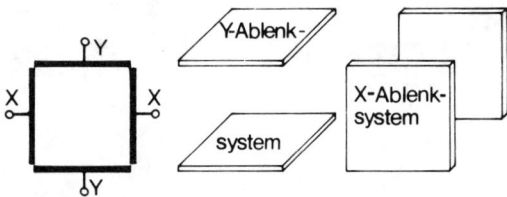

Abb. 25 X- und Y-Ablenksysteme

dene Ablenkspannungskombinationen aussieht, zeigt *Abbildung 26.* Die Zeichen ⊕ und ⊖ deuten die Potentiale der betroffenen Ablenkplatten an. Trägt eine Platte zwei dieser Zeichen, so sei damit vereinbart, daß das Ablenkpotential doppelt so hoch sei.

Die Elektronenkanone mit zusätzlicher Nachbeschleunigung

Hochwertige Oszillographenröhren sind aus verschiedenen Gründen noch um einiges komplizierter konstruiert als unsere hier vorgestellte Version.
Prinzipiell möchte man ein helles und scharfes Schirmbild. Die zur Strahlablenkung benötigte Ablenkspannung soll möglichst klein sein. Zur Erzielung eines hellen Schirmbildes benötigt man eine hohe Elektronengeschwindigkeit und somit eine hohe Beschleunigungsspannung.
Ist die Geschwindigkeit der Elektronen nach Verlassen der Anode sehr hoch, so durchfliegen sie rasch den Wirkbereich der Ablenkplatten. Die Ablenkwir-

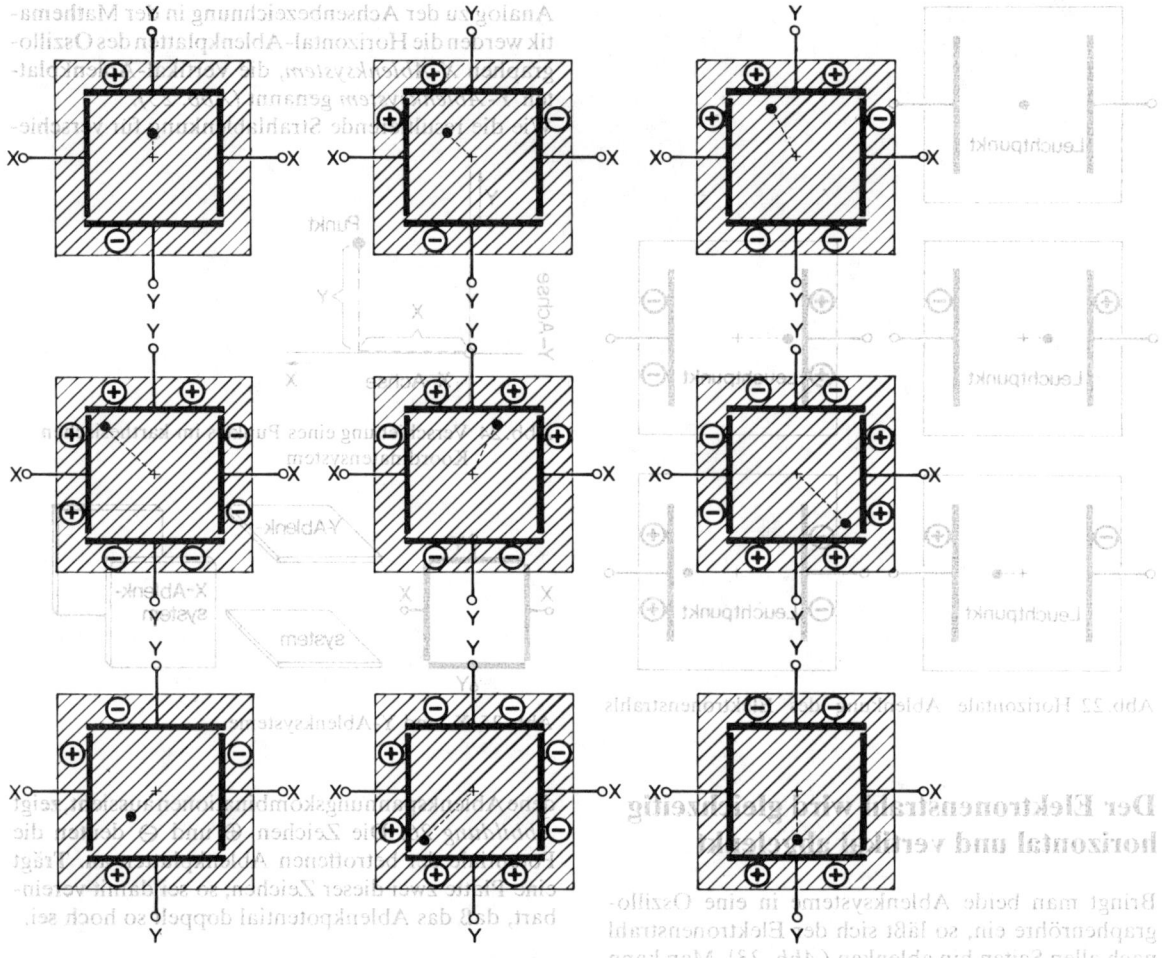

Abb. 26 Horizontale und zugleich vertikale Ablenkung des Elektronenstrahls

kung der Platten ist gering. Will man eine große Ablenkung des Elektronenstrahls erzielen, so ergeben sich dafür zwei Möglichkeiten:

a) die Ablenkspannung muß erhöht werden,
b) die Elektronengeschwindigkeit muß relativ klein sein.

In der Praxis wählt man den letzteren Weg. Nach Verlassen der Elektronenkanone besitzen die Elektronen eine relativ geringe Geschwindigkeit. Bereits kleine Ablenkspannungen verursachen eine hohe vertikale bzw. horizontale Ablenkung (Abb. 27).

Damit die Elektronengeschwindigkeit nun doch ausreichend hoch ist, um ein helles Schirmbild zu erzeugen, werden die Elektronen nach Verlassen des Ablenkplattenbereichs nachbeschleunigt (Abb. 28). Als Nachbeschleunigungselektrode dient ein Graphitwendel auf dem erweiterten Glaskolbenteil der Strahlröhre. Dieser Graphitwendel wird auf ein deutlich höheres positives Potential als das der eigentlichen Beschleunigungselektrode der Elektronenkanone gebracht. Die Nachbeschleunigungselektrode in Form des Graphitwendels gewährleistet im Vergleich zu einer Flächenelektrode eine bessere Abbildungsqualität.

70

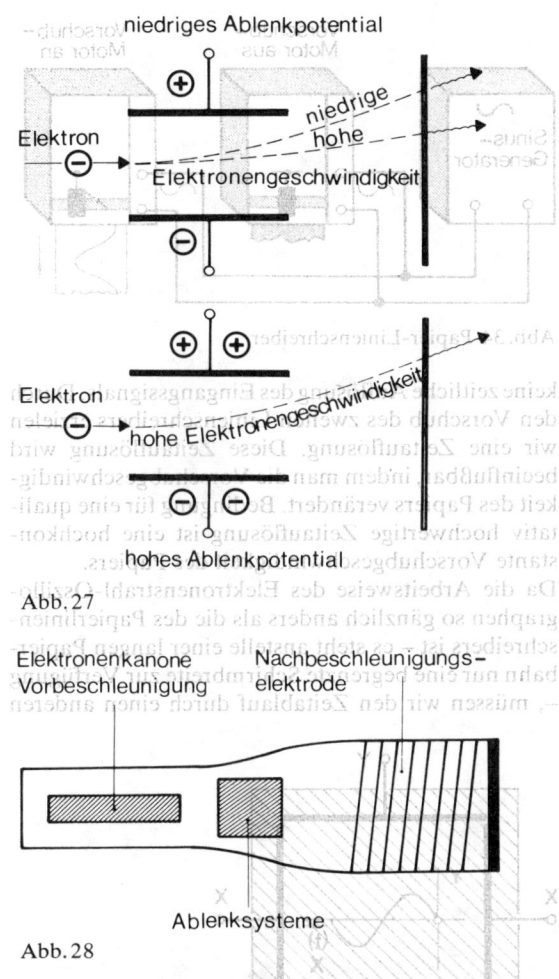

niedriges Ablenkpotential

Elektron

niedrige
hohe
Elektronengeschwindigkeit

hohe Elektronengeschwindigkeit

Elektron

hohes Ablenkpotential

Abb. 27

Elektronenkanone
Vorbeschleunigung

Nachbeschleunigungs–
elektrode

Ablenksysteme

Abb. 28

Zeitlich veränderliche Signale an den Ablenkplatten

Welches Schirmbild bekommen wir, wenn wir zeitlich veränderliche Signale, z. B. Sinussignale, auf die Ablenkplatten geben?

In *Abbildung 29* haben wir ein sinusförmiges Wechselspannungssignal auf die Y-Ablenkplatten gegeben. Die zeitliche Veränderung der Signalspannung drückt sich in einem ständigen Wechsel der Ablenkpotentiale sowohl im Hinblick auf ihre Polarität wie ihre Beträge aus. Bei schnellem Signalwechsel können das Auge und die Trägheit des Leuchtschirms diese zeitliche Veränderung nicht mehr auflösen. Auf dem Oszillographenschirm erscheint ein Strich,

der vom positiven Spannungsmaximum bis zum negativen Spannungsmaximum reicht.

Die gleichen Verhältnisse liegen vor, wenn man die zeitlich veränderliche Spannung auf das X-Ablenksystem gibt. Nur erfolgt hier die Ablenkung naturgemäß in der Horizontalen *(Abb. 30)*.

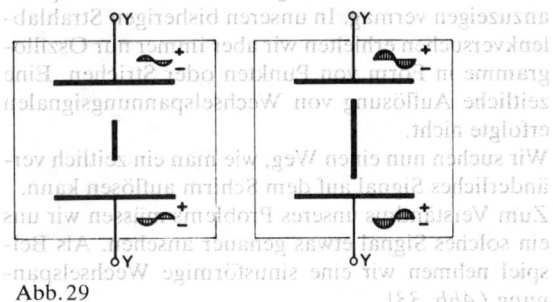

Abb. 29

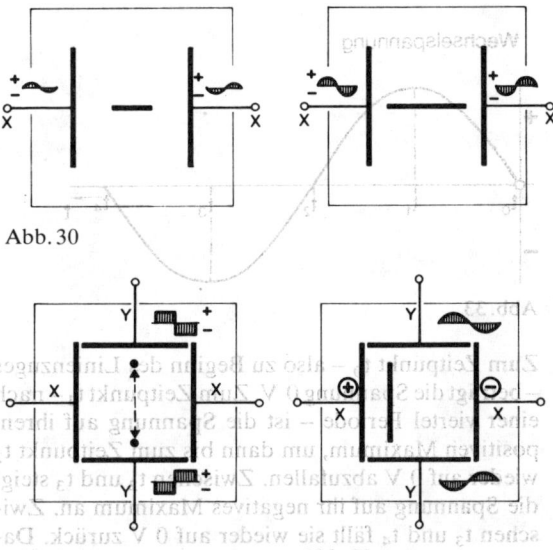

Abb. 30

Abb. 31   Abb. 32

In *Abbildung 31* wurde eine Rechteck-Wechselspannung auf das Y-Ablenksystem gegeben. Da die Spannung nur zwischen zwei Extremwerten wechselt, bekommen wir lediglich zwei Leuchtpunkte, die diesen Extremwerten entsprechen.

In *Abbildung 32* wurde eine sinusförmige Wechselspannung auf das Y-Ablenksystem, eine feste Ablenkspannung auf das X-Ablenksystem geschaltet. Als Resultat beider Ablenksignale bekommen wir einen Strich, der um die Wirkung des X-Ablenkpotentials nach links verschoben ist.

Darstellung einer zeitlich veränderlichen Spannung auf dem Leuchtschirm

Wir sagten, daß der Oszillograph jede noch so kleine und schnelle Veränderung eines elektrischen Signals anzuzeigen vermag. In unseren bisherigen Strahlablenkversuchen erhielten wir aber immer nur Oszillogramme in Form von Punkten oder Strichen. Eine zeitliche Auflösung von Wechselspannungssignalen erfolgte nicht.

Wir suchen nun einen Weg, wie man ein zeitlich veränderliches Signal auf dem Schirm auflösen kann.

Zum Verständnis unseres Problems müssen wir uns ein solches Signal etwas genauer ansehen. Als Beispiel nehmen wir eine sinusförmige Wechselspannung *(Abb. 33)*.

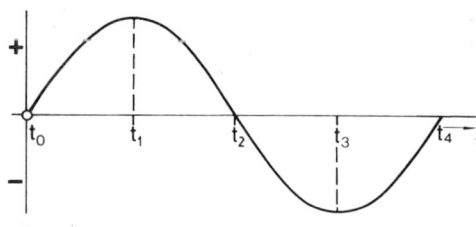

Abb. 33

Zum Zeitpunkt t_0 – also zu Beginn des Linienzuges – beträgt die Spannung 0 V. Zum Zeitpunkt t_1 – nach einer viertel Periode – ist die Spannung auf ihrem positiven Maximum, um dann bis zum Zeitpunkt t_2 wieder auf 0 V abzufallen. Zwischen t_2 und t_3 steigt die Spannung auf ihr negatives Maximum an. Zwischen t_3 und t_4 fällt sie wieder auf 0 V zurück. Danach beginnt der periodische Vorgang von neuem.

Will man einen solchen zeitlichen Vorgang schreiben, so muß der Ablauf der Zeit durch einen technischen Trick simuliert werden.

Verständlich wird dies bei der Signalaufzeichnung mit einem Papierlinienschreiber *(Abb. 34)*. Die sehr niederfrequente Ausgangsspannung eines Sinusgenerators wird auf zwei parallelliegende Linienschreiber aufgeschaltet. Der Papiervorschubmotor des ersten Linienschreibers ist ausgeschaltet, der des zweiten läuft mit konstanter Geschwindigkeit.

Auf dem ruhenden Papier des ersten Linienschreibers bekommen wir lediglich einen Strich; es erfolgt

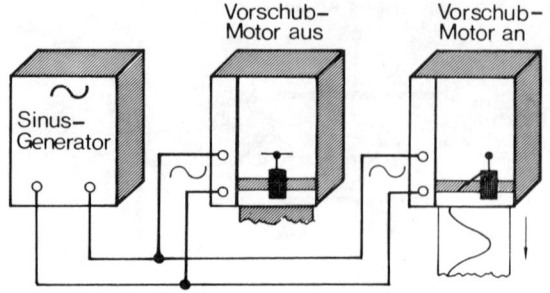

Abb. 34 Papier-Linienschreiber

keine zeitliche Auflösung des Eingangssignals. Durch den Vorschub des zweiten Linienschreibers erzielen wir eine Zeitauflösung. Diese Zeitauflösung wird beeinflußbar, indem man die Vorschubgeschwindigkeit des Papiers verändert. Bedingung für eine qualitativ hochwertige Zeitauflösung ist eine hochkonstante Vorschubgeschwindigkeit des Papiers.

Da die Arbeitsweise des Elektronenstrahl-Oszillographen so gänzlich anders als die des Papierlinienschreibers ist – es steht anstelle einer langen Papierbahn nur eine begrenzte Schirmbreite zur Verfügung –, müssen wir den Zeitablauf durch einen anderen

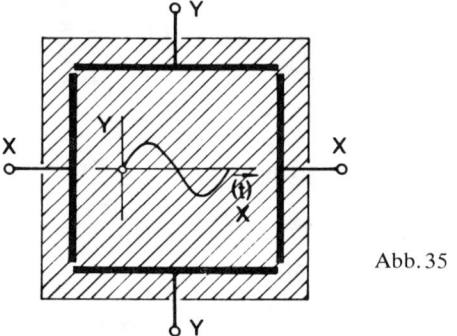

Abb. 35

Trick simulieren. Als Zeitachse wählen wir die horizontale Ablenkrichtung, weil wir an diese Art der zeitlichen Auflösung einer Größe gewöhnt sind *(Abb. 35)*.

Wie wird nun die kontinuierlich ablaufende Zeit am X-Ablenkplattensystem nachgebildet?

So wie der gleichmäßige Vorschub des Papierlinienschreibers den Zeitablauf simuliert, muß der Leuchtpunkt in horizontaler Richtung absolut gleichmäßig schnell verschoben werden. (Wir erinnern uns, daß die horizontale Ablenkung durch die Steuerspannung an den X-Ablenkplatten erzielt wird.)

Da die Signaldarstellung auf dem Leuchtschirm zeitlich von links nach rechts erfolgen soll, muß zu Beginn der Signaldarstellung eine relativ hohe Spannung an den X-Ablenkplatten anliegen, die den Elektronenstrahl nach links außen verrückt *(Abb. 36)*.

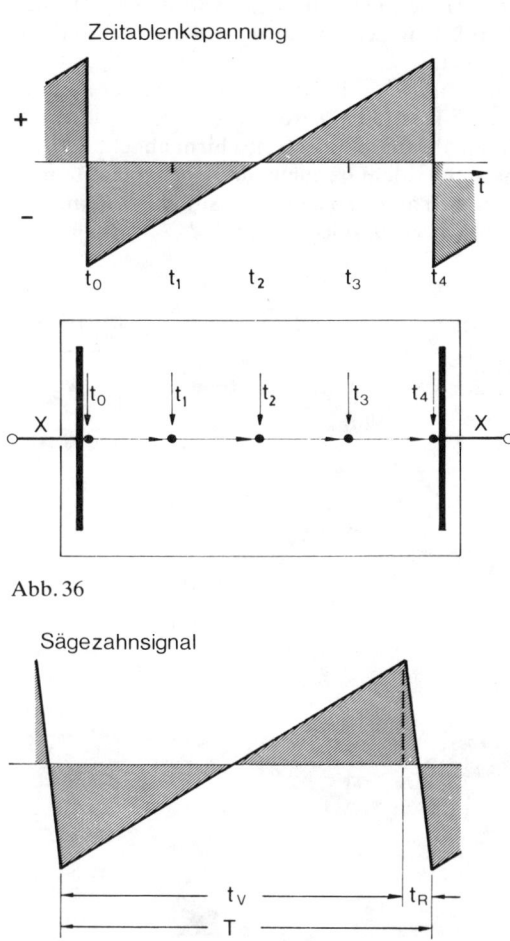

Abb. 36

t_V = Vorlaufzeit
t_R = Rücklaufzeit
T = Zeitablenkperiode

Abb. 37

Verkleinert man die Zeitablenkspannung jetzt gleichmäßig schnell gegen Null hin, so wandert der Strahl gleichmäßig schnell zur Mitte des Leuchtschirms. Jetzt muß die Spannung an den X-Ablenkplatten umgepolt und gleichmäßig schnell bis zu einem neuen, entgegengesetzten Maximum vergrößert werden. Auf diese Weise gelangt der Elektronenstrahl

mit konstanter Geschwindigkeit vom linken zum rechten Rand des Leuchtschirms.

Da der Schreibvorgang nun sofort wieder am linken Rand des Leuchtschirms beginnen soll, muß die Spannung schlagartig auf das negative Maximum umgepolt werden. Jetzt beginnt der Schreibvorgang von vorn.

Das Zeitablenksignal wird im Oszillographen selbst in einer dafür konzipierten Zeitablenkstufe erzeugt. Da die periodisch schwingende Zeitablenkstufe nicht schlagartig die Polarität wechseln kann, hat das Zeitablenksignal in Wirklichkeit die Form eines Sägezahns, wie ihn *Abbildung 37* zeigt.

Die langsam ansteigende Anstiegsflanke erzeugt den Vorlauf, die steile Rückwärtsflanke den Rücklauf des Strahls.

Jetzt können wir ein periodisches Signal auf dem Leuchtschirm darstellen. Wir schalten auf das X-Ablenksystem das Sägezahnsignal der Zeitablenkstufe; die Y-Ablenkplatten werden mit dem darzustellenden Nutzsignal beschaltet. Auf dem Leuchtschirm des Oszillographen erscheint jetzt die zeitliche Darstellung des periodischen Eingangssignals *(Abb. 38)*.

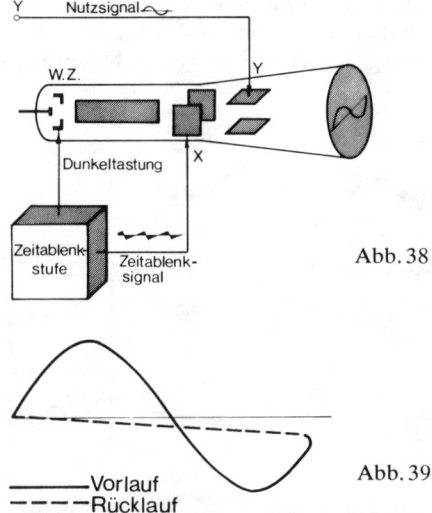

Abb. 38

Abb. 39

Störend bei der Darstellung periodischer Signale ist der sichtbare Rücklauf des Elektronenstrahls *(Abb. 39)*. Das läßt sich verhindern, indem man über die Dauer der Rücklaufzeit einen negativen Impuls auf den Wehneltzylinder aufschaltet. Dieser Impuls hebt das Potential des Wehneltzylinders auf das Sperrpotential, so daß der Wehneltzylinder während

73

des Rücklaufs des Zeitablenksignals den Elektronenstrahl unterdrückt. Der Dunkeltastimpuls selbst wird aus dem Zeitablenksignal abgeleitet *(Abb. 40)*.

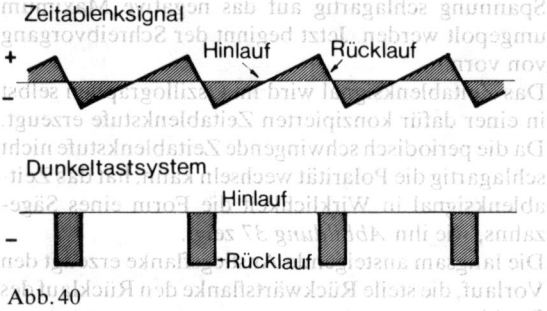

Abb. 40

Warum Oszillogramme nicht immer ruhig auf dem Leuchtschirm stehen

Damit auf dem Leuchtschirm ein stillstehendes Bild erscheint, muß die Periodendauer der Sägezahnspannung gleich der Periodendauer der darzustellenden Spannung sein. Sie darf aber auch ein ganzzahliges Vielfaches von ihr betragen. In allen anderen Fällen erhalten wir ein unstabiles Schirmbild.
Eine Anmerkung zum Begriff des ganzzahligen Vielfachen:

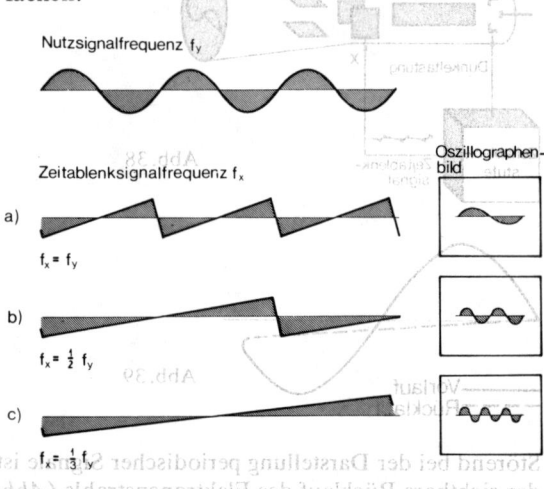

Abb. 41

In *Abbildung 41a* ist die Periodendauer des Zeitablenksignals gleich der des Nutzsignals. Beide Frequenzen sind gleich groß. Auf dem Leuchtschirm wird eine Periode des Nutzsignals abgebildet.

In *Abbildung 41b* ist die Periodendauer des Zeitablenksignals doppelt so groß wie die des Nutzsignals. Die Zeitablenkfrequenz beträgt die Hälfte der Nutzsignalfrequenz. Während der Elektronenstrahl in X-Richtung gleichmäßig vorwärts wandert, fallen zwei volle Perioden des Nutzsignals in diese Vorschubzeit. Auf dem Leuchtschirm werden zwei Perioden abgebildet.
In *Abbildung 41c* sind die Verhältnisse der Frequenzen $f_x = 1/3 \, f_y$. Es werden drei volle Perioden des Nutzsignals auf dem Leuchtschirm abgebildet.
Stehen Zeitablenkfrequenz und Nutzsignalfrequenz nicht in den angegebenen Verhältnissen zueinander, so „läuft" das Oszillographenbild.

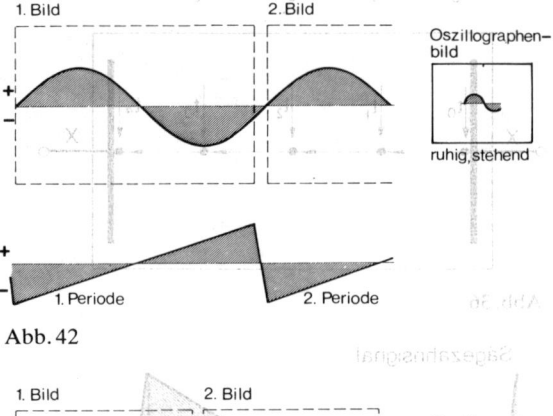

Abb. 42

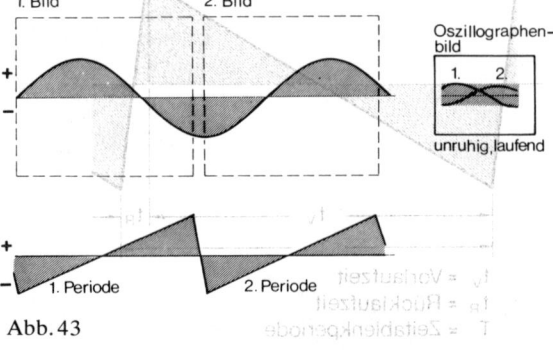

Abb. 43

In *Abbildung 42* sind beide Frequenzen gleich. Sowohl zu Beginn der ersten als auch der zweiten Zeitablenkperiode beginnt die Y-Ablenkung mit dem Spannungsnulldurchgang und der Tendenz zum positiven Maximum. Die Schirmbilder beider Zeitablenkperioden sind gleich. Das Schirmbild „steht".
In *Abbildung 43* ist die Zeitablenkfrequenz etwas größer als die Nutzsignalfrequenz. Die Perioden-

dauer des Zeitablenksignals ist somit etwas kleiner als die des Nutzsignals.

Das negative Maximum des Zeitablenksignals fällt in der ersten Zeitablenkperiode mit dem Nulldurchgang der Nutzspannung zusammen. Der Linienzug auf dem Leuchtschirm endet etwa mit dem negativen Maximum des Nutzsignals. Während die zweite Periode des Zeitablenksignals wieder mit dem negativen Maximum der X-Ablenkspannung beginnt, befindet sich das Nutzsignal noch in der Nähe des negativen Maximums. Als Oszillogramm entsteht zusätzlich das zweite Bild in Abbildung 43.

Auf dem Oszillographenschirm werden infolge der erwünschten Trägheit des Leuchtschirms (gäbe es sie nicht, so würden wir nicht einen geschlossenen Linienzug, sondern nur wandernde Punkte sehen) beide Signalskurvenzüge gleichzeitig sichtbar.

In der dritten Ablenkperiode ergibt sich wiederum ein anderer Linienzug. Betrachtet man den Oszillographenschirm, so bekommt man – da die jeweils älteren Signalkurven zuerst erlöschen – den Eindruck eines laufenden, unruhigen Bildes.

Wir wissen nun, daß man nur dann ein stabiles und ruhiges Oszillogramm bekommt, wenn die Nutzsignalfrequenz gleich der Zeitablenkfrequenz oder aber ein ganzzahliges Vielfaches von ihr ist. Da die Frequenzen der darzustellenden Nutzsignale im Grunde völlig beliebig sein können, muß die Zeitablenkfrequenz frei angepaßt werden können. Zu diesem Zweck besitzen die Oszillographen auf ihrer Bedienungsfront einen Einstellknopf, an dem man die Zeitablenkfrequenz sowohl stufenweise als auch innerhalb der Stufen kontinuierlich verändern kann.

Ablenksignale werden synchronisiert

Das einmal eingestellte Oszillogramm bleibt solange ruhig, wie die beiden Signalfrequenzen an den Ablenksystemen stabil bleiben. In der Praxis lassen sich jedoch Frequenzen von mathematischer Genauigkeit nicht realisieren. Deshalb würde das Schirmbild bereits nach der geringsten Frequenzabweichung zu laufen beginnen, wenn man nicht ein relativ einfaches Verfahren hätte, das mit diesem Umstand fertig wird.

Um die durch die Frequenzinstabilität notwendige Nachregelung der Zeitablenkfrequenz umgehen zu können, haben sich die Techniker das Synchronisationsverfahren einfallen lassen. Man läßt zu diesem

Zweck das darzustellende Nutzsignal so auf die Zeitablenkstufe einwirken, daß zwischen beiden Signalen Synchronismus, d. h. Gleichlauf erzielt wird.

Das vereinfachte Prinzipbild in *Abbildung 44* veranschaulicht den Sachverhalt. Grundsätzlich beruht die Synchronisation auf der Beeinflussung der Rück-

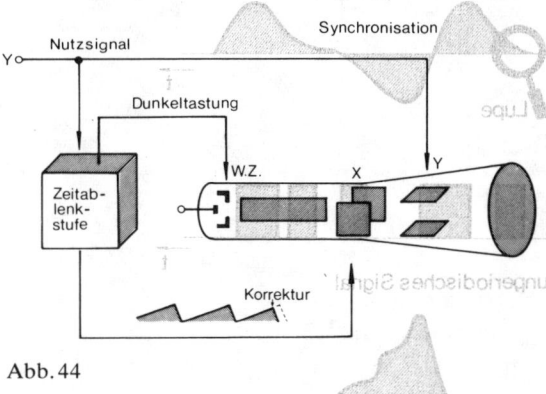

Abb. 44

laufflanke des Zeitablenksignals. Immer dann, wenn der Gleichlauf der Signale verloren zu gehen droht, wird der Rücklauf des Elektronenstrahls ein wenig früher eingeleitet als dies durch die Zeitablenkgeneratorstufe ohne Eingriff geschehen würde.

Diese Signalbeeinflussung ist symbolisch in Abbildung 44 angedeutet. Das Ergebnis dieser Zwangsgleichschaltung beider Signale ist ein ruhiges Schirmbild, solange die beiden Ablenkfrequenzen nicht zu weit auseinanderliegen.

Mit Hilfe dieses Synchronisierungsverfahrens lassen sich jedoch in der Praxis nicht alle Probleme der Oszillographie lösen. Der erste Mangel besteht darin, daß immer nur volle Perioden eines Nutzsignals dargestellt werden können. Interessiert man sich einmal für die Teilauszüge einer Periode, so ist dies nach dem geschilderten Verfahren nicht möglich.

Als zweiter, ebenfalls wesentlicher Mangel gilt, daß unperiodische oder einmalige Vorgänge nicht eindeutig erfaßt werden können *(Abb. 45)*.

Das Zeitablenksignal wird getriggert

Für moderne Oszillographen gelten diese Einschränkungen nicht. Sie arbeiten nach dem sogenannten *Triggerprinzip*, das je nach Vollkommenheit in seiner technischen Ausführung die Einsatzmöglichkeiten von Oszillographen außerordentlich erweitert hat.

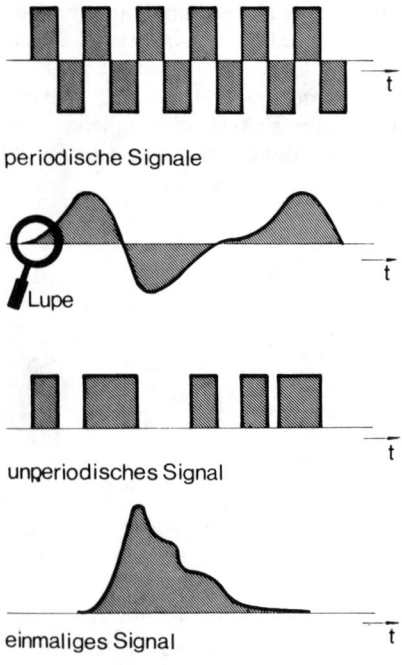

periodische Signale

Lupe

unperiodisches Signal

einmaliges Signal

Abb. 45

Die Zeitablenkstufe eines triggerbaren Oszillographen arbeitet jetzt nicht mehr mit ständig ablaufenden Zeitablenksignalen. Die Zeitablenkstufe enthält eine Schaltung, die, sofern kein Nutzsignal am Y-Eingang vorliegt, kein Sägezahnsignal an die Zeitab-

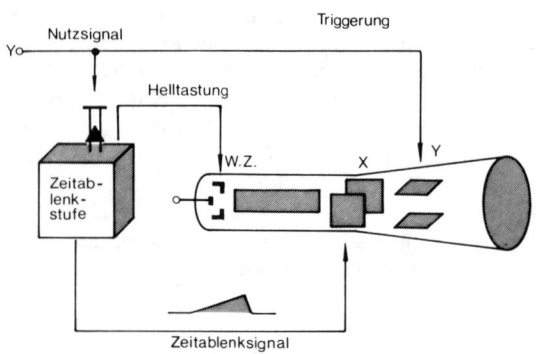

Abb. 46

lenkplatten abgibt. Tritt am Y-Eingang hingegen ein Nutzsignal auf, so wird die Zeitablenkstufe angeworfen. Sie gibt jetzt einen vollständigen Sägezahnimpuls an die Zeitablenkplatten ab. Jedes erneut eintreffende Nutzsignal wirft die Zeitablenkstufe wieder

an. Voraussetzung ist jedoch, daß der vorherige Sägezahnimpuls bereits vollständig abgelaufen ist *(Abb. 46)*.

Die Dauer des Zeitablenksignals kann am Einstellknopf der Zeitablenkstufe vorgegeben werden. Sie ist prinzipiell frei wählbar.

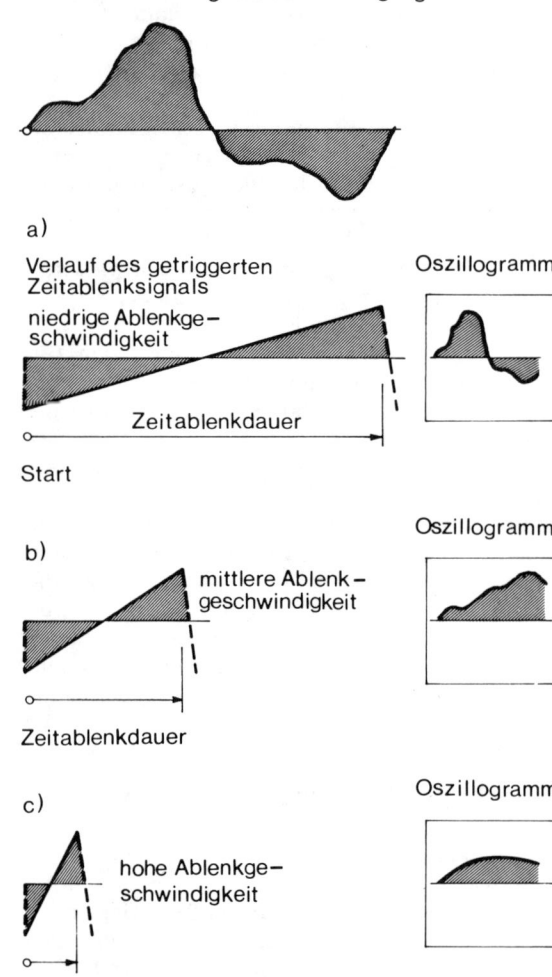

Verlauf des Nutzsignals am Y-Eingang

a)

Verlauf des getriggerten Zeitablenksignals

niedrige Ablenkgeschwindigkeit

Zeitablenkdauer

Start

Oszillogramm

b)

mittlere Ablenkgeschwindigkeit

Zeitablenkdauer

Oszillogramm

c)

hohe Ablenkgeschwindigkeit

Zeitablenkdauer

Oszillogramm

Abb. 47

Es ist wohl sofort zu erkennen, daß diese auslösbare Zeitablenkung des Triggerprinzips sowohl mit periodischen als auch mit unperiodischen und einzelnen Nutzsignalen fertig wird.

In *Abbildung 47* wird dargestellt, wie sich die unterschiedliche Ablenkgeschwindigkeit der Zeitablenkstufe auf die Oszillogramme auswirkt. Zum Verständnis der Vorgänge muß angemerkt werden, daß die Schreibbreite der Zeitachse nicht vom zeitlichen Verlauf des X-Ablenksignals, sondern nur von den Ablenkpotentialen bestimmt wird. In allen drei Betrachtungsfällen sind die Ablenkpotentiale gleich.

Die Zeitablenksignale unterscheiden sich in ihrer Laufzeit, die sie benötigen, um vom negativen Potentialmaximum zum positiven Potentialmaximum zu kommen. Je kürzer die am Oszillographen eingestellte Laufzeit der X-Signale ist, um so größer ist die Zeitablenkgeschwindigkeit (die Schirmbreite bleibt ja konstant).

Während bei einer relativ niedrigen Ablenkgeschwindigkeit der volle Verlauf des Nutzsignals oszillographiert wird, ist bei höheren Ablenkgeschwindigkeiten jeweils nur ein Ausschnitt des Nutzsignals dargestellt. Nach Ablauf der eingestellten X-Ablenksignaldauer verharrt die triggerbare Zeitablenkstufe solange in Warteposition, bis sie erneut angeworfen wird. Auf dem Leuchtschirm erscheint in jedem Falle ein eindeutiger Linienzug.

Da in der Zeit, in der sich die Zeitablenkstufe in Warteposition befindet, keine Strahlablenkung erfolgt, müßte der Strahl ständig auf die Oszillographenschirmmitte auftreffen. Dies würde auf die Dauer die Leuchtschicht beschädigen. Um dies zu vermeiden, wird der Strahl nur dann freigegeben, wenn tatsächlich eine Zeitablenkspannung vorliegt. Zu diesem Zweck wird der Elektronenstrahl hellgetastet – d. h. freigegeben –, wenn eine Strahlablenkung erfolgt (Abb. 46).

In Wartestellung wird der Elektronenstrahl durch das Sperrpotential am Wehneltzylinder unterdrückt. Gibt die Zeitablenkstufe nach erfolgter Triggerung ein X-Ablenksignal ab, so wird gleichzeitig das Potential des Wehneltzylinders für die Dauer der Strahlablenkung weniger negativ beschaltet, so daß der Strahl die Elektronenkanone verlassen kann.

Die Triggerung des Zeitablenksignals muß nicht immer beim selben Auslösepunkt des Nutzsignals eingeleitet werden. Durch entsprechende Schaltungskonzeptionen kann das die Triggerung einleitende Signalniveau grundsätzlich beliebig vorgewählt werden.

In *Abbildung 48* sind diese Zusammenhänge dargestellt. Die Triggerung ist auf ein positives Potentialniveau des Y-Signals eingestellt. Wird dieses Niveau erreicht, so läuft ein voller Zeitablenkimpuls auf die

X-Ablenkeinheit. Nach Ablauf der eingestellten Zeit verharrt der Oszillograph in Ruhe, bis das Triggerniveau erneut erreicht wird.

Durch geeignete Schaltungsmaßnahmen wird gewährleistet, daß bei mehrmaliger Wiederkehr des Triggerniveaus während eines Sägezahnablaufs der lineare Zeitablauf nicht beeinflußt wird.

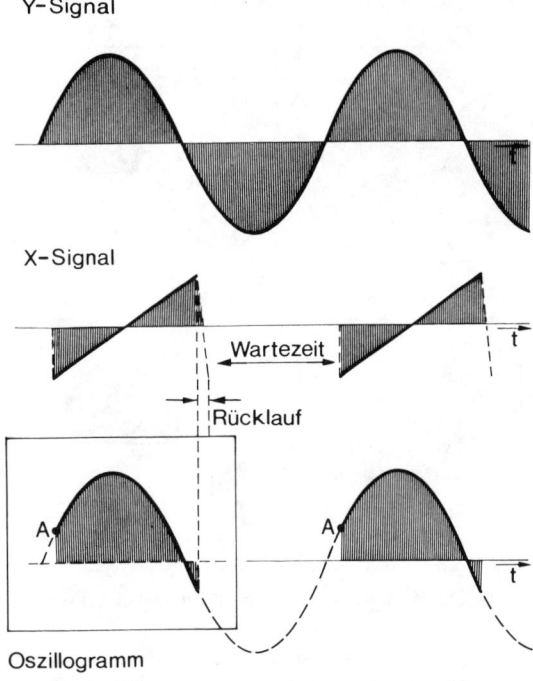

Abb. 48

Abbildung 49 zeigt, wie sich die grundsätzlich beliebige Wahl des Triggerniveaus auf das Oszillogramm auswirkt. Bei den Abbildungen 49a, b und c wurde die ansteigende, bei den Abbildungen 49e, f und g die abfallende Flanke des Y-Signals zur Triggerung herangezogen.

Das Bedienungsfeld des Elektronenstrahl-Oszillographen

Das Bedienungsfeld auf der Frontpartie eines Oszillographen ist mit einigen Einstellelementen versehen, über deren Funktion wir uns hier Klarheit verschaffen müssen. Die nachfolgenden Darstellungen kön-

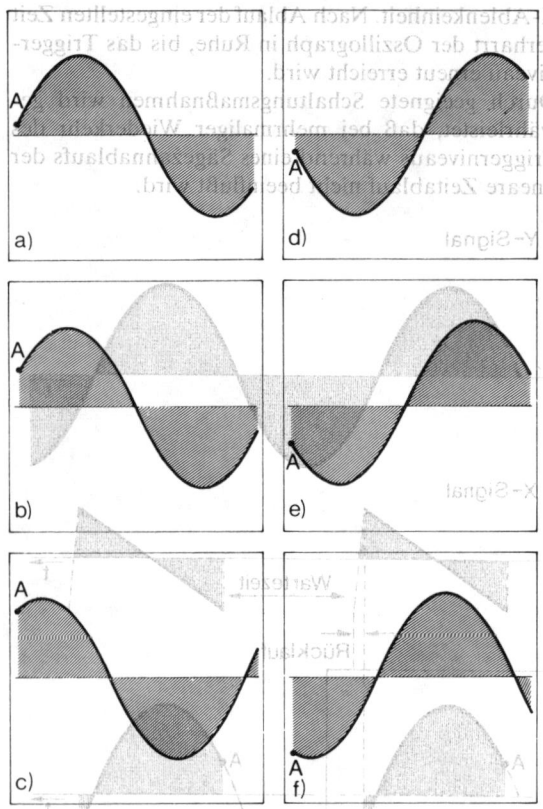

a)

d)

b)

e)

c)

f)

Abb. 49 Die Wirkung des Niveau-Reglers beim Triggern

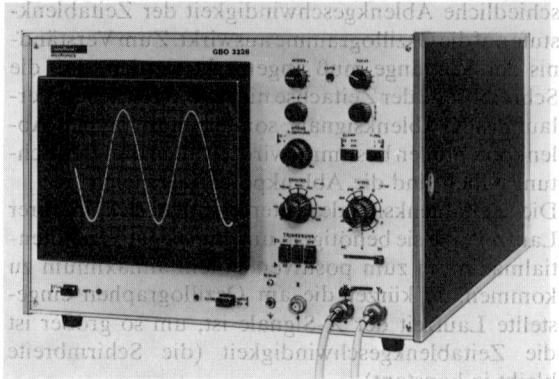

Abb. 50

nen keinen Anspruch auf Vollständigkeit erheben, da nicht alle Oszillographen identische technische Konzeptionen haben. Im Zweifelsfall muß in der Praxis die jeweilige Bedienungsanleitung zu Rate gezogen werden.

Der Vorwahlschalter für die Y-Ablenkung:
Die auf dem Oszillographen darzustellenden Signale können in der Größenordnung sowohl im Volt- als auch im Millivoltbereich liegen. Da zur maximalen Strahlablenkung in Y-Richtung jedoch immer die gleiche Ablenkspannung benötigt wird, muß die zu messende Spannung den Ablenkbedingungen angepaßt werden. Sie ist entweder dem Betrag nach abzuschwächen oder zu verstärken. Zu diesem Zweck befindet sich zwischen Y-Eingang und Y-Ablenksystem ein Verstärker, dessen Verstärkungsfaktor am Vorwahlschalter für die Y-Ablenkung vorgegeben werden kann.

Aus praktischen Gründen hat man die Signalverstärkung in Form des Y-Ablenkkoeffizienten definiert. Dieser sagt aus, welche Eingangsspannung benötigt wird, um den Strahl in Y-Richtung um 1 cm zu verschieben.
Beispiel für die Stufung des Y-Ablenkkoeffizienten:

$$2 \text{ mV/cm} \ldots 50 \text{ V/cm, in 14 geeichten Stufen.}$$

In der Regel kann der Ablenkkoeffizient zusätzlich innerhalb der Bereiche ungeeicht stetig verändert werden.
Bei vorgegebenem Y-Ablenkkoeffizient kann aus der Signalhöhe des Oszillogramms auf die Spannungswerte des dargestellten Signals geschlossen werden. Dazu später ein Beispiel.

Der Zeitmaßstab:
Bei den Triggeroszillographen kann die Laufzeit, die der Elektronenstrahl in X-Richtung von der linken bis zur rechten Schirmseite benötigt, vorgewählt werden. Die Angaben werden in s/cm, ms/cm oder µs/cm gemacht. Bei einem handelsüblichen Klein-Oszillographen beträgt die langsamste „Zeitablenkgeschwindigkeit" 0,5 s/cm, die höchste 0,1 µs/cm. Wählte man z. B. einen Zeitablenkmaßstab von 2 ms/cm vor, so würde der Elektronenstrahl zum Überqueren einer Schirmbreite von 7,5 cm genau 15 ms benötigen.
Ist der eingestellte Zeitmaßstab bekannt und geeicht, so läßt sich damit die Periodendauer und die Frequenz eines zu bestimmenden Wechselspannungssignals ermitteln.
Dazu ein *Beispiel:*
In *Abbildung 51* ist ein Oszillogramm dargestellt, das sowohl bezüglich der Spannung „Spitze-Spitze" als

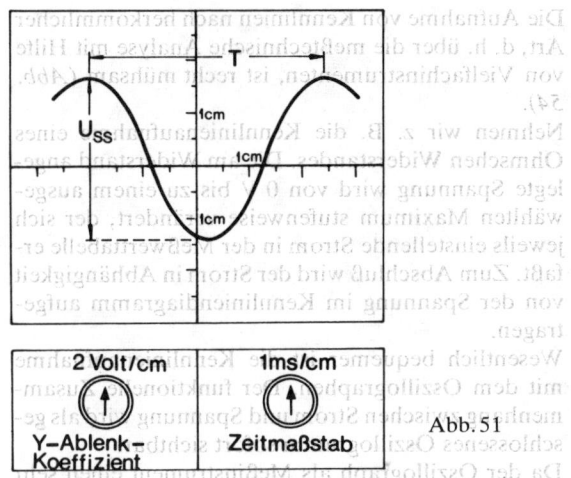

Abb. 51

auch der Periodendauer und der Frequenz auszu-
werten ist.

Eingestellter Y-Ablenkkoeffizient: 2 V/cm.

Vom negativen zum positiven Spannungsmaximum
werden 3,1 cm gemessen. Da 1 cm $\Longrightarrow$ 2 V entspricht,
müssen 3,1 cm $\Longrightarrow$ 6,2 V entsprechen. Die Spannung u_{ss} des Wechselspannungssignals beträgt 6,2 V.

Eingestellter Zeitmaßstab: 1 ms/cm. Gemessene Pe-
riodenlänge vom positiven Maximum zum positiven
Maximum 4,4 cm.

Da 1 cm $\Longrightarrow$ 1 ms entspricht, entsprechen 4,4 cm $\Longrightarrow$
4,4 ms. Die Periodendauer beträgt 4,4 ms.

Je länger die Dauer einer Periode ist, um so kleiner
ist die Frequenz. Beide stehen in folgendem Verhältnis zueinander:

$$f = \frac{1}{T}.$$

In unserem Beispiel ergibt sich die Frequenz mit

$$f = \frac{1}{4,4 \text{ ms}} = \frac{1}{0,0044 \text{ s}} = 220 \text{ Hz}.$$

Wahlschalter für den X-Ablenkbetrieb:

Der Betrieb des X-Ablenksystems kann zwischen
„Intern" und „Extern" gewählt werden. Bei der Dar-
stellung zeitlich veränderlicher Größen wird das X-
Ablenksystem von der Zeitablenkstufe gesteuert. Der
Wahlschalter wird auf „Intern" gestellt *(Abb. 52).*
Will man die Y-Spannung in Abhängigkeit von einer
zweiten, frei wählbaren Spannung oszillographieren,
so muß die Zeitablenkstufe abgetrennt werden. Die
X-Spannung wird dem Oszillographen über einen
separaten X-Eingang zugeführt und mit Hilfe eines

X-Verstärkers an das X-Ablenksystem angepaßt.
Schalterstellung: „Extern" *(Abb. 53).*

Wahlschalter für den Triggerbetrieb:

In den meisten Fällen des Oszillographengebrauchs
wird die Triggerung durch das Y-Signal ausgelöst.
Der Wahlschalter steht auf „Intern". Soll aus bestimmten Gründen mit einer Fremdspannung getriggert werden, so ist diese der Zeitablenkstufe von
außen über eine separate Buchse zuzuführen. Der
Wahlschalter steht auf „Extern".

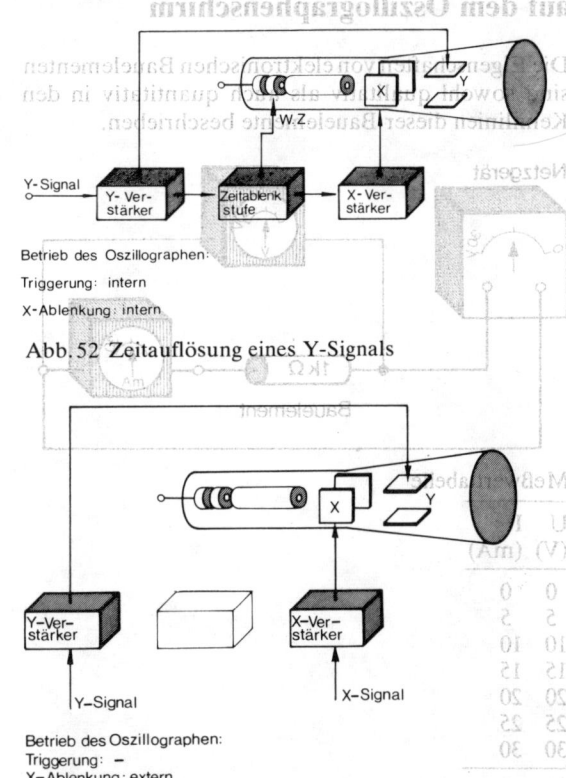

Betrieb des Oszillographen:

Triggerung: intern

X-Ablenkung: intern

Abb. 52 Zeitauflösung eines Y-Signals

Betrieb des Oszillographen:
Triggerung: –
X-Ablenkung: extern

Abb. 53 Funktionelle Abhängigkeit zweier Signale

In der Regel kann wahlweise mit der ansteigenden
(+) oder der abfallenden (–) Flanke des Y-Signals
getriggert werden. Bei einer Reihe von Oszillogra-
phentypen ist zusätzlich der Triggerpegel frei wählbar.

*Wahlschalter für die Kopplung der Eingangsbuchse
mit dem Vertikalverstärker:*

Der Y-Verstärker ist meist sowohl als Gleichspannungsverstärker als auch als Wechselspannungsverstärker zu betreiben.

Schalterstellung (=) bzw. DC, wenn Gleichspannung oder Wechselspannung mit Gleichspannungsanteil zu oszillographieren sind.

Schalterstellung (~) bzw. AC, wenn Wechselspannungen oder Wechselspannungskomponenten darzustellen sind.

Die Darstellung von Kennlinien auf dem Oszillographenschirm

Die Eigenschaften von elektronischen Bauelementen sind sowohl qualitativ als auch quantitativ in den Kennlinien dieser Bauelemente beschrieben.

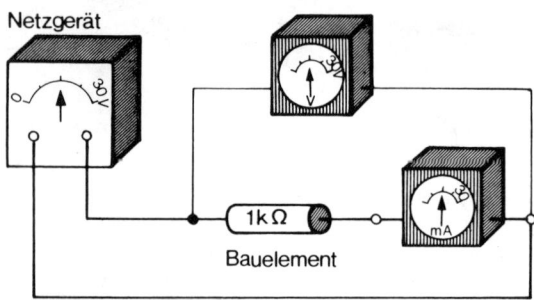

Netzgerät

Bauelement

Meßwerttabelle

U (V)	I (mA)
0	0
5	5
10	10
15	15
20	20
25	25
30	30

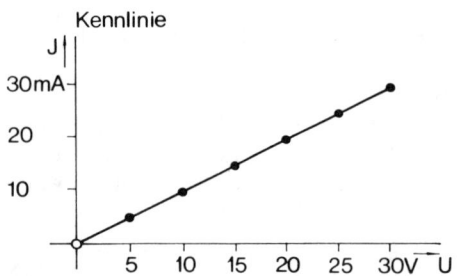

Kennlinie

Abb. 54 Meßschaltung, Meßwerttabelle und Kennliniendiagramm

Die Aufnahme von Kennlinien nach herkömmlicher Art, d. h. über die meßtechnische Analyse mit Hilfe von Vielfachinstrumenten, ist recht mühsam *(Abb. 54)*.

Nehmen wir z. B. die Kennlinienaufnahme eines Ohmschen Widerstandes. Die am Widerstand angelegte Spannung wird von 0 V bis zu einem ausgewählten Maximum stufenweise verändert, der sich jeweils einstellende Strom in der Meßwerttabelle erfaßt. Zum Abschluß wird der Strom in Abhängigkeit von der Spannung im Kennliniendiagramm aufgetragen.

Wesentlich bequemer ist die Kennlinienaufnahme mit dem Oszillographen. Der funktionelle Zusammenhang zwischen Strom und Spannung wird als geschlossenes Oszillogramm sofort sichtbar.

Da der Oszillograph als Meßinstrument einen sehr hohen Innenwiderstand besitzt, kann man mit ihm elektrische Ströme nicht auf direktem Wege messen. Man hilft sich hier durch einen Trick. Man läßt den zu messenden Strom durch einen bekannten Wider-

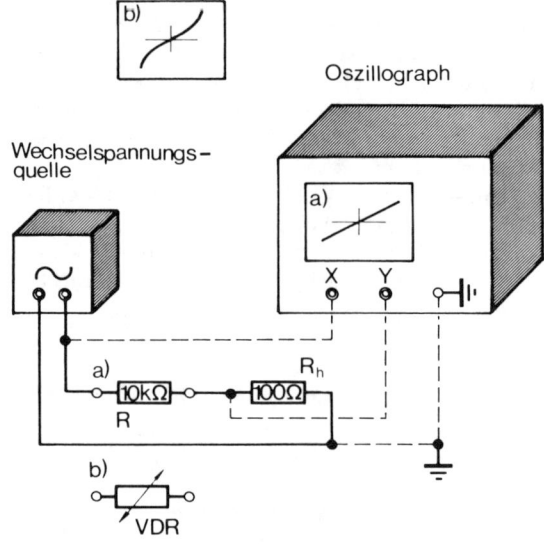

Oszillograph

Wechselspannungs-quelle

Abb. 55

stand fließen und gibt den am Widerstand hervorgerufenen Spannungsabfall auf den Oszillographen.

Abbildung 55 zeigt die Meßschaltung zur Kennlinienaufnahme eines Ohmschen Widerstandes R. Der zusätzliche Hilfswiderstand R_h dient der indirekten Strommessung. Er muß im Verhältnis zum Widerstand R sehr klein gewählt werden, damit die

Stromkreisverhältnisse nicht unzulässig verfälscht werden. Der den Strom I repräsentierende Spannungsabfall an R_h wird dem Y-Ablenksystem, die frei veränderliche Spannung U des Netzgerätes dem X-Ablenksystem zugeführt.

Nun fällt bei der Betrachtung der Meßschaltung auf, daß als Spannungsquelle ein Wechselspannungsnetzgerät gewählt wurde. Dafür gibt es folgende Begründung:

Zur Aufnahme der Widerstandskennlinie braucht man eine Spannung, die von Null bis zu einem Maximum verändert werden muß. Will man zusätzlich untersuchen, wie sich das Bauelement bei Änderung der angelegten Polarität verhält, muß die Spannung ebenfalls von Null bis zu einem negativen Maximum verändert werden. Und genau das macht unsere Wechselspannungsquelle.

Sie verändert die am Prüfobjekt anliegende Spannung periodisch und stufenlos zwischen einem positiven und einem negativen Maximum. Ohne Zeitverzug folgt der im Widerstand R fließende Strom den Spannungsänderungen. Auf dem Oszillographenschirm wirken beide Signale über die Ablenksysteme zusammen. Als Oszillogramm erscheint der funktionelle Zusammenhang zwischen Strom und Spannung und somit die Kennlinie des Ohmschen Widerstandes.

Fügt man anstelle des Ohmschen Widerstandes einen VDR-Widerstand in die Schaltung ein, so ergibt sich auf dem Schirmbild die unlineare Kennlinie nach Abbildung 55b. Man erkennt am Oszillogramm, daß eine Zunahme der am Bauelement anliegenden Spannung eine überproportionale Zunahme des Stromes zur Folge hat. Der Widerstand des VDR-Bauelements nimmt folglich mit wachsender Spannung ab. Für die rationelle Aufnahme von Kennlinien elektronischer Bauelemente hat die Industrie Spezialgeräte – sogenannte *Kennlinienschreiber* – entwickelt. Wie *Abbildung 56* zeigt, können sie ihre Verwandtschaft mit dem Oszillographen nicht verleugnen.

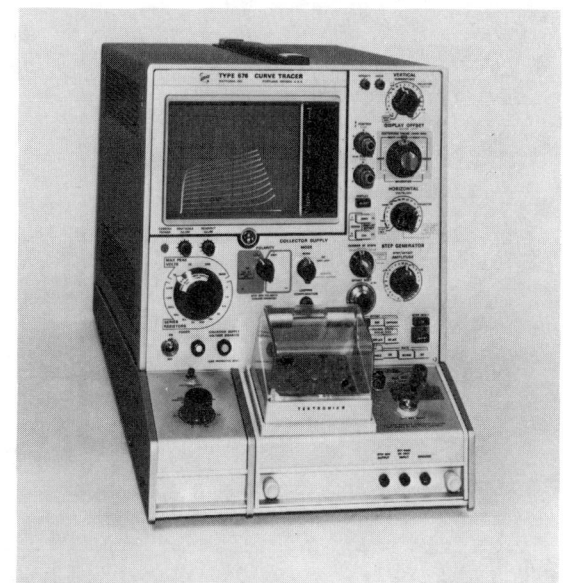

Abb. 56

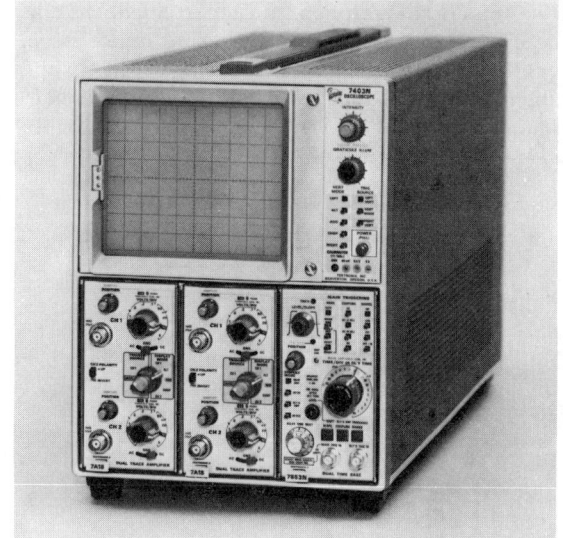

Abb. 57

Mehrere Oszillogramme auf einem Schirm

In der Praxis kann es vorkommen, daß man zwei Oszillogramme miteinander vergleichen muß, weil man sich für ihre Zuordnung interessiert. Für solche Fälle bietet die Industrie Zweistrahloszillographen an *(Abb. 57)*, die es erlauben, zwei Y-Signale über zwei voneinander unabhängige Strahlablenksysteme gleichzeitig auf den Leuchtschirm zu geben. Bei einigen Geräteausführungen werden beide Oszillogramme von einer gemeinsamen Zeitablenkstufe geführt. Bei anderen verfügt man über zwei getrennte Zeitablenkstufen. Die technischen Realisierungen von

81

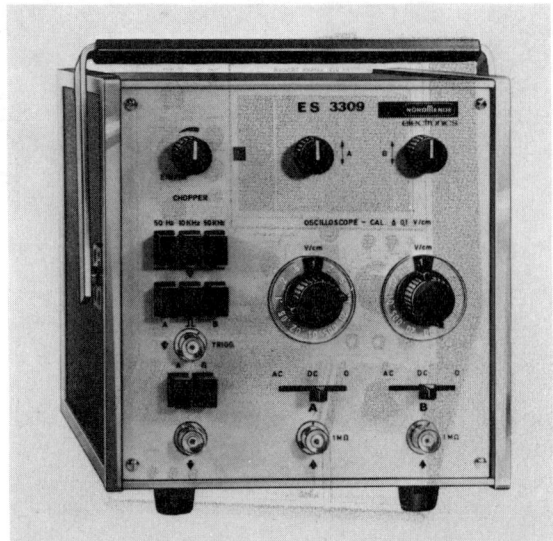

Abb. 58

Zweistrahloszillographen sind unterschiedlich; eins jedoch haben sie gemeinsam: sie sind in der Regel recht teuer. Möchte man trotz geringer Mittel (und einem bereits vorhandenen Einstrahloszillographen) dennoch nicht auf die Vorteile der Mehrfachoszillo-

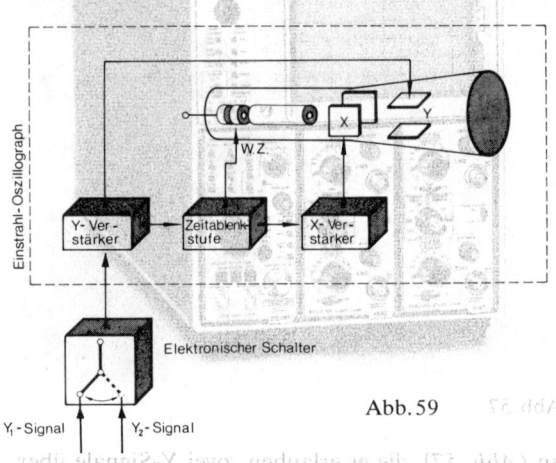

Abb. 59

graphie verzichten, so nehme man einen *elektronischen Schalter (Abb. 58).*
Die beiden zu oszillographierenden Signale Y₁ und Y₂ werden durch den elektronischen Schalter abwechselnd mit einer geeigneten Umschaltfrequenz

auf den Y-Eingang des Einstrahloszillographen gegeben *(Abb. 59).*
Die auf dem Schirm entstehenden Oszillogramme *(Abb. 60)* setzen sich aus einzelnen Kurvenelementen zusammen. Bei entsprechender Wahl der Umschaltfrequenz des elektronischen Schalters wachsen

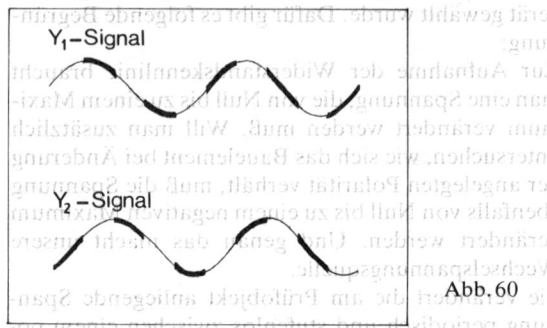

Abb. 60

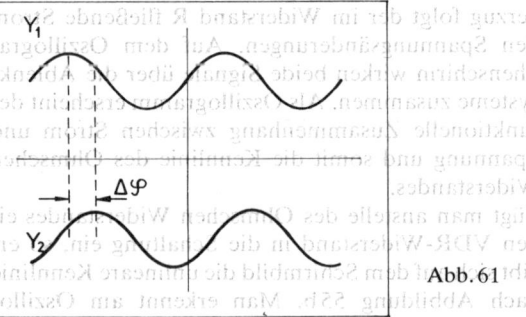

Abb. 61

die Kurvenelemente zu Linienzügen zusammen. Das Auge kann die einzelnen Kurvenelemente nicht mehr auflösen. Beide Eingangssignale werden scheinbar gleichzeitig auf dem Leuchtschirm wiedergegeben *(Abb. 61).*
In dem Oszillogramm nach *Abbildung 61* sind die periodischen Wechselspannungssignale gegeneinander phasenverschoben. Mit Hilfe des am Oszillographen eingestellten Zeitmaßstabs läßt sich die Phasenverschiebung beider Signale ermitteln.

Elektronengraphik

Unter bestimmten Voraussetzungen entstehen auf dem Schirm des Oszillographen optische Gebilde, denen man einen gewissen graphischen Reiz nicht absprechen kann.

In der Schaltung nach *Abbildung 62* wird der Oszillograph von zwei Sinusgeneratoren angesteuert. Einer der beiden Sinusgeneratoren wirkt auf das X-Ablenksystem, der andere auf das Y-Ablenksystem. Sind die von den beiden Generatoren abgegebenen Sinussignale in der Frequenz und in der Amplitude

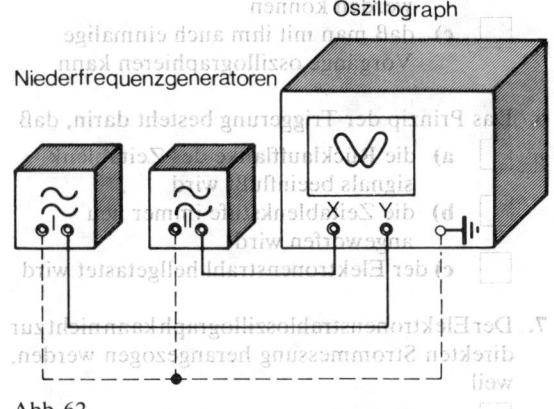

Abb. 62

gleich, so ergeben sich Oszillogramme nach *Abbildung 63*. Bei Phasengleichheit erscheint auf dem Schirm ein Strich. Bei einer Phasenverschiebung beider Signale von 90° wird ein Kreis abgebildet. Phasenverschiebungen zwischen 0° und 90° führen zu elliptischen Bildern.
Mißt man die Ellipsen nach einem besonderen Verfahren aus, so läßt sich die Phasenverschiebung beider Signale ermitteln.
Werden an den beiden Sinusgeneratoren unterschiedliche Frequenzen eingestellt, so erscheinen graphisch hochinteressante Oszillogramme.
In *Abbildung 64* sind einige mögliche Oszillogramme zusammengestellt. An den einzelnen Abbildungen ist jeweils vermerkt, wie sich die beiden Sinussignale sowohl hinsichtlich der Frequenz als auch der Phasenlage zueinander verhalten. Diese Oszillogramme – auch *Lissajousche Figuren* genannt – kann man zur Bestimmung einer unbekannten Fre-

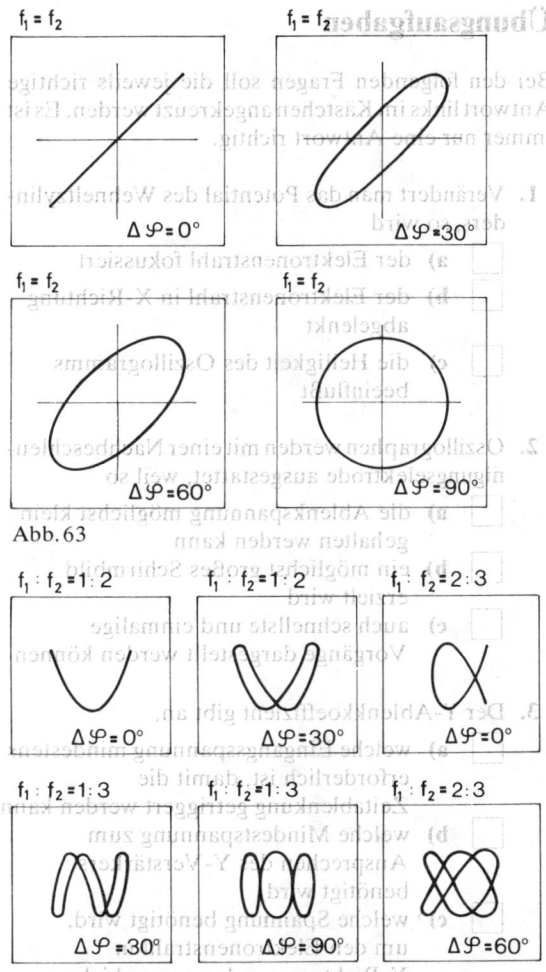

Abb. 63

Abb. 64

quenz heranziehen. Es muß eine der beiden Ablenkfrequenzen bekannt sein.

*

Weiterführende Literatur findet sich im Anhang. Für dieses Kapitel gelten vor allem die Nummern 3, 10, 12, 64

Übungsaufgaben

Bei den folgenden Fragen soll die jeweils richtige Antwort links im Kästchen angekreuzt werden. Es ist immer nur eine Antwort richtig.

1. Verändert man das Potential des Wehneltzylinders, so wird
   - ☐ **a)** der Elektronenstrahl fokussiert
   - ☐ **b)** der Elektronenstrahl in X-Richtung abgelenkt
   - ☐ **c)** die Helligkeit des Oszillogramms beeinflußt

2. Oszillographen werden mit einer Nachbeschleunigungselektrode ausgestattet, weil so
   - ☐ **a)** die Ablenkspannung möglichst klein gehalten werden kann
   - ☐ **b)** ein möglichst großes Schirmbild erzielt wird
   - ☐ **c)** auch schnellste und einmalige Vorgänge dargestellt werden können

3. Der Y-Ablenkkoeffizient gibt an,
   - ☐ **a)** welche Eingangsspannung mindestens erforderlich ist, damit die Zeitablenkung getriggert werden kann
   - ☐ **b)** welche Mindestspannung zum Ansprechen des Y-Verstärkers benötigt wird
   - ☐ **c)** welche Spannung benötigt wird, um den Elektronenstrahl in Y-Richtung um 1 cm verschieben zu können

4. Bei der Darstellung von Kennlinien elektronischer Bauelemente muß die Zeitablenkstufe
   - ☐ **a)** von dem X-Ablenksystem abgetrennt werden
   - ☐ **b)** auf „Extern" gestellt werden
   - ☐ **c)** auf „Intern" gestellt werden

5. Der Vorteil des Trigger-Oszillographen liegt darin,
   - ☐ **a)** daß mehrere Perioden eines Signals auf dem Leuchtschirm dargestellt werden können
   - ☐ **b)** daß gleichzeitig zwei zeitabhängige Signale oszillographiert werden können
   - ☐ **c)** daß man mit ihm auch einmalige Vorgänge oszillographieren kann

6. Das Prinzip der Triggerung besteht darin, daß
   - ☐ **a)** die Rücklaufflanke des Zeitablenksignals beeinflußt wird
   - ☐ **b)** die Zeitablenkstufe immer neu angeworfen wird
   - ☐ **c)** der Elektronenstrahl hellgetastet wird

7. Der Elektronenstrahloszillograph kann nicht zur direkten Strommessung herangezogen werden, weil
   - ☐ **a)** die Elektronenstrahlröhre gegen hohe Ströme sehr empfindlich ist
   - ☐ **b)** er als Meßinstrument zu groß ist und somit nicht in den Stromkreis eingebaut werden kann
   - ☐ **c)** sein Eingangswiderstand sehr hoch ist

8. Elektronische Schalter finden in der Oszillographentechnik Verwendung
   - ☐ **a)** wenn man zwei zeitlich veränderliche Signale gleichzeitig oszillographieren will
   - ☐ **b)** die Ablenkfrequenz der eingebauten Zeitablenkstufe nicht hoch genug ist
   - ☐ **c)** bei einer Kennlinienaufnahme der Strom in Abhängigkeit von der Spannung dargestellt werden soll

9. Der Elektronenstrahloszillograph kann im Gegensatz zum Vielfachmeßinstrument schnelle Signale zeitlich auflösen, weil
   - ☐ **a)** er über einen eingebauten Verstärker verfügt
   - ☐ **b)** er anstelle einer schmalen Skala über einen großen Leuchtschirm verfügt
   - ☐ **c)** Elektronen eine geringere Trägheit haben als das Meßwerk von Zeigermeßinstrumenten

10. Auf dem Leuchtschirm des Oszillographen erscheint als Oszillogramm eine Ellipse, wenn

☐ **a)** sowohl dem X-Eingang wie auch dem Y-Eingang jeweils ein Sinussignal aufgeschaltet wird, die zueinander um 30° phasenverschoben sind

☐ **b)** sowohl dem X-Eingang wie auch dem Y-Eingang jeweils ein Sinussignal aufgeschaltet wird, die zueinander phasengleich sind

☐ **c)** sowohl dem X-Eingang wie auch dem Y-Eingang jeweils ein Sinussignal aufgeschaltet wird, deren Frequenzen sich wie 1:2 verhalten

Die Lösungen der Übungsaufgaben finden Sie in Anhang 1 dieses Buches auf Seite 278.

4. Die Halbleiterdiode

Nach einem geschichtlichen Rückblick auf die wichtigsten Stationen der Elektronik wird die Halbleiterdiode zunächst als elektronisches Ventil vorgestellt und damit der Charakter dieses Bauelements vereinfacht vorweggenommen.

Es schließt sich eine kurze Beschreibung der bevorzugten Halbleitermaterialien und deren Gewinnung an; von den freien Ladungsträgern in festen Körpern wird dann zur Definition der Halbleiter und der elektrischen Leitfähigkeit übergegangen.

Die Kristallstruktur und das Temperaturverhalten der Halbleiter werden untersucht, Elemente wie Heißleiter und Fotowiderstände vorgestellt.

Weiter werden beschrieben: das bipolare Stromverhalten und das Dotieren; dann der pn-Übergang, der über seine theoretische Kennlinie bis zur realen Halbleiterdiode diskutiert wird.

Nach der Erläuterung der wichtigsten Verfahren zum Aufnehmen von Kennlinien folgen typische Weiterentwicklungen des pn-Überganges zur Z-Diode, Fotodiode, Varistor und Varaktor.

Hinweise auf Anwendungsgebiete der Diode, wie die Gleichrichtung, beschließen dieses Kapitel.

Geschichtlicher Rückblick

Eines der wichtigsten Bauelemente der Elektronik ist die Diode. Bei der Gleichrichtung oder Wechselrichtung, der Modulation oder Demodulation hat die Diode als elektronisches Ventil eine besondere Funktion.

Die Diodentechnik hat eine rund siebzigjährige Geschichte; sie verlief – sieht man von den mechanischen Geräten ab – zweigleisig: sie teilt sich in *Halbleitertechnik* und *Röhrentechnik*.

Die Erfindung von gleichrichtenden Elementen stand in engem Zusammenhang mit dem Aufkommen der Funktechnik. Nachdem *Heinrich Hertz* 1888 die elektromagnetische Welle experimentell nachgewiesen hatte, war es 1896 zum ersten Mal gelungen, eine brauchbare telegraphische Funkstrecke einzurichten.

Auch der deutsche Physiker *Ferdinand Braun*, der von 1850 bis 1918 lebte, beschäftigte sich mit diesem Problem. Dabei entdeckte er 1901 die gleichrichtende Wirkung einer Anordnung, die aus Kupferkies mit aufgesetzter Metallspitze bestand. Da dieses Element den modulierenden niederfrequenten Schwingungsanteil aus einer Hochfrequenzschwingung aufzeigen – aufdecken – konnte, nannte er diese Anordnung Aufdecker oder lateinisch: *Detektor*.

Nachdem *Walter Schottky* die physikalischen Vorgänge des Braunschen Detektors geklärt hatte, war man 1906 soweit, das Element technisch einsetzen zu können. Die Herstellung solcher Geräte war allerdings noch recht umständlich, weshalb Schottky schon damals vorschlug, anstelle des Kupferkieses – einem Mineral aus Kupfer, Eisen und Schwefel – Halbleitermaterialien wie Germanium und Silizium zu verwenden. Doch die mangelhaft entwickelte Technologie stoppte zunächst diese Entwicklung.

Im Jahre 1906 wurde von *Robert von Lieben* eine Elektronenröhre entdeckt, die bereits 1913 technisch ausgereift war und den Funkpionieren als Gleichrichter und Verstärker diente. Als dann 1913 *Alexander Meißners* geniale Erfindung – die durch Rückkopplung selbstschwingende Verstärkerschaltung – patentiert wurde, konnte sich die Rundfunktechnik so weit entwickeln, daß im Jahr 1920 in Berlin das erste Konzert drahtlos per Funk übertragen werden konnte.

Bis in die vierziger Jahre beherrschte nun die Röhre das Gebiet der Nachrichtentechnik. Erst dann war man technologisch so weit, Germanium zur Herstellung von Dioden verwenden zu können. Seit dieser Zeit bestimmt die Halbleitertechnik die Entwicklung der Elektronik.

Die Diode als elektronisches Ventil

Die *Diode* ist, wie der Name schon sagt, ein Zweielektrodenelement, dessen Besonderheit darin besteht, daß es Ventileigenschaften besitzt. Elektrotechnisch bedeutet das zunächst, daß dieses Element bei Anlegen einer Gleichspannung je nach Polung den elektrischen Strom entweder durchläßt oder sperrt. Man bezeichnete deshalb die Elektroden mit *Anode* (A) und *Kathode* (K) und legte fest, daß ein Strom nur von A nach K, nicht aber umgekehrt fließen kann. Wie läßt sich nun dieser Ventilcharakter, d. h. diese Abhängigkeit des Stromes von der Spannung graphisch darstellen?

Dazu ein kurzer Rückblick auf bereits bekannte Zusammenhänge: Schaltet man einen Ohmschen Widerstand an eine elektrische Spannungsquelle, dann fließt ein elektrischer Strom, der sich nach dem Ohmschen Gesetz exakt zu $I = \dfrac{U}{R}$ berechnen läßt. Der Funktionszusammenhang zwischen dem Strom I und der Spannung U ergibt graphisch dargestellt im Kartesischen Koordinatensystem die *Kennlinie* des Widerstandes. Sie ist, wie *Abbildung 1* zeigt, charakte-

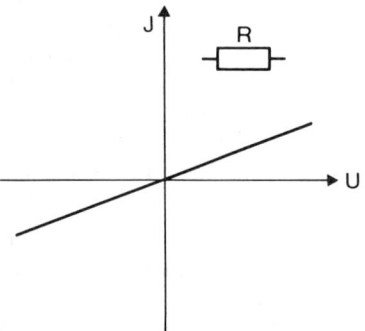

Abb. 1 Sinnbild und Kennlinie eines Ohmschen Widerstandes

risiert durch eine Gerade, die durch den Nullpunkt geht und deren Steigung vom Wert des Widerstandes R abhängt.

Die Kennlinie einer idealen Diode müßte entspre-

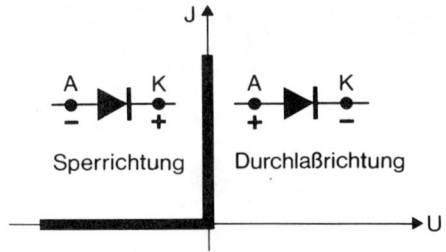

Abb. 2 Sinnbild und ideale Kennlinie einer Diode

chend dem vorgegebenen Ventilcharakter dann wie in *Abbildung 2* verlaufen. Wird eine positive Spannung an die Diode gelegt, d. h. „plus" an die Anode A und „minus" an die Kathode K, dann fließt ein großer Strom, während kein Stromfluß auftritt, wenn die Diode mit einer negativen Spannung, also „minus" an A und „plus" an K betrieben wird.

Zeigt der Kennlinienverlauf wie beim Ohmschen Widerstand einen linearen Verlauf, dann spricht der Fachmann von einem linearen Bauelement. Danach ist die Diode ein nichtlineares Element; denn der Strom-Spannungs-Zusammenhang ist stark nichtlinear.

Bevorzugte Halbleitermaterialien

Zu den Materialien, die zur Herstellung von Dioden verwendet werden, gehören vorwiegend *Germanium* (Ge), *Silizium* (Si) und *Selen* (Se). Alles Stoffe, die mit ihrer elektrischen Leitfähigkeit zwischen den Nichtleitern, den Isolatoren, und den elektrisch guten Leitern liegen, weshalb man diesen Stoffen auch den Namen „Halbleiter" gab.

Die zur Zeit wichtigsten Halbleiter – Germanium und Silizium – werden meist aus Mineralien, in denen sie prozentual relativ häufig vorkommen, gewonnen. Dabei besteht das Problem in erster Linie darin, wie das gewünschte Material von den vielen Fremdstoffen getrennt werden kann. Zunächst benutzt man dazu *chemische* Verfahren.

Der aber dann vorliegende Halbleiter genügt in seiner Reinheit noch lange nicht den technologischen Forderungen zur Weiterverarbeitung. Es schließt sich daher eine *physikalische* Reinigung an, in Form des sogenannten *Zonenschmelzverfahrens*. Man erreicht heute Reinheitsgrade, die vor einiger Zeit nicht für möglich gehalten wurden. Auf 10^{10} (10 Milliarden) Germanium- oder Siliziumatome kommt nur maximal ein elektrisch wirksames Fremdatom, d. h. auf 10 000 Tonnen Reinstmaterial kommt maximal nur ein Gramm Verunreinigungsstoff.

Außer der hohen Reinheit ist in der Halbleitertechnik noch eine zweite Bedingung wichtig: die *einkristalline* Form. Beim normalen Erstarren eines Metalls aus seiner Schmelze entsteht eine große Zahl von Kristallisationskernen. Nun bildet sich zwar um jeden Kern ein exakter Kristall, der jedoch in seinem Wachstum bald an die Grenzen des ebenfalls wachsenden Nachbarkristalls stößt. Die Kristallstruktur wird also sehr unregelmäßig, sie wird polikristallin. In der Halbleitertechnik braucht man aus technologischen Gründen jedoch Werkstoffe in einkristalliner Form.

Welch großer Unterschied zwischen Poli- und Einkristallen bestehen kann, zeigen die Stoffe Graphit und Diamant. Beide bestehen aus dem gleichen Grundstoff – aus Kohlenstoff. Graphit aber ist polikristallin, Diamant dagegen ein Einkristall. Um aus polikristallinem Halbleitermetall Einkristalline zu machen, werden sie einem besonderen Schmelz- und Erstarrungsprozeß unterworfen.

Vergleicht man nun einen solchen Halbleitereinkristall, etwa mit Porzellan und Kupfer, auf seine elektrische Leitfähigkeit, so läßt sich feststellen: Porzellan leitet den elektrischen Strom nicht; es ist also ein Nichtleiter oder *Isolator*. Kupfer dagegen läßt einen großen Stromfluß zu; also besitzt dieses Material eine gute Leitfähigkeit, es ist ein *Leiter*.

Zwischen diesen Extremen liegt die Leitfähigkeit des Halbleiters; sie ist zwar klein, aber nicht Null.

Wie lassen sich diese drei Aussagen „nichtleitend", „halbleitend", „leitend" physikalisch deuten?

Die freien Ladungsträger im festen Körper

Wie in flüssigen und gasförmigen Stoffen geht die elektrische Leitfähigkeit auch in festen Körpern auf die beweglichen Ladungsträger zurück.

Was sind nun aber freie *Ladungsträger,* und wo kommen sie her? Um diese Frage beantworten zu können, soll noch einmal auf den Aufbau der Materie ganz allgemein eingegangen werden (vgl. dazu Kapitel 1, S. 15 ff.).

Der Grundbaustein der Materie ist das *Atom,* das

aus dem *Kern* und den um den Kern kreisenden *Elektronen* besteht. Jedes Elektron trägt eine bestimmte, elektrisch negative Ladung, womit es – wenn es frei wäre – als „Stromteilchen" in Frage käme.

Die Elektronen aber sind bis auf wenige Ausnahmen fest an den Atomkern gebunden; denn sie werden von den positiv geladenen Kernteilchen, den Protonen, angezogen und festgehalten *(Abb. 3).* Normalerweise

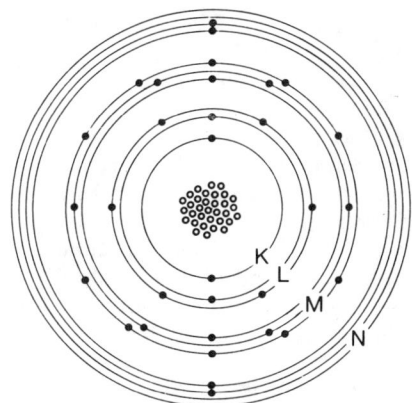

Abb. 3 Modell des Germanium-Atoms
(Schalenbesetzung: K 2; L 2 + 6;
M 2 + 6 + 10; N 2 + 2)

hat das Atom genauso viele Elektronen wie Protonen; daher wirkt es nach außen elektrisch neutral.

Ein Materiekörper besteht aus vielen Atomen, die durch elektrische Kräfte zusammengehalten werden. Diese Kräfte werden vor allem von den am weitesten um den Atomkern kreisenden Elektronen aufgebracht – von den Elektronen der äußersten Schale. Sie stellen die Verbindung zu den Nachbaratomen her.

Je nach der Zahl der äußeren Elektronen, die ein Element besitzt, um solche Bindungen einzugehen, spricht man von einer bestimmten *Wertigkeit* oder *Valenz.* So besitzt z. B. Germanium vier solcher Elektronen: Man sagt, das Germanium ist vierwertig. Die die Wertigkeit bestimmenden Elektronen nennt man deshalb die *Valenzelektronen. Abbildung 4* zeigt den eben diskutierten Sachverhalt vereinfacht am starren Germanium-Modell. Man erkennt nur noch den Kern und die vier Valenzelektronen; alles andere wurde, um das Modell nicht zu verkomplizieren, weggelassen.

Diese äußeren Elektronen sind auch für den Aufbau der Kristallstruktur verantwortlich. So sind zum Bei-

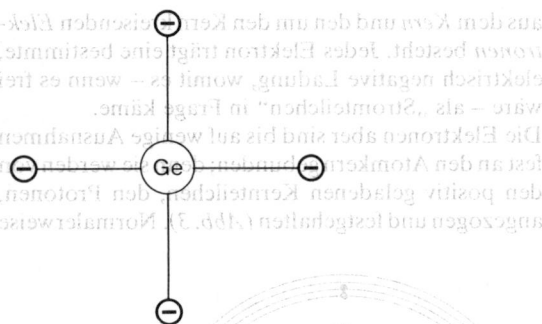

Abb. 4 Germanium-Atom-Modell aus der Sicht der Wertigkeit

spiel alle festen Metalle Kristalle. Die *Kristallstruktur* spielt nun wieder eine wichtige Rolle bei der elektrischen Leitfähigkeit.

Als Beispiel für einen guten Leiter sei Kupfer genannt. Die Kupferatome sind so im Kristallverband geordnet, daß sich einige Elektronen von ihren Atomkernen lösen können. Sie bewegen sich relativ frei im

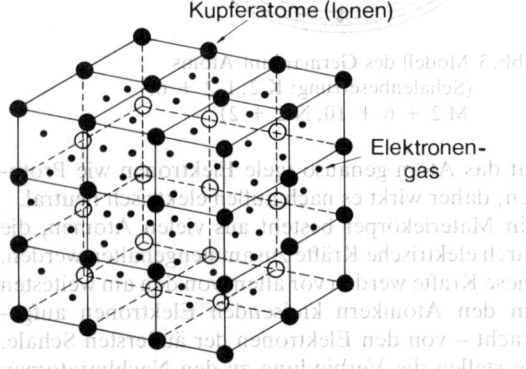

Kupferatome (Ionen)

Elektronen-gas

Abb. 5 Kupferkristall und Elektronengas (vereinfacht)

Kristallgitter, wie man diese geordnete Struktur auch nennt (vgl. *Abb. 5*). Sie bewegen sich etwa so frei wie die Atome oder Moleküle in einem Gas, und zwar um so heftiger, je höher die Temperatur steigt.

Halbleiter – kein guter, aber auch kein schlechter Leiter

Bei Isolatoren gibt es keine freien Elektronen, und von der Kristallstruktur her betrachtet, dürften Halbleiter – streng genommen – ebenfalls keine beweglichen Ladungsträger haben; denn auf den ersten

Blick sind alle Valenzelektronen im Kristallgefüge gebunden siehe (Abb. 15). Aber das gilt nur im Bereich des absoluten Temperaturnullpunktes, der bei minus 273,16 Grad Celsius oder bei 0 Grad Kelvin (K) liegt. Bei dieser Temperatur vollführen die Atome noch keine Wärmeschwingung. Je wärmer der Halbleiter wird, um so heftiger wird die Temperaturbewegung der im Gitter eingebauten Atome.

Bei Temperaturerhöhung kann die *Wärmeschwingung,* die Wärmeenergie, so stark werden, daß einige wenige Valenzelektronen aus ihren festen Bindungen gerissen werden. Dadurch entstehen freie Ladungsträger. Bei Raumtemperatur macht sich das in einer – allerdings immer noch sehr geringen – elektrischen Leitfähigkeit des Halbleiters bemerkbar. Die Wärme liefert dafür die Aktivierungsenergie. Das unterscheidet den Halbleiter vom Isolator. Eine genaue Deutung dieses Verhaltens gibt das sogenannte *Bändermodell;* es ist sehr abstrakt, aber der Vollständigkeit halber wollen wir es hier erwähnen.

Jedes, einem Atom zugeordnete Elektron besitzt eine Energie, die mit dem Abstand vom Kern zunimmt. Für das Einzelatom kann man nach der *Quantentheorie* von *Max Planck* den Elektronen regelrechte Energiespalten zuordnen, die allerdings im Atomverband eines Elementes, aufgrund der gegenseitigen Krafteinwirkung der Atome untereinander und bedingt durch ihre örtliche Nähe, in abgegrenzte Energiebänder übergehen *(Abb. 6)*. Die Energie wird hier

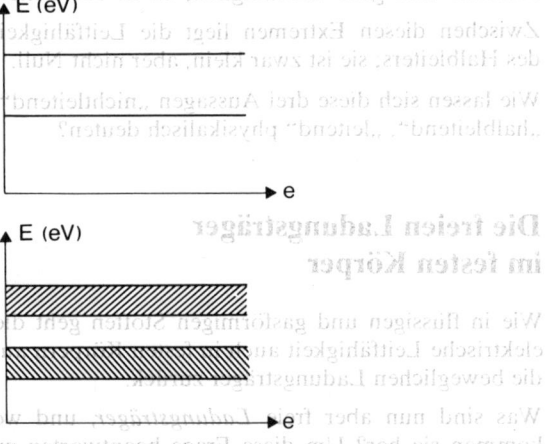

Abb. 6 Elektronenenergiebereiche in bezug auf den Atomkern; oben für das Einzelatom, unten für einen Atomverband (E = Energieabstand vom Kern in [eV], l = lineare Abmessung innerhalb des Elements

üblicherweise in *Elektronenvolt* (eV) angegeben, wobei 1 eV die Energie ist, die ein Elektron besitzt, wenn es eine Spannung von 1 V durchlaufen hat. Den Energiebereich der Valenzelektronen nennt man entsprechend das *Valenzband*. Entzieht sich ein Valenzelektron durch Temperatureinwirkung über Energieaufnahme der Krafteinwirkung des Kernes, dann wird es zum freibeweglichen Ladungsträger. Da es jetzt zur Leitfähigkeit beiträgt, nennt man den Energiebereich der Elektronen, in dem sie frei beweglich sind, das *Leitfähigkeits-* oder auch das *Leitwertsband*.

Besteht zwischen Valenz- und Leitfähigkeitsband ein Energieabstand, werden entsprechend dem vorliegenden Temperatureinfluß relativ wenige freie Ladungsträger vorhanden sein.

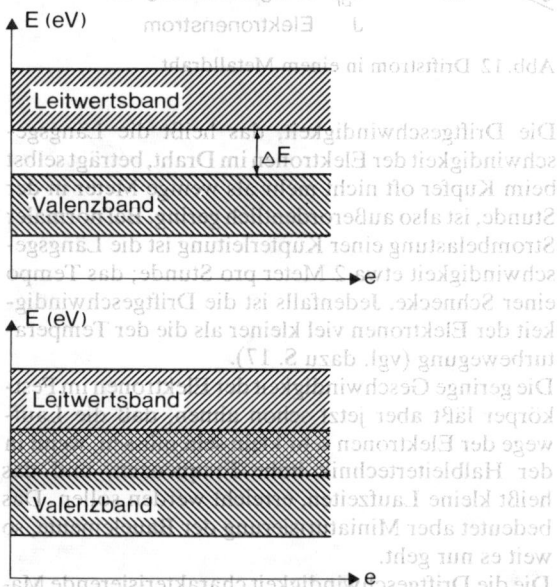

Abb. 7 Energiebereiche des Valenz- und Leitwertbandes für einen Nichtleiter bzw. Halbleiter (oben) und einen Leiter (unten)
(E = Energieabstand vom Kern in [eV], $\triangle$ E = verbotene Zone $\triangle$ Aktivierungsenergie, l = lineare Abmessung innerhalb des Elementes)

Ist dieser Energieabstand, der auch verbotene Zone genannt wird, sehr groß, dann handelt es sich um einen Nichtleiter. Ist der Abstand klein (in der Größenordnung um 1 eV), so daß bei Raumtemperatur die zugeführte Energie bereits ausreicht, einige Elektronen derart zu „aktivieren", daß sie vom Valenz-

band in das Leitfähigkeitsband überwechseln können, so spricht man von Halbleitern. Stoffe, bei denen das Leitfähigkeitsband bereits im Valenzband beginnt, besitzen naturgemäß eine große Anzahl freier Ladungsträger und werden Leiter genannt. – In *Abbildung 7* ist dies deutlich zu erkennen.

Die elektrische Leitfähigkeit

Bis jetzt wurde schon viel von der elektrischen Leitfähigkeit gesprochen, aber noch nicht näher untersucht, von welchen Fakten sie im einzelnen abhängig ist.

Wir wissen zwar bereits, daß die Anzahl der frei beweglichen Ladungsträger ein Maß für die Leitfähigkeit ist, aber welchen Einfluß das Material selbst auf die Möglichkeit einer mehr oder minder guten Stromleitung hat, muß hier noch gezeigt werden.

Wenn ein Elektron zum freien Ladungsträger geworden ist, dann verhält es sich, bedingt durch die aufgenommene Energie, ähnlich wie ein Gasmolekül, indem es sich ungeordnet durch die Maschen des Gitters des Elementes bewegt. Nun treten aber zwangsweise Zusammenstöße mit anderen Gitterbausteinen auf: es entsteht die sogenannte *Temperatur-Schwirrbewegung*.

Da allein durch die Temperaturbewegung kein effektiver Stromfluß auftreten kann, ist die Schwirrbewegung – statistisch über eine bestimmte Zeit betrachtet – als Kreisprozeß anzusehen *(Abb. 8)*.

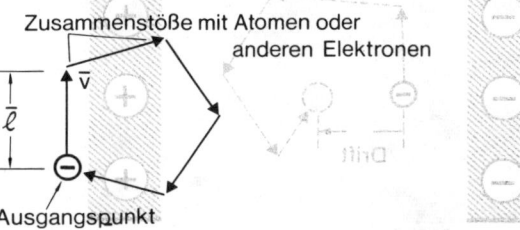

Abb. 8 Statistische Darstellung der Temperaturschwirrbewegung eines Elektrons
($\overline{l}$ = mittlere freie Weglänge zwischen zwei Zusammenstößen mit anderen Gitterbausteinen

Nun haben aber die Elektronen nicht nur *eine* bestimmte Geschwindigkeit, sondern, theoretisch, unendlich viele, die von 0 bis zu sehr großen Werten reichen. In *Abbildung 9* ist angedeutet, wie sich die möglichen Geschwindigkeiten auf die vorhandenen Ladungsträger etwa verteilen.

91

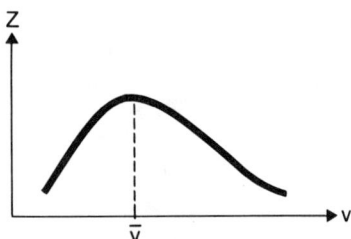

Abb. 9 Geschwindigkeitsverteilung der freien Ladungsträger bei Raumtemperatur (z = Anzahl der Ladungsträger)

Die am häufigsten vorkommende Geschwindigkeit
$\bar{v}$ ergibt sich danach beim Maximum der Kurve; sie
läßt sich z. B. für Raumtemperatur (27 °C $\triangleq$ 300 °K)
berechnen zu $\bar{v} \approx 10 \cdot 10^6$ cm/s. Das entspricht einer
Geschwindigkeit von ca. 360 000 km pro Stunde,
einer sehr großen Geschwindigkeit also.

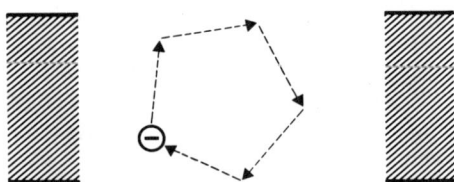

Abb. 10 Schwirrbewegung eines Elektrons ohne
äußeren Spannungsanschluß

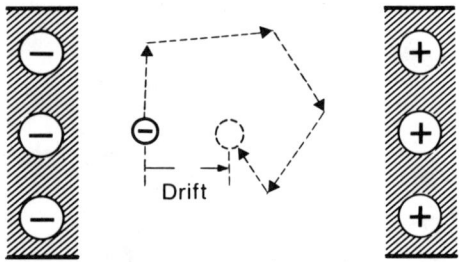

Abb. 11 Drift-(Längs-)bewegung des Elektrons im
elektrischen Feld

Wie bereits angedeutet, kann durch die Temperaturbewegung allein kein effektiver Stromfluß entstehen.
Tritt in einem Element dagegen eine elektrische *Feldstärke* (E), z. B. durch Anlegen einer Spannung, auf,
so wird die Temperaturbewegung der Elektronen zum
positiven Potential hin gerichtet werden. Wie die *Abbildungen 10* und *11* zeigen, wird demnach in Feld-
richtung eine Geschwindigkeit auftreten, die propor-

tional der Feldstärke und damit auch proportional
der angelegten Spannung ist. Man nennt sie *Driftgeschwindigkeit.*
Die aus dieser Driftgeschwindigkeit *(Abb. 12)* resultierende Elektronenbewegung ist der elektrische
Strom. Er hängt in erster Linie von der angelegten
elektrischen Spannung ab – eine Bestätigung des
Ohmschen Gesetzes.

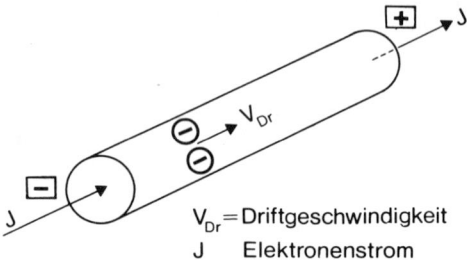

V_{Dr} = Driftgeschwindigkeit
J Elektronenstrom

Abb. 12 Driftstrom in einem Metalldraht

Die Driftgeschwindigkeit, das heißt die Längsge-
schwindigkeit der Elektronen im Draht, beträgt selbst
beim Kupfer oft nicht mehr als wenige Meter in der
Stunde, ist also außerordentlich gering. Bei normaler
Strombelastung einer Kupferleitung ist die Längsge-
schwindigkeit etwa 2 Meter pro Stunde; das Tempo
einer Schnecke. Jedenfalls ist die Driftgeschwindigkeit der Elektronen viel kleiner als die der Temperaturbewegung (vgl. dazu S. 17).
Die geringe Geschwindigkeit der Elektronen im Fest-
körper läßt aber jetzt schon ahnen, daß die Lauf-
wege der Elektronen sehr klein sein müssen, wenn in
der Halbleitertechnik hohe Frequenzen, und das
heißt kleine Laufzeiten, erreicht werden sollen. Das
bedeutet aber Miniaturisierung der Bauelemente, so
weit es nur geht.
Die die Driftgeschwindigkeit charakterisierende Ma-
terialkonstante wird *Beweglichkeit* genannt und
häufig mit dem Buchstaben μ bezeichnet. Sie ist
stark temperaturabhängig.
Definiert man nun mit n die Dichte der freien Ladungsträger pro cm³, so läßt sich die elektrische
Leitfähigkeit angeben mit

$$\varkappa = e_0 \cdot \mu \cdot n,$$

wobei e_0 die Größe einer Elektronenladung – auch
Elementarladung genannt – darstellt. Zu erkennen
ist: $\varkappa$ wächst proportional mit μ und n.
Außer dem Driftstrom gibt es noch eine andere Art
der gerichteten Elektronenbewegung. Sie entsteht in

Stoffen, in denen ein Dichtegefälle von freien Ladungsträgern vorliegt. Vergleichbar ist das mit einem Gas. Auch die Gasmoleküle gleichen ein *Dichtegefälle* aus; die Ursache dafür ist ihre natürliche Wärmebewegung *(Abb. 13, 14).* Ähnlich verhalten sich freie Ladungsträger. Auch hier gleicht die Tempera-

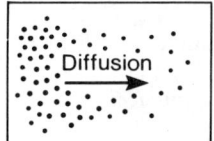

Abb. 13 Gasmoleküle gleichen durch Diffusion Dichtegefälle aus

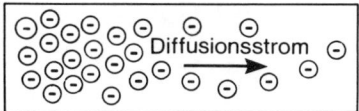

Abb. 14 Ladungsträgerdiffusion gleicht Dichtegefälle aus

turschwirrbewegung durch Diffusion das Ladungsträgerdichte-Gefälle aus. Den daraus resultierenden Strom nennt man *Diffusionsstrom;* er ist naturgemäß um so größer, je höher das Dichtegefälle ist. Der dabei auftretende ebenfalls stark temperaturabhängige Materialfaktor wird *Diffusionskonstante* genannt und meist mit D bezeichnet.

Das Kristallgefüge des Halbleiters

Um den Leitungsmechanismus in Halbleitern zu verstehen, muß man zunächst die Kristallstruktur betrachten. Halbleiter haben eine besondere Stellung im Periodensystem der Elemente. Sie befinden sich in der vierten Gruppe, in Nachbarschaft von Kohlenstoff, Silizium, Germanium. Alle diese Stoffe haben vier Valenzelektronen auf der äußeren Schale (vgl. Periodensystem in Kapitel 10).
Jedes Element ist bestrebt, einen besonders stabilen Zustand einzunehmen. Das ist immer dann der Fall, wenn die äußere Schale wie bei den Edelgasen abgeschlossen ist. Dazu sind aber acht Elektronen auf der äußeren Bahn nötig. Halbleitern, wie z. B. dem Germanium, fehlen bei vier Valenzelektronen ebenfalls vier Elektronen zu dieser Ergänzung.
Für den Aufbau der Kristallstruktur ist es nun äußerst wichtig, daß das Germaniumatom diese vier Ergän-

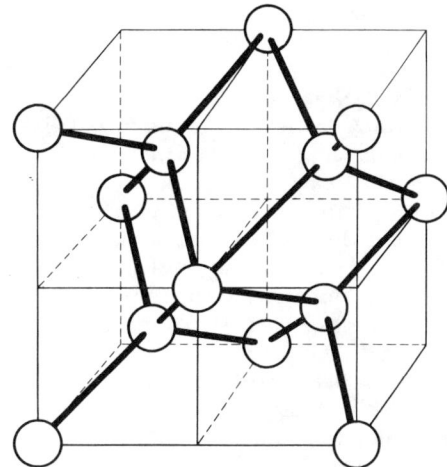

Abb. 15 Tetraeder-Gefüge eines Germanium-Kristalls (4 Grundeinheiten)

zungselektronen von benachbarten Atomen übernimmt, pro Atom ein Elektron. Dabei dienen aber zugleich die eigenen Valenzelektronen den anderen Atomen ebenfalls zur Ergänzung ihrer Schale. So kommt es zu einer weitgehenden Verzahnung der einzelnen Atome in einem Kristallgitter, das Tetraederform besitzt *(Abb. 15).* Zur Vereinfachung haben wir das in *Abbildung 16* zweidimensional, also in der Fläche, dargestellt.

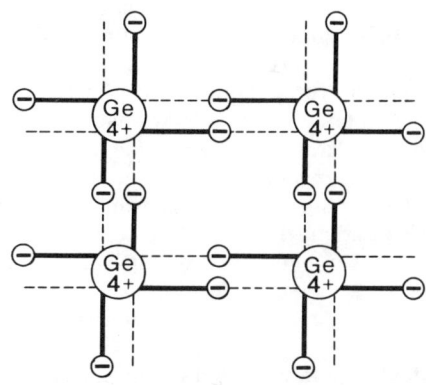

Abb. 16 Zweidimensionale Darstellung einer Germaniumbindung

Zunächst soll ein Atom für sich allein betrachtet werden. Das Ge-Atom erscheint nach außen elektrisch neutral, da die negativen *Elektronen* in ihrer Ladung durch die positiven *Protonen* im Kern kompensiert werden. Der Einfachheit halber wurden allerdings in Abbildung 15 nur noch die vier Valenzelektronen und die entsprechenden vier Protonen (4 + im Kern) eingezeichnet.

Die vier Ergänzungselektronen übernimmt das Germaniumatom im festen Zustand von anderen Nachbaratomen. In Abbildung 16 ist zu erkennen, daß jedes der Valenzelektronen zu einem Nachbaratom eine Bindung herstellt. Da beim nächsten Atom die Verhältnisse aber genau so sind, besteht zwischen zwei benachbarten Atomkernen immer eine Bindung durch zwei *Valenzelektronen*. Man spricht aus diesem Grunde von der sogenannten *Paarbindung*.

Das bedeutet aber, daß die Elektronen relativ festliegen. Es handelt sich dabei um das bereits vorgestellte sogenannte *Atomgitter*.

Das Temperaturverhalten der Halbleiter

Ist der Kristall keiner Störung durch Fremdstoffe oder Temperatur ausgesetzt, dann behalten alle Valenzelektronen ihre Bindung bei, d. h. sie befinden sich energetisch in einem Zustand, der es ihnen nicht erlaubt, sich von ihrem zugehörigen Atomkern zu trennen. Bei der absoluten Temperatur 0 °K kann sich deshalb kein Elektron aus seiner Bindung freimachen; es treten also auch keine freien Ladungsträger auf. Beim Anlegen einer elektrischen Spannung kann es nicht zum Stromfluß kommen: *Der Widerstand des Halbleiters ist unendlich groß.*

Bei Raumtemperatur geraten durch den Wärmeeinfluß die Gitterbausteine – also die Atomkerne und ihre Elektronen – derart in *Wärmeschwingungen*, daß es einigen Valenzelektronen gelingt, sich dem Krafteinfluß der Atomkerne zu entziehen, d. h. sie werden zu freien Ladungsträgern. Man kann auf diese Weise bei Anlegen einer elektrischen Spannung einen – wenn auch kleinen – Stromfluß erzeugen: *Der Widerstand des Halbleiters ist kleiner als unendlich geworden.*

Erhöht man die Temperatur weiter, so entstehen noch mehr freie Ladungsträger, der Stromfluß wird größer, d. h. der Halbleiterwiderstand sinkt noch weiter. (Halbleiter haben generell die Tendenz, mit wachsender Temperatur ihren Widerstandswert zu verkleinern.) Da zur Leitfähigkeit nur relativ wenige Ladungsträger zur Verfügung stehen, behindern sie sich gegenseitig kaum.

Ein guter Leiter, wie z. B. Kupfer oder Aluminium, besitzt demgegenüber viele freie Ladungsträger. Erhöht sich nun die Temperatur, so ändert sich daher die Anzahl der freien Ladungsträger kaum; dafür wird jedoch ihre *Temperaturschwirrbewegung* um so heftiger. Das bedeutet, daß sich die Ladungsträger gegenseitig in ihrer Bewegung nur noch stärker behindern; und dies wiederum heißt, daß mit der Beweglichkeit die Leitfähigkeit abnimmt und der elektrische Widerstand steigt. Diese Temperaturabhängigkeit wird in der Praxis häufig mit *Kaltleiterverhalten* bezeichnet.

Der Temperaturgang der Halbleiter, der ja entgegengesetzt dem der Leiter verläuft, wird technisch beim sogenannten *Heißleiter (Abb. 17)* und in etwas abge-

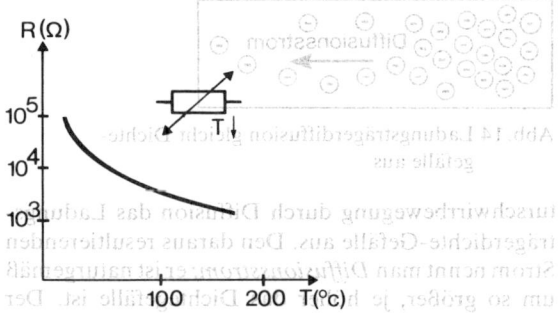

Abb. 17 Kennlinie und Sinnbild eines Heißleiters

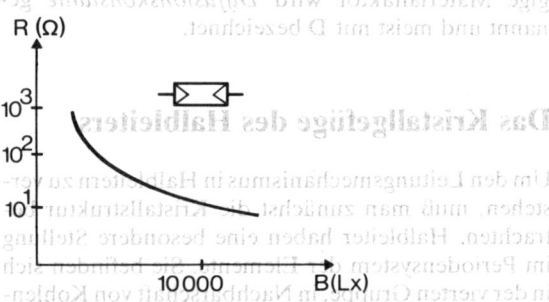

Abb. 18 Kennlinie und Sinnbild eines Fotowiderstandes

wandelter Form beim *Fotowiderstand (Abb. 18)* angewendet. Beides sind stark strahlungsempfindliche Widerstände, deren Widerstandswerte erheblich mit steigender Strahlungsenergie abnehmen.

Zum Fotowiderstand noch eine Ergänzung: Lx bedeutet die Einheit der *Beleuchtungsstärke* B in *Lux*. Als Anhaltswerte gelten: 10 bis 1 000 Lx = künstliches Licht, 30 000 bis 50 000 Lx = Tageslicht bei leicht bewölktem Himmel.

Unipolares und bipolares Stromverhalten

Der Strommechanismus beim Halbleiter soll hier noch etwas genauer untersucht werden; denn er unterscheidet sich deutlich von dem der Leiter.

Beim Leiter – wurde bereits gesagt – sind die Valenzelektronen gleichmäßig dem ganzen Molekülgitter zugeordnet, d. h. sie sind jederzeit frei beweglich. Legt man eine elektrische Spannung an diesen Stoff, dann versuchen alle Elektronen in Richtung des positiven Spannungspoles zu wandern: es entsteht ein relativ großer Elektronenstrom.

Was ist nun beim Halbleiter anders?

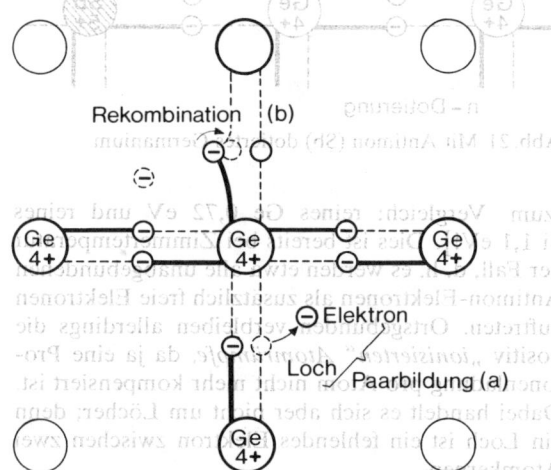

Abb. 19 Paarbildung und Rekombination im Halbleiterkristall

Wenn (wie in *Abbildung 19* zu sehen ist) ein Valenzelektron z. B. durch Wärme zum freien Ladungsträger geworden ist, bleibt dort, wo es seine Bindung verlassen hat, eine Lücke zurück, die infolge des Fehlens der negativen Ladung zwischen den beiden Atomen wie eine positive Elementarladung wirkt. Man nennt sie deshalb *Defektelektron* oder *Loch*. Da die Ladungsträger im reinen Germanium immer paarweise entstehen – man spricht deshalb von *Paarbildung* oder *Generation* (a) –, ist die Elektronendichte n gleich der Löcherdichte p.

Die durch Aufbrechen von Bindungen als Folge der thermischen Bewegung entstehenden Ladungsträger erzeugen die sogenannte *Eigenleitfähigkeitsdichte* des Halbleiters.

Den umgekehrten Vorgang der Paarbildung, d. h. die Vereinigung eines Elektrons mit einem Loch zur neutralen Einheit, nennt man *Regeneration* oder *Rekombination* (b).

Legt man z. B. bei Zimmertemperatur an einen Germanium-Kristall eine elektrische Spannung, dann bewegt sich das freie Elektron in Richtung des positiveren Potentials durch das Kristallgitter: es entsteht dadurch ein *Elektronenstrom* (mit der *Beweglichkeit* μ_n).

Nun kann aber auch aus einer Nachbarbindung ein Elektron zum Loch heraustreten; es hinterläßt dann ein Loch und regeneriert mit dem ursprünglichen Defektelektron. Tritt dieser Vorgang mehrfach hintereinander auf – wobei natürlich die Einzelelektronenbewegungen ebenfalls in Richtung des positiven Potentials gerichtet sein müssen –, dann wechselt zwar jedes an der Bewegung beteiligte Elektron nur einmal aus einer in eine andere Bindung über, es scheint aber ein Loch in Richtung des negativen Potentials zu wandern *(Abb. 20):* Es entsteht also auch ein Löcherstrom (mit einer *Beweglichkeit* μ_p).

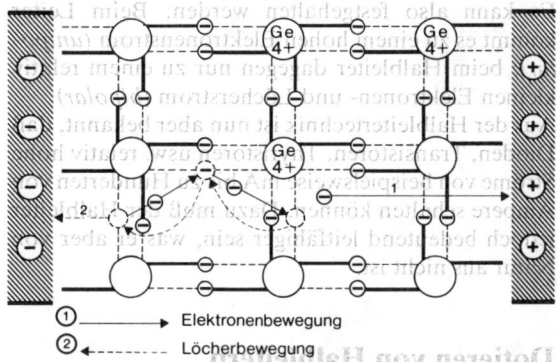

① ——→ Elektronenbewegung
② ←------ Löcherbewegung

Abb. 20 Halbleiterkristall unter Einfluß einer elektrischen Spannung

Der Gesamtstrom bei einem Halbleiter ergibt sich somit aus der Summe des Elektronen- und Löcherstromes. Diese Tatsache führte zur Bezeichnung „*bipolares Stromverhalten*" im Gegensatz zum *unipolaren Stromverhalten* bei Leitern; denn dort ist kein Löcherstrom möglich, da die Valenzelektronen nicht dem Einzelatom, sondern der Gitterstruktur zugeordnet sind.

Zur Beweglichkeit kann gesagt werden, daß μ_p meist kleiner als μ_n ist, was aus dem angedeuteten Bewegungsmechanismus einleuchtend hervorgeht. Ähn-

95

lich verhält es sich mit der Diffusionskonstanten: D_p kleiner D_n.

Als *Leitfähigkeit* ergibt sich bei bipolarem Stromverhalten

$$\varkappa = e_0 \, (\mu_n \cdot n + \mu_p \cdot p).$$

Die genannten Größen sind in *Tabelle 1* für Germanium und Silizium angegeben. Man sieht, daß die Elektronenbeweglichkeit im Germanium fast 80mal größer ist als bei Kupfer. Dies resultiert aus der Tatsache, daß sich die Ladungsträger beim Kupfer aufgrund ihrer hohen Dichte in ihrer Bewegungsmöglichkeit stark behindern.

Tabelle 1

	$\mu_n \dfrac{cm/s}{V/cm}$	$\mu_p \dfrac{cm/s}{V/cm}$	$Dn \dfrac{cm/s}{s}$	$Dp \dfrac{cm/s}{s}$
Ge	3 800	1 800	100	50
Si	1 300	500	31	13
Cu	43	–	–	–

Es kann also festgehalten werden: Beim Leiter kommt es zu einem hohen Elektronenstrom *(unipolar)*; beim Halbleiter dagegen nur zu einem relativ kleinen Elektronen- und Löcherstrom *(bipolar)*.

Aus der Halbleitertechnik ist nun aber bekannt, daß Dioden, Transistoren, Thyristoren usw. relativ hohe Ströme von beispielsweise mA bis zu Hunderten von Ampere schalten können. Dazu muß der Halbleiter jedoch bedeutend leitfähiger sein, was er aber von Natur aus nicht ist.

Dotieren von Halbleitern

Eine von mehreren Möglichkeiten, die Leitfähigkeit zu vergrößern, besteht in bewußter geringfügiger Verunreinigung des Halbleiters mit Stoffen höherer oder niedrigerer Wertigkeit als der des Ausgangsmaterials. Man nennt dies *Dotieren*. Dabei nehmen die Fremdatome anstelle der Halbleiteratome Gitterplätze ein.

Dotiert man (wie in *Abbildung 21* dargestellt) Germanium mit dem fünfwertigen Antimon – Sb ist die Abkürzung seines lateinischen Namens Stibium –, so können im Germanium-Kristall entsprechend seiner Vier-Wertigkeit nur 4 Valenzelektronen abgebunden werden, während das fünfte frei bleibt. Um

die Bindungsneutralität im Kristallaufbau zu wahren, versucht nun das Fremdatom sich dem „*Wirtsgitter*" – dem Germanium also – anzupassen, indem das Antimon-Atom sein fünftes Elektron unter geringerem Energieaufwand abgibt. Die tatsächliche Ablösearbeit beträgt für Ge 0,01 eV und für Si 0,04 eV

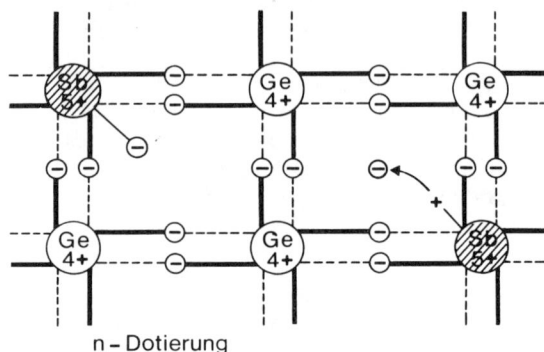

n – Dotierung

Abb. 21 Mit Antimon (Sb) dotiertes Germanium

[zum Vergleich: reines Ge 0,72 eV und reines Si 1,1 eV!]. Dies ist bereits bei Zimmertemperatur der Fall, d. h. es werden etwa alle unabgebundenen Antimon-Elektronen als zusätzlich freie Elektronen auftreten. Ortsgebunden verbleiben allerdings die positiv „*ionisierten*" Atomrümpfe, da ja eine Protonenladung pro Atom nicht mehr kompensiert ist. Dabei handelt es sich aber nicht um Löcher; denn ein Loch ist ein fehlendes Elektron zwischen zwei Atomkernen.

Da nun die Elektronendichte n größer als die Löcherdichte p geworden ist, und weil die Leitfähigkeit vorwiegend von den negativen Ladungsträgern, den Elektronen, bestritten wird, spricht man von Überschuß- oder n-Leitung. Die Elektronen spendenden Fremdatome bzw. Dotierungsstoffe heißen *Donatoren*.

Dotiert man Germanium wie in *Abbildung 22* z. B. mit dem dreiwertigen Indium (In), so können im Germanium-Kristall nur drei Valenzelektronen mit Germanium in Bindung treten und bei einem Germanium-Atom bleibt ein Valenzelektron ungebunden. Auch hier versucht sich das Fremdatom dem Wirtsgitter anzupassen, d. h. es versucht, von benachbarten Atomen Elektronen einzufangen. Dabei wird das fragliche Valenzelektron unter geringem Energieaufwand [bei Ge $\approx$ 0,01 eV und bei Si $\approx$ 0,04 eV] der Germaniumbindung entrissen und zwischen Indium und Germanium angelagert. Auf diese Weise entstehen im Germanium-Gitter zusätzliche freibewegliche Löcher.

Da jetzt die Löcherdichte p größer als die Elektronendichte n ist, spricht man im Gegensatz zur n-Leitung hier von *p- oder Mangelleitung,* weil jetzt die Defektelektronen die Leitfähigkeit verursachen. Die Löcher hervorrufenden Atome nennt man *Akzeptoren.*

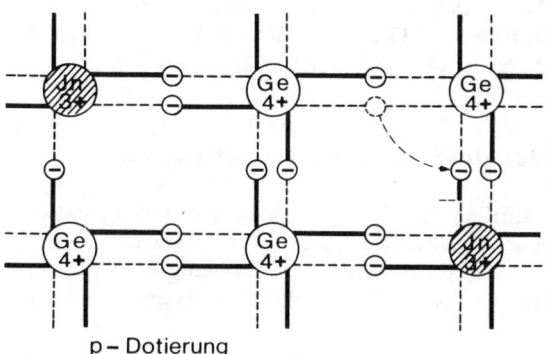

p – Dotierung

Abb. 22 Mit Indium (In) dotiertes Germanium

Die Löcher verhalten sich elektrisch übrigens wie positive Ladungen, d. h. sie bewegen sich genau in umgekehrter Richtung wie die negativ geladenen Elektronen.

Die durch die Dotierung eingepflanzten Ladungsträger nennt man *Majoritätsträger.* Daneben gibt es auch noch bewegliche Ladungen, die auf die Eigenleitfähigkeit des Kristalls zurückzuführen sind; man nennt sie *Minoritätsträger.* Im n-dotierten Material sind Elektronen die Majoritätsträger, während es im p-dotierten Material die Löcher sind. Der nach chemischer und physikalischer Aufbereitung undotierte und möglichst reine Kristall hat im allgemeinen *Verunreinigungsgrade* von 10^{-8} bis 16^{-16}; d. h. auf ein verunreinigendes Atom kommen 10^8 bis 10^{16} Germanium-Atome. Bei normaler Dotierung treten Konzentrationen von 10^{-5} bis 10^{-7} auf, d. h. bei 10^{22} bis 10^{23} Ge-Atomen/cm³ etwa 10^{15} bis 10^{18} Störstellen/cm³.

Typische *Dotierungsstoffe* sind

n-Dotierung Antimon (Sb)
              Phosphor (P)
              Arsen (As)

p-Dotierung Indium (In)
              Gallium (Ga)
              Aluminium (Al)

Die bereits erwähnten Heißleiter und Fotowiderstände sind meist solche einfach n- oder p-dotierte Halbleiter. Will man jedoch den Ventilcharakter auf Halbleiterbasis erzeugen, dann muß eine steuerbare Grenzschicht hergestellt werden.

Der pn-Übergang

Durch die unterschiedliche Art der Dotierung hat man nun zwei unterschiedliche Leitungstypen zur Verfügung. Im n-leitenden Kristall beruht die Stromleitung vorwiegend auf der Bewegung negativer Ladungen, während im p-Leiter vorwiegend die Löcher bewegt werden.

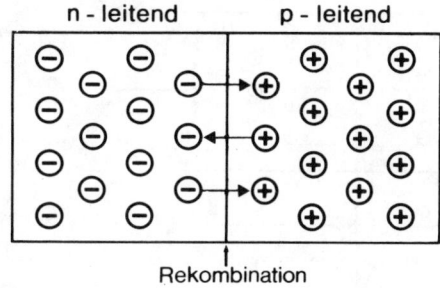

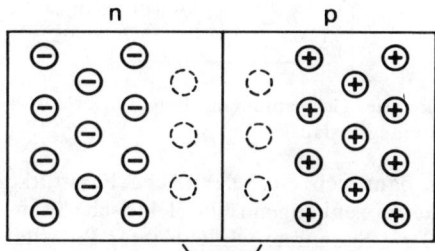

Abb. 23 pn-Übergang ohne äußere Spannung

Interessant wird es, wenn beide Leitungstypen zusammengebracht werden. Dann erhält man einen sogenannten *pn-Übergang.* An der Grenzfläche der beiden Zonen wandern durch die natürliche Wärmebewegung Elektronen in den anderen, den p-Bereich; dort ergänzen sie sich mit den Löchern, d. h. sie rekombinieren (vgl. *Abb. 23*). Das gleiche geschieht mit den Löchern, die in den n-leitenden Bereich eindringen. Durch die Rekombination verschwinden in der Übergangszone die meisten Majoritätsträger. Diese Schicht wird also quasi zum Isolator, sieht man einmal von den relativ wenigen Minoritätsträgern ab. Diese ladungsträgerarme Schicht ist allerdings außerordentlich dünn.

Weshalb ergänzen sich nicht alle n-leitenden und p-leitenden Teilchen im gesamten Kristall bzw. weshalb rekombinieren sie nicht überall? Die Antwort: da hier elektrisch geladene Teilchen von einer Schicht in die andere übergehen, wird die Neutralitätsbedingung im Material gestört. Die festeingebauten Atomrümpfe mit ihren positiven und negativen Ladungen bleiben zurück. Innerhalb einer gewissen Zone entstehen zu beiden Seiten der Grenze Raumladungen. D. h. die n-Schicht wird leicht positiv, während die p-Schicht leicht negativ wird *(Abb. 24)*.

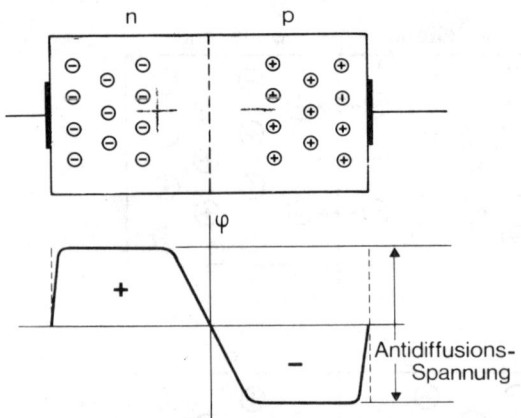

Abb. 24 pn-dotiertes Germanium mit Potentialverlauf (Spannungsverlauf)

Demzufolge baut sich eine elektrische Feldstärke und damit zusammenhängend eine elektrische Spannung auf. Diese Spannung wirkt in ihrer Polarität dem Majoritätsträgerfluß entgegen, d. h. sie hemmt die Diffusion der Elektronen in die p-Schicht und der Löcher in die n-Schicht. Es werden nur solange Majoritätsträger in die andere Schicht wandern, bis ein Gleichgewicht hergestellt ist zwischen der abstoßenden Wirkung der Raumladung und der Bewegungsenergie der Löcher bzw. Elektronen. Diese Gleichgewichtsspannung nennt man deshalb auch *Antidiffusionsspannung*.

Die Antidiffusionsspannung ist abhängig vom pn-Dichtegefälle und vor allem von der Temperatur.

Als durchschnittliche Anhaltspunkte für die Antidiffusionsspannung gelten für das Germanium etwa 0,3 Volt und für das Silizium etwa 0,6 Volt.

Die wichtigste Erkenntnis am pn-Übergang ist aber folgende: Macht man einen Halbleiter dadurch leitend, daß man ihn auf der einen Seite p- und auf der anderen n-dotiert, dann entsteht sofort eine Übergangszone, die an freien Ladungsträgern durch Diffusion und anschließende Rekombination verarmt, also wieder hochohmig geworden ist. Entscheidend ist, daß diese Grenzschicht von außen steuerbar ist. Dieser Effekt wird in der Diode ausgenutzt.

Der pn-Übergang als Stromventil

Natürlich muß diese Behauptung, daß die entstandene Grenzschicht steuerbar sei, bewiesen werden. Dazu wird der pn-dotierte Halbleiterkristall an eine Spannungsquelle angeschlossen. Es erhebt sich aber

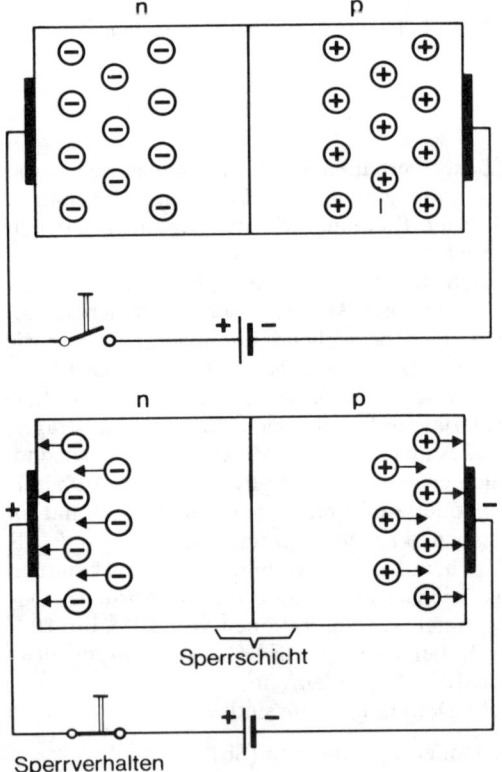

Abb. 25 pn-Übergang (Sperrichtung)

sofort die Frage, wie wählt man die Spannungspolarität?

Zunächst soll links die Spannung negativ sein, d. h. an der p-dotierten Seite „negativ" und an der n-dotierten Seite „positiv": Die Löcher werden dann nach links und die Elektronen nach rechts gezogen, so daß sich die an freibeweglichen Ladungsträgern verarmte Übergangszone verbreitert und noch hochohmiger wird *(Abb. 25)*. Das bedeutet, daß diese Schicht quasi isolierend wirkt. Man spricht in diesem Zusammenhang deshalb auch von einer *Sperrzone* bzw. einer *Sperrschicht*. Deshalb fließt auch über den pn-Übergang nur ein sehr geringer elektrischer Strom – ein Strom, der nur durch die Minoritätsträger ver-

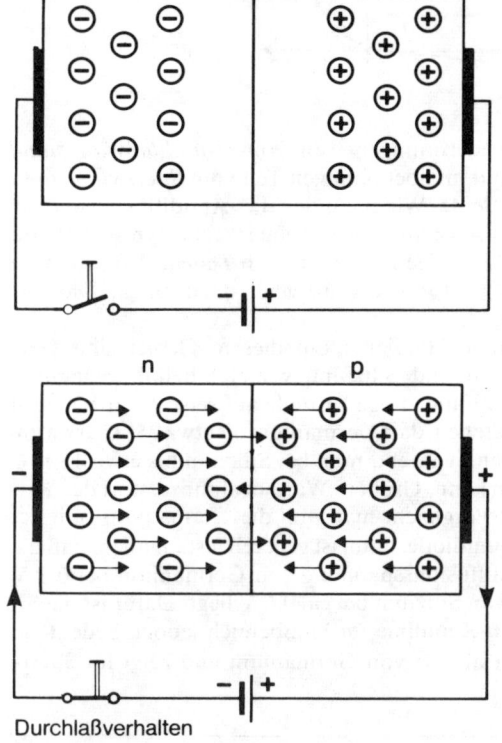

Durchlaßverhalten

Abb. 26 pn-Übergang (Durchlaßrichtung)

ursacht wird. Im Verhältnis zum Durchlaßstrom ist er verschwindend gering und kann praktisch vernachlässigt werden.

Was geschieht aber nun, wenn die angelegte Spannung positiv, d. h. an der p-dotierten Seite „positiv"

und an der n-dotierten Seite „negativ" wird *(Abb. 26)*? Jetzt werden die Löcher nach rechts und die Elektronen nach links in die Übergangszone hineingedrückt, so daß die Grenzschicht mit freien Ladungsträgern angereichert, schmaler und damit niederohmig wird. Gleichzeitig wird damit aber auch die Antidiffusionsspannung herabgesetzt, da die frei beweglichen Ladungsträger die festsitzenden Atomrümpfe ladungsmäßig wieder kompensieren. Aber noch fließt kein elektrischer Strom. Erst wenn die Antidiffusionsspannung ungefähr der von außen angelegten Spannung entspricht, entfällt die Diffusionsbehinderung der Majoritätsträger, sie beginnen wieder zu diffundieren, wobei die Löcher zum negativen und die Elektronen zum positiven Spannungspol hin gesaugt werden. Die Sperrschicht ist völlig abgebaut und besitzt nur noch einen sehr geringen Widerstand. Der pn-Übergang ist stromdurchlässig. Das aber geschieht erst dann, wenn die außen anliegende Spannung mindestens so groß wird wie die Antidiffusionsspannung. Man spricht deshalb in diesem Zusammenhang oft von der *Schleusenspannung*.

Der pn-Übergang verhält sich also unsymmetrisch. In der einen Richtung hat er einen sehr hohen Widerstand – er sperrt praktisch den Strom –, in der anderen einen sehr geringen Widerstand – er ist stromdurchlässig. Der eben beschriebene Ventilcharakter brachte dem pn-Übergang in Anlehnung an die Röhrentechnik den Namen Halbleiterdiode ein. Die p-dotierte Seite ist die Anode und die n-dotierte die

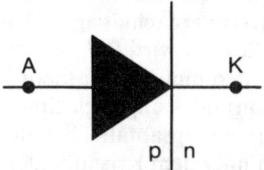

Abb. 27 Schaltsymbol der Diode

Kathode. Im Schaltsymbol weist der Pfeil in Durchlaßrichtung des technischen Stroms *(Abb. 27)*.

Findet der pn-Übergang (wie bis jetzt dargestellt) über eine Fläche statt, dann spricht man von einer Flächendiode. Ist der Übergang durch Aufsetzen einer p-Spitze auf ein n-Plättchen realisiert, so handelt es sich um eine Spitzendiode.

Die reale Halbleiterdiode – ein Gleichrichter

Abbildung 28 zeigt den realen Verlauf einer Germaniumdiodenkennlinie. Man erkennt zunächst, daß die Schleusenspannung U_S etwa 0,3 V beträgt. An Abweichungen gegenüber der theoretischen Deutung stellt man fest, daß der Sperrstrom nicht konstant bleibt, und daß im Flußbereich die Kennlinie nicht senkrecht, sondern weniger steil verläuft. Bei Sperrspannungen, die größer als 0,5 V sind, nimmt der Sperrstrom meist geringfügig zu. Es handelt sich hier um einen Leckstrom, der durch Unregelmäßigkeit im Grenzflächenbereich verursacht wird. Bei Flußspannungen, die größer als 0,5 V sind,

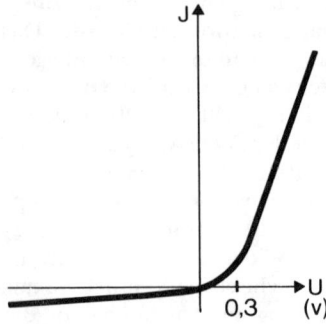

Abb. 28

weicht die tatsächliche Kennlinie von dem idealen senkrechten Kennlinienverlauf deshalb ab, weil der Flußstrom infolge des bis jetzt vernachlässigten Eigenwiderstandes des Kristalles – er wird *Bahnwiderstand* genannt – kleiner werden muß als der theoretisch abgeleitete, denn die von außen angelegte Spannung tritt nicht nur als Spannungsabfall über der Sperrschicht, sondern auch über dem Kristallwiderstand auf.

Da der Bahnwiderstand in der Größenordnung von 1–300 Ohm liegt, spielt er naturgemäß im Sperr-

bereich, wo allgemein der Strom in µA angegeben werden kann, keine Rolle. Ebenso hat der Leckstrom im Flußbereich in der Stromgrößenordnung von mA bis A keinen Einfluß.

Da der Kehrwert der Kennliniensteilheit einen Widerstand ergibt, ersetzt man die Kennlinie (wie in *Abbildung 29*) oft durch zwei Tangenten und spricht

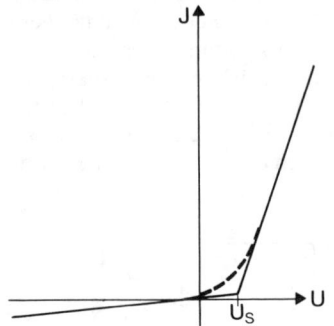

Abb. 29

im niederohmigen Teil vom *Durchlaßwiderstand* R_D und im hochohmigen Teil vom *Sperrwiderstand* R_S. Beide Widerstände, die Antidiffusions- oder Schleusenspannung und noch weitere typische Werte sind für einige Diodenarten in *Tabelle 2* zusammengestellt. *Abbildung 30* zeigt dazu einige Diodentypen.

Wichtige Halbleiter auf diesem Gebiet sind Germanium und Silizium, wobei Silizium gegenüber Germanium einige Vorteile aufweist. Vom Material her gesehen, darf Germanium bis etwa 75°C erwärmt werden, während man bei Silizium bis etwa 150°C gehen kann. Größere Wärmezufuhr zerstört den Kristall. Vergleicht man nun die Germanium- mit der Siliziumdiode, dann ist generell festzuhalten, daß die Antidiffusionsspannung von Germanium bei 0,3 V und von Silizium bei ca. 0,6 V liegt. Dafür ist die Silizium-Kennlinie im Flußbereich jedoch bedeutend steiler als die von Germanium und zeigt im Sperr-

Tabelle 2

	Durchlaß-widerstand R_D (Ω)	Sperrwider-stand R_S (MΩ)	Schleusen-spannung U_S (V)	Schaltver-hältnis R_S/R_D	Kennwider-stand $\sqrt{R_S R_D}$ (KΩ)
Ge-Spitzen-Diode	50…500	0,2…4	0,3	2000…30000	5…20
Ge-Flächen-Diode	3…30	0,05…0,5	0,3	5000…10^5	0,5…2
Si-Flächen-Diode	1…300	1…1000	0,6	10^6…10^8	10^2…10^3
Se-Flächen-Diode	300…3000	1…10	0,5…2,5	$\approx 3 \cdot 10^3$	≈ 50

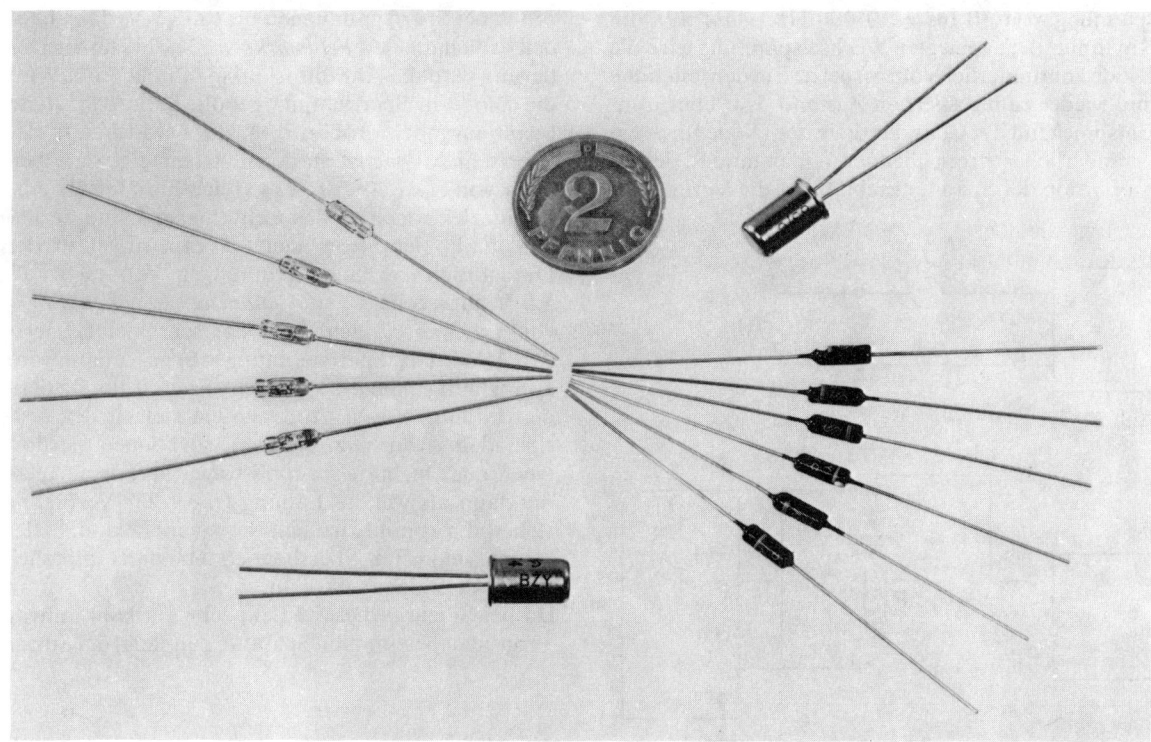

Abb. 30

bereich einen viel kleineren Sperrstrom. Die Temperaturabhängigkeit ist bei Silizium stärker ausgeprägt als bei Germanium, doch wirkt sie sich wegen des sehr kleinen Sperrstromes bei Silizium weniger aus als bei Germanium.

Ob es sich bei einer Diode um eine Germanium- oder Silizium-Ausführung handelt, ist schon an der Bezeichnung zu erkennen. Die Bezeichnung bei Germanium beginnt mit dem Buchstaben A (z. B. AA 116) und bei Silizium mit B (z. B. BA 104). Der zweite Buchstabe gibt an, ob es sich um eine *Allzweckdiode* (A), *Kapazitätsdiode* (B), *Tunneldiode* (E), *Z-Diode* (Z) usw. handelt. Die den Buchstaben folgenden Ziffern haben nur die Bedeutung einer laufenden Kennzeichnung, also keinen technischen Aussagewert.

Kennlinien aufnehmen

Zur Ermittlung der bis jetzt diskutierten *Kennlinien* stehen grundsätzlich zwei Meßmethoden zur Verfügung: die *Strom-Spannungsmessung* und das *Schreibverfahren*.

Bei der Strom-Spannungsmessung *(Abb. 31)* wird die Kennlinie I = f (U) punktweise gemessen, tabellarisch erfaßt und autgezeichnet. Ob strom- oder spannungsrichtig gemessen wird, hängt von den zur Verfügung stehenden Meßgeräten ab.

Beim Schreibverfahren wird entweder der X-Y-Schreiber oder der Elektronenstrahl-Oszillograph benutzt. Als sogenannter Kennlinienschreiber kommt meistens letzterer in Frage. Da hier das Ergebnis nicht bleibend aufgeschrieben wird, sondern nur für einen Augenblick auf dem Bildschirm erscheint, muß das Meßresultat so oft hintereinander auf dem Bildschirm erscheinen, daß das Auge durch seine Trägheit wie beim Film die Bildwechsel nicht mehr wahrnimmt. Man verwendet deshalb eine Meßwechselspannung von 50 bis ca. 1 000 Hz *(Abb. 32)*. Im Rhythmus der angelegten Wechselspannung wird die Diode kontinuierlich vom gesperrten in den leitenden und wieder zum gesperrten Zustand usw. überführt. Entsprechend der Charakteristik der Diode fließt ein veränderlicher Strom über den Widerstand R, dessen proportionaler Spannungsabfall auf die Vertikalab-

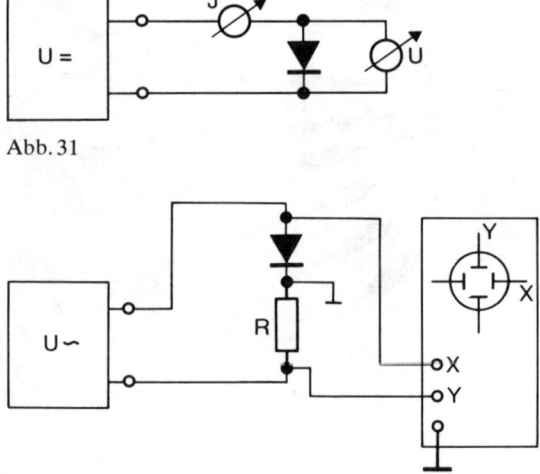

Abb. 31

Abb. 32

lenkplatten des Oszillographen, d. h. auf den Y-Eingang, gegeben wird. Im synchronen Rhythmus liegt aber auch die über der Diode auftretende Wechselspannung an den Horizontalablenkplatten, d. h. am X-Eingang. Die Überlagerung beider Ablenkungen, die der Elektronenstrahl aufzeigt, muß demnach die Charakteristik, also die Kennlinie der Diode sein.

Sperrspannungsbereich, Z-Diode

Was geschieht nun, wenn man eine angelegte Sperrspannung immer größer werden läßt? Natürlich kann die Halbleiterdiode ihren Sperrcharakter nicht bis zu unendlich hohen Spannungen beibehalten. Für jede Halbleiterdiode gibt es eine bestimmte Sperrspannung – sie hängt hauptsächlich von der Dotierung und dem Basismaterial ab –, über die hinaus die Diode ihren Ventilcharakter verliert, d. h. ihre Sperrwirkung durchbrochen wird.
Zur Deutung dieser Erscheinung müssen zwei Effekte herangezogen werden. Liegt der *Kennliniendurch-*

bruch bei Sperrspannungen bis ca. 5,6 V, dann handelt es sich um den *Feldstärke-Effekt:* bei hoher Dotierung wird die Antidiffusionsspannung groß. Wird die Diode in Sperrichtung gepolt, dann wird diese Spannung noch größer, d. h. die Feldstärke in der Sperrschicht wächst stark an. Übersteigt sie einen Wert von etwa 10^5 V/cm, so reicht ihre Größe aus, Valenzelektronen in das Leitfähigkeitsband zu heben, d. h. der Strom steigt abrupt an. Tritt der Durchbruch bei Sperrspannungen von mehr als 5,6 V auf, so liegt der *Avalanche-(Lawinen)Effekt* vor: im Sperrbereich fließt der sehr kleine Sperrstrom. Wird die Sperrspannung sehr groß, dann wird zwangläufig auch die kinetische Energie der fließenden Ladungen sehr groß. Stoßen sie mit den festsitzenden Atomen zusammen, so können sie dort einen oder mehrere Ladungsträger herausschlagen, die dann als weitere Ladungsträger zur Verfügung stehen. Es kommt zu einem Lawineneffekt, d. h. der Strom steigt im Sperrbereich ebenfalls plötzlich mehr oder minder stark an.
Da bei Silizium dieser Effekt sehr markant auftritt – von einer bestimmten Spannung an steigt der Strom

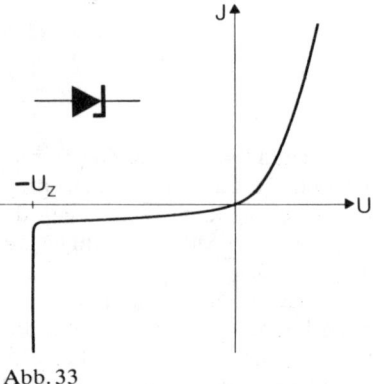

Abb. 33

sehr schnell ohne eine merkliche Vergrößerung der Sperrspannung an *(Abb. 33)* –, kann man diese eigentlich nachteilige Erscheinung auch nutzbringend anwenden; nämlich zum *Stabilisieren* von Spannungen bei variablem Strom. Denn die Spannung bleibt über einen relativ großen Stromschwankungsbereich nahezu konstant. Solche typischen Dioden nennt man *Referenz-* oder *Zener-Dioden,* so benannt nach ihrem Entdecker. Abwandlungen der Z-Diode sind die *Tunnel-* und die *Backwarddiode,* die hier jedoch nicht näher behandelt werden sollen.

102

Die Fotodiode

Obwohl der durch die Minoritätsträger hervor-
gerufene Sperrstrom sehr klein ist, darf er nicht über-
gangen werden; denn die Dichte der Minoritätsträger ist abhängig von der Temperatur. Neben vielen
Nachteilen hat dieser Effekt bei der Fotodiode einen
technischen Nutzen. Anstelle der Auslösung der Minoritätsträger durch Wärme erfolgt hier die Freiset-
zung durch Lichtenergie – durch Photonen. Dabei

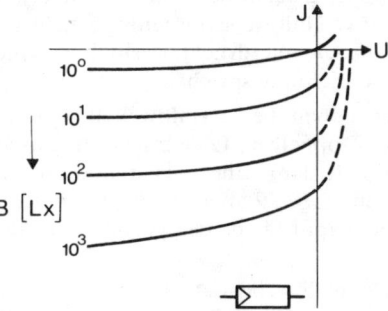

Abb. 34

läßt sich die Abhängigkeit des Sperrstromes von der
einfallenden Beleuchtungsstärke *(Abb. 34)* meß-
technisch z. B. bei Belichtungsmessern auswerten.
Fotodioden gibt es sogar als farbempfindliche Elemente im Handel. *Abbildung 35* zeigt eine Fotodiode mit Lupenfenster.

Der Varistor

Eine typische Weiterentwicklung der Diode führt
zum *Varistor*. Bei ihm – sein Name wurde von der
Bezeichnung „variabler Resistor", zu deutsch: „veränderlicher Widerstand" abgeleitet – handelt es sich
um eine abgewandelte Diode, die sowohl für positive
als auch für negative Spannungen Flußcharakter,
d. h. eine symmetrische Kennlinie, besitzt *(Abb. 36)*.
Da der Stromverlauf sehr spannungsabhängig ist,
wird er auch häufig *VDR-Widerstand* genannt. Dabei
ist VDR die Abkürzung für die englische Bezeichnung *Voltage Dependent Resistor* – zu deutsch:
spannungsabhängiger Widerstand.
Sein technologischer Aufbau zeigt eine Sintermasse,
in der sich vorwiegend Siliziumkarbid-Körner befinden. An den Berührungsstellen der Kristallkörner

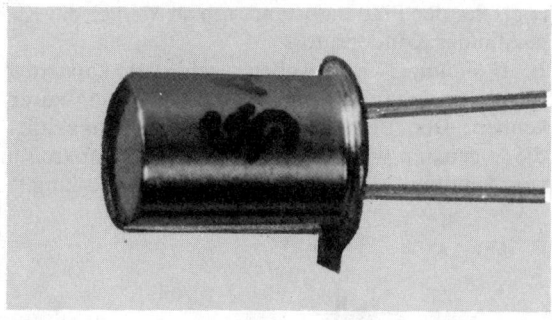

Abb. 35

entstehen pn-Übergänge, so daß zwischen den Vari-
storanschlüssen viele pn-Übergänge (Dioden also)
parallel und in Reihe geschaltet erscheinen. Da bei
Diodenparallelschaltung immer der Durchlaßcha-
rakter dominiert, ergibt sich daraus zwangläufig die
erwähnte symmetrische Diodenkennlinie.

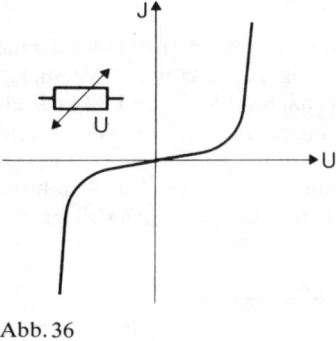

Abb. 36

Die Kapazitätsdiode (Varaktor)

Beim *Varaktor* wird der kapazitive Effekt der Sperrschicht ausgenutzt. Rechts und links von der Sperrschicht sind viele freie Ladungsträger vorhanden.
Dazwischen die isolierende Sperrzone. Somit übernimmt die Sperrschicht quasi die Funktion eines *Dielektrikums* zwischen zwei Kondensatorplatten, an
denen eine elektrische Spannung U liegt. Natürlich
ist das nur dann der Fall, wenn die Diode in Sperrrichtung geschaltet ist. Da sich die Sperrschichtbreite
mit wachsender Sperrspannung vergrößert – d. h.
bildlich gesprochen: die Kondensatorplatten weiter
auseinander geschoben werden –, muß die *Sperr-
schichtkapazität* zwangläufig kleiner werden. Denn

je größer der Plattenabstand, um so kleiner die Kapazität des Kondensators.

In *Abbildung 37* ist das eben geschilderte kapazitive Verhalten abhängig von der Sperrspannung zu erkennen. Der Varaktor, der oft auch Kapazitätsdiode genannt wird, findet z. B. in Abstimmkreisen von Rundfunk- und Fernsehgeräten Anwendung.

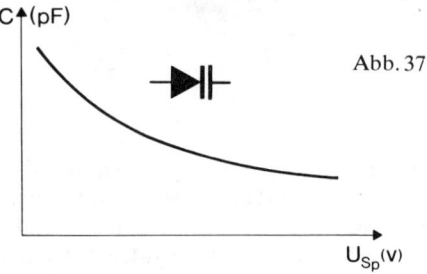

Abb. 37

Gleichrichtung

Die wichtigste Anwendungsmöglichkeit der Diode ist die der Gleichrichtung. Anhand zweier Versuchsaufbau-Schaltungen (nach *Abb. 33* und *34*) mit einem Zweistrahl-Oszillographen soll die Gleichrichtung diskutiert werden.

In *Abbildung 38* ist zunächst die einfachste Schaltung zu sehen. Entsprechend dem Ventilcharakter der

Diode kann die angelegte Wechselspannung – der erste Strahl des Oszillographen zeigt sie – nur während der positiven Halbwelle über den Widerstand R einen Stromfluß erzwingen, der als Spannungsabfall U_R mit dem zweiten Strahl des Oszillographen sichtbar gemacht wird. Da nur eine Polarität der Spannung vorhanden ist, spricht man entweder von *gleichgerichteter Wechselspannung* oder von *pulsierender Gleichspannung,* die im weiteren durch Zuschalten, z. B. eines Kondensators C (U_{RC} in *Abb. 33*) oder noch besser durch LC-Siebglieder, geglättet werden kann. Allerdings wird bei diesem Gleichrichtverfahren nur die positive Halbwelle ausgenützt, die negative dagegen gänzlich unterdrückt, weshalb man hier von Einweggleichrichtung spricht.

Günstiger ist es jedoch, beide Halbwellen nach der Brücken- bzw. Doppelweg-Gleichrichtung auszunutzen. Man erhält dann eine pulsierende Gleichspannung (wie in *Abb. 39* angedeutet), die bei Zuschaltung einer Kapazität besser geglättet werden kann.

Für die positive Halbwelle der Wechselspannung sind die Dioden D_1 und D_2 in Durchlaßrichtung, die Dioden D_3 und D_4 aber in Sperrichtung gepolt. Es kommt also zu einem Stromfluß über R. Die folgende negative Halbwelle sperrt nun die Dioden D_1 und D_2, während die Dioden D_3 und D_4 in Flußrichtung betrieben werden. Dadurch kommt es wieder zu einem Stromfluß über R, und zwar in derselben Rich-

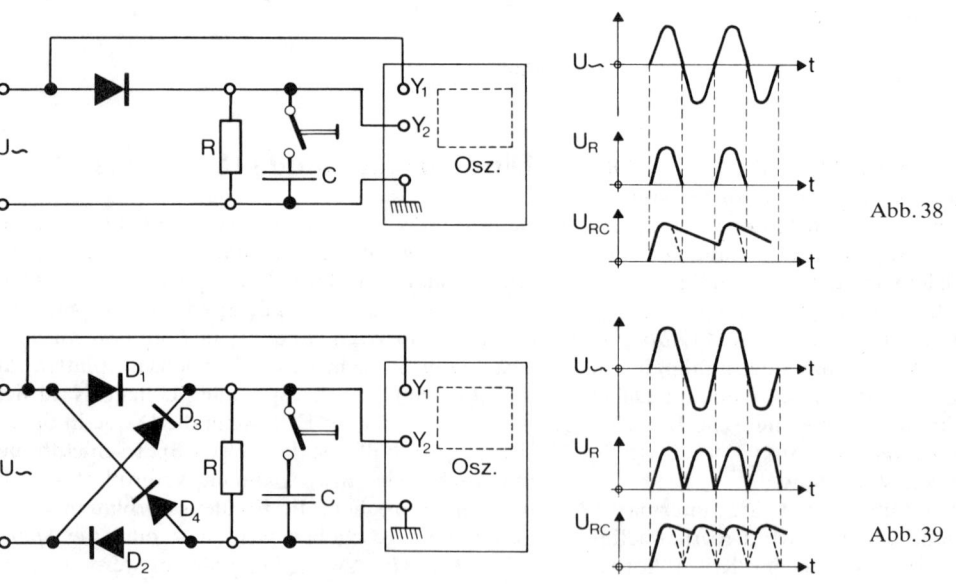

Abb. 38

Abb. 39

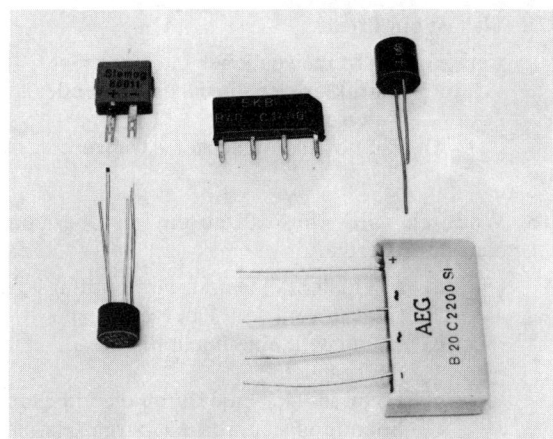

Abb. 40

aufwendiger, sie nutzt aber den Gleichrichteffekt bedeutend besser aus.

Abbildung 40 zeigt einige Brückengleichrichter.

Allgemeine Anwendung

Wir haben gesehen, daß man mit Diodenschaltungen Wechselspannungen in Gleichspannungen überführen kann. Dieser Effekt wird millionenfach in der kommerziellen und industriellen Elektronik angewendet. Ob es sich um kleine Netzgeräte oder große Gleichspannungsversorgungs- oder Wechselrichteranlagen handelt, ob in der Funk- und Fernsehtechnik moduliert, demoduliert, abgestimmt oder begrenzt wird – immer ist die Halbleiterdiode ein wichtiges Bauelement.

*

Weiterführende Literatur findet sich im Anhang. Für dieses Kapitel gelten vor allem die Nummern 5, 7, 28, 32, 38, 46, 50, 58, 59

tung wie vorher bei der positiven Halbwelle. Infolgedessen erzeugen die positiven und die negativen Halbwellen der Wechselspannung über R pulsierende positive Spannungsabfälle. Diese Schaltung ist zwar

Übungsaufgaben

Bei den folgenden Fragen soll die jeweils richtige Antwort links im Kästchen angekreuzt werden. Es können mehrere, es kann aber auch keine der angebotenen Antworten richtig sein.

1. Was sind freie Ladungsträger?

☐ **a)** Valenz-Elektronen, die sich in einem energetischen Zustand befinden, der es ihnen erlaubt, sich von ihrem zugehörigen Atomkern zu trennen

☐ **b)** Elektronen, die sich energetisch im Leitwertsband befinden

2. Wovon hängt die elektrische Leitfähigkeit ab?

☐ **a)** Von der Anzahl der frei beweglichen Ladungsträger

☐ **b)** von der Größe der Spannung

☐ **c)** von der Beweglichkeit der einzelnen Ladungsträger

☐ **d)** von der äußeren Geometrie des Widerstandes

3. Welche Materialien sind wichtige Halbleiter?

☐ **a)** Germanium   ☐ **c)** Silizium

☐ **b)** Messing   ☐ **d)** Aluminium

4. Wie wird Germanium p-dotiert?

☐ **a)** Indem man Ge mit 3wertigen Substanzen verunreinigt

☐ **b)** Indem man 5wertiges Material dotiert

5. Wie wird Silizium n-dotiert?

☐ **a)** Indem man Si mit 3wertigem Material verunreinigt

☐ **b)** Indem man mit 4wertigen Substanzen dotiert

6. Was versteht man unter bipolarem Strom?

☐ **a)** Der Strom setzt sich aus negativen Ladungsträgern und Elektronen zusammen

☐ **b)** Der Gesamtstrom ergibt sich aus der Summe von Elektronen- und Defektelektronenstrom

7. Was ist ein Loch?

☐ **a)** Ein freibeweglicher Ladungsträger, charakterisiert durch ein fehlendes Valenzelektron

☐ **b)** Ein positiv ionisierter Atomrumpf

8. Wodurch wird physikalisch ein pn-Übergang charakterisiert?

☐ **a)** Es entsteht eine an freien Ladungsträgern verarmte Übergangszone

☐ **b)** Es entsteht eine hochohmige Sperrschicht

☐ **c)** Es bildet sich eine durch die angelegte Spannung steuerbare Übergangszone

9. Wann ist ein pn-Übergang in Flußrichtung gepolt?

☐ **a)** Spannungspluspol liegt an der n-Schicht

☐ **b)** Minus befindet sich am n-dotierten Halbleiter

10. Was ist eine Halbleiterdiode?

☐ **a)** Ein pn-Übergang

☐ **b)** Ein Fotowiderstand

11. Welchen Kennlinien-Charakter hat ein Varistor?

☐ **a)** Den einer variablen Kapazität

☐ **b)** Den antiparalleler Dioden

☐ **c)** Den eines Heißleiters

12. Wodurch wird der Z-Effekt hervorgerufen?

☐ **a)** Avalanche-Effekt

☐ **b)** Wärmestau

☐ **c)** Feldstärkeeffekt

13. Wo findet die Diode Anwendung?

☐ **a)** Gleichrichtung

☐ **b)** Verstärkung

Die Lösungen der Übungsaufgaben finden Sie in Anhang 1 dieses Buches auf Seite 278.

5. Die Physik des Transistors

Der Transistor ist ein Halbleiterbauelement; er hat sich in den letzten Jahren zum wichtigsten Verstärkerglied in der Elektronik entwickelt.

Erfunden wurde er im Jahre 1948, als die Amerikaner *John Bardeen* und *Walter H. Brattain* bei der Untersuchung von Dioden-pn-Übergängen eine metallene Prüfspitze auf die n-Schicht aufsetzten, und so unbeabsichtigt eine pnp-Zonenfolge entstand. Zu ihrer Überraschung stellten die beiden Forscher bei weiteren Messungen fest, daß bei Widerstandsänderungen in der einen Grenzschicht auch der Widerstand der anderen Grenzschicht beeinflußt wurde. Damit hatte man das Grundprinzip des Transistors entdeckt. Da Widerstandsänderungen von einer Grenzschicht zur anderen übertragen wurden, sprach man vom *„transfer resistor"*, aus dem später das Kunstwort Transistor entstand.

Nachdem *William Schockley* die inneren Vorgänge im Transistor physikalisch gedeutet hatte, erhielten er sowie Bardeen und Brattain für ihre epochemachende Erfindung im Jahre 1956 den Nobelpreis für Physik.

Transistoren haben gegenüber Radioröhren viele Vorteile

Nach einer Schätzung aus dem Jahre 1959 wurden „täglich auf der Erde mindestens 30 Millionen Kilowattstunden allein für die Heizung von Verstärkerröhren verbraucht – und bezahlt" (Mende, Rundfunkempfang ohne Röhren, München 1959). Da Transistoren keine Heizung brauchen, wird diese Energie gespart und weil außerdem die Röhrenheizung nicht nur die Röhre, sondern auch das ganze Gerät erwärmt, entfallen nach Einführung des Transistors viele Kühlprobleme, besonders in Großgeräten mit oft weit über tausend Bauteilen. Hinzu kommt, daß Transistoren mit relativ niedrigen Spannungen betrieben werden können. Das ist besonders bei transportablen, netzunabhängigen Geräten wichtig; denn Batterien sind groß, schwer und teuer. Transistoren sind bei vergleichbarer Leistung sehr viel kleiner als Röhren; davon profitieren ganze Industriezweige (Computertechnik, Weltraumfahrt, aber auch Taschenradios usw.). Im Gegensatz zu den Röhren sind Transistoren außerdem unempfindlich gegenüber mechanischen Erschütterungen. Auch der Preis hat die Verbreitung des Transistors begünstigt. Durch moderne Massenfertigung sind Transistoren sehr billig geworden; manche Typen kosten heute weniger als eine Mark.

Transistoren wirken als Verstärker

Was heißt eigentlich verstärken?
In *Abbildung 1* ist ein Verstärker symbolisch dargestellt. Wir brauchen uns zunächst nicht darum zu kümmern, was im einzelnen im Verstärker – im schwarzen Kasten – enthalten ist.

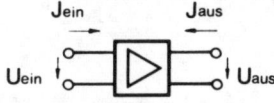

Abb. 1 Symbol eines Verstärkers mit Eingangs- und Ausgangsgrößen

Wichtig ist nur dies: Der Verstärker hat einen Eingang und einen Ausgang. Am Eingang steht die Eingangsspannung U_{ein} an, es fließt der Eingangsstrom

I_{ein}. Am Ausgang messen wir die Ausgangsspannung U_{aus} und den Ausgangsstrom I_{aus}.

Multipliziert man eine Spannung mit dem zugehörigen Strom, so ergibt sich die Leistung. Wendet man dieses Gesetz auf den Verstärker an, so erhält man

Eingangsleistung = Eingangsspannung mal Eingangsstrom:

$$P_{ein} = U_{ein} \cdot I_{ein}.$$

Ausgangsleistung = Ausgangsspannung mal Ausgangsstrom:

$$P_{aus} = U_{aus} \cdot I_{aus}.$$

Ist nun die Ausgangsleistung beispielsweise doppelt so groß wie die Eingangsleistung, so hat der Verstärker die Leistungsverstärkung $V_p = 2$. In Formeln ausgedrückt, heißt das:

Leistungsverstärkung = Ausgangsleistung geteilt durch Eingangsleistung:

$$V_p = \frac{P_{aus}}{P_{ein}}.$$

Noch einmal zurück zur Leistungsformel $P = U \cdot I$: Die Leistung kann nur dann größer werden, wenn entweder der Strom oder die Spannung oder aber wenn beide größer geworden sind.

Wir sehen, daß ein Verstärker Ströme verstärkt, wenn der Ausgangsstrom größer als der Eingangsstrom ist,

$$V_I = \frac{I_{aus}}{I_{ein}},$$

daß er Spannungen verstärkt, wenn die Ausgangsspannung größer als die Eingangsspannung ist,

$$V_u = \frac{U_{aus}}{U_{ein}}.$$

Faßt man beide Verstärkungen zusammen, kommt man mit Hilfe der Leistungsformel zur Leistungsverstärkung:

$$P = U \cdot I,$$
$$V_p = V_u \cdot V_I.$$

Ein Verstärker hat also die Eigenschaft, aus kleinen Leistungen am Eingang große Leistungen am Ausgang entstehen zu lassen. Dabei können entweder die Ströme, die Spannungen oder aber beide vergrößert, d. h. verstärkt werden.

Wie bereits angedeutet, haben Transistoren Verstärkereigenschaften. Es soll jetzt untersucht werden, unter welchen Bedingungen das der Fall ist.

Entscheidend für das Transistorprinzip sind die pn-Übergänge

Schon bei der Halbleiterdiode wurde deutlich, daß man die Sperrschicht am pn-Übergang von außen beeinflussen kann. Verbindet man nämlich den Pluspol der Batterie mit der p-Schicht und den Minuspol mit der n-Schicht, so wird die Sperrschicht abgebaut, es fließt ein Strom. Polt man die Batterie um, so verbreitert sich die Sperrschicht, ein Stromfluß ist nicht möglich. In *Abbildung 2* wird das noch einmal symbolisch gezeigt.

Im Gegensatz zur Diode hat der Transistor nicht zwei, sondern drei verschieden leitende Zonen und damit nicht nur eine, sondern zwei Übergangszonen bzw. Grenzschichten. Möglich sind die Folgen npn und pnp (vgl. *Abb. 3*).

Die folgenden Überlegungen gehen von der npn-Schichtfolge aus. Obwohl in älteren Lehrbüchern meist der pnp-Transistor besprochen wird, ist hier

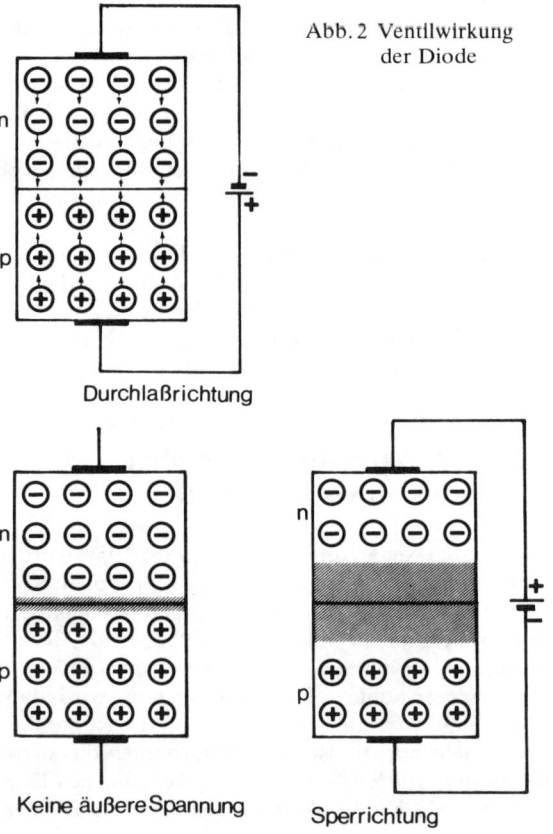

Abb. 2 Ventilwirkung der Diode

Durchlaßrichtung

Keine äußere Spannung

Sperrichtung

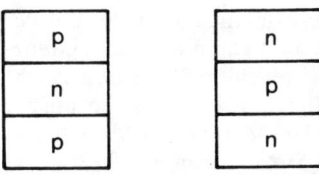

Abb. 3 Mögliche Schichtfolgen beim Transistor

von der npn-Folge die Rede, denn aus technischen Gründen werden vor allem diese Transistoren hergestellt. Im Prinzip sind beide Arten einander gleich; beim Wechseln von einem Typ auf den anderen muß man sich nur sämtliche Spannungsquellen umgepolt vorstellen und für Löcher Elektronen und für Elektronen Löcher sagen.

Zunächst wollen wir untersuchen, wie sich eine an den äußeren Schichten angelegte Spannung auswirkt. Liegt keine Spannung an, ergeben sich die Verhältnisse nach *Abbildung 4,* also zwei Grenzschichten,

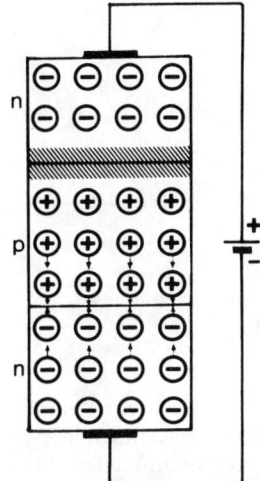

Abb. 5 Grenzschichten im Transistor mit einer äußeren Spannungsquelle

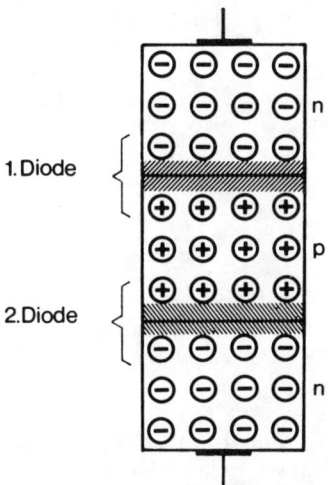

Abb. 4 Grenzschichten im Transistor ohne äußere Spannung

die an Ladungsträgern verarmt sind. Wir haben praktisch zwei Dioden in Reihe gegeneinander geschaltet.

Nun soll an die obere n-Schicht der Pluspol, an die untere n-Schicht der Minuspol einer Batterie angeschlossen werden *(Abb. 5).*

Die Sperrschicht des oberen pn-Überganges muß sich verbreitern, da der Pluspol der Batterie die p-Ladungsträger der mittleren Schicht abstößt und die n-Ladungsträger der oberen Schicht anzieht. Außerdem zieht der Minuspol der Batterie die p-Ladungs-

träger der mittleren Schicht nach unten, drückt aber die n-Träger der unteren Schicht nach oben. Dadurch wird die untere Grenzschicht mit Ladungsträgern aufgefüllt; sie wird leitend. Insgesamt fließt kein Strom, da ja die obere Grenzschicht sperrt.

Nicht berücksichtigt dabei ist der sehr kleine Strom, der auch in Sperrichtung durch Eigenleitung fließt. Diese Vereinfachung ist aber erlaubt, weil der Sperrstrom um ein Vielfaches kleiner ist und unsere grundsätzlichen Erörterungen nicht stört.

Die Sperrschicht des oberen pn-Überganges ist nun verantwortlich für das Verhalten des Transistors. Wir werden erkennen, daß sich diese Sperrschicht nicht nur von außen durch die Höhe der angelegten Spannung beeinflussen läßt, sondern auch über einen Strom, der der mittleren p-Schicht zugeführt wird. Damit überhaupt ein Strom in die mittlere Schicht fließen kann, muß sie mit einem Anschluß versehen und an eine zusätzliche Batterie angeschlossen werden. Außerdem muß gewährleistet sein, daß die Grenzschichtzustände, die sich nach dem Anlegen der ersten Batterie ausbildeten, im Prinzip erhalten bleiben; nämlich oben Sperrung, unten Durchlaß. Es ergibt sich die Schaltung nach *Abbildung 6.*

Im linken Stromkreis kann nun ein Strom fließen, denn der untere pn-Übergang ist in Durchlaßrichtung gepolt. Es wurde aber schon gesagt, daß dieser jetzt fließende Strom auch die obere Sperrschicht beeinflussen soll, so daß im rechten Stromkreis ebenfalls ein Strom fließt.

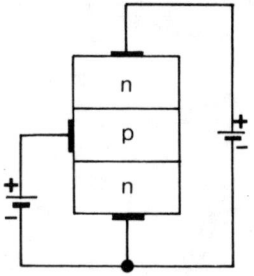

Abb. 6 Richtiger Anschluß der beiden Spannungsquellen am npn-Transistor

Wie ist das möglich?

Die hierbei wirksamen Vorgänge sind sehr kompliziert, ihre Darstellung würde den Rahmen dieses
Buches sprengen. An einem sehr vereinfachtem Modell wollen wir der Erklärung einen Schritt näher
kommen.

In *Abbildung 7* ist noch einmal der Transistor mit
den Batterien gezeichnet. Man sieht aber, daß die
mittlere Schicht sehr viel dünner dargestellt ist als die
äußeren Schichten. Und darauf kommt es beim
Transistor an.

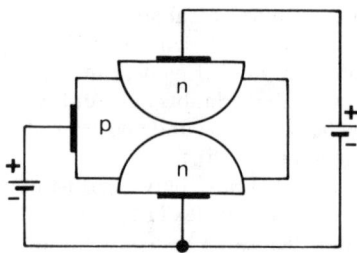

Abb. 7 Die Basis des Transistors muß sehr dünn sein

Die Elektronen, die von der unteren n-Schicht durch
die p-Schicht zum Pluspol der linken Batterie wandern wollen, geraten auf ihrem Weg durch Diffusion
in die obere Sperrschicht, da einmal die Abstände
sehr klein sind, und sie außerdem in den Einflußbereich des Pluspols der rechten Batterie gelangen.

Das bedeutet nun aber, daß in der oberen Sperrschicht plötzlich Ladungsträger vorhanden sind; es
fließt also auch im rechten Stromkreis ein Strom.
Schaltet man die linke Batterie ab, so fließt auch
rechts kein Strom, denn die linke Batterie mußte ja
die n-Ladungsträger erst veranlassen, einen Stromfluß entstehen zu lassen.

Und nun zum wichtigsten: Man konnte die mittlere
dünne p-Schicht so „züchten", daß etwa $98 - 99,9\%$

der n-Stromträger, die eigentlich zum Pluspol der
linken Batterie fließen müßten, in die obere Grenzschicht und damit in den rechten Stromkreis gelangen. Das heißt aber: Ein relativ kleiner Strom auf der
linken Seite – nämlich 100 % minus ca. 99 % = 1 %
– steuert einen großen Strom – nämlich 99 % – auf
der rechten Seite. Über die gemeinsame Zuleitung
fließt der Gesamtstrom – nämlich 100 % – in den
Transistor zurück. *Abbildung 8* zeigt den Transistor
(jetzt in den „Verstärkerkasten" eingebaut) und die
Stromverteilung.

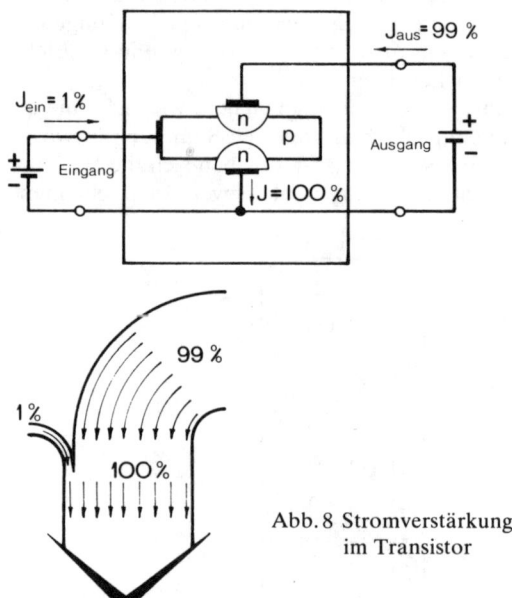

Abb. 8 Stromverstärkung
im Transistor

Der Ausgangsstrom ist 99mal größer als der Eingangsstrom, dieser Transistor hätte die Stromverstärkung $V_I = 99$. Handelsübliche Transistoren haben Stromverstärkungen, die je nach Typ zwischen
$V_I = 20$ bis $V_I = 1\,000$ liegen.

Bezeichnungen, Symbole

Die drei Schichten bzw. die drei Anschlüsse des
Transistors unterscheiden sich schon in ihren Bezeichnungen. Die Wahl der Namen ist historisch bedingt; man ging von einem speziellen Typ des Transistors aus. Die mittlere p-Schicht heißt *Basis,* sie
diente als Ausgangsstück = Basis in der Herstellung
des Transistors. Die untere Schicht ist der *Emitter,*

was frei übersetzt (Ladungsträger-)Abgeber bedeutet, die obere Schicht ist der Kollektor, übersetzt mit (Strom-)Sammler oder Aufnehmer. *Abbildung 9* stellt „unser" Transistorsymbol dem genormten Schalt-Zeichen gegenüber.

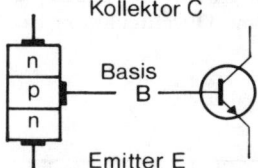

Abb. 9 Der Transistor mit seinen Anschlüssen

In Abbildung 9 ist zu erkennen, daß der Emitter mit einem Pfeil versehen ist. Wichtig ist die Richtung der Pfeilspitze. Weist der Pfeil nach außen, so bedeutet das, daß es sich um einen npn-Transistor handelt. Ist der Pfeil nach innen gerichtet, kennzeichnet er einen pnp-Transistor. Man kann sich das leicht merken, wenn man davon ausgeht, daß die Pfeilspitze die Richtung der *technischen* Stromrichtung angibt, d. h.:

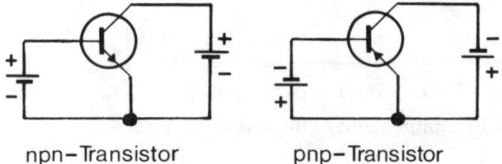

Abb. 10 Schaltzeichen für npn- und pnp-Transistoren mit richtig gepolten Batterien

positive Ladungsträger fließen vom Pluspol der Batterie über den äußeren Stromkreis zum Minuspol. Mit Hilfe dieser Regel können wir sowohl den npn- als auch den pnp-Transistor richtig anschließen *(Abb. 10).*

Transistoren können unterschiedlich geschaltet werden

Schon in Abbildung 8 hatten wir einen Transistor in den Verstärkerkasten eingezeichnet. Ein Verstärker hat aber vier Anschlußpunkte: zwei für den Eingang und zwei für den Ausgang. Da der Transistor nur drei Elektroden hat, muß eine Elektrode für den Eingang und für den Ausgang gemeinsam geschaltet werden. Ist der Emitter der gemeinsame Anschluß-

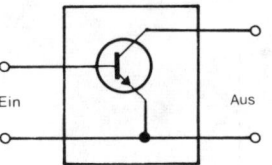

Emitterschaltung

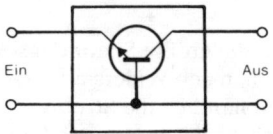

Basisschaltung

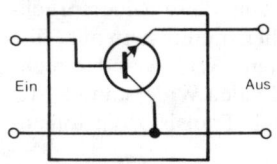

Kollektorschaltung

Abb. 11 Die drei Grundschaltungen des Transistors

punkt, so spricht man von der Emitterschaltung, entsprechend gibt es noch die Basis- und die Kollektorschaltung. In *Abbildung 11* sind die drei möglichen Grundschaltungen dargestellt.

Besonders wichtig und am häufigsten angewendet wird die Emitterschaltung. Schon bei der Erklärung des Transistorprinzips sahen wird, daß dabei eine große Stromverstärkung erzielt wird. Der größte Strom im Kollektorkreis kann natürlich dann fließen, wenn keine zusätzlichen Widerstände eingebaut sind; d. h. wenn praktisch Kurzschluß herrscht. In diesem Fall kann auch die größte Stromverstärkung erreicht werden. Man nennt deshalb das Verhältnis Ausgangsstrom zu Eingangsstrom – d. h. hier Kollektorstrom I_C zu Basisstrom I_B – die *Kurzschlußstromverstärkung* $B = \dfrac{I_C}{I_B}$ der Emitterschaltung.

Außer der Stromverstärkung ist aber durch eine Emitterschaltung auch eine Spannungsverstärkung zu erreichen. Dazu muß wie in *Abbildung 12* ein Widerstand in den Kollektorkreis geschaltet werden.

Nach dem Ohmschen Gesetz fällt dann am Widerstand eine Spannung ab, die um so größer ist, je größer der Strom und der Widerstand sind:

111

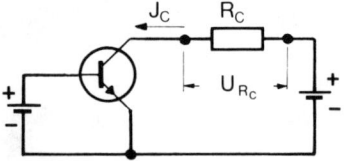

Abb. 12 Kollektorwiderstand im Stromkreis

$$U_{RC} = I_C \cdot R_C.$$

Nun ist es nicht so, daß man die größte Spannungsverstärkung erreicht, indem man den Widerstand R_C sehr groß wählt. Dann gehen nämlich die Stromverstärkung und damit I_C zurück, die ja am größten waren, wenn R_C ganz klein oder sogar Null ist. Ein kleiner Widerstand R_C wiederum erbringt nur einen kleinen Spannungsabfall. Um diese widersprüchlichen Forderungen zu erfüllen, mußte man mit Hilfe der Mathematik den „besten" Widerstand errechnen. Mit einem solchen optimalen Widerstand leistet die Emitterschaltung je nach Transistortyp folgendes:

Stromverstärkung V_I = 20–1000
Spannungsverstärkung V_U = 100–1000
Leistungsverstärkung $V_P = V_I \cdot V_U =$
                   2000 – 1 000 000, im Mittel etwa bei 10 000.

Basis- bzw. die Kollektorschaltungen haben entweder nur eine Spannungs- bzw. eine Stromverstärkung, so daß die Leistungsverstärkung bei ihnen kleiner ist. Trotzdem werden sie eingesetzt, wenn besondere Aufgaben zu erfüllen sind, die die Emitterschaltung nicht bewältigt.

Mit Transistorkennlinien kann man Verstärker berechnen

In Transistorhandbüchern werden außer den Stromverstärkungen, maximalen Leistungen usw. verschiedene Kennlinien angegeben. Was bedeuten diese Kurven?
Immer dann, wenn zwei oder mehrere Größen voneinander abhängen, kann man versuchen, diese Abhängigkeit mathematisch auszudrücken. Oft ergeben sich dabei sehr komplizierte Formelausdrücke. In diesen Fällen ist es einfacher, die Abhängigkeiten in Form von Kurven aufzuzeichnen, die es erlauben, zusammengehörige Werte direkt abzulesen.
Man könnte also auch eine Kennlinie für einen Ohmschen Widerstand zeichnen, obwohl hier die Rech-

nung $U = R \cdot I$ einfacher ist. Trotzdem wollen wir hier einmal so vorgehen, um das Lesen von Kennlinien zu üben.
Wie sieht also die Kennlinie z. B. eines 100 Ω -Widerstandes aus? Anders gesagt: Wie ändert sich der Strom durch den Widerstand, wenn die angelegte Spannung verändert wird? Eine Durchrechnung ergibt folgende Werte:

$$I = \frac{U}{R}, R = 100 \ \Omega$$

Angelegte Spannung U in Volt	0	100	200	300	400
Strom I in Ampere		0	1	2	3	4

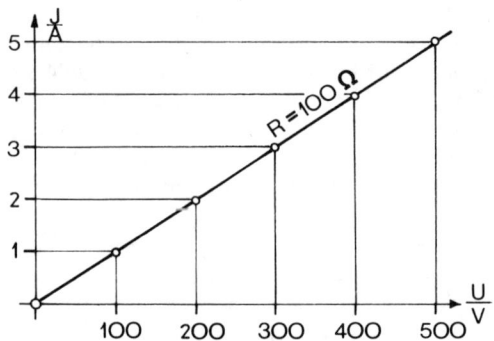

Abb. 13 Kennlinie eines Ohmschen Widerstandes

In ein Diagramm umgesetzt ergibt sich ein Bild wie in *Abbildung 13*. Man zeichnet ein Achsenkreuz und trägt auf der waagerechten Achse die Größe, die man selbst einstellt, auf (in unserem Beispiel die Spannung U). Die Größe, die sich dann zwangsläufig ändert, wird auf der senkrechten Achse abgetragen (hier also I). Nachdem man den Maßstab auf den Achsen festgelegt hat, können die errechneten Punkte eingetragen und verbunden werden. Für den Ohmschen Widerstand ergibt sich eine Gerade.
Ein kleinerer Widerstand ergäbe eine steilere, ein größerer Widerstand eine flachere Gerade (bitte nachrechnen). Einen Vorteil hat diese Darstellung auch schon beim Ohmschen Widerstand: Für „krumme" Widerstandswerte könnten Zwischenwerte einfach abgelesen werden.
Wollte man einzelne Punkte der Kennlinie einer Diode berechnen, so braucht man eine Logarithmentafel oder einen guten Rechenschieber. Hier ist es einfacher, die Abhängigkeit des Stromes von der angelegten Spannung auszumessen und sofort zeichne-

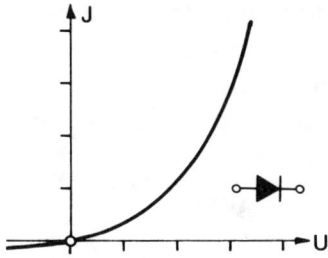

Abb. 14 Kennlinie einer Diode

risch darzustellen. Es ergibt sich die bekannte Kennlinie nach *Abbildung 14.*

Für jede angelegte Spannung U läßt sich der zugehörige Strom I leicht ablesen; schwieriger ist es allerdings, ihn zu berechnen.

Bei Transistoren sind vier Größen miteinander verknüpft: nämlich Eingangsstrom und -spannung sowie Ausgangsstrom und -spannung. Ohne Kennliniendarstellung dieser Verknüpfung käme man kaum weiter.

Wir wollen uns auf die Emitterschaltung beschränken. Welche Kennlinien sind hierfür zu erwarten?

Schon zu Anfang sprachen wir von der Stromverstärkung des Transistors. Ein kleiner Basisstrom steuerte einen großen Kollektorstrom. Daraus ergibt sich die sogenannte Stromsteuerkennlinie. Sie gibt an, wie sich der Kollektorstrom ändert, wenn der Basisstrom verschiedene Werte annimmt. (*Wir* ändern

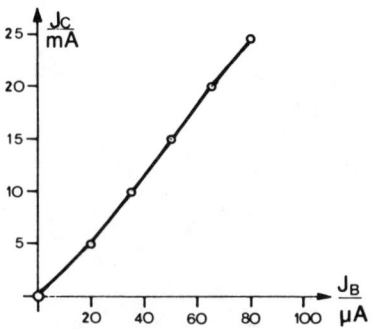

Abb. 15 Stromsteuerkennlinie des Transistors
(BC 108)

den Basisstrom, I_B muß also auf der *waagerechten* Achse aufgetragen werden.) *Abbildung 15* zeigt die Kennlinie im Prinzip. Sie zeigt, daß die Stromsteuerkennlinie in weiten Bereichen ziemlich linear verläuft.

Außerdem muß der Konstrukteur wissen, welche Spannung zwischen Emitter und der Basis nötig ist, damit ein bestimmter Basisstrom fließt. Es muß also der Basisstrom in Abhängigkeit von der Basisspannung dargestellt werden. Da es sich hierbei im Prinzip um eine Diode in Durchlaßrichtung handelt, ken-

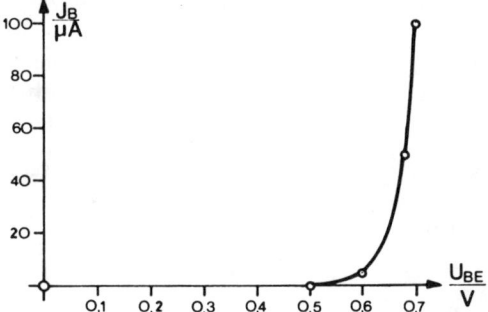

Abb. 16 Spannungssteuerkennlinie des Transistors
(BC 108)

nen wir die Kennlinie schon *(Abb. 16)* als Diodenkennlinie; man nennt sie die *Eingangskennlinie.* Soll ein Transistor in Schaltungen eingebaut werden, muß man wissen, wie er sich verhält, wenn im Ausgangsstromkreis ein Verbraucher gespeist werden muß. Dazu braucht man *Ausgangskennlinien.* Die häufigste Fragestellung lautet: Wie verhält sich der Kollektorstrom I_C, wenn die Spannung U_{CE} zwischen Kollektor und Emitter verändert wird? Was geschieht im Ausgang, wenn sich außerdem der Basisstrom ändert, d. h., wenn der Eingang angesteuert wird? In *Abbildung 17* wird der grundsätzliche Verlauf skizziert.

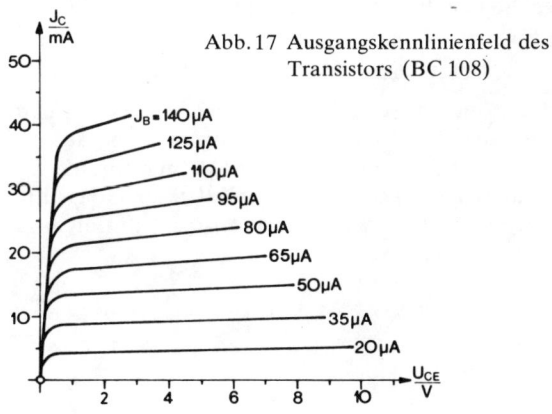

Abb. 17 Ausgangskennlinienfeld des
Transistors (BC 108)

113

Da hier die Abhängigkeit von drei Größen aufgetragen wird, muß eine dieser Größen konstant gehalten werden. Der konstant gehaltene Wert wird *Parameter* genannt; hier ist es der Basisstrom I_B. Für jeden Basisstrom I_B gibt es eine besondere Kennlinie, die die Abhängigkeit des Kollektorstromes I_C von der Kollektor-Emitterspannung U_{CE} angibt. Die Ausgangskennlinienschar zeigt folgendes:

Für die Höhe des Kollektorstromes ist nicht so sehr die Spannung zwischen Kollektor und Emitter maßgeblich, sondern vielmehr die Höhe des Basisstromes. Das ist eine sehr erwünschte Eigenschaft des Transistors, wie wir später sehen werden. Grundsätzliche Überlegungen dazu können wir aber jetzt schon anstellen (vgl. dazu die Schaltung nach *Abbildung 18*).

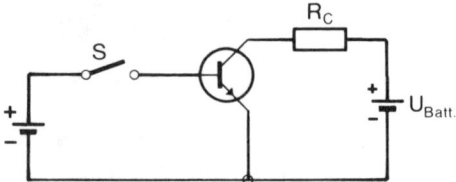

Abb. 18 Kollektorwiderstand im Stromkreis

Bei offenem Schalter liegt zwischen Kollektor und Emitter die volle Batteriespannung U_{Batt}. Es fließt ja kein Strom über den Widerstand R_C, also kann an ihm auch kein Spannungsabfall auftreten. Wird S geschlossen, fließt ein Basisstrom, und der Basisstrom ruft einen vergrößerten Kollektorstrom hervor. Der Kollektorstrom durchfließt den Widerstand R_C, an diesem fällt die Spannung $U_{RC} = I_C \cdot R_C$ ab. Um diese Spannung U_{RC} ist jetzt aber die Spannung zwischen Kollektor und Emitter kleiner geworden, denn die Batteriespannung U_{Batt} blieb ja konstant:

$$U_{CE} = U_{Batt} - U_{RC}.$$

Laut Ausgangskennlinienfeld wirkt sich dieser Spannungsabfall jedoch nur in geringem Maße auf den Kollektorstrom aus; dieser wird kaum niedriger. Der Spannungsrückgang zwischen Kollektor und Emitter hat also kaum eine „Gegensteuerung" zur Eingangssteuerung verursacht.

Wenn die Kennlinien des Transistors geschickt zu einem Bild vereinigt werden, kann man besonders gut sein Verhalten erkennen

In *Abbildung 19* sind die bis jetzt bekannten Transistorkennlinien zusammengestellt.

Sie zeigen, daß z. B. die Größen I_C und I_B zweimal auf den Achsen auftreten. I_C ist sowohl in Abbildung 19a als auch in Abbildung 19c auf der senkrechten Achse abgetragen. In *Abbildung 20* wird stufenweise gezeigt, wie diese Darstellungen (19a und 19c) vereinigt werden können.

Abb. 19 Zusammenstellung der Transistorkennlinien

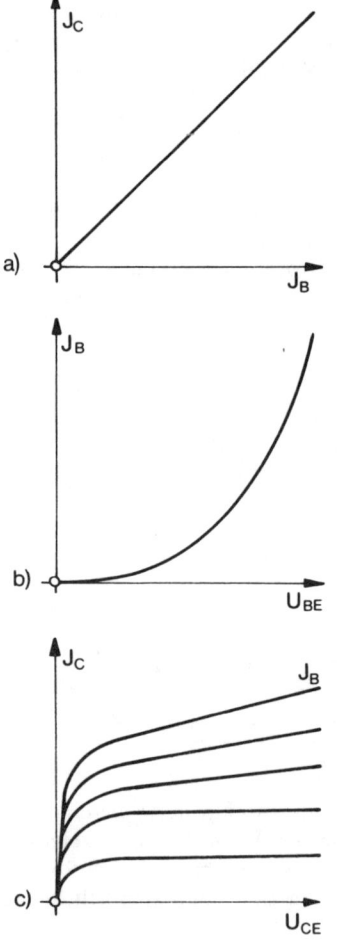

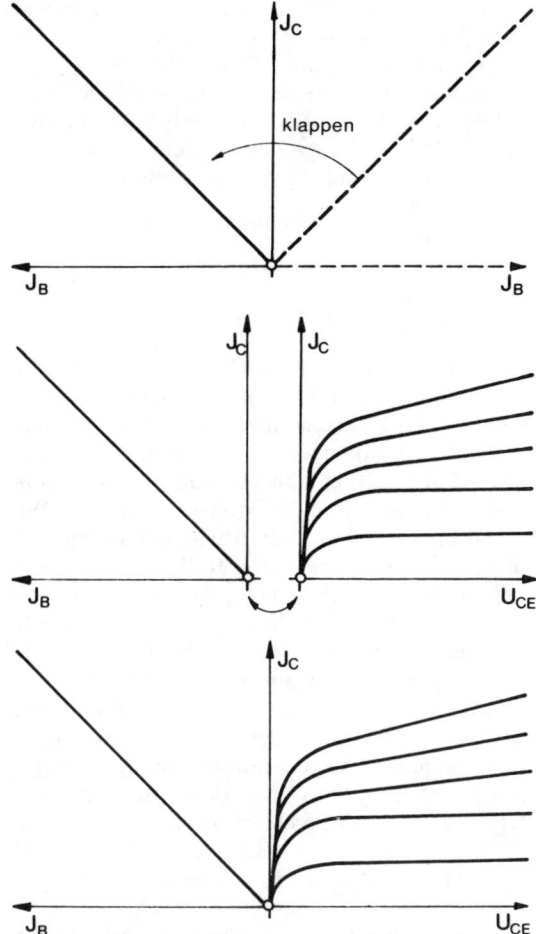

Abb. 20 Zusammenfassung einzelner Kennlinien zu
gemeinsamen Kennlinienfeldern

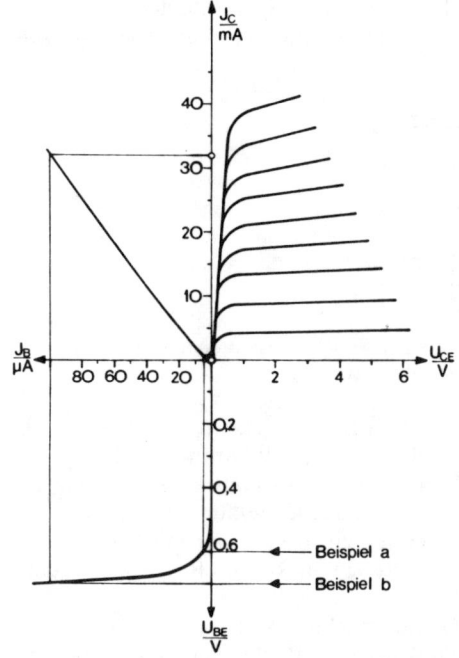

Abb. 21 Komplette Kennlinienfelder des Transistors
(BC 108)

$$U_{BE} = 0,7 \text{ V} \rightarrow I_B = 100 \text{ µA} \rightarrow I_C = 32,5 \text{ mA}.$$

Nun muß nur noch geklärt werden, wozu das Kennlinienfeld U_{CE}-I_C, oben rechts in Abbildung 21, gebraucht wird.

Schon früher erwähnten wir, daß der Ausgang des Transistors mit dem Kollektorwiderstand R_C belastet wird, um an ihm einen Spannungsabfall zu erzeugen. In *Abbildung 22* zeichnen wir noch einmal den inter-

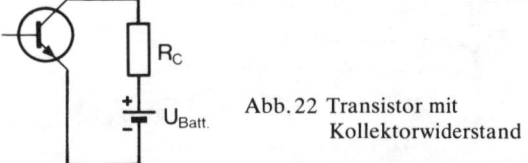

Abb. 22 Transistor mit
Kollektorwiderstand

Zeichnet man jetzt auch die Eingangskennlinie so ein, daß die Achse I_B nur einmal auftritt, erhält man die Kennliniendarstellung, nach der sehr bequem Transistorschaltungen berechnet werden können. In *Abbildung 21* soll der erste Schritt hierfür gezeigt werden.

Für den Fall a haben wir angenommen, daß zwischen Basis und Emitter die Spannung $U_{BE} = 0,6$ V anliegt. Die U_{BE}-I_B-Kennlinie zeigt, daß dann ein Basisstrom I_B von 5 µA fließt. Geht man nun weiter nach oben ins I_B-I_C Kennlinienfeld, so ist zu erkennen, daß zu diesem Basisstrom ein Kollektorstrom von 2 mA gehört. Am Beispiel b läßt sich folgendes ablesen:

essierenden Teil der Schaltung heraus.

Wir verfolgen den Stromkreis: Pluspol der Batterie, Widerstand R_C, Kollektor, Emitter, Minuspol der Batterie. Da der Transistor nur einen ganz bestimmten Strom durchläßt, der einmal vom Basisstrom, zum anderen von der Kollektor-Emitterspannung abhängig ist, hat er auch einen ganz bestimmten Widerstand, der mit R_C in Reihe geschaltet ist. Die vereinfachte Schaltung sieht dann so aus wie in *Abbildung 23*.

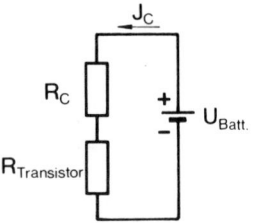

Abb. 23 Ersatz der Kollektor-Emitterstrecke durch einen Widerstand

Die Kennlinien für $R_{Transistor}$ kennen wir; es sind die I_C-U_{CE} Kennlinien mit I_B als Parameter. Der grundsätzliche Verlauf der Widerstandskennlinie ist ebenfalls bekannt; es muß eine Gerade sein. Wie können nun beide Kennlinien so vereinigt werden, daß wir die Reihenschaltung von R_C und $R_{Transistor}$ berücksichtigen?

Um eine Gerade zeichnen zu können, brauchen wir nur zwei Punkte. Diese Punkte lassen sich aber aus der Schaltung nach Abbildung 23 berechnen; wir tragen sie in das U_{CE}-I_C Kennlinienfeld ein *(Abbildung 24)*.

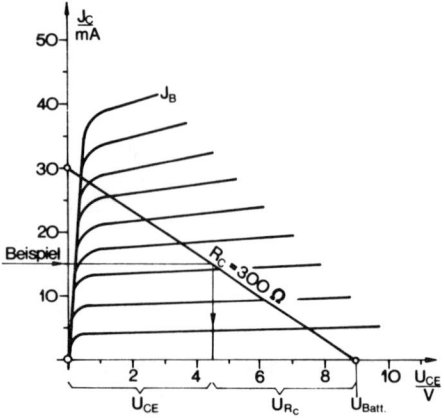

Abb. 24 Kennlinie des Kollektorwiderstandes und die Ausgangskennlinien des Transistors

Wir nehmen an, daß die Batteriespannung 9 V beträgt, daß der Transistor gerade gesperrt ist. Dann liegt am Transistor die volle Batteriespannung, denn der Kollektorstrom ist Null; es gibt also keinen Spannungsabfall an R_C. Diesen Punkt – nämlich $I_C = 0$,

$U_{CE} = U_{Batt} = 9$ V – tragen wir in das Kennlinienfeld ein. Er liegt auf der Waagerechten.

Nun folgt der zweite Punkt. Wir fordern: Der Transistor ist ganz durchgesteuert und hat den Widerstand von Null Ohm. Dann fällt die gesamte Spannung am Widerstand R_C ab, $U_{CE} = 0$ Volt. Der fließende Kollektorstrom ergibt sich nach dem Ohmschen Gesetz aus $I_C = \dfrac{U_{Batt}}{R_C}$. Wir nehmen an, daß R_C den Wert von 300 Ω hat. Dann ergibt sich

$$I_C = \frac{9\ V}{300\ \Omega} = 0{,}03\ A = 30\ mA.$$

Auch diesen Punkt – nämlich $I_C = 30$ mA; $U_{CE} = 0$ V – übertragen wir in das Kennlinienfeld; er liegt auf der senkrechten Achse. Verbinden wir nun beide Punkte, erhalten wir die Kennlinie des Kollektorwiderstandes. Jetzt fehlt nur noch die Verknüpfung von der Kennlinie des Transistors mit der Widerstandslinie im Sinne einer Reihenschaltung. Wir nehmen an, daß gerade ein Kollektorstrom von 15 mA fließt. Von $I_C = 15$ mA gehen wir waagerecht bis zur Widerstandskennlinie und dann senkrecht nach unten. Die Senkrechte endet bei $U_{CE} = 4{,}5$ V. Daraus schließen wir: Wenn ein Strom I_C von 15 mA durch den Transistor und den Kollektorwiderstand fließt, liegen zwischen Kollektor und Emitter 4,5 V an, der restliche Spannungsabfall von $U_{Batt} - U_{CE} = 9$ V $- 4{,}5$ V $= 4{,}5$ V liegt dann am Kollektorwiderstand R_C. Wir rechnen nach: 15 mA über 300 Ω! $U_{R_C} = I_C \cdot R_C = 0{,}015$ A $\cdot 300\ \Omega = 4{,}5$ V. Wir haben demnach das Kennlinienfeld richtig gedeutet.

Nun zeichnen wir nochmals sämtliche Kennlinienfelder mit der Kollektorwiderstandskennlinie und üben das Ablesen der sich einstellenden Werte *(Abb. 25)*.

Beispiel 1: Für die Basis-Emitterspannung von 650 mV ergibt sich der Basisstrom $I_B = 20\ \mu$A. Daraus ergibt sich der Kollektorstrom $I_C = 5$ mA. Dann ist die Kollektor-Emitterspannung $U_{CE} = 7{,}5$ V und der Spannungsabfall an R_C beträgt 9 V $- 7{,}5$ V $= 1{,}5$ V.

Beispiel 2:
$U_{BE} = 680$ mV $\rightarrow I_B = 80\ \mu$A $\rightarrow I_C = 25$ mA,
$U_{CE} = 1{,}5$ V $\rightarrow U_{R_C} = 7{,}5$ V.

Beispiel 3: Man kann aber auch sagen: schwankt die Eingangsspannung zwischen 650 mV und 680 mV – also um 30 mV –, so schwankt der Eingangsstrom zwischen 20 µA und 80 µA, also um 60 µA. Diese Schwankung im Eingang verursacht aber eine Kollektorstromänderung von 25 mA auf 5 mA = 20 mA und eine Spannungsänderung an R_C von 7,5 V auf 1,5 V = 6 V. Das ergibt eine Strom-verstärkung $V_I = \dfrac{20\ \text{mA}}{60\ \mu\text{A}} = 333$, eine Spannungs-verstärkung $V_U = \dfrac{6\ \text{V}}{30\ \text{mV}} = 200$ und eine Lei-stungsverstärkung $V_P = V_I \cdot V_U = 333 \cdot 200 = 66\,600$. Versuchen Sie bitte, durch Wahl eines anderen Kollektorwiderstandes, dessen Kennlinie Sie in *Abbildung 25* einzeichnen, die Verstärkungsfaktoren zu ändern, vielleicht sogar zu verbessern.

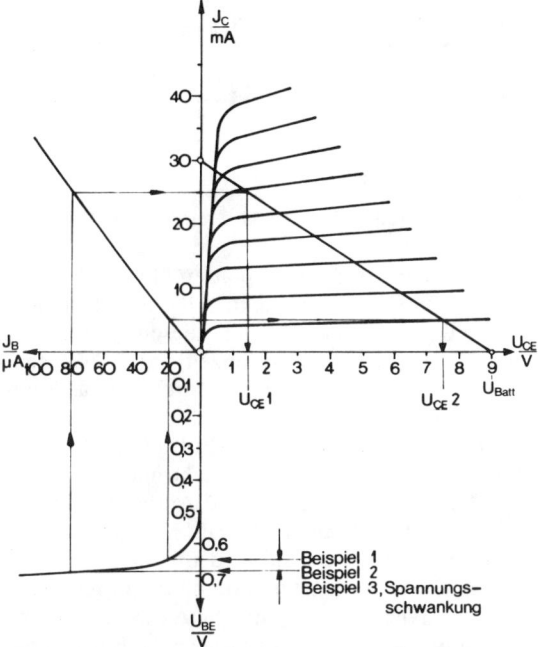

Abb. 25 Komplette Kennlinien des Transistors und die des Kollektorwiderstandes

Es gibt unterschiedliche Möglichkeiten, Transistorkennlinien aufzunehmen

Üblich sind drei Verfahren, die hier kurz besprochen werden sollen. Der einfachste Weg besteht darin, die benötigten Werte Punkt für Punkt direkt zu messen

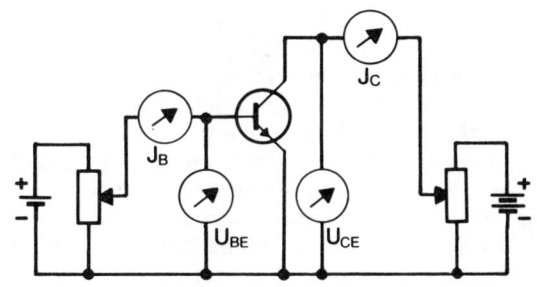

Abb. 26 Meßschaltung zur Aufnahme von Transistor-kennlinien

und in das Diagramm einzutragen. *Abbildung 26* zeigt die Meßschaltung.

Abhängig davon, welche Kennlinie aufgenommen werden soll, wird eine Größe konstant gehalten, die zweite verändert und der sich ergebende Wert der dritten abgelesen. Dieses Verfahren ist einfach, aber zeitraubend.

Mit Hilfe eines *x-y-Schreibers* können Kennlinien direkt aufgezeichnet werden. Der Schreiber hat zwei getrennte Eingänge: X und Y, die eingespeisten Spannungen werden vom Schreiber direkt in Bewe-gungen eines Zeichenstiftes umgewandelt. Da der Schreiber nur auf Spannungen reagiert, müssen z. B. Ströme erst in Spannungen „verwandelt" werden. Man schaltet deshalb einen Widerstand in den Strom-

Abb. 27 Oszillograph zur Aufnahme von Kennlinien

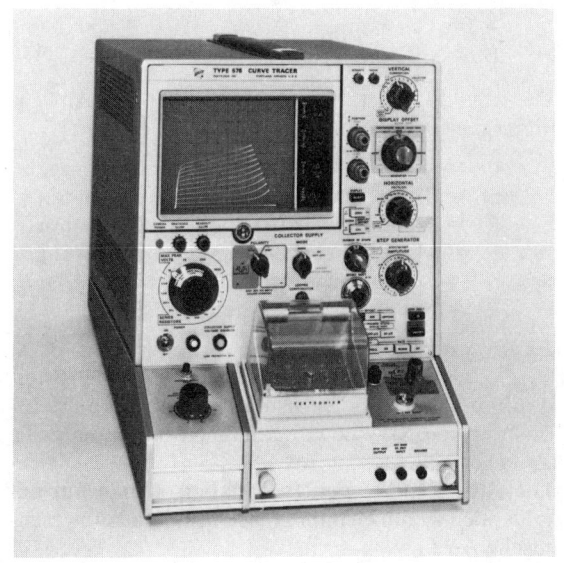

117

weg; die Höhe des Spannungsabfalls am Widerstand ist dann das Maß für die Höhe des Stromes.

Kennlinien lassen sich außerdem mit dem *Kathodenstrahloszillographen* direkt aufzeichnen. Der Oszillograph arbeitet im Prinzip genau wie der x-y-Schreiber; der Unterschied besteht lediglich darin, daß nicht ein Zeichenstift auf Papier, sondern ein Elektronenstrahl auf einem Bildschirm „schreibt".

Die beiden letzten Verfahren sind natürlich sehr viel eleganter als das direkte Meßprinzip; die Meßeinrichtungen dafür auch erheblich teurer.

Sollen nur bestimmte Kenndaten des Transistors gemessen werden, ohne daß die gesamten Kennlinien interessieren, können preisgünstige Transistorprüfgeräte benutzt werden. Die Industrie benutzt zur Überwachung der Transistorproduktion sogenannte *Prüfautomaten,* die für die einzelnen Typen vorprogrammiert sind. Sie sortieren die Transistoren nach Güteklassen und sondern den Ausschuß gleich aus. *Abbildung 27* zeigt das Foto eines solchen Kennlinien-Oszillographen.

Unterschiedliche Transistortypen sind an den Kennbuchstaben zu erkennen

Die Transistorbezeichnung setzt sich aus zwei oder drei Buchstaben und einer Ziffernfolge zusammen. Der erste Buchstabe kennzeichnet das Ausgangsmaterial, wobei bedeuten:

A = Germanium,
B = Silizium.

Der zweite Buchstabe sagt etwas über das Anwendungsgebiet des Transistors aus. Es bedeuten:

C = Tonfrequenzbereich, kleine Leistung,
D = Tonfrequenzbereich, große Leistung,
F = Hochfrequenzbereich, kleine Leistung,
L = Hochfrequenzbereich, große Leistung,
S = Schalttransistor, kleine Leistung,
U = Schalttransistor, große Leistung.

Ist ein dritter Kennbuchstabe vorhanden – z. B. X, Y, Z –, so handelt es sich im Gegensatz zu den Standardtypen mit zwei Buchstaben um sogenannte Industrietypen. Sie sind vornehmlich für kommerzielle Zwecke gedacht.

Die Ziffern hinter den Buchstaben dienen nur der laufenden Kennzeichnung; sie enthalten keine technische Aussage.

Feldeffekt-Transistoren können leistungslos gesteuert werden

Bei den bis jetzt besprochenen Transistoren mußte eine Eingangsleistung aufgebracht werden, damit der Kollektorstrom gesteuert werden konnte. Die Eingangsleistung errechnet sich aus dem Produkt von Eingangsspannung und Eingangsstrom.

In den letzten Jahren ist es nun gelungen, Transistoren herzustellen, die leistungslos gesteuert werden können. Es fließt kein Eingangsstrom mehr, es ist nur noch die Steuerspannung erforderlich. Das Prinzip wird in *Abbildung 28* gezeigt.

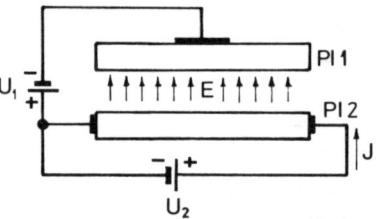

Abb. 28 Prinzip des Feld-Effekt-Transistors (FET)

Zwischen den Kondensatorplatten Pl_1 und Pl_2 wird durch die Batterie U_1 ein elektrisches Feld E erzeugt, ohne daß jedoch ein Strom in diesem Stromkreis fließt. Die Platte 2 wird gleichzeitig als Widerstand im unteren Stromkreis benutzt, durch den die Spannung U_2 den Strom I treibt. Erhöht man nun die Spannung U_1, so dringt das Feld E in die Platte Pl_2 ein und verdrängt dort die Elektronen. Dadurch steigt der Widerstand der Platte 2, und der Strom I im unteren Stromkreis wird kleiner.

Durch ein elektrisches Feld wird also die Größe eines Widerstandes verändert und damit der durch diesen Widerstand fließende Strom. Diese Idee der Feldbeeinflussung – auf sie geht der Name *Feld-Effekt-Transistor* zurück, abgekürzt FET – ist schon sehr alt; sie wurde bereits um die Jahrhundertwende patentiert. Aber technisch realisieren konnte man diesen Effekt nicht, da bei den damals zur Verfügung stehenden Materialien – wie z. B. den gut leitenden Metallen – der Eindringeffekt des elektrischen Feldes (bei Pl_2) zu gering war. Die sogenannte Eindringtiefe des elektrischen Feldes in einen Stoff ist nämlich unter anderem umgekehrt proportional der Leitfähigkeit $\varkappa$; d. h. je weniger leitfähig ein Stoff ist, um so besser kann das elektrische Feld eindringen. Isolatoren sind aber, da ja kein Strom fließen kann, ebenfalls ungeeignet. Auch hier war ein Mittelding gesucht, das Halbleitermaterial. Dotiert man nun Halbleitermaterial nicht allzu hoch – bleibt also $\varkappa$ relativ klein –, so fließt zwar nur ein kleiner Strom, aber das elektrische Feld kann günstig in diesen Körper von außen eindringen und diesen Strom beeinflussen. Je nachdem wie diese Strombahn, allgemein Kanal genannt, dotiert ist, spricht man von n- oder p-Kanal-FET. Nun gibt es technisch zwei Möglichkeiten, das elektrische Feld auf einen Stromkanal wirken zu lassen. Es geschieht entweder über eine Sperrschicht oder eine besondere Isolierschicht. Man hat es dann einmal mit einem *Sperrschicht-FET* und andererseits mit einem *Isolierschicht-FET* zu tun. Bei letzterem

Abb. 29 MOS-FET gesperrt und im Durchlaß

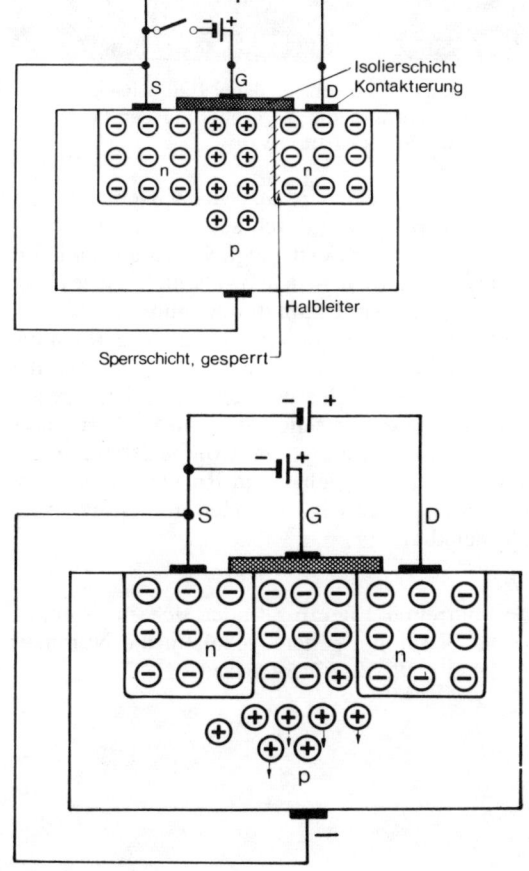

Kanal geöffnet

unterscheidet man noch weiter in den *Verarmungs-* und *Anreicherungstyp,* darauf soll aber erst später eingegangen werden.

Der FET besitzt nun wie der „normale" Transistor drei Elektroden, die allerdings mit *Source* S (Quelle), *Gate* G (Gitter) und *Drain* D (Senke) bezeichnet werden. Je nachdem, welche Elektrode gemeinsam für den Eingang und den Ausgang benutzt wird, spricht man von der *Source-, Gate-* oder *Drain-Schaltung.* Im folgenden soll nur die Sourceschaltung behandelt werden, da sie, wie die Emitterschaltung, am häufigsten angewendet wird. Außerdem beschränken wir uns auf den Isolierschicht-FET.

Der für die Steuerungstechnik im Augenblick wichtigste FET ist der *n-Kanal-Isolierschicht-FET* als *MOS-*(Metal-oxid-semiconductor) Anreicherungstyp, der in *Abbildung 29* und *30* in der üblichen Sourceschaltung dargestellt ist.

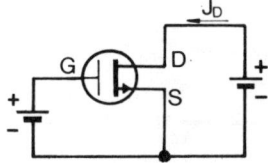

Abb. 30 Schaltsymbol und richtige Polung der Batterien beim FET

Entsprechend dem Aufbau und der Polung durch die Drain-Sourcespannung U_{DS} kann zwischen S und D – wenn die Gate-Sourcespannung $U_{GS} = 0$ ist – kein Drainstrom I_D fließen; denn der pn-Übergang zwischen G und D ist in Sperrichtung gepolt. Nimmt nun U_{GS} positive Werte an, werden durch das elektrische Feld in der schmalen p-Zone vor G die Löcher verdrängt und Elektronen hineingesaugt: es entsteht zwischen den beiden „n-Inseln" eine dünne mit Elektronen „angereicherte" n-Zone, der n-Kanal (daher auch der Name Anreicherungstyp). Damit steigt der Drainstrom I_D sehr schnell an. Wie stark er ansteigt, ist abhängig von U_{GS}, der Steuerspannung. Auf diese Weise läßt sich I_D als Ausgangsstrom von U_{GS} als Eingangsspannung leistungslos beeinflussen, steuern; denn über die Isolierschicht bei G kann kein Eingangsstrom fließen. Es liegt also eine spannungsgesteuerte Leistungsverstärkung vor. Der eben beschriebene Steuervorgang ist in der Steuerkennlinie in *Abbildung 31* zu erkennen, wobei I_D stark nichtlinear mit U_{GS} steigt. Die dort ebenfalls angedeutete Ausgangskennlinie I_D/U_{DS} für $U_{GS} =$

119

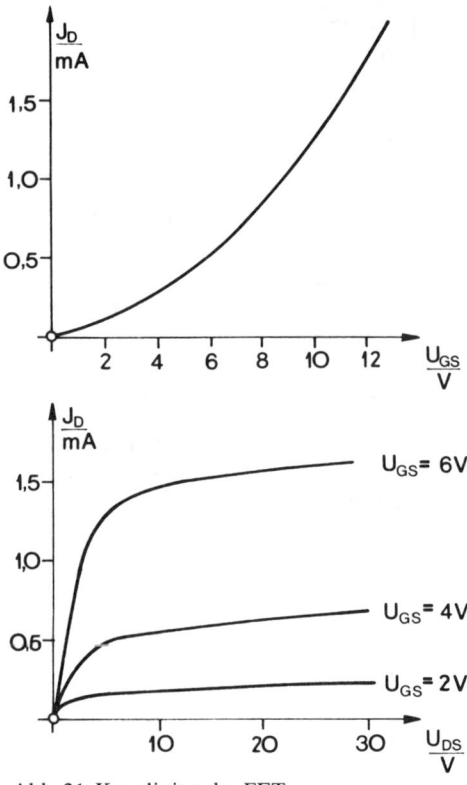

Abb. 31 Kennlinien des FET

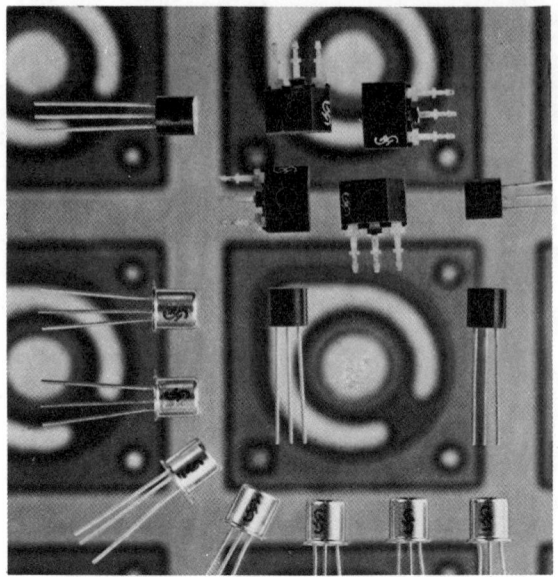

Abb. 32 Transistoren verschiedener Bauformen; im Hintergrund die Vergrößerung der Oberfläche eines Si-Planartransistors

konst. läßt sich wie folgt deuten: hat sich der n-Kanal durch die positive Gatespannung gebildet, dann steigt der Drainstrom I_D sehr schnell an.

Der Transistor wird in fast allen Bereichen des Lebens und der Technik gebraucht

Der Transistor hat als Verstärkerelement in der Elektrotechnik, im Maschinenbau und vielen anderen technischen Disziplinen revolutionierend gewirkt. Er hat nicht nur die Röhre aus vielen Gebieten vollkommen verdrängt – durch seine kleine Bauweise wurde es überhaupt erst möglich, Geräte und Einrichtungen zu bauen, in denen viele elektrische Funktionen auf engstem Raum durchzuführen sind.

Man findet deshalb Transistoren in Hörgeräten und Herzschrittmachern, in Fotoapparaten und Filmkameras, in Automobilen und Schienenfahrzeugen, in Rundfunk- und Fernsehgeräten, in der Fertigungs- und Verfahrenstechnik, im Computerbau, in der Schiffahrt, der Flugzeug- und Raketentechnik usw. Die moderne Technik ist ohne Transistoren nicht mehr denkbar.

*

Weiterführende Literatur findet sich im Anhang. Für dieses Kapitel gelten vor allem die Nummern 5, 7, 18, 28, 38, 50, 57, 59, 61, 68

Übungsaufgaben

Bei den folgenden Fragen soll die jeweils richtige Antwort links im Kästchen angekreuzt werden. Es können mehrere, es kann aber auch keine der Antworten richtig sein.

1. Was heißt n-leitfähig?

☐ **a)** Die Leitfähigkeit wird durch Löcher hervorgerufen

☐ **b)** Der Körper ist nichtleitend

☐ **c)** Die Leitfähigkeit wird durch Elektronen verursacht

2. Bei welcher Polung ist ein pn-Übergang gesperrt?

☐ **a)** Der Spannungspluspol liegt bei p an

☐ **b)** Er ist immer gesperrt

☐ **c)** Das negative Potential liegt bei p an

3. Wie ist ein Transistor dotiert?

☐ **a)** Als pn-Übergang

☐ **b)** Als pnp-Zonenfolge

☐ **c)** Als npn-Zonenfolge

4. Was ist eine Emitterschaltung?

☐ **a)** Der Emitteranschluß ist dem Eingang und dem Ausgang gemeinsam

☐ **b)** Der Emitter ist nur Eingangsanschluß

☐ **c)** Der Emitter liegt nur im Ausgang

5. Was versteht man unter Verstärkung?

☐ **a)** Ein Signal wird von einem anderen gesteuert

☐ **b)** Eine große Leistung wird von einer kleineren beeinflußt

6. Wie heißt beim „normalen" Transistor die Ladungsträger-„Abgeber"-Elektrode?

☐ **a)** Basis

☐ **b)** Source

☐ **c)** Drain

7. Wie ist die Stromverstärkung beim Transistor in Emitterschaltung definiert?

☐ **a)** Ausgangsstrom zu Eingangsstrom

☐ **b)** Emitterstrom zu Basisstrom

8. Wie nennt man beim Feldeffekt-Transistor die Steuerelektrode?

☐ **a)** Emitter ☐ **c)** Basis

☐ **b)** Drain ☐ **d)** Gitter

9. Was nennt man Ausgangskennlinien?

☐ **a)** I_C/U_{CE} für U_{BE} = konst

☐ **b)** I_B/U_{BE} für U_{CE} = konst

☐ **c)** I_C/U_{CE} für I_B = konst

10. Worüber wird beim FET angesteuert?

☐ **a)** Über eine Sperrschicht

☐ **b)** Über ein Gate

☐ **c)** Über eine Isolierschicht

11. Warum verdrängt der Transistor u. a. die Röhre?

☐ **a)** Weil er klein ist

☐ **b)** Weil er temperaturunempfindlich ist

Die Lösungen der Übungsaufgaben finden Sie in Anhang 1 dieses Buches auf Seite 278.

6. Der Transistor im Verstärkerbetrieb

Nachdem die Arbeitsweise des Transistors ausführlich besprochen wurde, soll nun untersucht werden, wie er in Schaltungen eingesetzt werden muß, damit sie „richtig funktionieren".

Was heißt eigentlich „richtig funktionieren"? Ein Beispiel soll das verdeutlichen, nämlich das allen bekannte Radio. *Abbildung 1* zeigt das Blockschaltbild eines Radios.

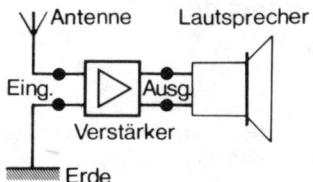

Abb. 1 Einfaches Blockschaltbild eines Radios

Die Eingangsleistung, die die Antenne aufnimmt, liegt in der Größenordnung von einigen Millionstel Watt. Daß man damit keinen Lautsprecher betreiben kann, wird jeder sofort einsehen; denn dafür braucht man ca. 1—100 Watt, je nach Größe des Raumes. Wir müssen also die Antennenleistung verstärken – und das kann der Transistor.

Wir erwarten aber noch mehr von einem Verstärker: man möchte z. B. heraushören können, ob gerade Louis Armstrong singt oder aber die Callas, ob gerade Flöte oder Posaune gespielt wird.

Der Fachmann sagt: das Signal darf nicht verfälscht werden, es dürfen keine Verzerrungen auftreten.

Damit ist unsere Aufgabe gestellt: Signale sollen durch Transistoren verzerrungsfrei verstärkt werden.

„Verzerrungsfrei" in elektrischen Größen ausdrücken

Wandelt man die menschliche Sprache, Musik oder Geräusche in elektrische Signale um, so erhält man ein Gemisch von sinusförmigen Spannungs- bzw. Stromverläufen, die sich sowohl in der *Frequenz* (Anzahl der Schwingungen pro Sekunde = Tonhöhe) als auch in der *Amplitude* (Auslenkungsweite = Maß für die Lautstärke) unterscheiden.

Auf den Verstärker angewendet heißt das: Eine Sinuslinie am Eingang muß auch am Ausgang wieder eine Sinuslinie gleicher Frequenz sein.

Weiter ist zu fordern: Sowohl die tiefste Frequenz am Eingang als auch die höchste Frequenz müssen gleichmäßig verstärkt werden; der leiseste Ton muß um den gleichen Faktor vergrößert werden wie der lauteste.

Eins sei vorweg gesagt: eben haben wir den idealen Verstärker beschrieben; den es freilich nicht gibt, denn keiner könnte ihn bezahlen. Man versucht aber, sich diesem Ideal zu nähern; und so entstand z. B. die HI-FI-Technik.

Ohne zusätzlichen Schaltungsaufwand werden sinusförmige Ströme vom Transistor verzerrt übertragen

Nun zur Schaltungstechnik. In *Abbildung 2* sehen wir einen Transistor in Emitterschaltung, dessen Eingang an eine Stromquelle angeschlossen ist, welche einen Sinusstrom abgibt. Wir wollen nun untersuchen, welcher Stromverlauf im Ausgang – dem Kollektorkreis – zu erwarten ist.

Wir gehen davon aus, daß zu Anfang unserer Unter-

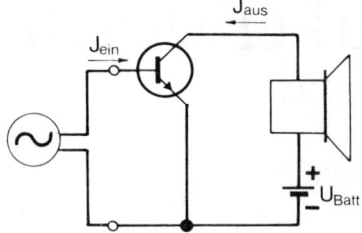

Abb. 2 Transistor in Emitterschaltung wird angesteuert

suchung die Eingangsspannung gerade Null ist und dann zu positiven Werten anwächst.

Dann beginnt der Kollektorstrom auch bei Null und wächst im gleichen Maß wie der Basisstrom; denn

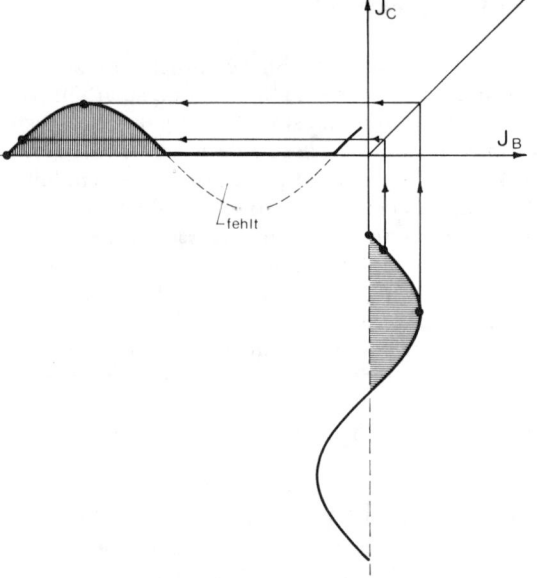

Abb. 3 Stromsteuerkennlinie mit Wechselstromsignal

die Basis-Emitterstrecke ist in Durchlaßrichtung geschaltet. Nachdem das Maximum erreicht ist, fällt der Basisstrom wieder auf Null; der Kollektorstrom folgt. Nun wird aber die Basis-Emitterspannung ne-

gativ, die Basis-Emitterstrecke in Sperrichtung gepolt. Folglich fließt kein Basisstrom mehr, und auch der Kollektorstrom bleibt auf dem Wert Null stehen. Dies dauert so lange, wie die Basisspannung negativ ist. Bei der folgenden positiven Halbwelle fließt wieder der Kollektorstrom, dann wiederum wird eine halbe Periode lang gesperrt.

Es wird praktisch nur das „halbe" Signal verstärkt, während die andere Hälfte weggelassen wird. Hört man dieses „halbe", d. h. verzerrte Signal über einen Lautsprecher, so tun einem die Ohren weh.

Was wir eben herausgefunden haben, soll anhand der Eingangssteuerkennlinie des Transistors nachgeprüft werden (Abb. 3). Sie zeigt, daß unsere Überlegungen richtig waren: es wird nur die positive Halbwelle übertragen.

Bei der Behandlung der Dioden war ähnliches im Kapitel „Einweggleichrichter" festzustellen (vgl. Kapitel 4, S. 104).

Ein zusätzlich eingespeister Gleichstrom verhindert den Gleichrichtereffekt

Durch einen einfachen Trick – auf den man aber erst kommen muß – läßt sich diese Art der Verzerrung beheben.

Man läßt nämlich zusätzlich einen Gleichstrom in die Basis hineinfließen. Dieser Gleichstrom muß so groß gewählt werden, daß sich immer ein positiver Wert ergibt. Man überlagert einen Gleich- und einen Wechselstrom. In Abbildung 4 zeigen wir das symbolisch.

Man erkennt, daß der Gleichstromanteil immer größer sein muß als die größte Wechselstromauslenkung nach unten, sonst wird doch ein Teil der Kurve „abgekappt". Damit ist schon gesagt, wie auch das größte auftretende Signal verzerrungsfrei verstärkt werden kann: der Basisgleichstromanteil muß groß genug eingestellt werden.

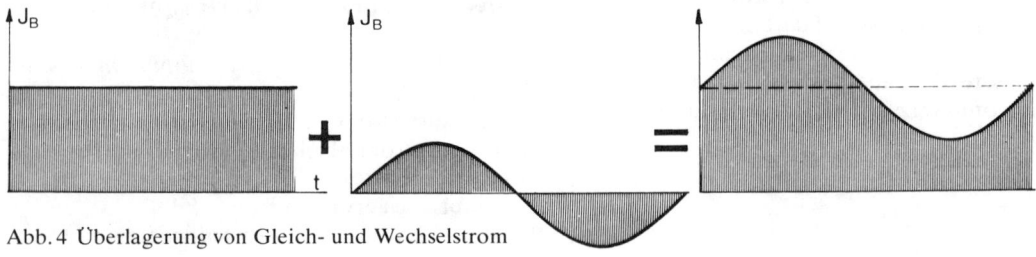

Abb. 4 Überlagerung von Gleich- und Wechselstrom

Der nötige Basisgleichstrom kann auf mehrere Arten erzeugt werden

Nachdem das Prinzip des überlagerten Basisgleichstroms dargestellt worden ist, soll jetzt die dafür nötige Schaltung entworfen werden. *Abbildung 5* zeigt eine Möglichkeit. Der Gleichstrom wird von einer Batterie geliefert, das Wechselstromsignal mit Hilfe eines Übertragers überlagert.

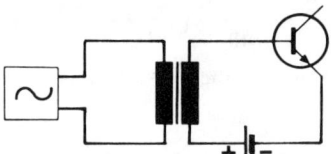

Abb. 5 Basisbatterie und Übertrager im Eingang

Diese Schaltung hat jedoch Nachteile. Man braucht eine zusätzliche Batterie für den Basiskreis; außerdem bringt ein Übertrager, der von einem Gleichstrom durchflossen wird, wieder Verzerrungen in den Stromkreis. Deshalb arbeitet man möglichst ohne Übertrager und nur mit einer Batterie im Kollektorkreis.

Wir erinnern uns: Ein Basisstrom fließt, wenn die Basis gegenüber dem Emitter positive Spannung erhält. Am Kollektor liegt aber immer positive Spannung; nur ist diese Spannung für die Basis viel zu groß, weil die Kollektor-Emitterstrecke in Sperrichtung, die Basis-Emitterstrecke jedoch in Durchlaßrichtung geschaltet ist. Die Kollektorbatterie-Spannung muß also herabgesetzt werden. Das kann erreicht werden, indem man einen Vorwiderstand R_V in den Stromkreis legt *(Abb. 6)*, oder dadurch, daß man einen Spannungsteiler R_1R_2 baut *(Abb. 7)*.

Damit aber die Signalstromquelle nicht zusätzlich Gleichstrom über den Vorwiderstand oder den Spannungsteiler aufnimmt, muß sie gleichstrommäßig abgetrennt werden. Diese Aufgabe übernimmt der Kondensator C, der zwar Wechselstrom, nicht aber Gleichstrom durchläßt.

Die Schaltung muß berechnet werden

Als nächstes soll der Vorwiderstand R_V oder aber der Spannungsteiler R_1R_2 berechnet werden.
Das geht nicht mehr ohne die Transistorkennlinien;

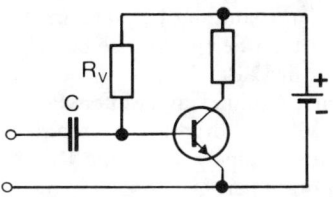

Abb. 6 Arbeitspunkteinstellung mittels Vorwiderstand

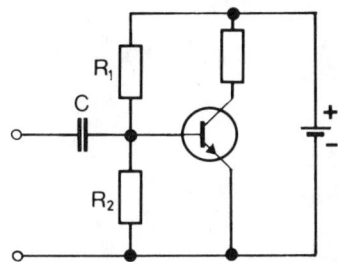

Abb. 7 Arbeitspunkteinstellung mittels Spannungsteiler

denn wir müssen genau wissen, welche Spannung die Basis benötigt, damit der nötige Basisstrom fließt, wie groß dann die größte Basis-Wechselstromschwankung sein darf, wie sich die Eingangswerte auf den Ausgang auswirken. Alle diese Probleme sollen anhand der bekannten Kennlinienfelder des Transistors BC 108 erörtert werden.

Der Transistor darf nicht überlastet werden

Zuvor muß aber noch ein Begriff erklärt werden. Jedes Bauteil hat eine ihm maximal zumutbare Verlustleistung. Diese Leistung kann gerade noch in Form von Wärme an die Umgebung abgegeben werden. Erhöht man die Leistung darüber hinaus, wird das Bauteil zu stark erhitzt und zerstört. Diese Verlustleistung nennt man beim Transistor *totale Verlustleistung* P_{tot}. Daß diese Verlustleistung im Ausgangskreis auftritt, versteht sich von selbst, denn im Eingangskreis fließen ja nur kleine Ströme bei kleinen Spannungen. Es gilt:

$$P_{tot} = I_C \cdot U_{CE}.$$

Beim BC 108 beträgt $P_{tot} = 300$ mW.
Da U_{CE} und I_C miteinander verknüpft sind, muß man P_{tot} direkt im Ausgangskennlinienfeld darstellen können, denn dort wird die Abhängigkeit des Kol-

lektorstromes I_C von der Spannung U_{CE} behandelt. $P_{tot} = 300$ mW erhält man beispielsweise bei $U_{CE} = 10$ V und $I_C = 30$ mA. Bei $U_{CE} = 15$ V darf $I_C = 20$ mA betragen. Errechnet man weitere Punkte, bei denen $P_{tot} = 300$ mW ergibt und verbindet sie miteinander, ergibt sich eine gekrümmte Kurve: die sogenannte Leistungshyperbel *(Abb. 8)*.

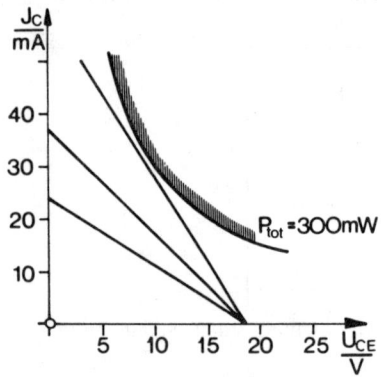

Abb. 8 Leistungshyperbel und erlaubte
Widerstandsgrößen

Man muß nun darauf achten, daß die am Transistor auftretenden Strom-Spannungspunkte immer unterhalb der Leistungshyperbel liegen. Bezieht man diese Aussage auf die Kollektorwiderstandsgerade, so heißt das, daß sie die Leistungshyperbel nicht schneiden darf. In Abbildung 8 sind einige Widerstandsgeraden eingezeichnet, die diese Bedingung erfüllen.

Der Arbeitspunkt muß festgelegt werden

Folgende Daten sind für den Transistor BC 108 vorgegeben:

BC 108: $P_{tot} = 300$ mW ⎫ aus dem
Maximale Spannung $U_{CE} = 20$ V ⎭ Datenbuch

Wir entscheiden uns für die Batteriespannung $U_{Batt} = 12$ V. Aus diesen Angaben kann bereits der kleinstmögliche Kollektorwiderstand ermittelt werden. Dieser Widerstand ergibt sich, wenn wir von $U_{CE} = U_{Batt}$ aus (auf der waagerechten Achse) eine Widerstandskennlinie zeichnen, die gerade die Leistungshyperbel $P_{tot} = 300$ mW berührt *(Abb. 9)*. Wir lesen ab, daß bei $U_{CE} = 0$ der Strom $I_C = 100$ mA fließt. Am Kollektorwiderstand fällt dann die ge-

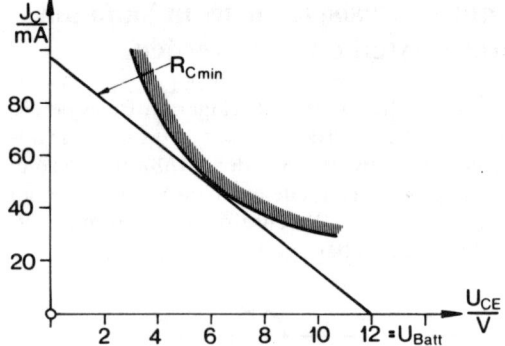

Abb. 9 Ermittlung des kleinstmöglichen Kollektorwiderstandes

samte Batteriespannung U_{Batt} ab. Nach dem Ohmschen Gesetz ergibt sich

$$R_{Cmin} = \frac{U_{Batt}}{I_C} = \frac{12 \text{ V}}{0,1 \text{ A}} = 120 \ \Omega.$$

Kleiner darf R_C nicht gewählt werden, sonst wird der Transistor zerstört.

Wir erkennen aber noch etwas anderes: Da der Transistor nur 300 mW verträgt, wird er bestimmt nicht in Endstufen eingesetzt, denn dort werden 10 W oder mehr benötigt. Er wird also ganz zu Anfang des Verstärkers in den ersten Stufen eingesetzt werden. Dort kommt es auf eine gute Spannungsverstärkung an, denn die Antenne bringt maximal einige mV. Der Kollektorwiderstand von $R_C = 120 \Omega$ ist deshalb ziemlich klein; wir entschließen uns für $R_C = 400 \Omega$ – und zwar auch noch aus anderen Gründen, wie später gezeigt wird. In *Abbildung 10* ist die Widerstandsgerade für $R_C = 400 \Omega$ in das Kennlinienfeld eingetragen.

Wir erinnern uns: Es muß immer ein Basisgleichstrom fließen, damit ein eintreffendes Signal nicht verfälscht wird. Demnach muß aber auch ein Kollektorstrom fließen, bevor das Signal kommt. Diesen Strom nennt man den *Kollektorruhestrom*.

Wie groß muß dieser Strom sein? Ein Blick auf die Kennlinie beantwortet die Frage: Der größtmögliche Kollektorstrom I_C beträgt 30 mA, der kleinste 0 mA. Daher ist es sinnvoll, den Ruhestrom genau in die Mitte zu legen, denn dann kann I_C nach beiden Seiten gleich weit schwanken, falls ein Signal ankommt. Wir wählen also den Kollektorruhestrom von $I_{C_0} = 15$ mA und sehen gleichzeitig, daß dazu die Kollektorspannung $U_{CE_0} = 6$ V gehört. Dieses ist der Arbeitspunkt der Schaltung; die Verlustleistung be-

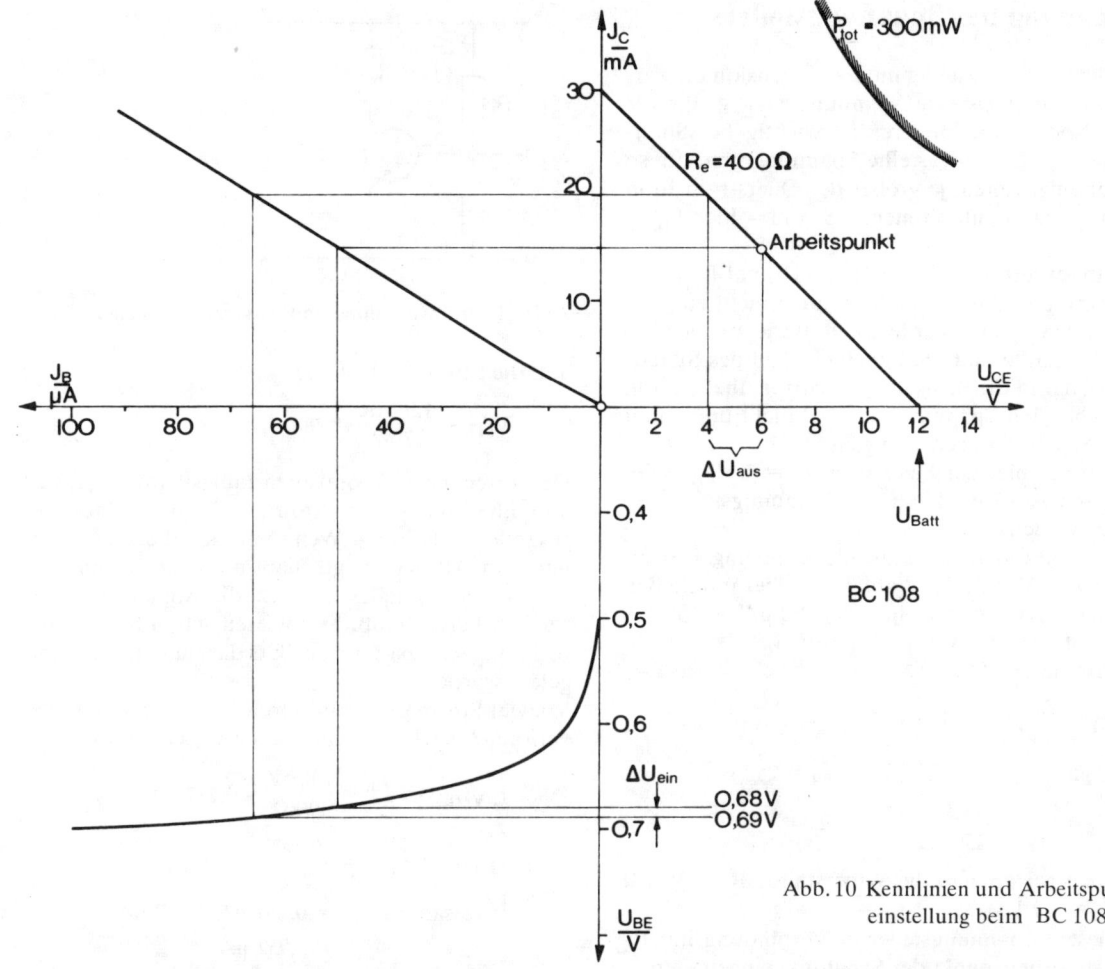

Abb. 10 Kennlinien und Arbeitspunkt-einstellung beim BC 108

trägt $P_V = I_{C_0} \cdot U_{CE_0} = 6\,V \cdot 15\,mA = 90\,mW$.
Die Kennlinien verraten aber noch mehr. Zu dem Kollektorruhestrom I_{C_0} gehört der Basisruhestrom von $I_{B_0} = 50\,\mu A$ und die Basis-Emitterspannung $U_{BE_0} = 0,68\,V$.
Der Vorwiderstand R_V (Abb. 6) oder der Spannungs-teiler $R_1 R_2$ müssen so ausgelegt werden, daß die Basis genau 0,68 V gegenüber dem Emitter erhält; denn dann fließen 50 μA über die Basis und 15 mA über den Kollektor.

Berechnung des Vorwiderstandes

Die Batterie liefert eine Spannung von $U_{Batt} = 12\,V$. An der Basis sollen 0,68 V übrigbleiben. Dann muß

am Vorwiderstand die Spannung $U_{RV} = 12\,V - 0,68\,V = 11,32\,V$ abfallen. Der Strom, der diesen Spannungsabfall verursacht, ist der Basisruhestrom; nämlich 50 μA. Nach dem Ohmschen Gesetz ergibt sich:

$$R_V = \frac{U_{RV}}{I_{BO}} = \frac{11,32\,V}{50\,\mu A} = 226400\,\Omega = 226,4\,k\Omega.$$

Einen Widerstand mit diesem Wert kann man natür-lich nicht kaufen. Der Normwert, der am dichtesten an unserem Ergebnis liegt, beträgt 220 k Ω. Man würde also den Vorwiderstand $R_V = 220\,k\Omega$ wäh-len.
Die Arbeitspunkteinstellung über einen Vorwider-stand wird nicht oft angewendet. Das liegt daran, daß diese Schaltungsart empfindlich gegen Wärme-schwankungen ist, wie wir später sehen.

Berechnung des Spannungsteilers

Auch der Spannungsteiler muß so dimensioniert werden, daß die Basis eine Spannung $U_{BE} = 0,68$ V erhält. Noch etwas anderes ist wichtig bei Spannungsteilern: Die eingestellte Spannung wird um so genauer eingehalten, je größer der Querstrom I_q in Beziehung zum entnommenen Strom – hier I_{B_0} – ist.

Deshalb fordert man: $I_q = (1 \ldots 10)$mal I_{B_0}.

Man kann den Querstrom aber auch nicht zu groß wählen, denn sonst würde die Batterie zu sehr belastet. Hinzu kommt, daß auch ein Teil des Signalstromes, der in die Basis des Transistors fließen soll, schon über den Spannungsteiler abfließt und somit für die Steuerung „verloren geht".

Deshalb soll hier der Querstrom $I_q = 5 \cdot I_{B_0}$ sein; mit diesen Angaben kann der Spannungsteiler berechnet werden.

Für R_1 ergibt sich: Es muß die Spannung $U_{R1} = 12$ V $- 0,68$ V $= 11,32$ V abfallen. Über ihn fließen der Querstrom $I_q = 5 \times I_{BO} = 5 \cdot 50$ µA $= 250$ µA und zusätzlich der Basisruhestrom $I_{BO} = 50$ µA, also zusammen 300 µA.

$$R_1 = \frac{11,32 \text{ V}}{300 \text{ µA}} = 37800 \; \Omega.$$

Für R_2 gilt: $U_{R2} = 0,68$ V, $I_{R2} = I_q = 250$ µA.

$$R_2 = \frac{U_{R2}}{I_q} = \frac{0,68 \text{ V}}{250 \text{ µA}} = 2720 \; \Omega.$$

Einbauen würde man die Widerstände $R_1 = 39$ kΩ und $R_2 = 2,7$ kΩ.

Mit diesem Spannungsteiler in Verbindung mit R_C wird der Arbeitspunkt der Schaltung eingehalten.

Bestimmung der Verstärkungsfaktoren

Die Kennlinien in Abbildung 10 zeigen, was unsere Schaltung leistet.

Steigt z. B. die Eingangsspannung um 0,01 V von 0,68 V auf 0,69 V, so ändert sich der Basisstrom von 50 µA auf 67 µA, also um 17 µA. Der Kollektorstrom steigt um 4,9 mA auf 19,9 mA, die Kollektorspannung geht von 6 V auf 4,2 V zurück; sie ändert sich also um 1,8 V.

Der Transistor hat demnach die Spannungsverstärkung

$$V_U = \frac{1,8 \text{ V}}{0,01 \text{ V}} = 180$$

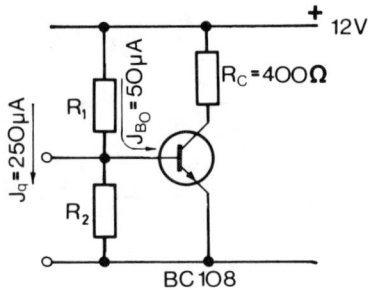

Abb. 11 Stromverteilung im Basisspannungsteiler

und die Stromverstärkung

$$V_{ITr} = \frac{4,9 \text{ mA}}{17 \text{ µA}} = 288.$$

Der errechnete Stromverstärkungsfaktor V_{ITr} ist nun aber nicht der Stromverstärkungsfaktor der gesamten Schaltung. Wenn nämlich die Basisspannung um 10 mV steigt, fließt auch ein Strom über den Spannungsteiler ab, den die Signalquelle zusätzlich liefern muß. Wir wiesen schon bei der Berechnung des Spannungsteilers darauf hin, als I_q festgelegt wurde.

Wieviel Strom geht nun durch den Spannungsteiler verloren? Nach dem Ohmschen Gesetz ergibt sich

$$I_{1 \text{ Verl.}} = \frac{U_{ein}}{R_1} = \frac{10 \text{ mV}}{39 \text{ k}\Omega} = 0,257 \text{ µA},$$

$$I_{2 \text{ Verl.}} = \frac{U_{ein}}{R_2} = \frac{10 \text{ mV}}{2,7 \text{ k}\Omega} = 3,7 \text{ µA}.$$

Insgesamt: $I_{Verl.} = 0,257$ µA $+ 3,7$ µA

$$= 3,957 \text{ µA}$$

$I_{ges} = I_B + I_{Verl.} = 17$ µA $+ 3,957$ µA

$$= 20,957 \text{ µA}$$

Somit fließen insgesamt 20,957 µA in die Schaltung, die eine Kollektorstromänderung von 4,9 mA verursachen.

Die Stromverstärkung der gesamten Stufe errechnet sich dann zu

$$V_I = \frac{4,9 \text{ mA}}{20,957 \text{ µA}} = 233.$$

Sie ist kleiner als die des Transistors.

Die Verstärkerstufe hat eine Leistungsverstärkung von

$$V_P = V_U \cdot V_I = 180 \cdot 233 = 42\,000.$$

Die Kennlinien in Abbildung 10 zeigen auch die

Grenzen des Verstärkers. Der fließende Basisstrom darf nicht größer als ca. 95 μA werden; dann fließt der größtmögliche Kollektorstrom von 30 mA, die zugehörige Basisspannung beträgt knapp 0,7 V. Wird der Transistor weiter ausgesteuert, erhöht sich der Kollektorstrom nicht mehr, es kommt zu Verzerrungen. Die angelegte Basisspannung darf andererseits auch nicht kleiner als 0,5 V werden; denn dann sind Basis- und Kollektorstrom Null.

Geht man vom Arbeitspunkt $I_{B_0} = 50$ μA/$U_{BE_0} = 680$ mV aus, so folgt daraus: Die Basisspannung darf zwischen $+20$ mV/-180 mV um den Ruhewert schwanken, der Basisstrom um $+45$ μA/-50 μA. Daraus resultiert eine Kollektorstromänderung von ± 15 mA und eine U_{CE}-Schwankung von ∓ 6 V.

Basisstromveränderungen übertragen sich fast linear, Spannungsveränderungen nicht linear.

Der Transistor muß also mit Strömen gesteuert werden, wenn es keine Verzerrungen geben soll.

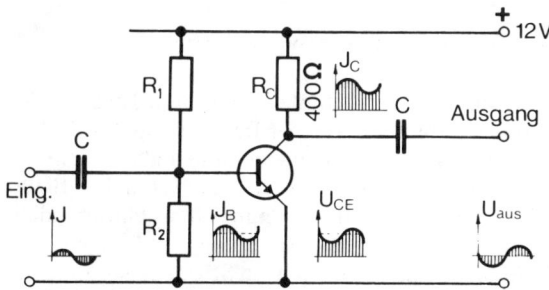

Abb. 12 Strom- und Spannungsverhältnisse im Eingang/Ausgang einer Verstärkerstufe

In *Abbildung 12* ist die komplette Verstärkerstufe gezeichnet; außerdem sind Eingangs- und Ausgangssignale symbolisch angedeutet.

Der Arbeitspunkt muß stabilisiert werden

Schon bei der Berechnung des Basisvorwiderstandes wiesen wir darauf hin, daß Wärmeschwankungen den Arbeitspunkt verändern können. Wie kommt das?

Der Transistor setzt die Verlustleistung $P_{tot} = I_C \cdot U_{CE}$ in Wärme um. Von Halbleitern ist aber bekannt, daß sie bei Temperaturerhöhung besser leiten. Wenn sich

der Transistor erwärmt, steigen also der Basis- und der Kollektorstrom. Darauf erhöht sich wiederum seine Verlustleistung, der Transistor wird noch wärmer und so fort. Das führt schlimmstenfalls dazu, daß der Transistor zerstört wird; auf jeden Fall verschiebt sich unser (mühsam) errechneter Arbeitspunkt, Verzerrungen sind die Folge.

Es muß also dafür gesorgt werden, daß dem Ansteigen des Kollektorstromes durch Wärmeeinfluß ein Sinken der Basisspannung entgegengesetzt wird; denn dann gehen Basisstrom und Kollektorstrom

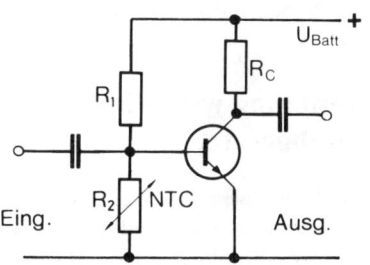

Abb. 13 Arbeitspunktstabilisierung mittels NTC-Widerstand im Spannungsteiler

wieder zurück. In *Abbildung 13* wird ein oft gebrauchtes Verfahren dafür gezeigt. Man baut den Basisspannungsteiler nicht aus zwei normalen Widerständen auf, sondern benutzt für R_2 einen *NTC*-Widerstand (*N*egativer-*T*emperatur-*C*oefficient). Der NTC-Widerstand wird in der Nähe des Transistors aufgebaut, so daß er die gleiche Temperatur wie dieser aufweist. Steigt nun die Temperatur, verringert der NTC-Widerstand seinen Wert, so daß der Spannungsabfall $= U_{BE}$ an ihm kleiner wird. Bei geschickter Dimensionierung kann dadurch der Kollektorstromanstieg verhindert werden.

Die Arbeitspunktstabilisierung läßt sich auch erreichen, wenn in die Emitterleitung ein zusätzlicher Widerstand R_E geschaltet wird *(Abb. 14)*.

Wie ist das zu erklären?

Wir nehmen an, daß der Verstärker nicht angesteuert ist, so daß die Ruheströme fließen. R_E sei so berechnet, daß an ihm 1 V abfällt. Ohne R_E mußte 0,68 V an R_2 abfallen (Beispiel aus Abb. 12). Da aber die Spannung zwischen *Basis* und *Emitter* 0,68 V betragen soll, muß nach Einbau von R_E an R_2 1,68 V anliegen; denn 1 V fällt ja schon an R_E ab.

Jetzt erhöht sich der Kollektor- bzw. der Emitterstrom durch Wärmeeinfluß. Dadurch steigt der Spannungsabfall an R_E – beispielsweise auf 1,1 V. Der Spannungsabfall an R_2 ist aber konstant auf 1,68 V geblieben. Für die Basis-Emitterspannung bleiben jetzt aber nur noch 1,68 V − 1,1 V = 0,58 V übrig. Dieses Abfallen der Basisspannung von 0,68 V auf 0,58 V wirkt dem Ansteigen von I_C entgegen.

Die Praxis hat gezeigt, daß dieses „Gegenkoppeln" am wirksamsten ist, wenn am Emitterwiderstand R_E bei Ruhestrom etwa 1 V abfällt.

Oft werden beide Möglichkeiten (nach Abbildung 13 und 14) miteinander kombiniert; manchmal durch andere Verfahren noch verbessert. Wer darüber mehr erfahren will, sei auf die Spezialliteratur verwiesen.

Durch Gegenkopplung wird die Verstärkung herabgesetzt

Ein Stromanstieg im Kollektorkreis wurde durch den Spannungsabfall im Emitterwiderstand zurückgedrängt. Dieser Effekt tritt allerdings auch dann auf, wenn der Transistor angesteuert wird. Die Verstärkung geht zurück, was eigentlich nicht beabsichtigt wurde.

Auch dagegen kann man etwas tun.

Man schaltet parallel zum Emitterwiderstand einen Kondensator C_E, der die Signal-Wechselströme ungehindert passieren läßt, nicht aber die langsame Gleichstromänderung durch Wärmeschwankung (Abb. 14).

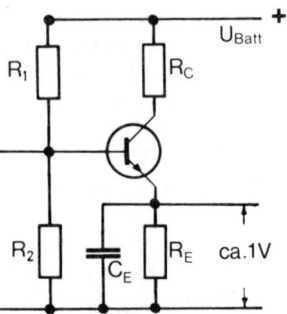

Abb. 14 Emitterwiderstand stabilisiert den Arbeitspunkt

Die Gegenkoppelung ist nur für Gleichstrom wirksam, nicht aber für Wechselstrom. (Erinnern Sie sich bitte an den Kondensator am Eingang des Verstärkers. Dort brauchte man ihn, um Gleichströme abzublocken und Wechselströme durchzulassen.)

Die Verstärkung durch eine Stufe reicht meist nicht aus

Wir deuteten am Anfang dieses Kapitels schon an, daß die Antenne eine Leistung von beispielsweise 3 μW aufnimmt. Um nun 3 W für den Lautsprecher zur Verfügung zu haben, reicht eine Verstärkerstufe nicht aus. Es müssen zwei oder noch mehr Stufen hintereinander geschaltet werden, um von 3 μW auf 3 W (V_P = 1 Million) zu kommen.

Bevor wir dieses Problem schaltungstechnisch lösen, einige Vorüberlegungen. In Abbildung 15 sind zwei Verstärkerstufen im Blockschaltbild gekoppelt.

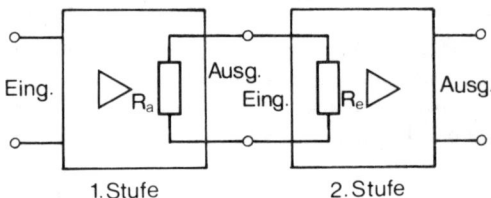

Abb. 15 Kopplung zweier Verstärkerstufen

Der Ausgang der 1. Stufe ist mit dem Eingang der 2. Stufe verbunden. Bei der Berechnung des Kollektorwiderstandes R_C der ersten Stufe haben wir angenommen, daß der Strom I_C nur durch R_C fließt. Diese Annahme stimmt nun offensichtlich nicht mehr; denn wenn eine Spannung am Eingang der 2. Stufe anliegt, fließt auch ein Strom in den Eingang der 2. Stufe hinein. Anders ausgedrückt: Der Eingangswiderstand der 2. Stufe belastet den Ausgang der 1. Stufe; der Eingangswiderstand von Stufe 2 liegt parallel zum Kollektorwiderstand von Stufe 1. Der daraus resultierende Belastungswiderstand ist kleiner als R_C, die Spannungsverstärkung geht zurück, die Stromverstärkung steigt. Abbildung 16 zeigt das Ersatzschaltbild für zwei gekoppelte Stufen;

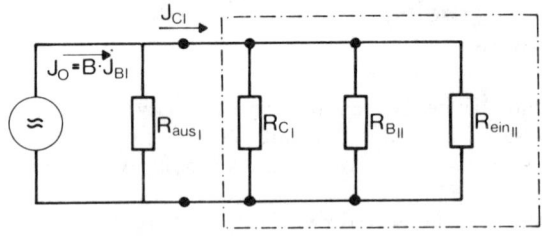

Abb. 16 Echte Belastung einer Verstärkerstufe, Ersatzschaltbild

aus diesem Ersatzschaltbild läßt sich der wirksame Belastungswiderstand der 1. Stufe berechnen.

Der Transistor der 1. Stufe ist als Stromquelle gezeichnet, die den Strom $I_0 = B \cdot I_{B_1}$ liefert (B = Kurzschlußstromverstärkung). Der Strom I_{C_1} teilt sich in drei Ströme auf: nämlich einmal in den durch den Kollektorwiderstand R_C, der zweite fließt in den Basisspannungsteiler R_B der 2. Stufe, der dritte in die Basis des 2. Transistors, dargestellt durch R_{ein_2}. Die Parallelschaltung aller drei Widerstände ergibt den wirksamen Belastungswiderstand der ersten Stufe.

Wir wollen hier nicht soweit gehen, einen mehrstufigen Verstärker zu dimensionieren; erkannt werden soll hier nur: Da jede Stufe die vorhergehende beeinflußt, kann es möglich sein, daß man mehrmals „hin"- und „zurück" rechnen muß, bis „alles stimmt". Es muß jetzt auch klargeworden sein, warum wir in unserem Rechenbeispiel nicht den kleinstmöglichen Kollektorwiderstand $R_C = 120\,\Omega$ genommen haben; denn damit würde der Transistor überlastet. Die Parallelschaltung aller die Stufe belastenden Widerstände darf nicht kleiner als $120\,\Omega$ sein.

Einzelne Verstärkerstufen können nicht „einfach so" miteinander verbunden werden

Wir wollen eine zweite gleiche Verstärkerstufe, die wir nach Abbildung 10 berechnet haben, an die erste anschließen. In *Abbildung 17* sind beide Stufen nebeneinander gezeichnet, aber noch nicht miteinander verbunden. Es soll gerade kein Signal anliegen, Ströme und Spannungen haben sich auf dem Arbeitspunkt eingestellt. An der Basis liegen 0,68 V,

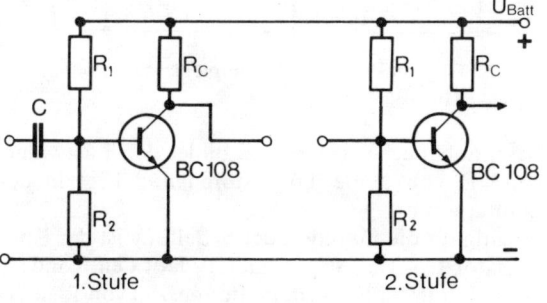

Abb. 17 Zwei Stufen sollen gekoppelt werden

am Kollektor 6 V. Würde man jetzt den Kollektor der ersten Stufe mit der Basis der zweiten verbinden, lägen aber 6 V auch an der Basis und nicht die erforderlichen 0,68 V; die 2. Stufe wäre übersteuert und könnte nicht arbeiten.

Daraus folgt: Gleichstrommäßig müssen beide Stufen getrennt werden. Diese Aufgabe übernimmt wieder ein Kondensator: der Koppelkondensator C_K. Er läßt den Wechselstrom durch, sperrt aber den Gleichstrom. In *Abbildung 18* ist der Koppelkondensator eingezeichnet.

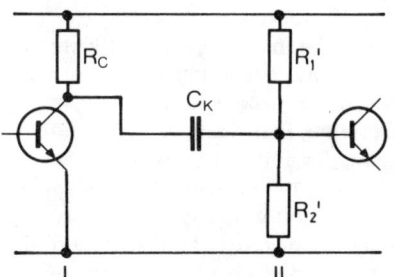

Abb. 18 C_k trennt unterschiedliche Gleichspannungen

Der Fachmann spricht von der sogenannten „*R-C*"-*Koppelung* (Kollektorwiderstand *R;* Koppelkondensator *C*).

Natürlich gibt es noch andere Möglichkeiten, Verstärkerstufen miteinander zu koppeln; sie können der Speziallitertur entnommen werden. Wir wollen hier nur noch ganz kurz auf die *Darlington-Schaltung* eingehen *(Abb. 19)*.

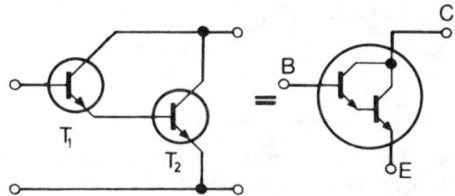

Abb. 19 Darlington-Schaltung

Man sieht, daß der gesamte Emitterstrom des ersten Transistors in die Basis des zweiten fließt. Die Kollektoren sind zusammengeschaltet. Deshalb kann man diese Zusammenschaltung wieder als „einen" Transistor auffassen, der einen viel größeren Eingangswiderstand hat und dessen Stromverstärkung sehr hoch ist: etwa $V_{IDarl} = V_{I_1} \cdot V_{I_2}$. Man kann solche „Darlington-Transistoren" kaufen; das gesamte System ist in ein Gehäuse eingebaut und hat die drei Anschlüsse E, B, C.

Leistungsstufen werden meist im „Gegentakt" geschaltet

Bis jetzt wurde nur über Verstärker gesprochen, die bei einer sinusförmigen Spannung beide Halbwellen verstärken. Dafür war es aber notwendig, daß ein Kollektorruhestrom fließt, wenn kein Signal anliegt. Diese Schaltungsart ist aber für End (Leistungs)-Verstärker unwirtschaftlich, da die Ruheströme Werte von (5—10) Ampere annehmen könnten. Außerdem hätte man große Schwierigkeiten, die auftretende Verlustwärme abzuführen.

Für solche Zwecke baut man *Gegentakt-Verstärker*. Eine Gegentaktverstärkerstufe besteht immer aus zwei Transistoren, deren Arbeitspunkt bei $I_{C_0} = 0\,A$ festgelegt ist. Der eine Transistor verstärkt nur die positive Halbwelle, der andere die negative.

Nun kann aber ein npn-Transistor nur mit positiven Spannungen gesteuert werden; deshalb ist es nötig, eine ursprünglich negative Halbwelle für den zweiten Transistor in eine positive zu verwandeln. *Abbildung 20* zeigt die Schaltung einer sogenannten

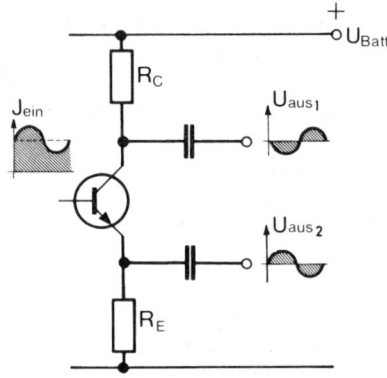

Abb. 20 Treiber zum Ansteuern einer Gegentakt-Stufe mit Eingangs- und Ausgangsspannungen

Treiberstufe. Als Arbeitswiderstand dient nicht nur R_C, sondern auch R_E. An beiden Widerständen fallen Spannungen ab, die einander genau entgegengesetzt sind. In *Abbildung 21* ist die Gegentakt-Stufe angeschlossen. Immer dann, wenn T_1 sperrt, ist T_2 geöffnet; wenn T_1 öffnet, schließt T_2. Liegt kein Signal an, sperren T_1 und T_2; es wird keine Ruheleistung verbraucht.

Besonders einfach und elegant wird die Gegentakt-Stufe, wenn man einen npn- und einen pnp-Transistor (Komplementär-Stufe) kombiniert. Der pnp-

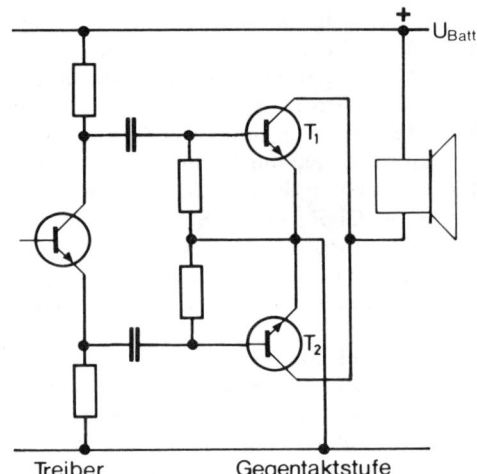

Abb. 21 Gegentakt-Stufe mit Treiber

Transistor öffnet bei der negativen Halbwelle, der npn-Transistor bei der positiven. Die Treiberstufe kann dann „ganz normal" – nur R_C dient als Arbeitswiderstand –, aufgebaut sein *(Abb. 22)*.

Beide Gegentakt-Transistoren sind am Eingang parallel geschaltet. Wenn Sie sich die Schaltung genau ansehen, werden Sie bemerken, daß hier eine Kollektorschaltung vorliegt. Die Kollektorschaltung ist wegen ihres kleinen Innenwiderstandes für Endstufen besonders günstig.

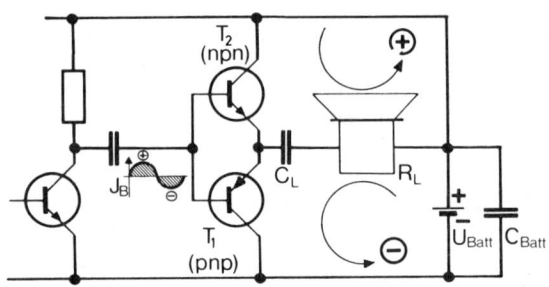

Abb. 22 Gegentakt-Stufe mit komplementären Transistoren

Der Lautsprecherwiderstand bildet den Lastwiderstand R_L für beide Transistoren und liegt in der Emitterleitung.

Wichtig für die Funktion der Schaltung ist der Kondensator C_L: Der Strom über T_1 lädt den Kondensator C_L auf. Während der Öffnungszeit von T_2 übernimmt er dann die Aufgabe der Betriebsstromquelle

U_{Batt} und entlädt sich über T_2. Der Kondensator C_{Batt} soll den Wechselstromwiderstand der Batterie verkleinern. Dadurch sind die Kollektoren wechselstrommäßig direkt miteinander verbunden.

Transistoren für solche Komplementär-Endstufen werden vom Hersteller paarweise mit gleichen elektrischen Daten geliefert.

Für Endstufen ist eine gute Arbeitspunktstabilisierung besonders wichtig. Fast immer wird eine Kombination der verschiedenen Schaltungsmöglichkeiten angewendet.

Die bis jetzt besprochenen Verstärkerstufen entstammen der sogenannten „Unterhaltungselektronik"; sie sind also im *Niederfrequenzbereich*, z. B. in Schallplatten-, Tonband- und Filmtongeräte, eingebaut.

Natürlich können auch *Hochfrequenzsignale* verstärkt werden. Diese Technik ist aber sehr viel komplizierter, so daß wir sie hier nicht näher beschreiben wollen.

Die Verstärkereigenschaften des Transistors spielen aber auch in der *Industrieelektronik* eine große Rolle. Das soll unser nächstes Thema sein, wobei natürlich nur ein ganz kleiner Ausschnitt aller Möglichkeiten geboten werden kann.

Praktische Anwendungsmöglichkeiten

Belichtungsmesser

Hier wird ausgenutzt, daß ein sogenannter *Fotowiderstand* aus Halbleitermaterial unter Lichtbestrahlung seinen Widerstand ändert. Da solche Widerstände nur eine kleine Verlustleistung haben, schaltet man sie nicht direkt in den Arbeitsstromkreis, sondern verstärkt die Stromänderungen durch einen oder mehrere Transistorstufen. *Abbildung 23* zeigt die Prinzipschaltung. Fällt Licht auf den Fotowiderstand, so sinkt dessen Wert, und die Spannung an der Basis steigt an. Durch den vergrößerten Kol-

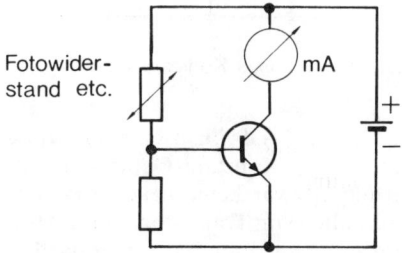

Abb. 23 Prinzipschaltung eines Belichtungsmessers

lektorstrom schlägt das mA-Meter, das man z. B. gleich in Verschlußgeschwindigkeit und Blende einer Kamera eichen kann, weiter aus.

In automatischen Kameras wird entsprechend die Blende geschlossen bzw. geöffnet.

Temperaturmesser

Ersetzt man den Fotowiderstand durch einen *wärmeabhängigen Widerstand*, so können Temperaturen gemessen werden. Die Schaltung ist besonders dann vorteilhaft, wenn die Meßstelle weiter entfernt ist oder mit normalen Mitteln gar nicht erreicht werden kann (z. B. in Glühöfen, Salzbädern usw.).

Das Prinzip solcher Schaltungen: In den Basisspannungsteiler wird ein Widerstand geschaltet, dessen Wert sich durch physikalische Einflüsse verändert. Diese Änderungen werden durch den Transistor verstärkt; sie können z. B. mit Hilfe eines Strommessers sichtbar gemacht werden, Motoren einschalten usw.

Strom-Konstant-Geräte

In der Technik werden häufig Stromquellen gebraucht, die einen konstanten Strom abgeben. Der Laststrom soll sich also auch dann nicht ändern, wenn der Lastwiderstand einen anderen Wert annimmt.

Wir sehen uns noch einmal die Ausgangskennlinie eines Transistors an *(Abb. 24)*: Wenn der Basisstrom

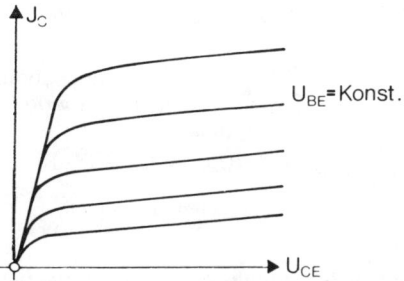

Abb. 24 Ausgangskennlinien des Transistors

bzw. die Basisspannung konstant gehalten werden, ändert sich der Kollektorstrom I_C kaum, auch wenn U_{CE} in weiten Bereichen schwankt.

Wir müssen also dafür sorgen, daß die Basisspannung eines Transistors immer konstant gehalten wird. Dafür ist die *Zenerdiode* besonders geeignet.

In *Abbildung 25* ist die Prinzipschaltung angegeben. Die Zenerdiode bewirkt, daß in Punkt A immer die gleiche Spannung anliegt. Über den Spannungsteiler

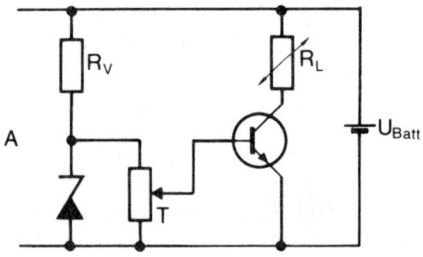

Abb. 25 Strom-Konstant-Gerät

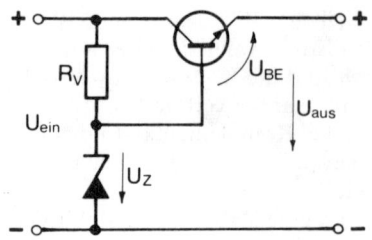

Abb. 27 Einstufiges Spannungs-Konstant-Gerät

T kann die gewünschte Basisspannung bzw. I_C eingestellt werden. Der Kollektorstrom I_C ist somit in weiten Bereichen konstant, und zwar unabhängig davon, ob der Lastwiderstand oder aber die Batteriespannung sich ändern. Der Widerstand R_V sorgt dafür, daß nicht zuviel Strom über die Zenerdiode fließt und sie zerstört.

Spannungs-Konstant-Geräte

Noch häufiger wird in der Elektronik eine konstante Gleichspannung gebraucht, z. B. um andere Transistorgeräte zu speisen, Akkumulatoren zu laden usw. Jede Spannungsquelle hat einen Innenwiderstand, der mit dem Lastwiderstand in Reihe liegt. Steigt der Laststrom, so steigt auch der Spannungsabfall am Innenwiderstand und die Ausgangsspannung fällt (Abb. 26).

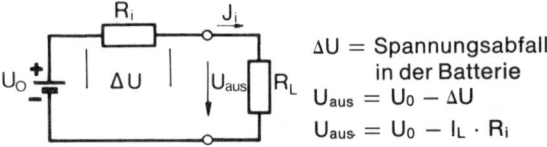

ΔU = Spannungsabfall in der Batterie
$U_{aus} = U_0 - \Delta U$
$U_{aus} = U_0 - I_L \cdot R_i$

Abb. 26 Spannungen an der belasteten Stromquelle

Man muß also eine Spannungsquelle bauen, die bei Laststromanstieg automatisch ihren Innenwiderstand verkleinert und bei Stromabfall vergrößert.
Der Emitter-Kollektorwiderstand eines Transistors läßt sich über die Basisspannung beeinflussen. Man kommt somit zu einem Transistor-Regelverstärker, wie er in *Abbildung 27* dargestellt ist.
An der Zenerdiode steht eine konstante Spannung U_Z an, R_V begrenzt den Strom dieser Diode.
Die Ausgangsspannung U_{aus} ist um die Spannung U_{BE} kleiner als die Zenerspannung U_Z:

$$U_{aus} = U_Z - U_{BE}.$$

Löst man diese Gleichung nach U_{BE} auf, so ergibt sich:

$$U_{BE} = U_Z - U_{aus}.$$

Wird nun durch Lastwechsel U_{aus} kleiner, vergrößert sich U_{BE}. Damit wird der Emitter-Kollektorwiderstand kleiner, die Spannung U_{aus} steigt und regelt sich auf den alten Wert ein. Genau entgegengesetzt läuft der Vorgang ab, wenn die Ausgangsspannung größer wird; dann nämlich wird der Durchgangswiderstand des Transistors vergrößert. Reicht die Verstärkung eines Transistors nicht aus, muß ein mehrstufiger Regelverstärker aufgebaut werden.

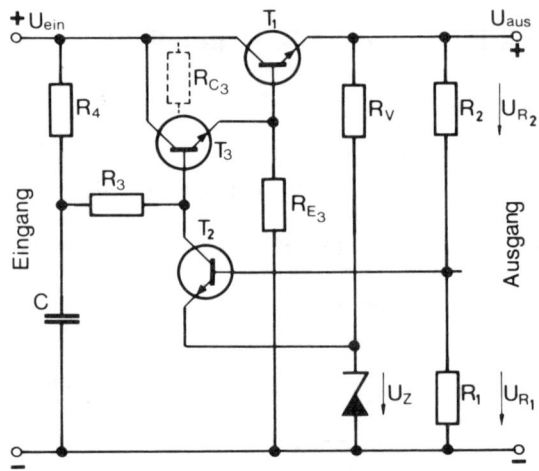

Abb. 28 Mehrstufiges Spannungs-Konstant-Gerät

Aus *Abbildung 28* ist das Prinzipschaltbild eines mehrstufigen Spannungs-Konstant-Gerätes zu entnehmen. Es vermittelt zwar keine neuen Erkenntnisse über das Verhalten von Transistoren in elektronischen Schaltungen, man kann daran aber das Lesen von Schaltungen besonders gut üben.

134

Der Verstärkertransistor T_2 arbeitet in Emitterschaltung. Die Spannung seines Emitters wird von einer Zenerdiode festgelegt. Diese Zenerdiode ist über den Schutzwiderstand R_V an die zu regelnde Ausgangsspannung U_{aus} angeschlossen. Die Basis von T_2 bekommt ihre Spannung über den Spannungsteiler $R_2 R_1$, der auch an der Ausgangsspannung liegt. Da die Ausgangsspannung (noch) schwanken kann, schwankt auch die Basisspannung gegenüber der konstanten Emitterspannung. T_2 wird also angesteuert und gibt die Schwankung verstärkt auf die Basis von T_3. Daraufhin ändert sich der Emitterstrom von T_3 und am Emitterstand R_{E_3} entsprechend der Spannungsabfall. Diese Spannungsschwankung wird auf die Basis von T_1 gegeben, so daß dieser seinen Durchgangswiderstand ändert.

Der Anschluß der Basis von T_3 über die Widerstände R_3 und R_4 an den Eingang bewirkt außerdem, daß zusätzlich die Eingangsschwankungen ausgeregelt werden.

Wir haben diese Schaltung deshalb etwas pauschal erklärt, damit Sie sich selber testen können. Überlegen Sie *schrittweise* folgende Probleme:

Warum leitet T_1 besser, wenn U_{aus} sinkt?

Was geschieht, wenn der Arbeitswiderstand von T_3 – hier R_{E_3} – in den Kollektorkreis von T_3 geschaltet würde (R_{C_3} ist in Abbildung 28 gestrichelt angedeutet), der Emitter von T_3 direkt an Minus liegt und die Basis von T_1 an den Kollektor von T_3?

Schaltungen dieser einfachen Art nach Abbildung 28 leisten folgendes:

Eingangsspannungsschwankungen in der Größenordnung von 10 Prozent vermindern sich am Ausgang auf etwa ein bis zwei Promille. Der Innenwiderstand ist sehr klein, er beträgt etwa (0,1 − 0,6) Ohm.

Drehzahlregelung von Kleinmotoren

Bei Tonbandgeräten, Plattenspielern usw. ist eine konstante Drehzahl des Motors besonders wichtig, damit es bei der Tonwiedergabe nicht zu Schwankungen kommt. Außerdem sollen die Ströme kontaktlos geschaltet werden, damit keine Funkenbildung auftritt (Störung in Radio und Fernseher).

Abbildung 29 zeigt das Prinzip einer solchen kontaktlosen Drehzahlregelung.

Mit der Motorachse wird ein kleiner Gleichstrom-Dynamo gekoppelt. Dieser liefert eine Spannung, die von der Drehzahl abhängig ist.

Nach Betätigung des Schalters S beginnt der Motor

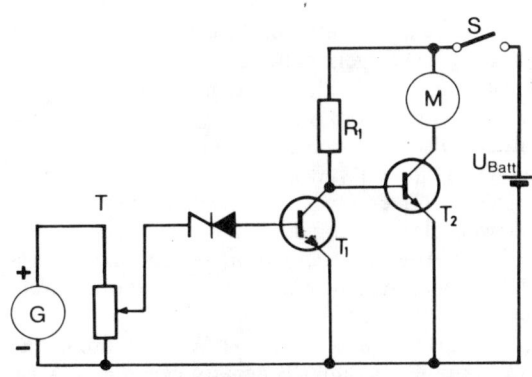

Abb. 29 Drehzahlregelung eines Motors

zu laufen, denn T_2 ist geöffnet, T_1 gesperrt. Wenn die gewünschte Drehzahl erreicht ist, ist die Dynamospannung gerade so hoch, daß die Zenerdiode durchschaltet. T_1 öffnet, an R_1 fällt Spannung ab, T_2 schließt.

Der Motor erhält keinen Strom, wird langsamer, die Zenerdiode sperrt, T_1 sperrt, T_2 öffnet, usw. usw.

Der Motorstrom wird praktisch in ständigem Wechsel ein- und ausgeschaltet; durch die Massenträgheit des Motors ergibt sich so eine äußerst konstante Drehzahl. Über den Spannungsteiler T kann die gewünschte Drehzahl eingestellt werden.

Ladegerät für Kleinst-Akkumulatoren

Viele elektronische Geräte werden aus Kostengründen nicht mit Batterien, sondern mit wiederaufladbaren Kleinst-Akkus betrieben (Blitzlicht, Hörgeräte usw.). Akkus dürfen nicht überladen werden, sonst wird ihre Lebensdauer erheblich herabgesetzt.

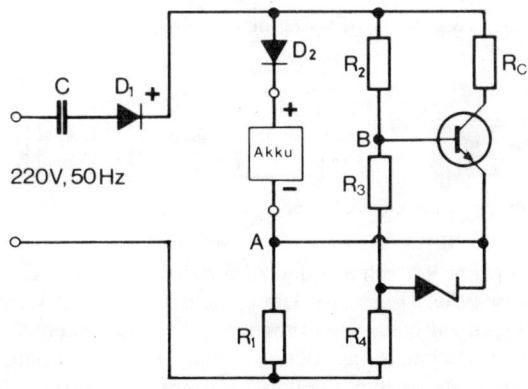

Abb. 30 Ladegerät für Kleinst-Akkumulatoren

Da aber Laien die Aufladung vornehmen, muß eine elektronische Regelschaltung dafür sorgen, daß Überladungen verhindert werden *(Abb. 30)*.

Das hochohmige Netzgerät (C, D$_1$) liefert einen konstanten, pulsierenden Gleichstrom.

Die Widerstände R$_1$, der Akku und der Basisspannungsteiler bilden eine Brückenschaltung, in deren Nullzweig der Eingang des Transistors liegt.

Das Netzteil liefert soviel Strom, daß der Spannungsabfall an R$_1$ immer ausreicht, die Zenerdiode durchzuschalten.

Der leere Akku hat einen kleinen Widerstand, so daß die Spannung im Punkt B negativ gegenüber A ist. Der Transistor ist zunächst gesperrt. Durch die Aufladung steigt die Spannung des Akkumulators, so daß der Punkt B gegenüber A immer mehr positives Potential erhält. Damit öffnet der Transistor und übernimmt einen Teil des vom Netzgerät gelieferten Stromes, während der Ladestrom der Batterie sinkt. Soll der Ladestrom größer sein (schnellere Aufladung), so muß eine mehrstufige Regelschaltung entworfen werden.

Transistorchopper

Transistorisierte Wechselstromverstärker können mit relativ einfachen Mitteln temperaturstabilisiert werden.

Während bei Gleichstromverstärkern hoher Empfindlichkeit schon die geringste Arbeitspunktverschiebung einen sehr großen Fehler ergibt, ist diese Verschiebung bei Wechselstromverstärkern in weiten Bereichen ohne Einfluß. Wenn es gelingt, ein Gleichstromsignal mit ausreichender Genauigkeit in ein Wechselstromsignal zu verwandeln, kann man sehr empfindliche „Gleichstromverstärker" relativ einfach aufbauen.

Diese Aufgabe wird von einem *Chopper* erfüllt.

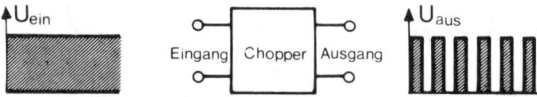

Abb. 31 Prinzip des Choppers

Der Chopper zerhackt den zu verstärkenden Gleichstrom *(Abb. 31)*. Zerhackter Gleichstrom verhält sich in elektronischen Schaltungen ähnlich wie Wechselstrom. Zerhackt man den Gleichstrom sehr schnell, können auch kurze Gleichstromimpulse übertragen werden.

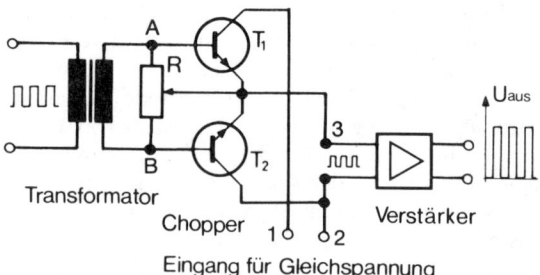

Abb. 32 Schaltung des Choppers

Abbildung 32 zeigt die Schaltung des Choppers. Die zu zerhackende Gleichspannung wird an die Klemmen 1 und 2 angeschlossen. Zwischen den Klemmen 2 und 3 kann dann die zerhackte Gleichspannung, deren Scheitelwert fast genauso groß ist wie die der angelegten Gleichspannung, abgenommen werden. Dafür muß aber der Chopper an eine Rechteckspannung gelegt werden, die zwischen A und B eingespeist wird. Wie man die zusätzliche Rechteckspannung erzeugt, wird im Abschnitt „Der Transistor als Schalter – Blinkschaltung" erklärt.

Nun zur Funktion der Schaltung.

Wir nehmen an, daß der Transistor 1 gerade durchgeschaltet, T$_2$ geschlossen ist. Über T$_1$ fließt der zu messende Gleichstrom direkt zur Klemme 3 und von dort in den nachgeschalteten Wechselstromverstärker. Nach Umsteuerung der Transistoren durch den Strom des Rechteckgenerators wird der Eingang des Verstärkers durch T$_2$ kurzgeschlossen, die Gleichstrom-Meßspannungsquelle durch T$_1$ abgetrennt.

Der Spannungsteiler R zwischen den Basen der Transistoren dient zur Symmetrierung der Steuerströme.

Am Ausgang des Wechselspannungsverstärkers wird der zerhackte Gleichstrom üblicherweise wieder geglättet *(Siebglieder)*.

Praktische Hinweise zum Aufbau von Schaltungen

Wir haben hier immer nur das Grundsätzliche der einzelnen Transistorstufen erklärt; auf Feinheiten der Schaltungstechnik wurde nur am Rande eingegangen. Gerade diese Feinheiten sind es aber, die schließlich zum vollen Erfolg führen.

So wurde hier nicht vorgeführt, wie man die erforderliche Größe der verschiedenen Kondensatoren berechnet; gerade sie entscheiden jedoch darüber, ob ein Verstärker auch tiefe Töne bewältigt.

Bei der Besprechung der Gegentaktendstufe gingen wir davon aus, daß ohne Signal kein Ruhestrom fließt. Dadurch konnte man die Funktion der Schaltung sehr leicht verstehen. Trotzdem dimensioniert man solche Stufen mit kleinen Ruheströmen, weil sonst typische Verzerrungen auftreten (Hinweis: bei $U_{CE} = 0$ sind die Ausgangskennlinien stark gekrümmt).

Die Gegenkopplung durch den Emitterwiderstand haben wir für Wechselströme mit Hilfe eines Kondensators unwirksam gemacht; aber gerade durch Gegenkopplungsschaltungen, die auch für Wechselströme wirksam sind, können die Übertragungseigenschaften von Verstärkern verbessert, Exemplarstreuungen der Transistoren unwirksam gemacht werden.

Für den Nachbau einfacher Schaltungen reichen Ihre Kenntnisse jetzt aus. Der günstigste Arbeitspunkt der Transistoren ist in den Datenbüchern angegeben, der grundsätzliche Rechengang Ihnen bekannt, Kennlinien können Sie lesen. Die sogenannten Feinheiten der einzelnen, später komplizierteren Schaltungen sind in der Spezialliteratur erklärt, Ihr Grundwissen reicht zum Verständnis vollkommen aus.

Auch vor den Kosten brauchen Sie keine Angst zu haben. Lötkolben (von ca. 30 W), Flachzange, Vielfachmeßgerät (zuerst genügt ein billiges), Datenbuch, zwei Taschenlampenbatterien und etwas Kleinmaterial reichen zu Anfang, um viele Schaltungen nachzubauen und ihre Funktion überprüfen zu können. Am meisten lernen Sie, wenn es zu Anfang nicht klappt und Sie auf Fehlersuche gehen müssen.

Nun zur Praxis. In den meisten Fällen macht es dem Transistor nichts aus, wenn Sie ihn auf den Fußboden fallen lassen. Dafür müssen Sie andere Dinge sorgfältig beachten. Vorsicht ist geboten, wenn Transistoren eingelötet werden, denn sie dürfen nicht zu warm werden. Deshalb ist schnelles Herstellen einer Lötverbindung vorher ausgiebig zu üben. Nehmen Sie nur Lötdraht mit eingeschlossenem Flußmittel; Lötfett oder sogar Lötwasser sind Gift für elektronische Schaltungen.

Halten Sie immer das anzulötende „Bein" eines Halbleiterbauteils mit einer kleinen Flachzange, damit die Wärme abgeführt wird und gar nicht bis zum Kristall kommt.

Knicken Sie die Anschlußdrähte niemals dicht am Gehäuse, sondern halten Sie auch dort die Flachzange dazwischen, sonst könnte die Drahtdurchführung ins Innere des Transistors splittern.

Wenn in Schaltungen gelötet wird, ist grundsätzlich die Batterie abzuklemmen, eine abrutschende Lötspitze hat schon manchen Transistor durch Kurzschluß „getötet"!

Vor dem ersten Einschalten müssen Sie sorgfältig die Schaltung überprüfen und besonders auf die richtige Polung von Elektrolyt-Kondensatoren und der Batterie achten.

Dann machen Sie die „Oberlippenprobe": dicht mit der Oberlippe an allen Transistoren vorbei; ist einer heiß, sofort ausschalten und Fehler suchen.

Leistungstransistoren benötigen einen Kühlkörper oder müssen direkt auf dem Metallchassis befestigt werden. Beachten Sie, daß oft der Kollektor am Transistorgehäuse angeschlossen ist und Sie eine Isolierschicht aus Glimmer zwischenlegen müssen.

Und nun fangen Sie an.

Die erste Musik aus dem selbstgebauten billigen Verstärker klingt in Ihren Ohren besser als aus dem teuersten gekauften HI-FI-Gerät.

*

Weiterführende Literatur findet sich im Anhang. Für dieses Kapitel gelten vor allem die Nummern 5, 18, 28, 59, 68, 69

Übungsaufgaben

Bei den folgenden Fragen soll die jeweils richtige Antwort links im Kästchen angekreuzt werden. Es können mehrere Antworten richtig sein.

1. Was versteht man unter Verstärkung?

☐ **a)** Ein Signal wird von einem anderen gesteuert

☐ **b)** Eine große Leistung wird von einer kleineren beeinflußt

2. Wie wird der Transistor in Emitterschaltung betrieben?

☐ **a)** Der Emitter ist nur Eingang

☐ **b)** Der Emitter ist nur Ausgang

☐ **c)** Die Emitterzuleitung dient dem Eingang und dem Ausgang gleichzeitig

3. Was ist der Arbeitswiderstand R_C?

☐ **a)** Einer der beiden Spannungsteilerwiderstände

☐ **b)** Der Widerstand, der im Ausgangskreis des Transistors liegt

☐ **c)** Der Eingangswiderstand

☐ **d)** Der den Arbeitspunkt stabilisierende Emitterwiderstand

4. Wo wird die Widerstandsgerade eingezeichnet?

☐ **a)** In das Ausgangskennlinienfeld

☐ **b)** In die Eingangskennlinie

☐ **c)** In die Steuerkennlinie

5. Was heißt Arbeitspunkt?

☐ **a)** Der Ruhepunkt des Verstärkers

☐ **b)** Der statische Wert, dem die Wechselgröße überlagert wird

6. Wie ist die Stromverstärkung in Emitterschaltung definiert?

☐ **a)** Ausgangsstrom zu Eingangsstrom

☐ **b)** Eingangsstrom zu Ausgangsstrom

☐ **c)** Kollektorstrom zu Basisstrom

☐ **d)** Kollektorstrom zu Emitterstrom

Bei den folgenden Aufgaben soll die Lösung gleich auf die freigehaltenen Zeilen geschrieben werden (mit Bleistift oder Kugelschreiber)

7. Wie groß werden die Spannungsteilerwiderstände R_1/R_2 gemäß Abb. 11, wenn für $I_q = 2 \cdot I_{BO}$ angenommen wird?

8. Für eine Verstärkerstufe mit Gegenkopplungswiderstand gilt:

$I_{BO} = 100\ \mu A$, $\quad U_{BEO} = 0,5\ V$, $\quad I_{CO} = 50\ mA$,

$U_{REO} = 1\ V$, $\quad I_Q = 3 \times I_{BO}$, $\quad U_{CEO} = 10\ V$

$U_{Batt} = 20\ V$.

Berechnen Sie: R_E:

R_{CO}:

Basis-Spannungsteiler R_1/R_2:

Verlustleistung im Arbeitspunkt:

9. Die Leistungsverstärkung einer Stufe ist mit $V_p = 10\ 000$ angegeben. Die Stromverstärkung beträgt 250. Wie groß ist V_U?

10. Wo im Spannungsteiler (oben und unten) muß ein NTC-Widerstand eingelötet werden, wenn Temperaturerniedrigung den Transistor besser leitend machen soll?

11. Der Basisspannungsteiler einer Verstärkerstufe besteht aus dem Widerstand $R_1 = 50 \, \text{k}\Omega$, $R_2 = 5 \, \text{k}\Omega$. Welcher Steuerstrom geht durch ihn „verloren", wenn der Transistor mit einem Signal von 500 mV angesteuert wird?

12. Ein Chopper wird mit 10 kHz angesteuert. Wie kurz darf ein zu verstärkendes Gleichstromsignal höchstens sein, wenn dieses Signal in mindestens 10 Impulse aufgelöst werden muß?

Die Lösungen der Übungsaufgaben finden Sie in Anhang 1 dieses Buches auf Seite 278.

7. Der Transistor als Schalter

Transistoren können bei entsprechender Ansteuerung als kontaktlose Schalter *verwendet werden; sie können die von einem Schalter geforderten extremen Zustände „durchlässig" und „gesperrt" einnehmen.*

Das Schalten von größeren Lastströmen erfordert nur kleine Steuerströme; Transistoren sind also Schaltverstärker.

Um ein optimales Arbeiten der Schalttransistoren zu gewährleisten, müssen verschiedene Betriebs- und Grenzwerte berücksichtigt werden.

Transistoren haben wegen ihrer vielen Vorzüge als Schalter ein weites Anwendungsfeld gefunden: Transistoren schalten schnell und geräuschlos, sie sind wartungsfrei, besitzen eine hohe Lebensdauer, sind platzsparend und verarbeiten auch sehr schwache Steuersignale.

Kontaktlos schalten

Überall in elektronischen Einrichtungen arbeiten Schalter als unentbehrliche Wirkungsglieder in vielfältigen Funktionsabläufen. Bei dem Wort Schalter denkt man zunächst an mechanische Schalter, die mit der Hand bedient oder elektromagnetisch ausgelöst werden. Bei diesen Schaltern sind Schaltgeräusche und Schaltbewegungen gewohnte Nebenerscheinungen. Immer häufiger jedoch tauchen in elektrischen Einrichtungen Bauelemente auf, die Schalterfunktionen vollkommen lautlos und ohne erkennbare mechanische Bewegungen erfüllen. Diese neuartigen Bauelemente sind in ihren Schalterfunktionen herkömmlichen Schaltern nicht unterlegen; im Gegenteil: sie besitzen Vorzüge, durch die sie in vielen Bereichen die elektromechanischen Schalter verdrängt haben. Sie können sogar Aufgaben erfüllen, die mit herkömmlichen Schaltern bisher nicht lösbar waren.

Eines dieser neuartigen lautlosen elektronischen Bauelemente, die sich vorzüglich als Schalter verwenden lassen, ist der Transistor *(Abb. 1)*. Auf seine

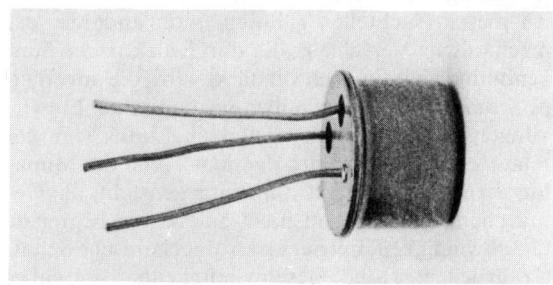

Abb. 1 Ein Transistor

prinzipielle Wirkungsweise und seine Vorzüge als Schalter soll hier näher eingegangen, an einigen einfachen Beispielen seine vielseitige Verwendbarkeit demonstriert werden.

Ein Schalter – Ideal und Wirklichkeit

Zunächst: Welche grundlegende Aufgabe hat ein Schalter ganz allgemein zu erfüllen?

Ein Schalter hat prinzipiell die Aufgabe, elektrische Stromkreise zu öffnen und zu schließen. Elektrisch gesehen soll ein Schalter also folgende zwei Zustände einnehmen können:

Im durchlässigen Zustand soll er im Stromkreis einen möglichst kleinen Widerstand für den Stromfluß besitzen; sein Widerstand sollte am besten gleich Null sein *(Abb. 2 a)*.

141

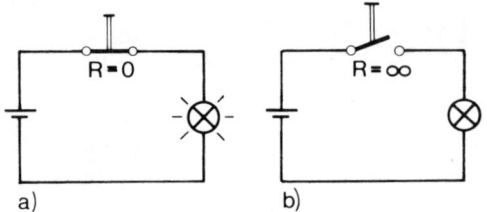

Abb. 2 Zur Erklärung der Schaltzustände eines Schalters
a) Schalter geschlossen b) Schalter offen

Im gesperrten Zustand dagegen soll der Schalter den Stromfluß möglichst vollständig verhindern; sein Widerstandswert sollte also unendlich groß sein (*Abb. 2 b*).

Das klingt selbstverständlich, ist jedoch technisch gar nicht so einfach zu erreichen.

Schalter haben Nachteile, die in der Praxis oft Schwierigkeiten bereiten.

Zu diesen Nachteilen gehören unter anderem der mechanische Verschleiß, der durch elektrische Funkenbildung häufig noch verstärkt wird, die allgemeine Störanfälligkeit gegenuber mechanischen Einwirkungen und Witterungseinflüssen, außerdem der relativ große Platzbedarf, der dem Trend der Miniaturisierung in der Elektronik entgegensteht, die Geräuschentwicklung und nicht zuletzt die begrenzte Geschwindigkeit, mit der elektromechanische Schalter arbeiten. Hohe Geschwindigkeiten sind aber zum Beispiel für die unzähligen Schaltvorgänge in elektronischen Rechnern, die in wenigen Augenblicken fehlerfrei vorgenommen werden müssen, äußerst wichtig.

Manche Mängel, die sich bei herkömmlichen Schaltern kaum vermeiden lassen, treten bei elektronischen Schaltern nicht oder nur abgeschwächt auf. Deswegen sind sie nicht nur ein Ersatz, sondern eine echte Verbesserung für die Schaltungstechnik.

Ein Steuerstrom schaltet den Laststrom

Zunächst ist zu untersuchen, wie der Transistor als modernes elektronisches Bauelement die Aufgaben eines Schalters erfüllen kann.

Der Vergleich mit einem bekannten elektromagnetischen Schaltelement – einem Relais – erleichtert den Einstieg.

Wir wissen, daß ein Relais aus einer Drahtwicklung

besteht, die einen Eisenanker anzieht, sobald Strom hindurchgeschickt wird. Der Eisenanker betätigt dann einen oder mehrere Kontakte. *Abbildung 3 a* zeigt ein Relais in der genormten symbolischen Darstellung für Schaltpläne. Die Wicklung des Relais liegt in einem Steuerstromkreis. Als Lastwiderstand ist in diesem Beispiel eine Lampe gewählt worden. Der Relaiskontakt gehört zum Laststromkreis. Wenn der Steuerstromkreis mit Hilfe eines Auslöseschalters geschlossen wird, ist damit auch – da das Relais schaltet – der Laststromkreis geschlossen.

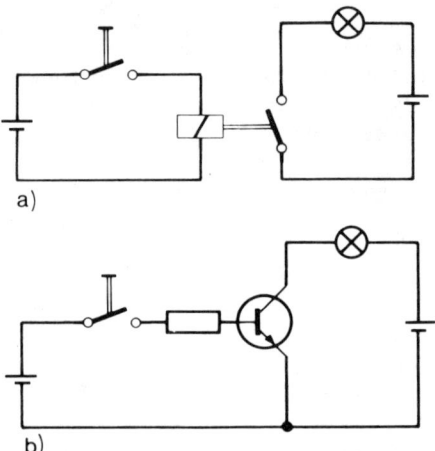

Abb. 3 Relais und Transistor als Schalter

In der Schaltung nach *Abbildung 3b* ist nun ein Transistor als Schalter eingesetzt. Auch in dieser Schaltung finden wir einen Steuerstromkreis und einen Laststromkreis. Wird der Steuerstromkreis geschlossen, so schließt sich durch den Transistor auch der Laststromkreis. Die Last – auch diesmal eine Lampe – wird also stromdurchflossen. Sobald der Steuerstromkreis wieder unterbrochen wird, ist auch der Laststromkreis unterbrochen und die Lampe verlöscht.

Der Vergleich zeigt, daß man einen Transistor ähnlich wie ein Relais als Schalter verwenden kann. In beiden Fällen wird mit Hilfe eines Steuerstromes der Laststrom geschaltet.

Beide Bauelemente, der Transistor wie das Relais, fungieren übrigens nicht nur als Schalter schlechthin, sie arbeiten darüber hinaus als *Schaltverstärker*. Auf diese wichtige Tatsache sei hier bereits hingewiesen.

Das bedeutet also, daß es mit diesen Bauelementen

142

möglich ist, eine große Leistung im Laststromkreis mit einer wesentlich geringeren Leistung im Steuerstromkreis schalten zu können.

Der Transistor hat auch als Schalter Verstärkereigenschaften.

Auf die Polung kommt es an

Man versteht die Wirkungsweise eines Transistors als Schalter besser, wenn man wenigstens schematisch weiß, was beim Schalten in seinem Inneren vorgeht.

Nehmen wir an, daß in einem Stromkreis, der als Last eine Lampe und als Spannungsquelle eine Batterie enthalten soll, ein Transistor die Aufgabe des Schalters übernimmt. Und zwar soll die Emitter-Kollektor-Strecke des Transistors den „Schaltkontakt" für den Laststromkreis bilden (Abb. 5a).

Durch diesen Stromkreis fließt, wenn alle Bauelemente in Ordnung sind, kein Strom – die Lampe leuchtet also nicht auf. Der Transistor sperrt in diesem Fall; er wirkt wie ein geöffneter mechanischer Kontakt.

Diese Sperrwirkung wird durch eine Sperrschicht im Transistor bewirkt, die sich zwischen den unterschiedlich beschaffenen Halbleiterschichten aufbaut, aus denen der Transistor besteht.

Jeder Transistor besitzt drei unterschiedlich dotierte Halbleiterschichten. Im angenommenen Beispiel hat der Transistor – ein npn-Typ – zwei Schichten mit überwiegend negativen Ladungsträgern (Elektronen) und eine Schicht mit überwiegend positiven Ladungsträgern (genauer: Löcher oder freie Plätze für Elektronen).

Zwischen diesen Schichten befinden sich zwei Übergangszonen (Abb. 4b); bei jedem Transistor also zwei, in denen ein Mangel an beweglichen Ladungsträgern besteht, wenn der Transistor an keine Spannung angeschlossen ist. Schon bei der Herstellung eines Transistors entstehen diese Übergangszonen; warum das so ist, soll an dieser Stelle nicht weiter untersucht werden.

Was uns aber interessieren muß, sind die Veränderungen, die mit den Übergangszonen zwischen den einzelnen Halbleiterschichten vorgehen, wenn der Transistor als Schalter betrieben wird, das heißt, wenn Spannungen an die Transistoranschlüsse gelegt werden.

Im angenommenen Beispiel ist der Transistor so in den Laststromkreis eingebaut, daß sein Kollektoranschluß von der Batterie Pluspotential, sein Emitter entsprechend Minuspotential erhält. Als Folge der in dieser Weise angeschlossenen äußeren Spannung wird die Übergangszone zwischen Kollektor und Basis noch breiter (Abb. 5b), da das positive Potential am Kollektoranschluß die negativen Ladungsträger aus der Kollektor-Halbleiterschicht von der Übergangszone wegzieht.

Auch die p-Teilchen in der Basisschicht werden aufgrund der äußeren Spannung von der Übergangszone wegbewegt.

Die andere Übergangszone, die zwischen Basis und Emitter liegt, wird durch die angelegte Spannung verkleinert und ihre Sperrwirkung folglich aufgehoben, weil Ladungsträger in sie hineingedrängt werden. Denn am Emitteranschluß liegt ein negatives Potential, welches die n-Teilchen in der Emitterschicht abstößt und zur Übergangszone drängt.

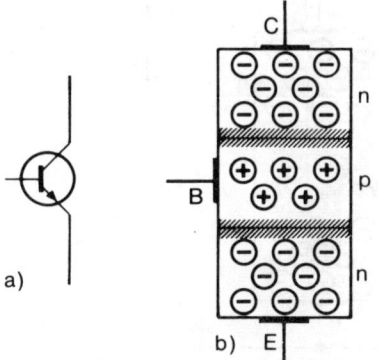

Abb. 4 NPN-Transistor, a) Schaltsymbol, b) schematische Darstellung

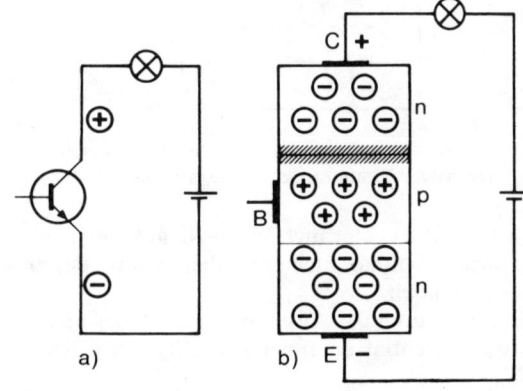

Abb. 5 Transistor als sperrender Schalter, Basisanschluß offen

Bei vorliegendem Betriebszustand wirkt im Transistor nur eine Übergangszone als Sperrzone – und zwar die zwischen Kollektor und Basis. Sie verhindert den Stromfluß.

Bei der bisherigen Betrachtung lag der Basisanschluß des Transistors offen. Dieser Anschluß war somit weder an ein positives noch an ein negatives Potential angeschlossen. Was geschieht aber, wenn auch an den Basisanschluß eine Spannung angelegt wird?

Nehmen wir an, daß gegenüber dem Emitter negatives Potential an die Basis des Transistors angelegt wird *(Abb. 6)*. Das Ergebnis wäre: die Lampe

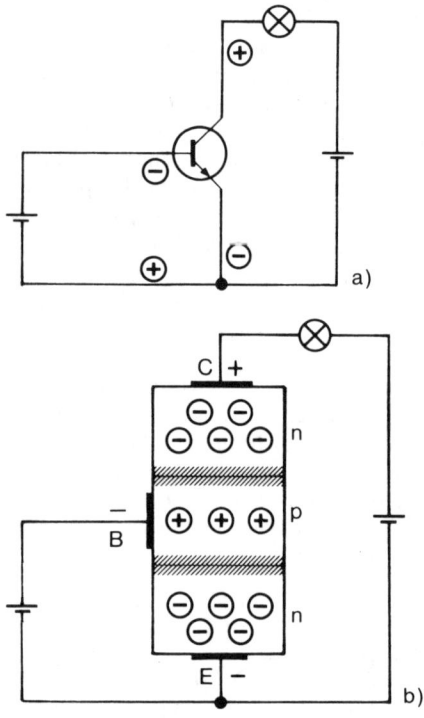

Abb. 6 Transistor als sperrender Schalter, Basisanschluß gegenüber Emitteranschluß negativ gepolt

im Stromkreis leuchtet auch jetzt nicht auf; der Transistor sperrt offenbar auch unter diesen veränderten Umständen noch.

Ändert sich durch das Anschließen der Basis an ein negatives Potential im Inneren des Transistors etwas?

Ja. Durch die vorgenommene Polung der Basis-Emitter-Strecke wird auch die Übergangszone zwi-

schen Basis und Emitter zur breiteren Sperrzone. Ladungsträger werden sowohl aus der Basisschicht als auch aus der Emitterschicht abgezogen *(Abb. 6 b)*.

Das negative Potential am Basisanschluß wirkt anziehend auf die p-Teilchen der Basisschicht, und das positive Potential am Emitteranschluß zieht die n-Teilchen aus der Emitterschicht an. Der Transistor erhält jetzt durch die negative Polung der Basis gegenüber dem Emitter zwei ausgeprägte Sperrzonen. Besonders gut ist in diesem Fall die Sperrwirkung der Kollektor-Emitter-Strecke des Transistors.

Was muß man tun, um den Transistor durchzuschalten, um also die Sperrwirkung der Übergangszonen in der Kollektor-Emitter-Strecke des Transistors aufzuheben?

Ein Durchschalten der Kollektor-Emitter-Strecke ist schaltungstechnisch möglich, indem die Basis-Emitter-Strecke in Durchlaßrichtung an eine Steuerspannung angeschlossen wird *(Abb. 7a)*.

Das heißt: beim npn-Transistor wird die Basis gegenüber dem Emitter positiv gepolt.

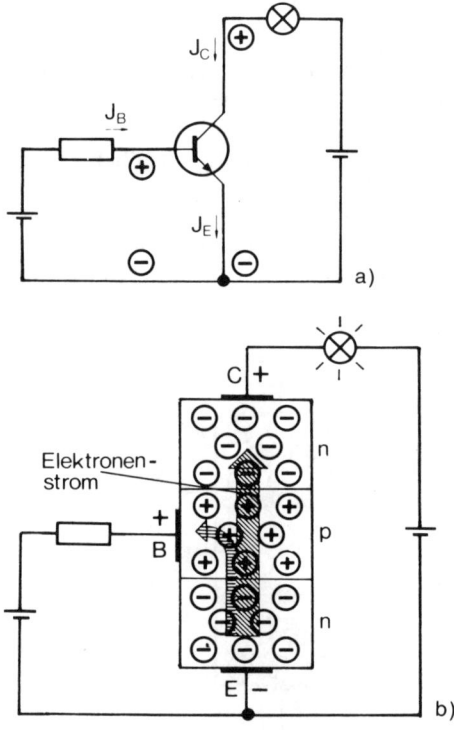

Abb. 7 Transistor als durchlässiger Schalter, Basisanschluß gegenüber Emitteranschluß positiv gepolt

144

Durch die Basis-Emitter-Strecke fließt dann wie bei einer in Durchlaßrichtung geschalteten Diodenstrecke ein Strom. Genauer: vom Emitter zur Basis fließen Elektronen, von der Basis zum Emitter bewegen sich die sogenannten Löcher.

Die praktisch sehr dünne Basisschicht und die angrenzende ursprünglich sperrende Übergangszone zwischen Kollektor und Basis werden von Ladungsträgern überflutet. Dabei kommt es zu einem Effekt, der dem Transistor überhaupt erst zu seiner großen Bedeutung in der Elektronik verholfen hat:

Es gelangen nämlich aus der Basisschicht sehr viele negative Ladungsträger durch die ursprünglich sperrende Übergangszone zum Kollektor, von wo aus sie zum positiven Pol der Spannungsquelle im Laststromkreis weiterwandern *(Abb. 7b)*. Im Laststromkreis fließt nun ein Strom; die Lampe leuchtet auf. Die Kollektor-Emitter-Strecke des Transistors ist durchgeschaltet; sie wirkt wie ein geschlossener mechanischer Kontakt.

Durch einen kleinen Basisstrom kann also im Transistor ein wesentlich größerer Kollektorstrom verursacht werden.

Wäre im angenommenen Beispiel statt des npn-Transistors ein pnp-Transistor verwendet worden, so hätten alle Polungen umgekehrt werden müssen, um die gleichen Schaltzustände zu erhalten.

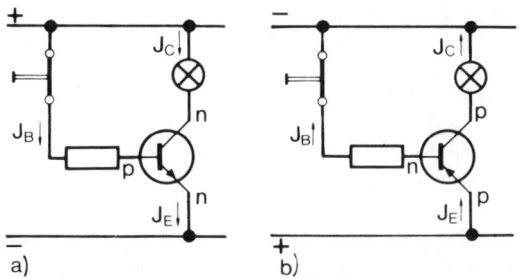

Abb. 8 NPN-Transistor und PNP-Transistor im Durchlaßzustand

In *Abbildung 8* ist ein pnp-Transistor einem npn-Transistor gegenübergestellt. Beide befinden sich im durchgeschalteten Zustand.

Ist der Transistor ein echter Schalter?

Bei der Betrachtung der Wirkungsweise des Transistors im durchgeschalteten Zustand hatten wir stillschweigend in die Basisleitung einen Widerstand eingesetzt, ohne auf dessen Funktion einzugehen. Das soll nun nachgeholt werden.

Ohne einen Basisvorwiderstand darf nur eine niedrige Steuerspannung (meist unter 1 V) zwischen Basis und Emitter angelegt werden, damit kein zu großer Steuerstrom fließt. Ein zu starker Strom kann in der Basis-Emitter-Strecke durch starke Erwärmung Schäden verursachen, da diese Strecke beim Durchsteuern des Transistors im Durchlaßzustand arbeitet und dann nur einen verhältnismäßig geringen Widerstand hat *(Abb. 9c)*.

In der Praxis ist die vorgegebene Steuerspannung meist viel größer als erforderlich. Folglich muß der Steuerstrom durch einen Widerstand in der Basisleitung begrenzt werden, um die Zerstörung des Transistors zu verhindern *(Abb. 9b)*.

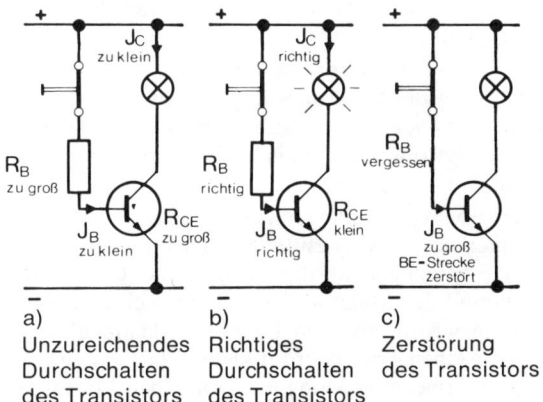

Abb. 9 Verschiedene Schaltzustände bei einem Transistor

Allerdings darf der Basisstrom nicht beliebig stark begrenzt werden, weil der Transistor zum völligen Durchschalten einen bestimmten Mindeststeuerstrom braucht.

Ist die Steuerstromstärke zu klein, so stellt der Transistor im Laststromkreis keinen guten Durchlaß dar; er ist dann einem schlechten mechanischen Kontakt mit mehr oder weniger großem Übergangswiderstand vergleichbar. Dem Stromzufluß im Laststromkreis stellt sich dann nicht nur der Widerstand der Last, sondern auch der Widerstand des Transistors entgegen *(Abb. 9 a)*.

Bei dieser Funktionsweise des Transistors wird klar, daß er von sich aus kein Schalter ist, der nur zwei Zustände einnimmt; er muß vielmehr erst entsprechend angesteuert werden, um die Zustände „durchlässig" und „gesperrt" einzunehmen.

Wärme – ein gefährlicher Feind

Wenn ein Transistor nicht richtig durchgeschaltet und durch ihn im Laststromkreis eine größere Stromstärke getrieben wird, kann sich dadurch eine direkte Gefahr für ihn ergeben.

In jedem Widerstand entsteht beim Stromdurchgang Wärme. Wird pro Zeiteinheit nicht genügend Wärmeenergie abgeführt, heizt sich der Widerstand auf und kann Schaden erleiden. In gleicher Weise kann auch die Kollektor-Emitter-Strecke des Transistors überhitzt und zerstört werden. Ist jedoch der Durchlaßwiderstand des Transistors bei richtigem Durchschalten klein, so bleibt die in ihm entstehende Wärme gering.

Bei jedem Transistor ist allerdings ein gewisser Durchlaßwiderstand auch im durchgeschalteten Zustand vorhanden. Der über ihn fließende Laststrom erzeugt sowohl Wärme als auch einen Spannungsabfall.

Mit diesen Abweichungen vom Idealfall eines Schalters muß bei der Verwendung von Schalttransistoren immer gerechnet werden. Schon die Größe, die Form und das Material des Gehäuses eines Transistors lassen in gewissen Grenzen erkennen, ob es sich um einen Transistor für kleine Leistung und geringe Wärmeentwicklung oder um einen Leistungstransistor handelt, der große Lastströme bewältigen kann.

Die Grenze der Wärmebelastung und damit der Gesamtverlustleistung eines Transistors kann erhöht werden, indem man die Wärmeabführung verbessert. Dies geschieht in der Regel durch Aufsetzen von Kühlsternen oder ähnlichen Gebilden, durch Montage auf Kühlbleche oder Kühlkörper mit Kühlrippen und durch günstige Form- und Farbgebung (schwarze Flächen strahlen Wärme besser ab als helle). In allen Fällen wird die wirksame Oberfläche zur Abgabe von Wärme an die Umgebung verbessert *(Abb. 10)*.

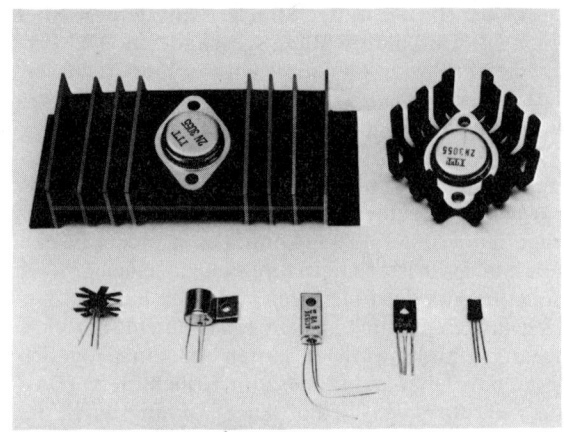

Abb. 10 Kühlungsmaßnahmen an Transistoren zur Erhöhung der Belastbarkeit

Grenzen der Belastbarkeit

Im vorhergehenden Abschnitt wurde deutlich, daß der Belastbarkeit eines Schalttransistors durch die in ihm entstehende Wärme Grenzen gesetzt sind, die auf keinen Fall überschritten werden dürfen.

Diese Grenzen der Belastbarkeit müssen selbstverständlich für jeden Transistortyp, den man richtig einsetzen will, bekannt sein.

Woher aber bekommt man genaue Angaben über die Grenzwerte? Der Techniker entnimmt alle wichtigen Angaben den Datenbüchern der Herstellerfirmen. Nicht nur die Grenzwerte für die Verlustleistung, sondern auch für Spannungen, Ströme, Temperaturen und andere Größen sind dort für jeden Transistortyp angegeben. Als Beispiel seien hier für einen willkürlich herausgegriffenen Transistortyp wichtige Grenzdaten aus einem Datenbuch angeführt.

Bei dem Leistungs-Schalttransistor mit der genormten Bezeichnung BDY 90 *(Abb. 11 a)* darf die Spannung zwischen Kollektor und Emitter nicht größer sein als 100 V *(Abb. 11 b)*. Zwischen Kollektor und Basis darf die Spannung nicht größer sein als 120 V *(Abb. 11 c)* und zwischen Emitter und Basis darf die Spannung höchstens 6 V betragen *(Abb. 11 d)*. Alle drei angegebenen Spannungen gelten, wenn jeweils der dritte Anschluß am Transistor offen bleibt und wenn nur zwischen den beiden anderen Anschlüssen eine Spannung anliegt. Werden die genannten

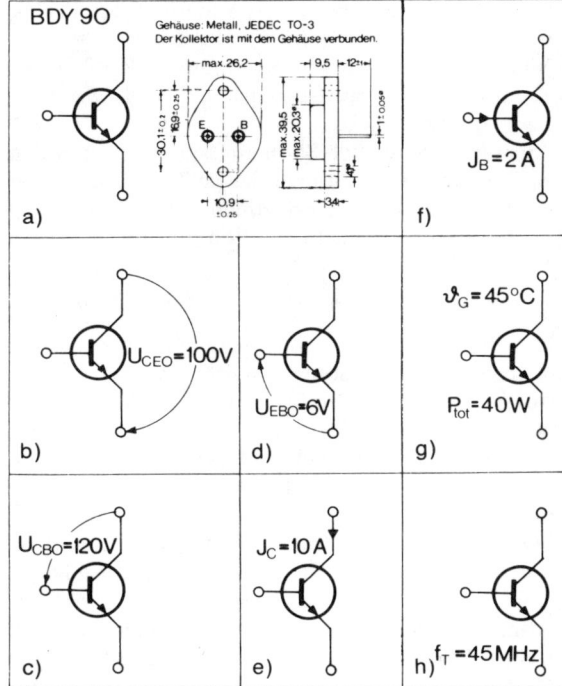

a) BDY 90 Gehäuse: Metall, JEDEC TO-3
Der Kollektor ist mit dem Gehäuse verbunden.

b) $U_{CEO}=100V$

c) $U_{CBO}=120V$

d) $U_{EBO}=6V$

e) $J_C=10A$

f) $J_B=2A$

g) $\vartheta_G=45°C$ $P_{tot}=40W$

h) $f_T=45MHz$

Abb. 11 Grenzwerte eines Transistors (Beispiel)

Spannungshöchstwerte überschritten, so werden die Sperrschichten im Transistor durchschlagen.
Auch für Ströme gibt es Höchstwerte. Der Kollektorstrom darf 10 A nicht überschreiten *(Abb. 11e)*, der Basisstrom nicht 2 A *(Abb. 11f)*.
Im Transistor darf bei einer Gehäusetemperatur von 45 °C höchstens eine Wärmeleistung von 40 W entstehen *(Abb. 11g)*, sonst wird der Transistor überhitzt.
Nun kann ein Transistor zwar schnell, aber doch nicht trägheitslos schalten. Auch er benötigt gewisse Ein- und Ausschaltzeiten. Der angeführte Transistor kann in der Sekunde immerhin bis zu 45 Millionen Schaltungen ausführen *(Abb. 11h)*.

Daten für eine Schaltstufe

Die Berücksichtigung der Grenzwerte allein reicht selbstverständlich nicht aus, um einen Transistor bei einer bestimmten Aufgabe optimal arbeiten zu lassen. Die Datenbücher enthalten deshalb für jeden Transistortyp noch weitere Angaben in Form von

Zahlenwerten und Kennlinien, aus denen die günstigsten Bedingungen für einen bestimmten Betriebsfall herzuleiten sind.
An einem Beispiel wollen wir nun einige Überlegungen darüber anstellen, wie eine einfache Schaltstufe mit einem Transistor bemessen sein muß. Dabei vereinfachen wir, soweit ein für die Praxis noch ausreichendes Ergebnis es zuläßt.
Es wird von folgenden Bedingungen ausgegangen: Ein Lastwiderstand $R_L = 120\,\Omega$ soll an der Spannung U = 12 V betrieben werden. Als Schalter im Laststromkreis soll ein Transistor dienen. Den Steuerstrom soll der Transistor über einen Steuerkontakt und einen Basisvorwiderstand ebenfalls von der Betriebsspannungsquelle erhalten *(Abb. 12)*.

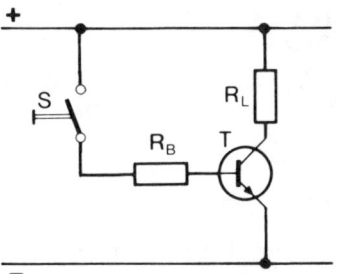

Abb. 12 Transistorschaltstufe mit Lastwiderstand und Basisvorwiderstand

Als Schalttransistor wird der Typ BCY 59 gewählt, ein npn-Silizium-Planar-Transistor, der von den Herstellerfirmen für Schalter- und Verstärkeranwendungen angegeben wird.
Um festzustellen, ob der Transistor die gestellte Aufgabe erfüllen kann, müssen zunächst seine wichtigsten Grenz- und Kennwerte bekannt sein. Sie werden dem Datenblatt entnommen:

npn-Silizium-Planar-Transistor BCY 59 (A)

Grenzwerte:
Kollektor-Emitter-Spannung U_{CEO} = 45 V
Emitter-Basis-Spannung U_{EBO} = 7 V
Kollektorstrom I_C = 200 mA
Basisstrom I_B = 50 mA
Verlustleistung
bei 25 °C Umgebungstemperatur P_{tot} = 390 mW
Sperrschichttemperatur T_j = 200 °C

Kennwerte bei 25 °C Umgebungstemperatur:
Kollektor-Emitter-Restspannung
$U_{CEsat}=0,7$ V bei $I_C=100$ mA, $I_B=2,5$ mA

147

Basis-Sättigungsspannung

U_{BEsat} = 550...700 mV bei U_{CE} = 5 V, I_C = 2 mA

Kollektor-Basis-Stromverhältnis

B = 120 bei U_{CE} = 5 V, I_C = 2 mA

B = 80 bei U_{CE} = 1 V, I_C = 10 mA

B = 40 bei U_{CE} = 1 V, I_C = 100 mA

Hinsichtlich der Spannungswerte bestehen keine Bedenken. Wie groß aber wird der Strom sein, der durch den Transistor im durchgeschalteten Zustand fließt?

Wenn wir vereinfachend annehmen, daß der Transistor im durchgeschalteten Zustand einen kleinen, vernachlässigbaren Widerstand besitzt, so errechnet sich die Höchststromstärke, die durch den Transistor fließen wird, nach dem Ohmschen Gesetz zu

$$I_L = \frac{U}{R_L} = \frac{12\ V}{120\ \Omega} = 0,1\ A = 100\ mA.$$

Dieser Wert beträgt also nur die Hälfte des möglichen Grenzwertes von I_C = 200 mA.

Welche Leistung ist also zu schalten?

Nehmen wir – wiederum vereinfachend – an, der Transistor besitze keinen Durchlaßwiderstand, so errechnet sich die am Lastwiderstand zu schaltende Leistung nach der einfachen Leistungsformel

$$P_L = U \cdot I = 12\ V \cdot 100\ mA = 1,2\ W.$$

Dieser Wert ist aber nicht gleichzusetzen mit der Verlustleistung P_{tot} des Transistors, die nach den Grenzwertangaben bei der Umgebungstemperatur von 25 °C und 400 mW betragen darf.

Die Verlustleistung von rund 400 mW darf in Form von Wärme am tatsächlich vorhandenen Durchlaßwiderstand der Kollektor-Emitter-Strecke des Transistors im Höchstfall entstehen.

Wie groß ist die im Transistor auftretende Verlustleistung im angenommenen Betriebsfall?

Wir haben schon ermittelt, daß beim idealisierten (d. h. als widerstandslos betrachteten) durchgeschalteten Transistor durch den Lastwiderstand von 120 Ω eine Stromstärke von etwa 100 mA fließt. Da tatsächlich ein Transistordurchlaßwiderstand vorhanden ist, wird die Stromstärke auch von diesem und nicht nur vom Lastwiderstand begrenzt, sie wird also etwas kleiner als 100 mA sein. Im Datenblatt ist angegeben, daß bei einer Kollektorstromstärke von 100 mA und bei einer gleichzeitig vorhandenen Basisstromstärke von 2,5 mA ein Spannungsabfall von höchstens 0,7 V am Durchlaßwiderstand des Transistors auftritt. Dieser Spannungs-

abfall ändert sich bei einer Änderung des Kollektorstromes in einem gewissen Bereich nur wenig. Man bezeichnet diesen Spannungsabfall, der ein Kennwert des Transistors ist, als *Kollektor-Sättigungsspannung* (U_{CEsat}).

Aus dieser Kollektor-Sättigungsspannung und dem Kollektorstrom kann man die im Transistor auftretende Verlustleistung errechnen. Und zwar beträgt sie bei unserer Aufgabenstellung im ungünstigsten Fall

$$P_{tot} = U_{CEsat} \cdot I_C = 0,7\ V \cdot 100\ mA = 70\ mW.$$

Das ist nicht einmal 1/5 der gerade noch zulässigen höchsten Verlustleistung von 400 mW. Der Transistor BCY 59 kann also für die gestellte Aufgabe verwendet werden.

Festzustellen bleibt noch, welchen Wert der Steuerstrom haben muß, um den Transistor ausreichend durchschalten zu können.

Der durch die Basis fließende Steuerstrom und der durch den Kollektor fließende Laststrom stehen in einer bestimmten Abhängigkeit zueinander. Diese Abhängigkeit wird in den Datenangaben mit dem Begriff *Stromverstärkung B* ausgedrückt. Sie ist das Verhältnis des Kollektorstromes zum Basisstrom bei einer bestimmten Kollektor-Emitter-Spannung:

$$B = \frac{I_C}{I_B}.$$

Das Kollektor-Basis-Stromverhältnis ist von der Größe der Kollektor-Emitter-Spannung abhängig. Deshalb ist es bei verschiedenen Betriebsfällen verschieden groß. Aus dem Datenblatt kann für den Transistor BCY 59 entnommen werden, daß das Kollektor-Basis-Stromverhältnis B bei der Kollektor-Emitter-Spannung U_{CE} = 1 V und dem Kollektorstrom I_C = 100 mA größer als 40 ist.

Wir wollen zur Sicherheit diesen ungünstigsten aber garantierten Wert unseren Berechnungen zugrunde legen und ermitteln danach den Basisstrom:

$$I_B = \frac{I_C}{B} = \frac{100\ mA}{40} = 2,5\ mA.$$

Der Basisstrom soll in der gestellten Aufgabe über einen Basisvorwiderstand der Betriebsspannungsquelle entnommen werden. Durch den Vorwiderstand muß der Steuerstrom von 2,5 mA fließen. Wenn wir – wiederum vereinfachend – davon ausgehen, daß die Basis-Emitter-Strecke im Vergleich zum vorgesehenen Basisvorwiderstand einen vernachlässigbar kleinen Durchlaßwiderstand besitzt, so können wir den Wert des Vorwiderstandes bei der Betriebsspannung von 12 V nach dem Ohmschen Gesetz berechnen:

$$R_B = \frac{U}{I_B} = \frac{12\ V}{1,5\ mA} = 4,8\ k\Omega.$$

Um genauer zu sein, hätten wir berücksichtigen müssen, daß nach den Datenangaben die Basis-Emitter-Sättigungsspannung etwa 0,9 V beträgt, so daß am Basisvorwiderstand nicht 12 V, sondern nur 11,3 V vorhanden sind.

Der Widerstand der in Durchlaßrichtung betriebenen Basis-Emitter-Strecke beträgt bei einem Basisstrom von 2,5 mA in Wirklichkeit immerhin 360 Ω :

$$R_{BE} = \frac{U_{BEsat}}{I_B} = \frac{0,9\ V}{2,5\ mA} = 360\ \Omega.$$

Wir haben bei allen Ermittlungen stets die ungünstigsten Werte verarbeitet, weil wir in der Praxis bei allen Größen Abweichungen von den angegebenen Werten einkalkulieren müssen.

Es genügt bei der faktisch vorliegenden Genauigkeit (oder wenn man so will: „Ungenauigkeit") der Werte, einen Basisvorwiderstand von 4,7 k Ω aus der genormten E6-Reihe (Toleranz ± 20 %) einzusetzen.

Kennlinienfelder, Widerstandsgeraden, Arbeitspunkte

Ein anschauliches Bild von den Betriebsverhältnissen in der vorliegenden Schaltstufe vermittelt die graphische Darstellung der Transistorkennwerte.
Abb. 13 a zeigt die Ausgangskennlinien des Schalttransistors BCY 59 in Emitterschaltung. Dabei ist der Emitter der gemeinsame Anschluß für den Steuerstromkreis und den Laststromkreis. Jede Kennlinie im Diagramm verdeutlicht die Abhängigkeit des Kollektorstromes von der Kollektor-Emitter-Spannung bei einem bestimmten, fest eingestellten Basisstrom.
In das Kennlinienfeld kann nun zusätzlich eine Markierungslinie eingetragen werden, die angibt, bei welchen Strom- und Spannungswerten die höchstzulässige Verlustleistung im Transistor erreicht wird *(Abb. 13 b)*.
Man nennt diese Verlustleistungskurve wegen ihres Verlaufes auch *Leistungshyperbel*. Bei unserem Transistortyp beträgt die Leistungsgrenze 390 mW,

also rund 400 m W, wenn eine Umgebungstemperatur von 25 °C herrscht.
Die Leistungshyperbel läßt sich leicht im Kennlinienfeld konstruieren, wenn man weiß, daß die Leistung das Produkt aus Spannung und Stromstärke ist. Zum Beispiel beträgt die Verlustleistung des Transistors bei der Kollektor-Emitter-Spannung U_{CE} = 20 V und dem Kollektorstrom I_C = 20 mA ebenso 400 mW wie bei der Spannung U_{CE} = 10 V und dem Strom I_C = 40 mA oder bei der Spannung U_{CE} = 5 V und dem Stromwert I_C = 80 mA.
Der Lastwiderstand – im Beispiel hat er 120 Ω – kann ebenfalls als Kennlinie eingetragen werden; und zwar wie in *Abbildung 13 c:*
Wird der Transistor vollkommen gesperrt, so liegt an ihm als Kollektor-Emitter-Spannung U_{CE} die Betriebsspannung U = 12 V an. Der Strom I_C ist bei völliger Sperrung des Transistors gleich Null. Ein Punkt der Widerstandskennlinie liegt also direkt auf der waagerechten Diagrammachse, auf der Marke 12 V.
Für den Fall, daß der Transistor vollkommen durchlässig ist, ergibt sich ein Strom, der nur vom Lastwiderstand begrenzt wird. Er beträgt in unserem Beispiel 100 mA, denn es gilt:

$$I_C = I_L = \frac{U}{R_L} = \frac{12\ V}{120\ \Omega} = 100\ mA.$$

Da der Transistor als widerstandslos betrachtet wird, fällt an ihm keine Spannung ab; anders gesagt: die Spannung U_{CE} ist dann Null. Der zweite extreme Punkt der Widerstandskennlinie liegt also auf der senkrechten Diagrammachse auf dem Wert 100 mA.

Wenn weitere Punkte zwischen den beiden ermittelten äußeren Punkten gefunden werden, so wird offensichtlich, daß sich als Widerstandskennlinie eine Gerade ergibt. Auf dieser Geraden, die auch als *Arbeitskennlinie* bezeichnet wird, liegen alle möglichen *Arbeitspunkte* des Transistors für den vorgegebenen Lastwiderstand von 120 Ω . Gleichzeitig ist aus dem Kennlinienfeld zu entnehmen, bei welchem Basisstrom die entsprechende Wertekombination von Kollektorstrom und Kollektor-Emitter-Spannung auftritt.
Wenn zum Beispiel ein Kollektorstrom von 50 mA fließt, dann ist die Spannung zwischen Kollektor und Emitter des Transistors gerade 6 V. Der übrige Teil der Betriebsspannung – nämlich auch 6 V – fällt am Lastwiderstand ab. Der steuernde Basisstrom liegt etwas unter 0,2 mA.

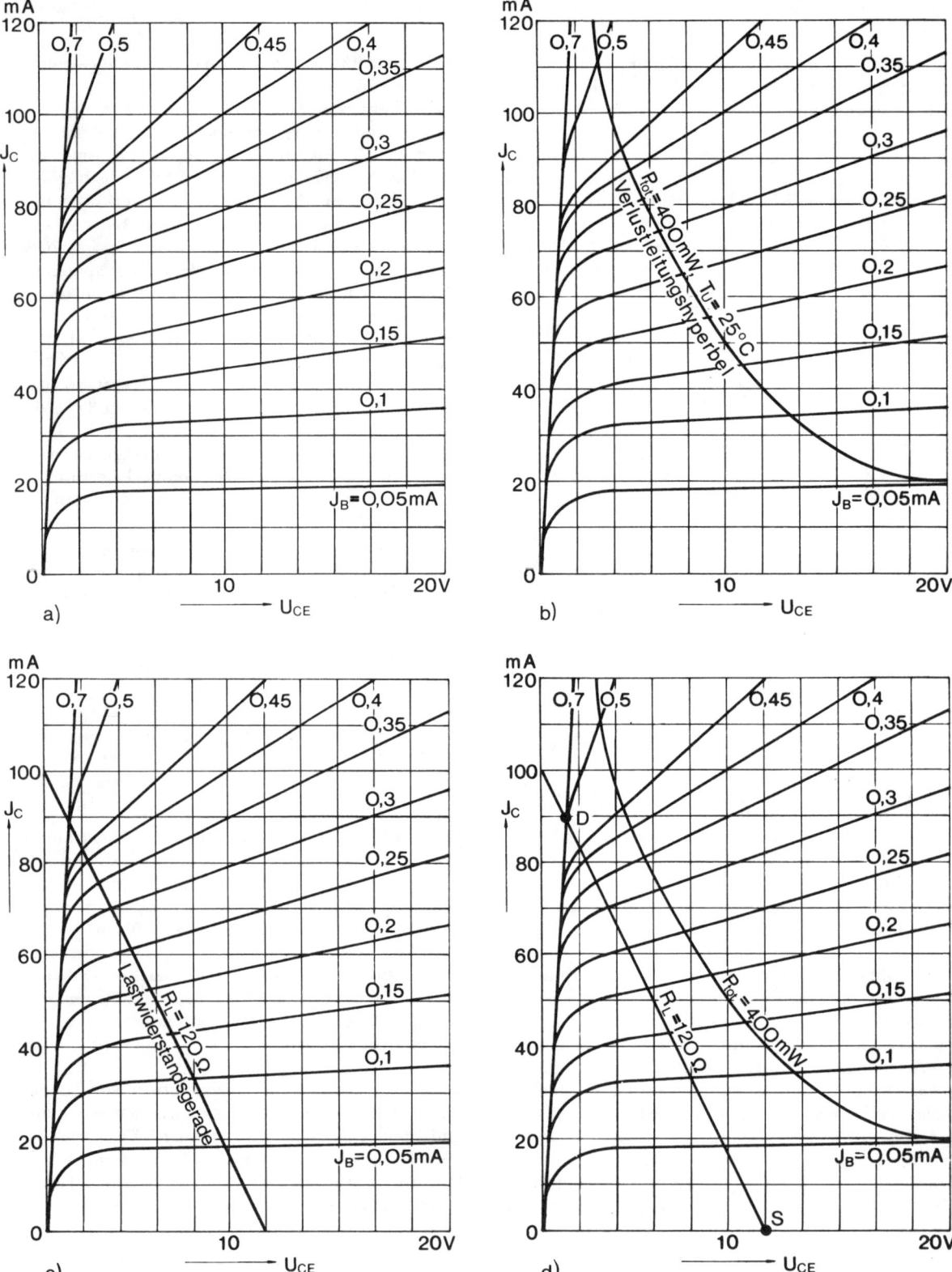

Abb. 13 Kennlinien eines Transistors

Ein weiteres Zahlenbeispiel: Wenn ein Laststrom von 75 mA fließt, ist die Kollektor-Emitter-Spannung 3 V, der Spannungsabfall am Lastwiderstand beträgt dann 9 V. Beide Spannungen zusammen sind Anteile der Betriebsspannung von 12 V. Für diese Arbeitspunkteinstellung ist ein Basisstrom von 0,35 mA notwendig.

Da der Transistor als Schalter verwendet wird, interessieren von allen möglichen nur zwei Arbeitspunkte auf der Arbeitsgeraden (Abb. 13 d). Diese Arbeitspunkte entsprechen den beiden Zuständen „durchlässig" und „gesperrt" eines Schalters.

Der Arbeitspunkt für den Sperrzustand – im Diagramm mit „S" bezeichnet – befindet sich auf der waagerechten Diagrammachse. Denn sobald der Transistor sperrt, liegt an ihm die gesamte Betriebsspannung von 12 V; der Kollektorstrom ist dann Null.

Der Arbeitspunkt für den Durchlaßzustand – im Diagramm mit „D" bezeichnet – befindet sich dort, wo die Widerstandsgerade die steil, fast senkrecht verlaufenden Kennlinien schneidet. Der Kollektorstrom ist in diesem Punkt etwa 92 mA; er kann – wie abzulesen ist – durch einen Basisstrom von rund 0,7 mA hervorgerufen werden. Bei dieser Aussteuerung hat die Kollektor-Emitter-Spannung noch einen Wert von etwa 0,7 V.

Es handelt sich um die sogenannte Kollektor-Sättigungsspannung (U_{CEsat}), die auch durch eine Vergrößerung des Basisstromes nicht mehr unterschritten werden kann. Sie ist der Spannungsabfall, der am durchgeschalteten Transistor besteht und in Kauf genommen werden muß.

Der Transistor wäre ein idealer Schalter ohne Restwiderstand im durchgeschalteten Zustand, wenn der Arbeitspunkt „D" genau auf der senkrechten Diagrammachse läge. Dann würde tatsächlich ein Laststrom von 100 mA bei der Betriebsspannung von 12 V durch den Lastwiderstand von 120 Ω fließen.

Wir konnten am Diagramm ablesen, daß im Arbeitspunkt „D" ein Basisstrom von 0,7 mA erforderlich ist, um die beste praktisch erzielbare Durchsteuerung des Transistors zu erreichen. Im Vergleich zum vorher rechnerisch ermittelten Wert ergibt sich ein nicht zu übersehender Unterschied: der errechnete Wert des Basisstromes liegt bei 2,5 mA.

Wie kommt es zu diesem Unterschied? Hat sich vielleicht doch ein Fehler eingeschlichen?

Bei der Berechnung des Basisstromes hatten wir zur Sicherheit einen ungünstigen Wert der Gleich-

stromverstärkung B – also das kleinste Kollektor-Basis-Stromverhältnis – verwendet, und auch sonst hatten wir vereinfacht.

Die Kennlinien aber sind nicht mit den ungünstigsten Werten, sondern mit Mittelwerten gezeichnet worden. Deshalb also läßt sich ein kleinerer Wert für den Steuerstrom ablesen. Der Praktiker setzt den Steuerstrom zur Sicherheit meist auf das 3- bis 4-fache des abgelesenen Wertes fest. Damit wird der Unterschied zwischen unserem errechneten und dem abgelesenen Wert des Steuerstromes ungefähr wieder aufgehoben; denn das Dreifache von 0,7 mA ist gleich 2,1 mA.

Ebenso wie der Schalttransistor einerseits optimal durchgeschaltet werden soll, so soll er andererseits auch optimal sperren. Bei der bisher behandelten einfachen Schaltstufe wird der Zustand „sperren" erreicht, indem die Basis des Transistors vom Pluspotential abgetrennt wird; sie liegt dann offen.

Die Sperrung wird sicherer und besser, wenn die Basis des Transistors an ein etwas negativeres oder wenigstens an das gleiche Potential wie der Emitter angeschlossen wird.

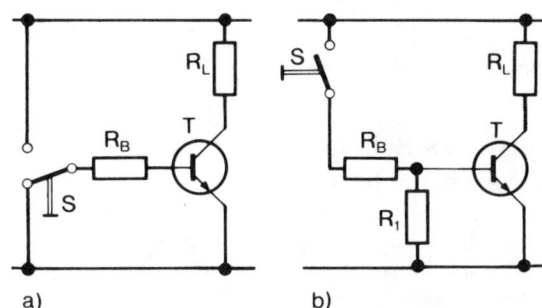

Abb. 14 Zur Sperrung einer Transistor-Schaltstufe

Das Anschließen der Basis an das Nullpotential kann zum Beispiel durch einen einfachen Umschalter geschehen (Abb. 14 a) oder durch einen Widerstand, der die Basis des Transistors mit dem Nullpotential verbindet, wenn die positive Steuerspannung abgeschaltet wird (Abb. 14 b).

Dieser Widerstand erhält in der Regel den etwa zehnfachen Wert des Widerstandes der durchgesteuerten Basis-Emitter-Strecke, der als Eingangswiderstand des Transistors bezeichnet wird.

Den Basiseingangswiderstand des Transistors BCY 59 haben wir schon errechnet. Bei einer als typisch angegebenen Basis-Sättigungsspannung U_{BEsat}

= 0,9 V und einem Basisstrom I_B = 2,5 mA beträgt er 360 Ω.

Wenn der außen zwischen Basis und Emitter angeschlossene Widerstand etwa zehnmal größer sein soll, so wählen wir den Wert R_1 = 3,9 kΩ. Werden durch das Parallelschalten dieses Widerstandes zur Basis-Emitter-Strecke nun nicht die Betriebsverhältnisse für den Transistor im durchgeschalteten Zustand auf problematische Weise verändert? Da der Widerstand R_1 so viel größer ist als der Eingangswiderstand R_{BE}, beeinflußt er die Verhältnisse beim Durchschalten kaum, er darf also auch im Hinblick auf den Durchschaltzustand eingebaut werden.

Aus dem Datenblatt ist zu entnehmen, daß der Transistor BCY 59 – wenn seine Basis auf Nullpotential liegt – bei einer Kollektor-Emitter-Spannung von 45 V einen Reststrom von höchstens 10 nA (= 10 milliardstel Ampere) fließen läßt. Als typisch ist sogar der Wert von 0,2 nA angegeben.

Der Sperrwiderstand beträgt also im ungünstigsten Fall

$$R_{CES} = \frac{U_{CE}}{I_{CES}} = \frac{45\ V}{10\ nA} = 4,5 \cdot 10^9\ \Omega = 4500\ M\Omega =$$

$$= 4,5\ G\Omega.$$

Das sind 4,5 Milliarden Ohm!

Leistungs-Schaltstufe für höheren Laststrom

Nun soll in unserem Schaltstufenbeispiel einer der gegebenen Werte verändert werden, um zu untersuchen, welche Folgen diese Änderung hat. Nehmen wir an, der Lastwiderstand werde auf ein Zehntel seines Wertes verkleinert, also von 120 Ω auf 12 Ω. Kann der Transistor BCY 59 auch dann noch als Schalter verwendet werden?

Aus den Grenzdaten geht hervor, daß der Kollektorstrom nur 200 mA betragen darf. Wäre der Transistor ideal durchzuschalten, dann würde bei der Betriebsspannung von 12 V durch den nun kleineren Lastwiderstand von 12 Ω eine Stromstärke von 1 A fließen. Diese Stromstärke liegt aber für diesen Transistortyp weit über der zulässigen Höchststromstärke, so daß mit diesem Transistor die Schaltaufgabe nicht zu lösen ist.

Hierfür muß man einen Transistortyp nehmen, der einen größeren Kollektorstrom verträgt.

Wir wählen den Transistor BSX 23, einen *npn-Sili-zium-Epitaxie-Planar-Transistor,* der von der Herstellerfirma für Schalter- und Verstärkeranwendungen bei höherem Kollektorstrom vorgeschlagen wird. Er besitzt folgende wichtige Grenz- und Kennwerte:

npn-Silizium-Epitaxie-Planar-Transistor BSX 23

Grenzwerte:

Kollektor-Emitter-Spannung	U_{CEO}	= 65 V
Kollektor-Basis-Spannung	U_{CBO}	= 90 V
Emitter-Basis-Spannung	U_{EBO}	= 5 V
Kollektorstrom	I_C	= 1,5 A
Verlustleistung bei 25 °C Umgebungstemperatur	P_{tot}	= 0,8 W
Sperrschichttemperatur	T_j	= 175 °C

Kennwerte bei 25 °C Umgebungstemperatur:

Kollektor-Basis-Stromverhältnis bei U_{CE} = 2 V, I_C = 500 mA	B	> 35
Kollektor-Sättigungsspannung bei I_C = 1 A, I_B = 100 mA	U_{CEsat}	< 1 V
Kollektorreststrom	I_{CEO}	< 1 μA

Der Grenzwert für den Kollektorstrom liegt für diesen Transistor bei 1,5 A. Er kann also, ohne überfordert zu sein, den Laststrom von 1 A schalten, der durch den Lastwiderstand von 12 Ω bei der Betriebsspannung von 12 V getrieben wird. Wichtig ist nur, daß er optimal durchgesteuert wird.

Näheres dazu läßt sich dem Ausgangskennlinienfeld des Transistors entnehmen, der wie üblich in Emitterschaltung betrieben wird *(Abb. 15).*

In das Diagramm ist die Widerstandsgerade für den Lastwiderstand von 12 Ω eingetragen; ihr Anstieg beginnt bei der Betriebsspannung von 12 V; sie erreicht die senkrechte Diagrammachse bei dem Kollektorstromwert von 1 A.

Außerdem ist die Leistungshyperbel zur Markierung der Belastbarkeitsgrenze eingezeichnet; wo sie verläuft, ergibt das Produkt von Kollektorstrom und Kollektor-Emitter-Spannung den Leistungswert P_{tot} = 0,8 W. Dieser Grenzwert gilt, wenn die Umgebungstemperatur T_U = 25 °C beträgt.

Die im Diagramm eingezeichnete Widerstandsgerade läuft überwiegend durch ein Gebiet, das über der Verlustleistungsgrenze von 0,8 W liegt. Wird der Transistor überbeansprucht?

Er wird nicht überlastet, wenn folgende Bedingungen eingehalten werden: Er darf nur in Arbeitspunkten betrieben werden, die unterhalb der Leistungshyperbel liegen. Das ist der Fall, wenn er seine bei-

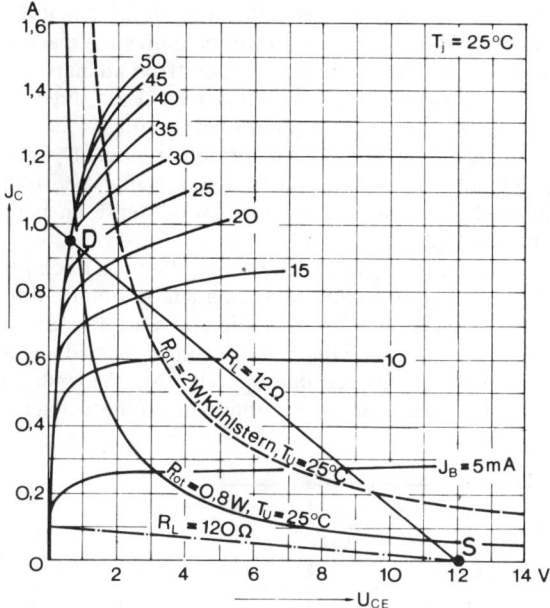

Abb. 15 Kennlinien eines Transistors für größere Leistung

den Schaltzustände „durchlässig" oder „gesperrt" einnimmt. Das Umschalten von einem Arbeitspunkt in den anderen soll möglichst schnell erfolgen, weil während des Umschaltens alle Arbeitspunkte auf der Widerstandsgeraden durchlaufen werden, die oberhalb der Leistungshyperbel liegen.

Allerdings liegt der Arbeitspunkt „D" für den Durchlaßzustand des Transistors im hier behandelten Beispiel schon an der kritischen Verlustleistungsgrenze von 0,8 W. Besser wäre es, wenn sich der Grenzwert der Verlustleistung noch nach höheren Werten hin verschieben ließe. Das ist auch möglich, wenn die Kühlung des Transistors verbessert wird.

Abb. 16 Transistor mit und ohne Kühlstern

Der Grenzwert der Verlustleistung kann beispielsweise auf 2 W erhöht werden, wenn man auf das Gehäuse des Transistors einen passenden Kühlstern aus schwarz lackierter Berylliumbronze aufsteckt (Abb. 16). Im Kennlinienfeld der Abbildung 15 ist die Leistungshyperbel für den Verlustleistungsgrenzwert von 2 W gestrichelt eingetragen. Der Arbeitspunkt „D" liegt nun von diesem Verlustleistungsgrenzwert genügend weit entfernt.

Das Schalten von Lasten mit besonderem Zeitverhalten

Am einfachsten sind die Betriebsverhältnisse, wenn der Transistor nur unveränderliche Ohmsche Widerstände im Laststromkreis zu schalten hat. Manchmal jedoch kommen im Laststromkreis auch Kapazitäten und noch häufiger Induktivitäten vor. Ein Beispiel: elektronische Schaltstufen werden oft als Vorstufen zum Schalten von Relais verwendet.

Kondensatoren und Spulen im Laststromkreis machen die Betriebsverhältnisse beim Schalten komplizierter, weil das Verhalten dieser Bauelemente zeitabhängig und beim Ein- und Ausschalten unterschiedlich ist.

Wenn ein Kondensator parallel zum Lastwiderstand liegt (Abb. 17), fließt im Einschaltaugenblick ein

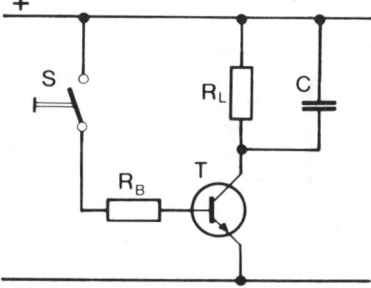

Abb. 17 Schalttransistor mit kapazitiver Last

hoher Strom durch den Transistor, denn der Kondensator lädt sich auf und wirkt im ersten Augenblick wie ein Kurzschluß.

Das ist zu berücksichtigen, da während des Einschaltvorganges im Transistor eine überhöhte Verlustleistung auftritt. Beim Ausschalten muß sich der Kondensator über den Lastwiderstand entladen, was zur Folge hat, daß die Spannung am Lastwider-

153

stand im Ausschaltmoment nicht sofort, sondern verzögert absinkt.

Der Schalttransistor ist vor allem dann gefährdet, wenn er eine induktive Last – zum Beispiel eine Relaiswicklung – zu schalten hat. Ohne Schutzmaßnahmen kann der Transistor beim Ausschalten (!) der induktiven Last leicht Schaden nehmen.

Weshalb kann eine Schädigung gerade beim Abschalten eintreten?

Das in der Spule vorhandene Magnetfeld erzeugt, wenn es beim Abschalten schnell zusammenbricht, eine Selbstinduktionsspannung, die sehr viel höher sein kann als die Betriebsspannung. Die Höhe der Selbstinduktionsspannung hängt im Einzelfall von der Induktivität der Spulenwicklung, von der Abschaltgeschwindigkeit und vom Widerstand im Laststromkreis ab. Die Selbstinduktionsspannung durchschlägt die Sperrschicht des Transistors!

Die Spule kann nämlich, solange sie die Selbstinduktionsspannung abgibt, als Spannungsquelle angesehen werden, die kurzzeitig eine besonders hohe Spannung liefert. Sie treibt dann einen Strom durch den durchschlagenen Transistor und die Betriebsspannungsquelle. Um den Transistor vor der Zerstörung zu bewahren, muß man also die überhöhte Selbstinduktionsspannung von ihm fernhalten.

Meistens geschieht das durch das Parallelschalten einer Diode zur induktiven Last *(Abb. 18)*. Man nennt sie *Freilaufdiode*.

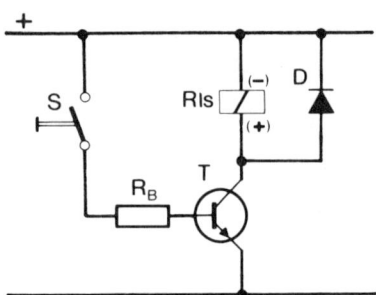

Abb. 18 Schalttransistor mit induktiver Last und Freilaufdiode

Die Selbstinduktionsspannung von der Spule kann sich dann direkt über die Diode ausgleichen und der Transistor bleibt ungefährdet. (In der Abbildung geben die in Klammern stehenden Potentialzeichen die Polarität der Selbstinduktionsspannung an. Für die Betriebsspannung ist die Diode in Sperrichtung angeschlossen.) Die Freilaufdiode muß so bemessen sein, daß sie den Selbstinduktionsstrom aushält.

Beim Einschalten einer induktiven Last entsteht ebenfalls eine Selbstinduktionsspannung. Sie ist aber gegen die Betriebsspannung gerichtet. Deswegen kann ein Strom im Laststromkreis nur verzögert mit voller Stärke fließen, auch wenn der Transistor gut durchgeschaltet wird.

Einer besonders starken Belastung kann der Schalttransistor im Einschaltmoment auch bei einer Ohmschen Last ausgesetzt sein, die einen stark von der Temperatur abhängigen Widerstand besitzt. Das trifft z. B. für die Glühlampe zu. Der Widerstand eines Glühdrahtes ist im kalten Zustand etwa acht-

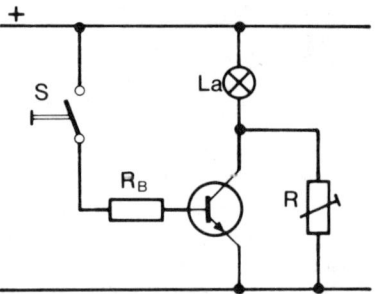

Abb. 19 Schalttransistor mit vorgeheizter Glühlampe

bis zehnmal kleiner als im glühenden. Das heißt: der Strom ist beim Einschalten der Lampe acht- bis zehnmal größer als im Dauerbetrieb.

Soll zum Beispiel eine kleine Anzeigelampe mit den Daten 6 V und 0,2 A von einem Transistor geschaltet werden, so muß er im Einschaltmoment eine Stromstärke von etwa 2 A aushalten. Er wird damit sehr stark überlastet. Um die Überlastung abzuschwächen, wird häufig folgendes getan: Man schaltet parallel zum Transistor einen Widerstand, der auch im Sperrzustand des Transistors der Lampe einen Strom zuführt. Dieser Strom heizt den Glühdraht in der Lampe vor; er wird jedoch so eingestellt, daß der Glühdraht zwar heiß ist, aber noch nicht leuchtet. Der Widerstand des Drahtes wird dadurch gegenüber dem Widerstandswert im Kaltzustand wesentlich vergrößert, so daß beim Durchschalten des Transistors der Einschaltstrom nun nicht mehr so groß ist.

Ein Nachteil: Auch im Dunkelzustand der Lampe wird Energie verbraucht.

154

Umschalten – schnell,
aber nicht zeitlos

Transistoren können bei entsprechend sprunghafter Ansteuerung sehr viel schneller als herkömmliche Schalter von einem in den anderen Schaltzustand umgeschaltet werden. Das ist einer ihrer wichtigsten Vorzüge. Völlig trägheitslos geht das Umschalten allerdings nicht vor sich, da in den Halbleiterschichten Ladungsträger transportiert werden. Wird ein Transistor durch einen rechteckigen Eingangsimpuls gesteuert, so lassen sich am Ausgangsimpuls Veränderungen erkennen *(Abb. 20)*. Für

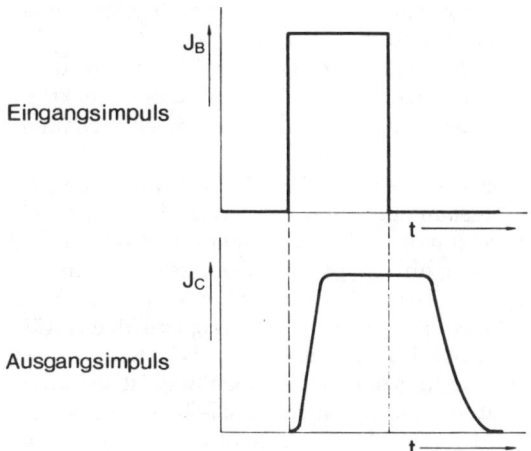

Abb. 20 Schaltzeiten bei einem Transistor

den Transistor BCY 59 zum Beispiel gibt das Datenblatt je nach Arbeitspunkt eine Einschaltzeit von 55 ns bis 150 ns und eine Ausschaltzeit von 450 ns bis 800 ns an.

Die Schaltzeiten hängen ganz allgemein von den Transistoreigenschaften und der Aussteuerung eines Transistors ab. Die Einschaltzeit läßt sich beispielsweise verkürzen, wenn der Transistor übersteuert wird. Gleichzeitig verlängert sich aber dadurch die Ausschaltzeit.

In schnellen Meß-, Zähl- und Rechengeräten kommt es auf extrem kurze Schaltzeiten der Transistoren an. Moderne Einrichtungen dieser Art, die in einer Sekunde viele Millionen einzelne Schaltschritte ausführen, konnten erst gebaut werden, nachdem man Transistoren mit sehr kurzen Schaltzeiten entwickelt hatte *(Abb. 21)*.

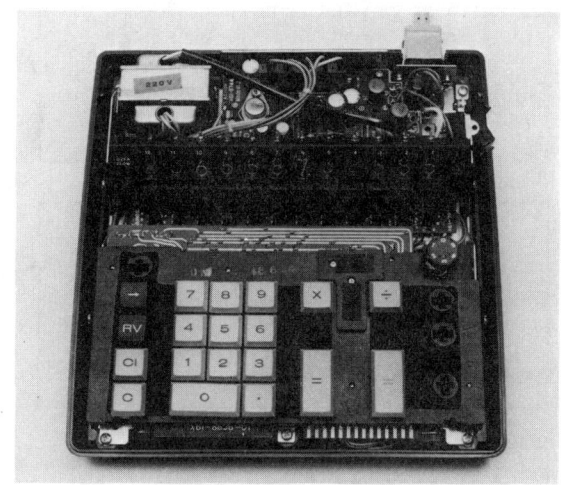

Abb. 21 Elektronischer Tischrechner

Ein Transistor als Schalter
in einem Spannungswandler

Bisher beschäftigten wir uns mit der grundsätzlichen Wirkungsweise und den Bedingungen beim Betrieb eines Transistors als Schalter. Im folgenden geht es um einige Anwendungsbeispiele.

Gestellt ist die Aufgabe: Ein Transistor soll als Schalter in einem Spannungswandler arbeiten.

Ein Spannungswandler funktioniert im Prinzip folgendermaßen: Für eine Wicklung eines Transformators wird ein Gleichstrom fortwährend ein- und ausgeschaltet *(Abb. 22 a)*. Das Magnetfeld im Transformator wechselt deshalb ständig seine Stärke und aufgrund der Transformatorgesetze wird in der zweiten Wicklung des Transformators eine Wechselspannung erzeugt. Eine solche Einrichtung ermöglicht das Umwandeln einer pulsierenden Gleichspannung in eine Wechselspannung.

Wenn das Verhältnis der Windungszahlen der Transformatorwicklungen entsprechend gewählt wird, kann die durchschnittliche Wechselspannung größer sein als die durchschnittlich eingespeiste Gleichspannung.

Das ständig wechselnde Öffnen und Schließen des Kontaktes im Gleichstromkreis kann natürlich auch automatisiert werden – zum Beispiel mit Hilfe eines Relais *(Abb. 22 b)*.

Das Relais unterbricht und schließt durch einen Kon-

155

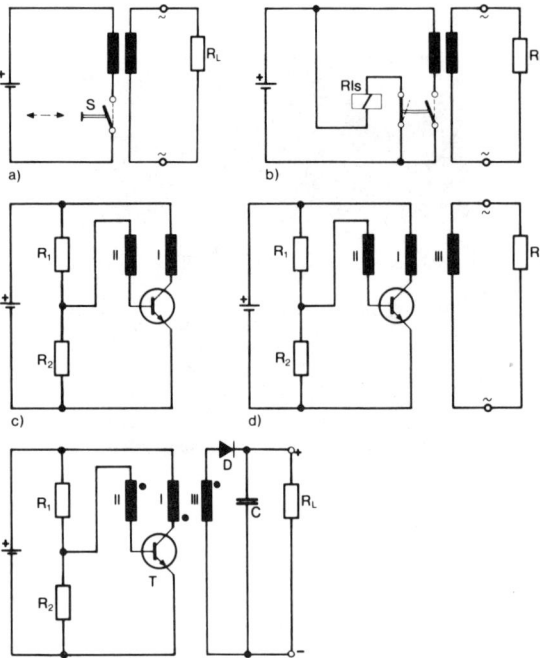

Abb. 22 Zur Erklärung der Wirkungsweise eines Gleichspannungswandlers mit einem Schalttransistor als Zerhacker

takt fortwährend seinen eigenen Stromkreis und betätigt außerdem einen zweiten Kontakt, der zum Schalten der Transformatorwicklung dient.

Solche Einrichtungen – bekannt unter dem Namen „Zerhacker", weil der Gleichstrom „zerhackt" wird – benutzte man früher, um zum Beispiel Rundfunkempfänger mit Röhren, die höhere Betriebsspannungen erforderten, an einer Autobatterie betreiben zu können. Diese Zerhacker waren als Schalter im Dauerbetrieb freilich sehr störanfällig.

Außerdem konnten sie als elektromechanische Schalter mit Schaltbewegungen nur eine niedrige Zahl von Schaltwechseln in der Sekunde ausführen. Ein Nachteil ist dabei, daß bei niedrigen Frequenzen Transformatoren für die gleiche Spannungsübersetzung größer konstruiert werden müssen als bei höheren Frequenzen. Die Verwendung eines Schalttransistors bietet also erhebliche Vorteile.

Wie muß ein Transistor als Schalter eingesetzt werden, damit er als „Zerhacker" arbeitet?

Die Kollektor-Emitter-Strecke eines Schalttransistors soll als Unterbrecherkontakt fungieren. Natürlich muß die Basis des Transistors entsprechend angesteuert werden, damit er intermittierend arbeitet.

Ein Spannungsteiler allein würde der Basis nur eine bestimmte gleichbleibende Steuerspannung zuführen, die noch kein fortdauerndes abwechselndes Öffnen und Schließen der Kollektor-Basis-Strecke ermöglicht.

Eine Lösung bietet sich, indem zwischen dem Laststromkreis und dem Steuerstromkreis eine Kopplung hergestellt wird. Diese Kopplung kann durch einen Transformator erreicht werden; das heißt: in die Kollektorleitung und in die Basisleitung wird je eine Übertragerwicklung eingeschaltet *(Abb. 22 c)*.

Erst jetzt arbeitet der Transistor als ein Schalter, der sich selbst dauernd öffnet und schließt und damit einen periodisch unterbrochenen Gleichstrom durch die Primärwicklung des Transformators schickt.

Wie ist die Arbeitsweise der Unterbrecherschaltung im einzelnen zu erklären?

Wird bei der vorliegenden Zerhackerschaltung die Betriebsspannung eingeschaltet, so fließt zuerst ein vom Spannungsteiler bestimmter Basisstrom und ein davon abhängiger Kollektorstrom durch den Transistor. Der Kollektorstrom erzeugt in der Wicklung I des Transformators ein Magnetfeld, das während seiner Entstehung in der Wicklung II eine Spannung induziert. Diese Spannung ist so gerichtet, daß sie die Spannungsteiler-Spannung an der Basis des Transistors unterstützt. Der Stromfluß durch die Basis wird auf diese Weise vergrößert.

Als Folge fließt nun ein größerer Kollektorstrom, und im Transformator entsteht ein noch kräftigeres Magnetfeld, das seinerseits durch die bestehende Rückkopplung in der Wicklung II einen noch größeren Basisstrom bewirkt.

Darauf erfolgt ein weiteres Verstärken des Kollektorstromes und des Magnetfeldes im Transformator. Wenn der Transistor schließlich ganz durchgeschaltet ist, steigt der Kollektorstrom nicht mehr an. Jetzt ist das Magnetfeld aufgebaut; es ändert sich nicht mehr.

Ohne Magnetfeldänderung entsteht aber in der Wicklung II des Transformators auch keine Induktionsspannung mehr. Die zusätzliche Basisspannung ist damit verschwunden, der Basisstrom ist wieder sehr schwach geworden. Infolgedessen muß der Kollektorstrom kleiner werden, da der Transistor nicht mehr durchgesteuert wird. Im Transformator bricht nun das Magnetfeld wieder zusammen, es ändert sich sehr schnell. Damit jedoch wird wieder eine Spannung in der Wicklung II hervorgerufen – allerdings nun in entgegengesetzter Richtung. Diese Spannung wirkt gegen die Spannung vom Spannungsteiler. Die Basis bekommt ein negatives Potential, wodurch der Transistor gesperrt wird.

Ist aber das Magnetfeld völlig zusammengebrochen, so kann keine sperrende Spannung mehr von der Wicklung II auf die Basis wirken. Die Basis des Transistors erhält vom Spannungsteiler wieder einen kleinen Steuerstrom und wird positiv.

Der Transistor wird daraufhin erneut bis zur Sättigung aufgesteuert, dann wieder zugesteuert bis er sperrt, danach wieder aufgesteuert – und so fort.

Wenn auf den Transformator eine dritte Wicklung aufgebracht wird *(Abb. 22 d)*, so wird in dieser eine Wechselspannung induziert. Die Größe der induzierten Wechselspannung ist vom Verhältnis der Windungszahlen der Wicklung I und III abhängig. Es können wesentlich höhere Spannungen als die Betriebsspannung erzeugt werden.

Die in Wicklung III entstehende Wechselspannung besitzt keine Sinusform wie die Netzwechselspannung, sondern eckige Formen, die erkennen lassen, daß die Spannung durch abrupte Schaltvorgänge hervorgerufen wird. Auch das besondere Zeitverhalten der Spulen prägt die Form der Wechselspannung.

Meist soll mit Hilfe eines Spannungswandlers aus einer niedrigen Gleichspannung keine höhere Wechselspannung, sondern eine höhere Gleichspannung erzeugt werden.

Um das zu ermöglichen, wird die hochtransformierte Wechselspannung mit Hilfe einer Gleichrichterdiode gleichgerichtet *(Abb. 22 e)*. Dadurch erhält man eine pulsierende Gleichspannung, die durch einen Kondensator geglättet werden kann.

Spannungswandler werden unter anderem in Fotoblitzgeräten, tragbaren Fernsehempfängern, Meßgeräten und z. B. auch beim Camping verwendet, wenn eine vorhandene Autobatterie mit niedriger Gleichspannung für eine Leuchtstoffröhre zur Zeltbeleuchtung Energie liefern soll.

Die Schaltung für einen Gleichspannungswandler nach Abbildung 22e kann unterschiedlich bemessen werden.

Zum Beispiel läßt sich mit den folgenden Daten ein Gleichspannungswandler mit einer Ausgangsleistung von 2 W aufbauen, mit dem Glimmlampen oder Ziffernanzeigeröhren betrieben werden können:

Batteriespannung 6 V
Batteriestrom ca. 1,1 A
Ausgangsspannung 200 V bei 10 mA
Schaltfrequenz 10 kHz
Transistor BSX 63 o. ä.
Gleichrichter Ba 133 o. ä.
Kondensator 1 µF/350 V
Widerstände R_1 = 470 Ω
$\qquad\quad R_2$ = 80 Ω
$\qquad\quad R_3$ = 100 Ω, lin.
$\qquad\quad R'$ ≈ 100 kΩ
Schalenkern Siferrit B 65 661
26 ⌀ x 16, Material 2000 T 26
A_L-Wert 1600 nH/N²
Luftspalt 0,05 mm
Windungszahlen N_I = 17/0,4 CuL
$\qquad\qquad\quad N_{II}$ = 4/0,2 CuL
$\qquad\qquad\quad N_{III}$ = 160/0,1 CuL

(*Anmerkungen:* Zur optimalen Einstellung der Betriebswerte ist es günstig, einen Stellwiderstand (R 3) in die Basisleitung in Reihe zur Basiswicklung zu schalten.

Parallel zum Glättungskondensator C ist ein Widerstand (R') von etwa 100 kΩ fest vorzusehen, damit im Leerlauf die Spannung nicht zu hoch wird.

Die in der Schaltung eingetragenen Punkte an den

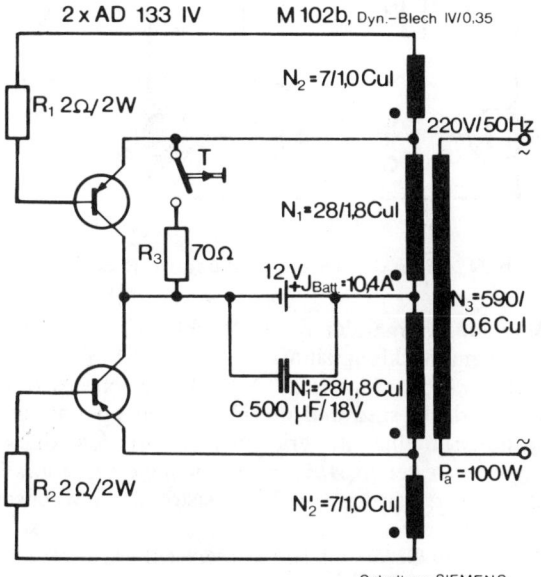

Abb. 23 Schaltung eines Gegentaktzerhackers

157

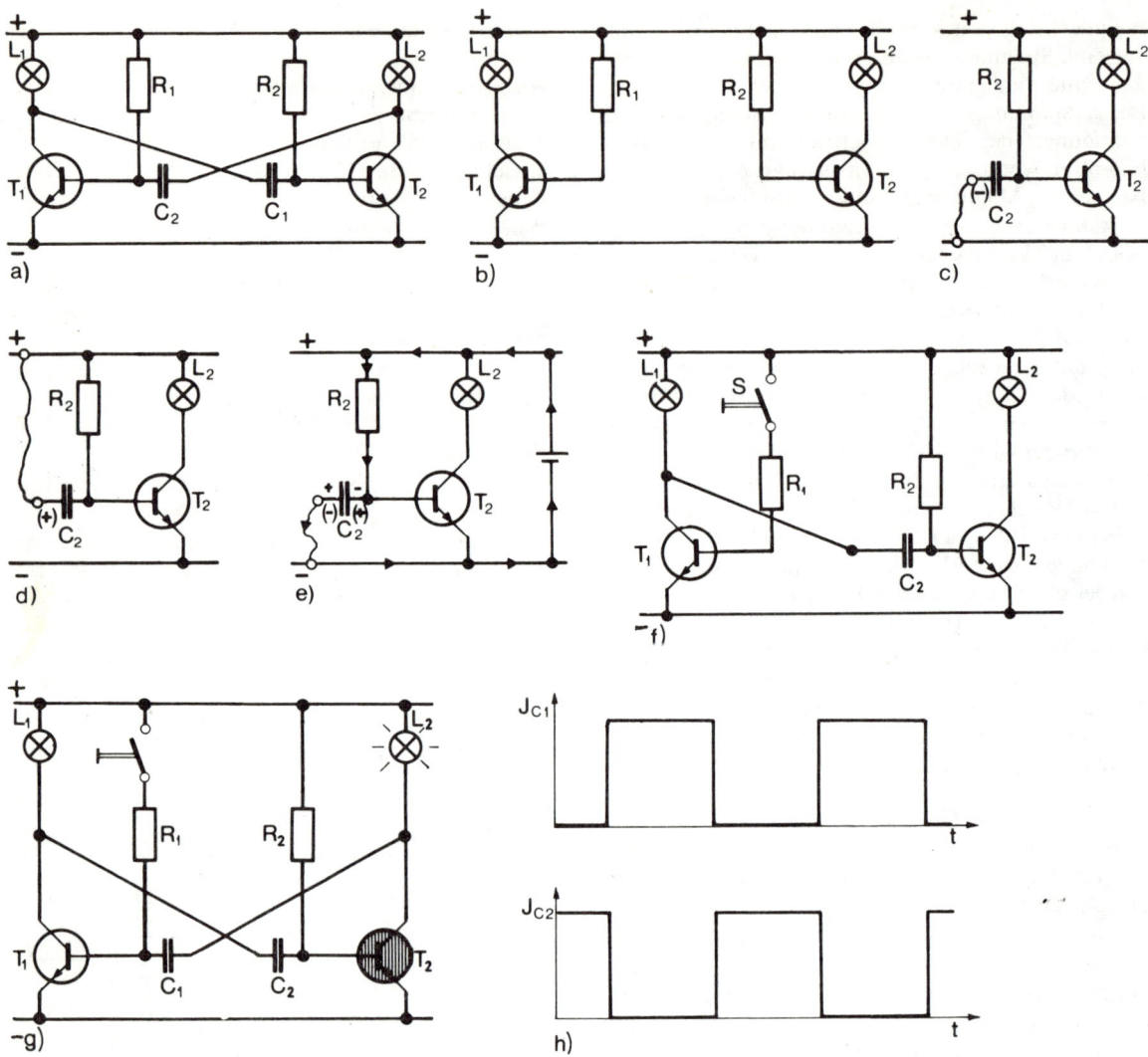

Abb. 24 Zur Erklärung der Wirkungsweise eines Multivibrators

Wicklungen markieren die Wicklungsanfänge bei gleichem Wicklungssinn.)

Für Geräte, die für das 220 V/50 Hz-Wechselstromnetz gedacht sind und die über einen Spannungswandler an einer Batterie betrieben werden sollen, eignet sich der in *Abb. 23* gezeichnete Gegentakt-Zerhacker, bei dem zwei Transistoren im Wechsel schalten.

Es können Geräte bis 100 W angeschlossen werden. Der Taster T dient zum Auslösen der Schaltvorgänge.

Zwei Transistoren schalten sich gegenseitig: eine Blinkschaltung

In einem zweiten Anwendungsbeispiel arbeiten zwei Transistoren im Wechselspiel *(Abb. 24 a)*.

Wenn der eine Transistor durchlässig ist, ist der andere gerade gesperrt. Dadurch werden zwei Lampen im Wechsel ein- und ausgeschaltet. Solche Anlagen werden als Blinkschaltungen benutzt.

In der Elektronik wird eine Schaltung, wie sie hier

158

vorliegt, als *astabile Kippschaltung* oder *Multivibrator* bezeichnet. Wie arbeitet eine solche Schaltung?

Sie besteht aus zwei gleichartigen Transistorschaltverstärkern, die miteinander durch Kondensatoren verkoppelt sind. Werden die Kondensatoren entfernt, bleiben die beiden Schaltverstärker übrig (*Abb. 24b*). Beide Schaltstufen erhalten über Basisvorwiderstände Steuerströme und sind im entkoppelten Zustand durchgeschaltet; beide Lampen als Lastwiderstände leuchten.

Zur Erklärung der Wirkungsweise der Kippschaltung soll zunächst die Funktion eines Koppelkondensators untersucht werden:

Der Kondensator C_2 liegt mit einem Anschluß an der Basis des Transistors T_2 (*Abb. 24c*). Nehmen wir an, der Kondensator ist mit seinem anderen Anschluß an das Minuspotential der Betriebsspannungsquelle angeschlossen. Wenn dies geschieht, sperrt der Transistor für einen Moment. Weshalb? Der Kondensator muß sich aufladen! Er wirkt für einen Augenblick wie ein Kurzschluß, durch den die Basis des Transistors gleichsam an das Minuspotential der Betriebsspannungsquelle angeschlossen wird, so daß der Transistor sperren muß.

Wird der Kondensator jedoch auf die geringe Basis-Emitter-Spannung aufgeladen, dann ist der Transistor wieder durchgesteuert. Ein erneutes Sperren durch wiederholtes Anlegen des linken Kondensatoranschlusses an das Minuspotential gelingt nicht, wenn der Kondensator aufgeladen bleibt. Erst wenn der Kondensator vorher entladen wird, kann das kurzzeitige Sperren des Transistors wiederholt hervorgerufen werden.

Was aber geschieht, wenn der Kondensator mit seinem linken Anschluß an das positive Potential der Betriebsspannungsquelle angeschlossen wird (*Abb. 24d*)?

Der Kondensator wirkt auch in diesem Fall wie ein vorübergehender Kurzschluß, der das positive Potential der Spannungsquelle an die Basis des Transistors bringt. Da jedoch der Transistor über den Basisvorwiderstand schon durchgesteuert ist, zeigt die Lampe keine auffällige Änderung des Schaltzustandes an.

Der Kondensator lädt sich auf folgende Weise auf: sein linker Belag erhält von der Spannungsquelle eine positive Ladung, sein rechter Belag – der an der Basis des Transistors liegt – wird um den Spannungsabfall am Basisvorwiderstand negativer.

Was geschieht, wenn der linke Kondensatorbelag wieder über die Verbindungsleitung an das negative Potential der Betriebsspannungsquelle angeschlossen wird?

Zu berücksichtigen ist, daß der Kondensator nun schon aufgeladen ist; er stellt jetzt also selbst eine kleine Spannungsquelle dar: Pluspol an der Verbindungsleitung – Minuspol an der Basis des Transistors.

Folgendes geschieht: Wird der linke Belag des Kondensators wieder an das negative Potential der Betriebsspannungsquelle angeschlossen, an dem auch der Emitter des Transistors liegt, so wirkt der Kondensator als aufgeladene Spannungsquelle. Sie setzt die Basis gegenüber dem Emitter vorübergehend auf ein negativeres Potential. Der Transistor sperrt daraufhin so lange, bis der Kondensator sich entladen hat, und das negative Potential an der Basis verschwindet. Für diese Zeit verlöscht die Lampe.

Der Kondensator entlädt sich aber nicht nur; er wechselt auch seine Ladung! Das heißt, er lädt sich nun so auf, daß sein Anschluß an der Transistorbasis gegenüber dem Emitter nicht mehr negativ ist, sondern positiv. Und zwar besitzt der an der Basis liegende Belag des Kondensators nun gegenüber dem anderen Anschluß ein der Basis-Emitter-Spannung entsprechendes geringes positives Potential.

Die Umladung erfolgt über folgenden Weg: vom Kondensator über die Betriebsspannungsquelle und den Basisvorwiderstand R_2 zurück zum Kondensator (*Abb. 24e*).

Diese Vorüberlegungen zeigen, daß es möglich ist, durch das Laden und Entladen beziehungsweise Umladen des Koppelkondensators den Transistor kurzzeitig zu sperren.

Zur Vereinfachung der bisher beschriebenen Vorgänge hatten wir angenommen, daß das Umladen des Kondensators mit Hilfe einer Verbindungsleitung geschieht, die die Verbindung zwischen dem Kondensator und dem Minus- oder Pluspol der Spannungsquelle herstellt. In der vollständigen Kippschaltung soll das Umpolen des Kondensators C_2 aber mit Hilfe der anderen Schaltstufe geschehen, indem der Transistor T_1 gesperrt oder geöffnet wird. Der linke Anschluß des Kondensators C_2 wird dafür an den Kollektor des Transistors T_1 in der anderen Schaltstufe angeschlossen (*Abb. 24f*). Ist der Transistor durchlässig, ist der Kondensator C_2 mit seinem linken Anschluß praktisch mit dem Minuspol der Betriebsspannungsquelle verbunden.

Ist der Transistor T_1 jedoch gesperrt, wird der linke Anschluß des Kondensators C_2 unverzüglich über die niederohmige Lampe L_1 an den positiven Pol der Betriebsspannungsquelle gelegt.

Schaltet der Transistor zurück in den Durchlaßzustand, so wird der Kondensator C_2 vom positiven Potential wieder an das negative Potential gelegt.

Wenn dies geschieht, wird der Transistor T_2 über den Kondensator C_2 genauso beeinflußt wie beim Umstecken der Verbindungsschnur. Umgekehrt muß auch der Transistor T_1 über den Kondensator C_1 in gleicher Weise steuerbar sein.

Abbildung 24g zeigt eine Kippschaltung, in die nun auch der Kondensator C_1 eingefügt ist. Er liegt mit dem linken Anschluß an der Basis des Transistors T_1 und mit dem rechten Anschluß am Kollektor des Transistors T_2.

Wir gehen weiter davon aus, daß der Basisstrom des Transistors T_1 durch einen Schalter unterbrochen ist, so daß zunächst der Transistor gesperrt bleibt. Der Transistor T_2 ist dann durchgeschaltet.

Wenn der Transistor T_1 gesperrt ist, liegt der Kondensator C_2 mit seinem linken Belag über Lampe L_1 am Pluspotential, mit seinem rechten Belag an der Basis des Transistors T_2 und somit über dessen durchlässige Basis-Emitter-Strecke praktisch am Minuspotential der Betriebsspannungsquelle.

Wird der Transistor T_1 durch das Einschalten des Basisstromes durchlässig, so wird der linke Belag des Kondensators C_2 über dessen Kollektor-Emitter-Strecke an Minuspotential gelegt. Dadurch wird nun die Basis des Transistors T_2 wegen des gerade vorhandenen Ladezustandes des Kondensators auf stark negatives Potential gegenüber dem Emitter gesetzt. Der Kondensator C_2 wirkt – darauf wurde schon hingewiesen – vorübergehend wie eine Spannungsquelle, die jetzt mit dem Minuspol an der Basis und mit dem Pluspol am Emitter des Transistors T_2 angeschlossen ist.

Deshalb sperrt der Transistor T_2!

Infolge der plötzlichen Sperrung des Transistors T_2 wird der Kondensator C_1 mit seinem rechten Belag über die Lampe L_2 ans Pluspotential angeschlossen. Dieses Potential bringt der Kondensator, der als scheinbarer Kurzschluß wirkt, bis zu seiner Aufladung an die Basis des Transistors T_1, der dadurch besonders kräftig durchgesteuert wird.

Ist der gleichzeitig ablaufende Entladevorgang am Kondensator C_2 so weit fortgeschritten, daß die Basis des Transistors T_2 kein negatives Potential mehr

erhält, wird dieser Transistor durchlässig. Das positive Potential an seinem Kollektor sinkt ab.

Der Kondensator C_1 bringt in der Folge negatives Potential an die Basis des Transistors T_1, so daß dieser in den Sperrzustand versetzt wird.

Der Transistor T_1 ist nach diesem Kippvorgang, der in Wirklichkeit sehr schnell abläuft, gesperrt; dafür ist nun der Transistor T_2 durchlässig. Nach dem Umladen der Kondensatoren wird die Schaltung wieder in den entgegengesetzten Zustand kippen – und so weiter.

Das Umschalten der Transistoren vom Sperr- in den Durchlaßzustand und entgegengesetzt erfolgt bei einer Kippschaltung jeweils sehr rasch. Deshalb erscheinen in einem Diagramm, in dem der Kollektorstrom eines Transistors in Abhängigkeit von der Zeit dargestellt wird, die einzelnen Schaltimpulse in typischer Rechteckform *(Abb. 24h)*.

Die Dauer der Schaltimpulse hängt natürlich von der Bemessung der Bauelemente ab. Wird zum Beispiel die Kapazität der Kondensatoren vergrößert, verkleinert sich die Kippfrequenz, weil die Umladevorgänge bei den Kondensatoren länger dauern.

Bei einer Verkleinerung der Kapazitäten wird dagegen die Kippfrequenz der Blinkschaltung erhöht. Das vorliegende Schaltbeispiel arbeitet mit einer Blinkfrequenz von etwa 1,5 Hz, wenn folgende Daten zugrunde gelegt werden:

Betriebsspannung	U	$= 6\,V$
Lampen	$L_1 = L_2$	$= 6\,V/3\,W$
Transistoren	$T_1 = T_2$	$= BD\,106$
Basisvorwiderstände	$R_1 = R_2$	$= 1\,k\Omega$
Kondensatoren	$C_1 = C_2$	$= 470\,\mu F$

Die Zeit, in der ein Transistor leitend ist, kann nach der Formel $t = 0{,}7 \cdot R \cdot C$ errechnet werden. In unserem Beispiel ist diese Zeit also

$$t = 0{,}7 \cdot 1\,k\Omega \cdot 470\,\mu F = 0{,}7 \cdot 470\,ms$$
$$= 0{,}33\,s.$$

Ein vollständiger Kippvorgang setzt sich aus den Zeiten für beide Kondensatoren zusammen; er dauert also in unserem Beispiel:

$$t_k = 2 \cdot t = 2 \cdot 0{,}33\,s = 0{,}66\,s.$$

Ferner gilt:

$$f = \frac{1}{t_k} = \frac{1}{0{,}66\,s} = 1{,}5\,Hz.$$

Würden Kondensatoren mit der Kapazität $C = 1000\,\mu F$ verwendet, so wäre die Kippfrequenz

$$f = \frac{1}{2 \cdot t} = \frac{1}{t_k} = \frac{1}{2 \cdot 0,7 \cdot 1\ k\Omega \cdot 1\ mF} = 0,7\ Hz.$$

Würden Kondensatoren mit der Kapazität $C = 250\ \mu F$ verwendet, so wäre die Kippfrequenz

$$f = \frac{1}{2 \cdot t} = \frac{1}{2 \cdot 0,7 \cdot 1\ k\Omega \cdot 0,250\ mF} = 2,9\ Hz.$$

Ein Parklichtschalter – Schalten bei einem bestimmten Eingangswert

Ein Transistor nimmt die beiden Schaltzustände „durchlässig" oder „gesperrt" nur ein, wenn er entsprechend angesteuert wird.

Der Wechsel von einem Schaltzustand in den anderen erfolgt nur dann sprunghaft, wenn die Steuergröße sprunghaft verändert wird.

Wenn also zum Beispiel der Steuerstrom allmählich kleiner wird, so öffnet der Transistor den Laststromkreis ebenso allmählich. Das aber ist in vielen Fällen nicht nur unerwünscht, sondern kann für einen Schalttransistor auch schädigend sein, wenn während des Umschaltens von einem Arbeitspunkt in den anderen im Transistor der Grenzwert der maximal zulässigen Verlustleistung für längere Zeit überschritten wird.

Die Arbeitsgerade darf im Ausgangskennlinienfeld eines Transistors dann durch das Gebiet überhöhter Verlustleistung laufen, wenn die Arbeitspunkte „gesperrt" und „durchlässig" außerhalb dieses Gebietes liegen und das Umschalten von einem Arbeitspunkt in den anderen schnell erfolgt.

Eine Schaltung, die bei langsam ansteigender oder absinkender Steuergröße plötzlich umschaltet, wenn ein bestimmter Wert erreicht wird, ist die *Schmitt-Trigger-Schaltung. Abbildung 25 a* zeigt ein bemessenes Beispiel einer solchen Schaltung. Bei der Erklärung ihrer Wirkungsweise wird davon ausgegangen, daß der Stellwiderstand R_P am Eingang der Schaltung auf einen kleinen Wert eingestellt ist. Die Basis des Transistors T_1 erhält dann eine relativ große Steuerspannung, es fließt ein relativ großer Steuerstrom. Der Transistor T_1 ist deshalb durchgeschaltet. Sein Kollektor führt nur ein niedriges positives Potential.

Über den Spannungsteiler, der aus den Widerständen R_5 und R_6 gebildet wird, erhält die Basis des Transistors T_2 ein noch niedrigeres Potential. Dieses Potential ist sogar niedriger als das Potential am

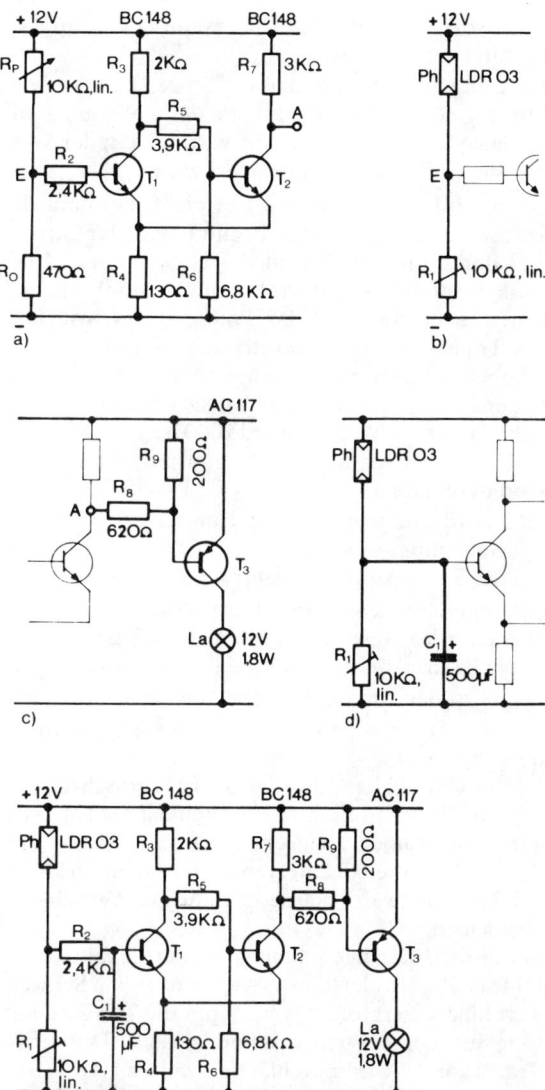

Abb. 25 Zur Erklärung eines Parklichtschalters mit Schmitt-Trigger-Stufe

Emitteranschluß des Transistors, denn der Emitter liegt am gemeinsamen Emitterwiderstand R_4 beider Transistoren. Und am Emitterwiderstand R_4 besteht ein Spannungsabfall, hervorgerufen durch den Strom, der durch den Transistor T_1 fließt.

Anders ausgedrückt: Die Basis des Transistors T_2 führt ein negativeres Potential als der Emitter. Der

Transistor T_2 ist also gesperrt, wenn der Transistor T_1 durchgeschaltet ist.

Nehmen wir weiter an, daß die Steuerspannung am Eingang der Schaltung mit Hilfe des Stellwiderstandes mehr und mehr verringert wird, indem der Wert des Stellwiderstandes vergrößert wird.

Dann wird einmal ein Wert erreicht, bei dem der Transistor T_1 zu sperren beginnt und der Stromfluß durch ihn verschwindet. Der Spannungsabfall am Emitterwiderstand wird damit ebenfalls kleiner. Und gleichzeitig wird das Potential am Kollektor des Transistors T_1 zu positiveren Werten hin verschoben. Über den Spannungsteiler R_5/R_6 wird die Spannung an der Basis des Transistors T_2 nun ebenfalls erhöht. Schließlich wird die Basis von Transistor T_2 positiver als der Emitter; der Transistor wird durchlässig.

Jetzt wird am gemeinsamen Emitterwiderstand R_4 der Spannungsabfall wieder größer, da nun durch ihn der Strom vom Transistor T_2 fließt.

Der Emitteranschluß des Transistors T_1 bekommt also ein positiveres Potential als die Basis, so daß dieser Transistor nun vollkommen sperrt.

Damit ist der Umschaltvorgang beendet.

Nun sperrt Transistor T_1, während Transistor T_2 durchlässig ist.

Dieses Umschalten, das wir Schritt für Schritt verfolgten, läuft natürlich in Wirklichkeit als Kippvorgang sehr schnell ab. Der gemeinsame Emitterwiderstand für die beiden Transistoren dient als Koppelglied. Ohne ihn würde das abrupte Umschalten ausbleiben.

Wenn die Eingangsspannung an der Schaltung mit Hilfe des Stellwiderstandes wieder über den Schwellwert hinaus vergrößert wird, kippt die Triggerschaltung in den Ausgangszustand zurück. Das heißt, Transistor T_1 wird durchlässig, während Transistor T_2 gesperrt wird.

Den Schmitt-Trigger kann man zum Beispiel als Schaltstufe in einen selbsttätigen Parklichtschalter für Kraftfahrzeuge einsetzen.

Soll dieser Dämmerungsschalter bei nachlassender Helligkeit bei einem bestimmten Wert eine Parkleuchte einschalten, so wird die Triggerschaltung noch um einige Bestandteile erweitert: Am Eingang des Schmitt-Triggers wird der bisher eingesetzte Stellwiderstand durch einen Photowiderstand ersetzt (Abb. 25b). Der Photowiderstand ist bei Helligkeit gut leitend, besitzt bei Dunkelheit jedoch einen hohen Widerstandswert. Durch ihn bekommt der Transistor T_1 bei Helligkeit ein positives Potential an die Basis; der Transistor wird durchlässig.

Bei Dunkelheit ist es gerade umgekehrt.

Der Ansprechwert des Schmitt-Triggers für das Umschalten kann durch den Widerstand R_1 eingestellt werden.

Um eine Lampe schalten zu können, ist eine Leistungsstufe erforderlich, die vom Trigger geschaltet wird. Der Leistungstransistor ist so zu bemessen, daß er den höheren Einschaltstrom der Lampe aushält.

Während die Trigger-Stufe npn-Transistoren besitzt, wurde für die Leistungsschaltstufe ein pnp-Transistor gewählt. Der Emitter dieses Transistors liegt am Pluspol, der Kollektor über die zu schaltende Lampe am Minuspol der Betriebsspannungsquelle (Abb. 25c). Dadurch wird erreicht, daß die Leistungsstufe sperrt, wenn der Transistor T_2 des Triggers gesperrt ist. Bei gesperrtem Transistor T_2 bekommt nämlich die Basis des Transistors T_3 dasselbe Potential wie der Emitter; das bedeutet für den Transistor: „sperren"!

Wenn man als Leistungstransistor keinen pnp-Typ verwendet, ist eine weitere Umkehrstufe zwischen der Trigger- und der Leistungsstufe oder eine Schaltungsänderung am Eingang des Dämmerungsschalters notwendig.

Damit der Dämmerungsschalter kurzzeitige Helligkeitsänderungen nicht registriert (zum Beispiel am Tage durch Schattenwirkung vorbeifahrender Fahrzeuge oder bei Dunkelheit durch deren Scheinwerferlicht), baut man eine Ansprechverzögerung ein. Sie wird aus dem Widerstand R_2 und dem Kondensator C_1 gebildet (Abb. 25d). Bei Schwankungen der Eingangsspannung muß sich der Kondensator über den Widerstand R_2 erst aufladen oder entladen, ehe sich die Eingangsspannungsänderung an der Basis des Transistors T_1 bemerkbar macht.

Abbildung 25e zeigt die komplette Schaltung des Parklichtschalters.

Darlingtonschaltung – multiplizierte Verstärkung

Nicht immer steht ein ausreichender Steuerstrom für die volle Durchschaltung eines einzelnen Transistors zur Verfügung. Wenn daher ein sehr schwacher Strom als Schaltsignal ausgewertet werden soll, muß dieser Strom vorverstärkt werden. Eine besonders einfache und interessante Schaltung, die auf sehr kleine Steuerströme reagiert, ist die *Darlingtonschaltung*. Sie ist eine Kombination aus zwei oder mehreren Transistoren, die wie in *Abbildung 26a* zusammengeschaltet sind. Die Zusammenfassung der Transistoren nach Darlington ergibt eine Schaltung mit drei Anschlüssen, die wie

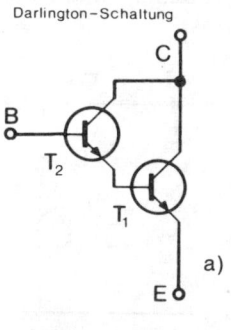

Darlington–Schaltung

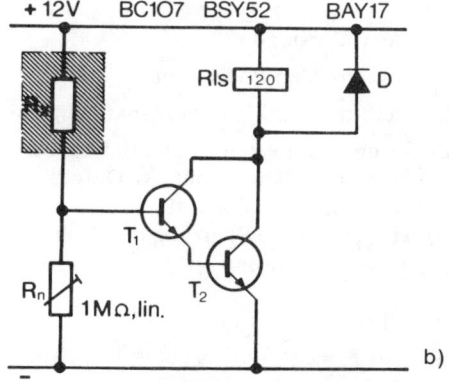

Abb. 26 Ein Feuchtigkeitsmelder mit Darlington-Schaltung

ein einfacher Transistor mit Basis-, Emitter- und Kollektoranschluß verwendet werden kann, die aber den ausgeprägten Vorzug einer hohen Verstärkung besitzt. Denn in der Darlingtonschaltung ist die Gesamtverstärkung gleich dem Produkt der Verstärkungsfaktoren der einzelnen Transistorstufen! Wenn zum Beispiel zwei in einer Darlingtonschaltung verknüpfte Transistoren eine Gleichstromverstärkung von je B = 100 besitzen, so ist ihr Gesamtverstärkungsfaktor:

$$B_{ges} \approx B_1 \cdot B_2 = 100 \cdot 100 = 10\,000.$$

Abbildung 26b zeigt ein Anwendungsbeispiel für eine Darlingtonschaltung. Diese Schaltung kann zum Beispiel zur Kontrolle der Feuchtigkeit in Werkstoffen o. ä. eingesetzt werden.

Der Widerstand R_x in der Abbildung verkörpert den hohen Widerstand des zu kontrollierenden Werkstoffes, der von der Feuchtigkeit abhängen soll. Wir gehen hier einmal davon aus, daß dieser Widerstand bis zu einigen Megaohm beträgt.

Der Widerstand R_x bildet mit dem Stellwiderstand Rn einen Spannungsteiler zur Einstellung der Basisspannung für den Transistor T_1. Wird der Materialwiderstand R_x durch das Einwirken von Feuchtigkeit vermindert, so erhält der Eingangstransistor T_1 eine größere Basisspannung und einen größeren Basisstrom; er wird durchlässig. Der Emitterstrom des Eingangstransistors T_1 fließt in die Basis des Ausgangstransistors T_2, so daß dieser ebenfalls durchlässig wird und das Relais schaltet.

In der Schaltung bilden die Transistoren BC 107 C und BSY 52 die Darlingtonschaltung. Der Transistor BC 107 C besitzt eine Gleichstromverstärkung B = 200 oder mehr; der Transistor BSY 52 besitzt mindestens eine Gleichstromverstärkung B = 100. Die Gesamtverstärkung der Darlingtonschaltung beträgt somit:

$$B_{ges} \approx B_1 \cdot B_2 = 200 \cdot 100 = 20\,000.$$

Wenn zum Beispiel ein Laststrom von 100 mA geschaltet werden soll, so muß der Steuerstrom nur etwa den zwanzigtausendsten Teil des Laststromes betragen, also 5 µA!

Bei der Kombination von Transistoren zur Darlingtonschaltung ist zu beachten, daß sich die einzelnen Schleusenspannungen addieren. Beim Transistor BC 107 beträgt die Schleusenspannung bis zu 0,8 V, beim Transistor BSY 52 bis zu 1,2 V.

Bei der Darlingtonschaltung muß also mit einer Schleusenspannung von insgesamt 2 V gerechnet werden. Erst wenn diese Spannung am Schaltungseingang erreicht wird, kann ein Steuerstrom fließen.

Der Stellwiderstand Rn in der Feuchtigkeits-Kontrollschaltung dient zur Einstellung des Ansprechwertes.

*

Weiterführende Literatur findet sich im Anhang. Für dieses Kapitel gelten vor allem die Nummern 2, 4, 8, 19, 21, 23, 25, 26, 36, 42, 44, 45, 49, 51, 53, 55, 62, 67

Übungsaufgaben

Bei den Fragen 2., 3., 8. kann die Antwort gleich auf den freigelassenen Zeilen notiert werden (mit Bleistift oder Kugelschreiber). Bei den übrigen Fragen soll die jeweils richtige Antwort links im Kästchen angekreuzt werden. Es können mehrere Antworten richtig sein.

1. Welche Vorzüge besitzt ein Transistor als Schalter?

Der Transistor als Schalter

- [x] **a)** arbeitet wartungsfrei
- [ ] **b)** ist unbegrenzt belastbar
- [x] **c)** unterliegt keinem Verschleiß
- [ ] **d)** besitzt absolute Sperrwirkung
- [x] **e)** schaltet lautlos
- [x] **f)** ist platzsparend
- [ ] **g)** weist keinerlei Durchlaßwiderstand auf
- [x] **h)** hat kurze Schaltzeiten
- [ ] **i)** kann ohne Beachtung der Polarität an jede Betriebsspannung angeschlossen werden
- [ ] **k)** arbeitet verlustfrei

2. Ein npn-Transistor wird als Schalter verwendet. Die Kollektor-Emitter-Strecke liegt im Laststromkreis und ist durchgeschaltet. Welches Potential (positiv oder negativ) besitzen in diesem Fall, bezogen auf den Emitter,
a) der Kollektor?

b) die Basis des Transistors?

3. In der Abbildung fehlt im Symbol des Transistors die Pfeilspitze am Emitter.
Der Transistor soll sich im durchgeschalteten Zustand befinden.

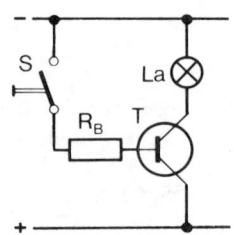

a) Tragen Sie den Pfeil richtig ein.

b) Handelt es sich bei diesem Transistor um einen npn- oder um einen pnp-Typ?

c) Ist die Reihenfolge der Halbleiterschichten im Transistor für den Anschluß an die Betriebsspannung belanglos?

4. Welchen Sinn hat der Basisvorwiderstand bei dem Schalttransistor in der hier abgebildeten Schaltung?

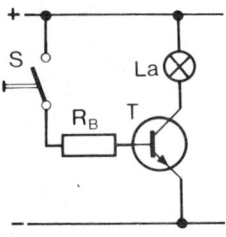

Der Basisvorwiderstand

- [ ] **a)** begrenzt den Basisstrom
- [ ] **b)** stellt die Basis-Emitter-Spannung ein
- [ ] **c)** bringt ein positives Potential an die Basis und dient damit zur Durchsteuerung des Transistors
- [ ] **d)** verursacht die Sperrung des Laststromkreises

5. Was ist richtig?

- [ ] **a)** Der Kollektorstrom eines Transistors darf beliebig groß sein
- [ ] **b)** Der Kollektorstrom darf einen bestimmten Höchstwert nicht überschreiten
- [ ] **c)** Die Kollektor-Emitter-Strecke eines Transistors besitzt auch im durchgeschalteten Zustand einen gewissen Widerstand
- [ ] **d)** Jeder durch den Transistor fließende Strom läßt in ihm Wärme entstehen, die abgeführt werden muß
- [ ] **e)** Fließt ein zu großer Kollektorstrom, so kann die entstehende Wärme nicht schnell genug abgeleitet werden, der Transistor wird überhitzt und zerstört

6. Darf die Kollektor-Emitter-Strecke eines Transistors im Sperrzustand an eine beliebig hohe Spannung angeschlossen werden?

☐ **a)** Ja, die Sperrung wird in diesem Fall durch zwei Sperrschichten bewirkt, die bei jeder noch so hohen Spannung sperren

☐ **b)** Nein, die Sperrschichten werden bei einer zu hohen Spannung durchbrochen. Der Transistor wird zerstört, wenn keine Schutz-Maßnahmen getroffen wurden

7. In welchem Fall befindet sich die Basis-Emitter-Strecke eines npn-Transistors im Sperrzustand?

☐ **a)** Wenn die Basis positiv gegenüber dem Emitter gepolt ist

☒ **b)** Wenn die Basis negativ gegenüber dem Emitter gepolt ist

☐ **c)** Für diese Strecke gibt es keinen Sperrzustand

8. Wie viele sperrende Übergangszonen besitzt ein Transistor in der Kollektor-Emitter-Strecke, wenn Kollektor und Emitter an eine Spannung angeschlossen sind und der Basisanschluß offen liegt?

9. In welchem Fall ist die Sperrwirkung der Kollektor-Emitter-Strecke eines npn-Schalttransistors, der in Emitterschaltung betrieben wird, am besten?
Die Sperrwirkung ist am besten,

☐ **a)** wenn der Basiswiderstand offen liegt

☐ **b)** wenn die Basis gegenüber dem Emitter an ein negatives Potential angeschlossen ist

☐ **c)** wenn die Basis das gleiche Potential wie der Emitter besitzt

10. In einer Schaltung sollen pnp-Schalttransistoren durch gleichartige npn-Transistoren ersetzt werden.

☐ **a)** Das ist ohne jegliche Änderungen möglich

☐ **b)** Das Auswechseln ist möglich, wenn die Polung der Betriebsspannung umgekehrt wird und auch gepolte Bauelemente (z. B. Elektrolytkondensatoren) umgekehrt angeschlossen werden

☐ **c)** npn-Transistoren und pnp-Transistoren können unter keinen Umständen ausgewechselt werden

11. Transistoren findet man häufig mit aufgesteckten sternförmigen Metallkränzen versehen oder auf gerippten Metallkörpern montiert. Warum?

☐ **a)** Die Metallstücke dienen der erschütterungsfreien Befestigung der Transistoren

☐ **b)** Die Transistoren werden damit vor Wärmeeinflüssen von außen geschützt

☐ **c)** Es handelt sich um Kühlkörper

☐ **d)** Die Wärmeabgabe in die Umgebungsluft wird verbessert

12. Was versteht man bei einem Schalttransistor unter dem Begriff „Kollektor-Sättigungsspannung"?

☐ **a)** Höchstzulässige Spannung im Sperrzustand

☐ **b)** Mindeststeuerspannung

☐ **c)** Spannungsabfall an der durchgeschalteten Kollektor-Emitter-Strecke

☐ **d)** Spannungsabfall am Durchlaßwiderstand des Transistors, der auch bei einer Erhöhung des Steuerstromes nur unwesentlich abnimmt

13. Ein Transistor soll einen Widerstand von 47 Ω an einer Betriebsspannung von 12 V schalten. Welche Stromstärke wird etwa fließen, wenn vereinfachend angenommen wird, daß der Schalttransistor einen vernachlässigbaren Durchlaßwiderstand besitzt?

☐ **a)** 2,5 mA ☐ **d)** 390 mA

☐ **b)** 250 mA ☐ **e)** 56 mA

☐ **c)** 2,5 A ☐ **f)** 0,56 A

14. Welchen Steuerstrom benötigt ein Schalttransistor mindestens, um einen Laststrom von 100 mA zu schalten, wenn das Kollektor-Basis-Stromverhältnis B = 70 ist?

Der erforderliche Mindeststeuerstrom kann ermittelt werden nach der Beziehung

☐ **a)** $B = \dfrac{I_C}{I_B}$ ☐ **c)** $I_B = B \cdot I_C$

☐ **b)** $B = \dfrac{I_B}{I_C}$ ☐ **d)** $I_B = \dfrac{I_C}{B}$

Der Mindeststeuerstrom beträgt

☐ **e)** 14 mA   ☐ **g)** 7 µA

☐ **f)** 1,4 mA   ☐ **h)** 0,7 mA

15. Als Grenzwert für die Verlustleistung bei 25 °C Umgebungstemperatur sind für einen Schalttransistor 0,8 W angegeben.
Welche der folgenden Aussagen sind richtig?

☐ **a)** Dieser Grenzwert kann erhöht werden, wenn auf den Transistor ein Kühlstern aufgesteckt wird

☐ **b)** Wenn die Temperatur der Umgebung auf 30 °C ansteigt, steigt auch der Grenzwert der zulässigen Verlustleistung

☐ **c)** Wenn die Umgebungstemperatur auf 30 °C ansteigt, ist der Grenzwert der zulässigen Verlustleistung niedriger als 0,8 W

16. Welche Verlustleistung tritt an einem Schalttransistor auf, wenn ein Kollektorstrom I_C = 800 mA fließt und die Kollektor-Sättigungsspannung U_{CEsat} = 0,9 V beträgt?

☐ **a)** 7,2 W   ☐ **b)** 0,72 W

☐ **c)** 720 mW   ☐ **d)** 890 mA

☐ **e)** 112 mW

17. Welche Last kann einen Transistor beim Abschalten gefährden, wenn keine Schutzmaßnahme getroffen wird?

☐ **a)** Ohmsche Last (Wirkwiderstand)

☐ **b)** Kapazitive Last (Kondensator)

☐ **c)** Induktive Last (Spule)

18. Welche Aufgabe erfüllt eine Freilaufdiode parallel zur Arbeitswicklung eines Relais, das durch einen Transistor geschaltet wird?
Die Freilaufdiode

☐ **a)** soll die Kollektorsättigungsspannung vermindern

☐ **b)** sorgt dafür, daß im Sperrzustand des Transistors kein Kollektor-Reststrom fließt

☐ **c)** soll Überspannungen durch die Selbstinduktionswirkung der Relaiswicklung beim Abschalten ableiten

19. Was ist richtig?

☐ **a)** Mit einer Schmitt-Trigger-Schaltung werden Kippschwingungen erzeugt

☐ **b)** Ein Schmitt-Trigger schaltet bei einem bestimmten Eingangswert sprungartig

☐ **c)** Ein Schmitt-Trigger schaltet nur, wenn er mit kurzen Impulsen angesteuert wird

☐ **d)** Ein Schmitt-Trigger kann als Schwellwertschalter verwendet werden

20. In welcher Weise ändert sich die Kippfrequenz in einer Multivibrator-Schaltung, wenn die Kapazität der Koppelkondensatoren verkleinert wird?

☐ **a)** Die Kippfrequenz wird kleiner

☐ **b)** Die Kippfrequenz wird größer

☐ **c)** Die Änderung der Kapazitäten hat keinen Einfluß auf die Kippfrequenz

☐ **d)** Das Kippen hört auf, weil die Schaltung verstimmt wird

21. Welche Stromverstärkung ergibt sich für eine Darlingtonschaltung, die aus zwei Transistoren gebildet wird.
Der eine Transistor besitzt die Stromverstärkung B_1 = 120, der andere die Stromverstärkung B_2 = 80.

☐ **a)** $B_1 + B_2 = 200$

☐ **b)** $B_1 : B_2 = 1,5$

☐ **c)** $B_1 \cdot B_2 = 9\ 600$

Die Lösungen der Aufgaben finden Sie im Anhang 1 dieses Buches auf S. 279.

8. Computer treffen logische Entscheidungen

Mit der Entwicklung der Computer-Elektronik hat eine neue Ära der Menschheitsgeschichte begonnen. Ergänzten oder vervollkommneten technische Apparaturen bisher mehr oder weniger nur Bereiche menschlicher Tätigkeit, die vornehmlich durch die menschliche Muskelkraft, durch körperliche Geschicklichkeit oder durch körperliche Ausdauer gekennzeichnet waren, so zeigt sich heute ein wesentlicher Wandel.

Superschnelle Apparaturen übernehmen in zunehmendem Maße Aufgaben, die bisher überwiegend durch das menschliche Gehirn bewältigt wurden.

Die Entwicklung der Computer-Elektronik muß in Zusammenhang mit den zunehmend komplexer werdenden Aufgaben in Handel und Verwaltung, in Wissenschaft und Technik gesehen werden, durch die die Anforderungen an das menschliche Gehirn ständig steigen. Mit diesen Apparaturen hat der Mensch sich Hilfen geschaffen, die er immer dann einsetzt, wenn Routinearbeiten anfallen oder wenn das menschliche Gehirn überfordert ist *(Abb. 1)*.

Wie aber können technische Apparaturen Arbeitsfunktionen des menschlichen Gehirns übernehmen? Sind nicht die logischen Entscheidungen, die in unserer technischen Welt getroffen werden müssen, viel zu verwickelt und umfangreich für eine technische Apparatur?

Daß der Mensch sie an eine Maschine delegieren kann, ist nur deshalb möglich, weil alle logischen Entscheidungen auf drei logische Grundentscheidungen, auf UND-, ODER- und NICHT-Entscheidungen, zurückzuführen sind.

In der Technik stehen uns Grundschaltungen zur Verfügung, die die genannten drei Grundentscheidungen nachvollziehen können. Mit Hilfe dieser drei logischen Grundschaltungen läßt sich eine Appara-

Abb. 1

tur aufbauen, die bei richtiger Fragestellung durch den Menschen Entscheidungen rascher und sicherer als das menschliche Gehirn treffen kann *(Abb. 2)*.

Von der Aussage zu den logischen Grundfunktionen

Will man Aufbau und Einsatz von elektronischen Logik-Schaltungen verstehen, so muß man sich zuvor mit den drei logischen Grundentscheidungen auseinandersetzen.

Für die Beschreibung logischer Zusammenhänge wurde ein eigenes Verfahren, die *Schaltalgebra*, entwickelt.

Im Prinzip werden dabei einer Aussage nur zwei

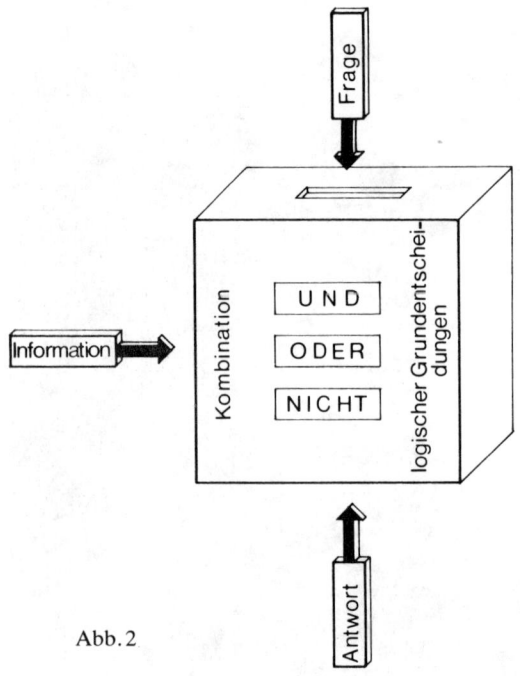

Abb. 2

brennt, wenn Netzspannung vorhanden ist und wenn der Schalter geschlossen ist", folgende Teilaussagen:

1. „Es ist Netzspannung vorhanden."
2. „Der Schalter ist geschlossen."
3. „Die Lampe brennt."

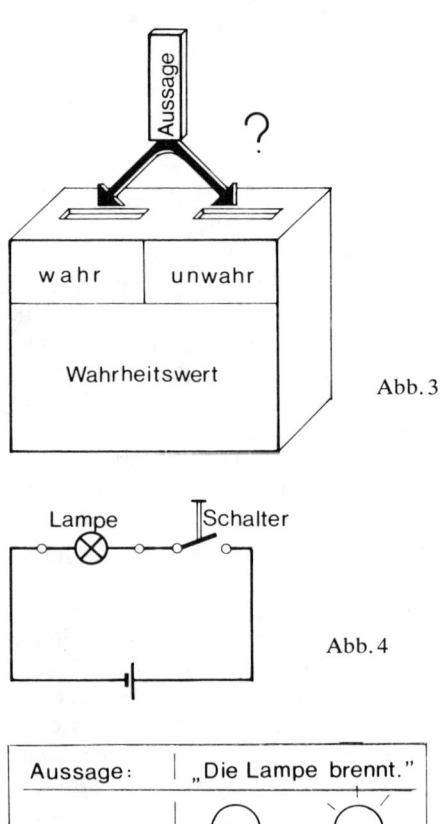

Abb. 3

Abb. 4

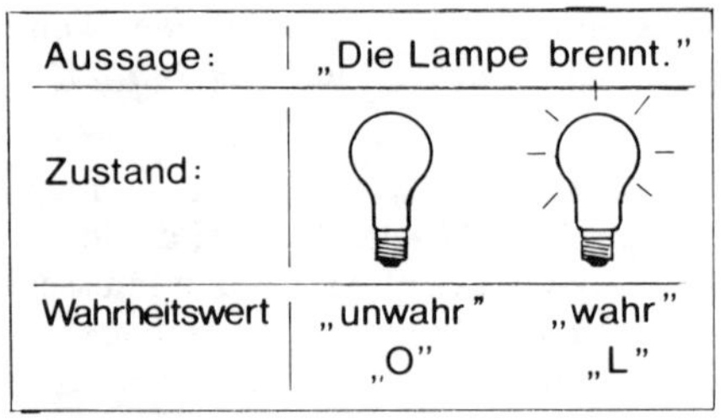

Abb. 5

Wahrheitswerte zugestanden: Jede Aussage kann nur „wahr" oder „unwahr" sein *(Abb. 3)*.

Dazu ein Beispiel:

Die Lampe in der Schaltskizze *(Abb. 4)* kann über einen Schalter ein- und ausgeschaltet werden. Formuliert man die Aussage „Die Lampe brennt", so kann diese Aussage – je nachdem, ob der Schalter geschlossen ist oder nicht – wahr oder unwahr sein *(Abb. 5)*.

Ist die Aussage „wahr", so schreibt man dafür „L"; ist die Aussage „unwahr", so schreibt man dafür „O".

Komplizierte Aussagen lassen sich in Teilaussagen zerlegen. So enthält z. B. die Aussage: „Die Lampe

Sind die beiden ersten Aussagen wahr, ist es die dritte ebenfalls. Der Wahrheitswert der Aussage 3 ist von den Wahrheitswerten der Aussagen 1 und 2 abhängig. Die abhängige Aussage 3 ist von den beiden freien Aussagen 1 und 2 abhängig.

Die Zusammenhänge zwischen den freien Aussagen 1 und 2 und der abhängigen Aussage 3 sind in folgender Funktionstabelle dargestellt:

Aussage 1	Aussage 2	abhängige Aussage 3
„Es ist Netz-spannung vor-handen."	„Der Schalter ist geschlos-sen."	„Die Lampe brennt."
O	O	O
O	L	O
L	O	O
L	L	L

Die abhängige Aussage ist nur dann wahr, wenn beide freien Aussagen wahr sind. Aussage 1 *und* Aussage 2 müssen wahr sein, damit die abhängige Aussage 3 wahr ist!

Wir haben es hier mit einer logischen UND-Verknüpfung zu tun.

Für den Techniker wäre die Niederschrift der logischen Zusammenhänge in der dargestellten Form unrationell. Er benutzt eine wesentlich einfachere Schreibweise.

Für die Aussage 1 setzt er „A".

Für die Aussage 2 setzt er „B".

Für die Aussage 3 setzt er „Z".

A, B und Z sind logische Variablen, die alle den Zustand O und L annehmen können. A und B sind die freien Variablen, Z die abhängige Variable.

Die *zusammengesetzte Aussage* wird

$$Z = A \wedge B$$

geschrieben.

Das Zeichen „$\wedge$" wird UND gelesen. Den gesamten Ausdruck nennt man *UND-Funktion*.

In der Kurzschreibweise des Technikers sieht die zur UND-Funktion $Z = A \wedge B$ zugehörige Wertetabelle so aus:

A	B	Z
O	O	O
O	L	O
L	O	O
L	L	L

Das Logik-Symbol für die UND-Funktion wird so gezeichnet (*Abb. 6*):

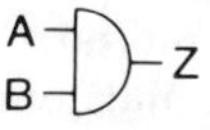

A
B
Z
Abb. 6

$$Z = A \wedge B$$

Die hier angegebene Kurzschreibweise hat den Vorzug, daß sie nicht nur für das besprochene Beispiel gültig ist. Sie würde auch für die Aussage: „Ich fahre in Urlaub, wenn ich im Betrieb frei komme und wenn ich gesund bin" zutreffen.

Ein völlig anderes Logik-Verhalten zeigt das sehr verbreitete System einer Türöffnerschaltung eines Mehrfamilienhauses. Bekanntlich kann der Türöffner von jeder Wohnung aus freigegeben werden. Nimmt man an, daß der Freigabeknopf in der Wohnung 1 mit Taster 1 und der Freigabeknopf in Wohnung 2 mit Taster 2 benannt wird, so wird die Türöffneranlage durch folgende Aussage funktionsmäßig beschrieben: „Der Türöffner wird freigegeben, wenn Taster 1 oder Taster 2 gedrückt wird."

Die drei Teilaussagen sind wieder in der Funktionstabelle aufgegliedert:

Aussage 1	Aussage 2	Aussage 3
„Taster 1 wird gedrückt"	„Taster 2 wird gedrückt"	„Der Türöffner wird freigegeben"
O	O	O
O	L	L
L	O	L
L	L	L

Die abhängige Aussage ist bereits dann wahr, wenn nur eine der beiden freien Aussagen wahr ist.

Wir haben es hier mit einer logischen *ODER-Verknüpfung* zu tun, die der Techniker kurz

$$Z = A \vee B$$

schreibt. Das Zeichen „$\vee$" wird ODER gelesen. *Abb. 7* zeigt das zur ODER-Verknüpfung zugehörige Logik-Symbol.

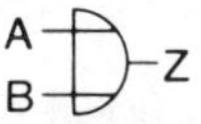

A
B
Z
$Z = A \vee B$
Abb. 7

Auch hier ist die Schreibweise wieder unabhängig vom gegebenen Sachverhalt. Sie ist z. B. auch gültig für die Aussage: „Die Haftpflichtversicherung zahlt, wenn ein Sachschaden oder ein Personenschaden eingetreten ist."

Mit diesen Logik-Funktionen läßt sich noch kein vollständiges logisches System aufbauen. Die dritte noch fehlende logische Funktion steckt in der Aussage, die die Funktion der in *Abbildung 8* wiedergegebenen Sicherheitsschaltung beschreibt.

„Die Sirene der Alarmanlage ertönt, wenn das Relais nicht an Spannung liegt."

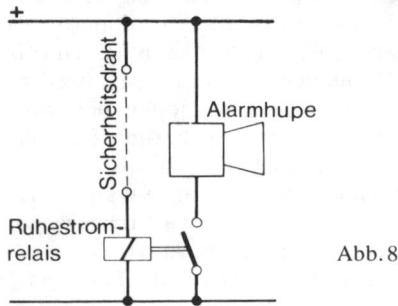

Abb. 8

Reißt der Sicherheitsdraht, so liegt das Ruhestrom-Relais nicht mehr an Spannung. Der Relaiskontakt schließt sich und die Hupe gibt Alarm. Die entsprechende Funktionstabelle:

Freie Variable A	Abhängige Variable Z
„Das Relais liegt an Spannung"	„Die Hupe der Alarmanlage ertönt"
O	L
L	O

Die in der Funktionstabelle dargestellte logische Funktion stellt eine Verneinung, eine Negation dar. Die *Negation* wird durch den Querstrich über der Variablen gekennzeichnet:

$$Z = \overline{A}.$$

Abbildung 9 zeigt das zugehörige Logik-Symbol.

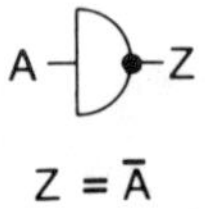

A —▷o— Z

Z = $\overline{A}$

Abb. 9

Dies sind die drei logischen Grundfunktionen. Wie sie elektronisch realisiert werden können, untersuchen wir im übernächsten Abschnitt.

Analoge und binäre Signale

Da die elektronischen Schaltungen die Begriffe „wahr" und „unwahr" als solche nicht verstehen, müssen sie durch elektrische Spannungen repräsentiert werden. So kann man z. B. dem elektrischen Zustand 0 V den logischen Zustand „O" und dem elektrischen Zustand +6 V den logischen Zustand „L" zuordnen. Spannungswerte, die zwischen 0 V und +6 V liegen, sind nicht zugelassen.

Prinzipiell können auch andere Spannungswerte festgelegt werden. In den praktisch ausgeführten Logik-Systemen gibt es eine Reihe von Varianten, die im wesentlichen auf die verwendeten Bauelemente ausgerichtet sind.

Da nur zwei Spannungswerte zugelassen werden können, spricht man von einem zweiwertigen, einem *binären* System. Signale mit nur zwei definierten Spannungswerten werden *binäre Signale* genannt.

Diese binären Signale sind von den *analogen Signalen* zu unterscheiden, die sich innerhalb eines zulässigen Wertebereichs kontinuierlich verändern können *(Abb. 10)*.

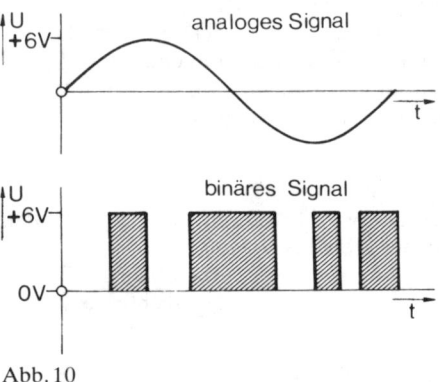

Abb. 10

Zu den Signalgebern analoger Signale gehören die *Sinusgeneratoren*. *Rechteckgeneratoren* dagegen geben binäre Signale ab.

Logische Schaltungen aus Widerständen und Dioden

Lange Zeit hat man logische Schaltungen mit Relais aufgebaut. Relaisschaltungen haben unter anderem den Nachteil, daß sie als kontaktbestückte Bauelemente störanfällig und relativ langsam sind. Schneller und störunempfindlicher sind elektronische Bauelemente. Sie sind überdies kleiner und billiger – Vorteile, die dazu geführt haben, daß moderne Digital-Systeme mit kontaktlosen Elementen wie Dioden und Transistoren ausgerüstet sind.

Schaltungen zur Realisierung logischer Funktionen nennt man *Gatter*. Die einfachsten Logik-Gatter lassen sich mit Dioden und Widerständen aufbauen. Die Schaltung nach *Abbildung 11* besteht aus einer solchen Dioden-Widerstandskombination. Im hier gewählten Schaltungsbeispiel werden die L-Signale durch +6 V, die O-Signale durch 0 V repräsentiert.

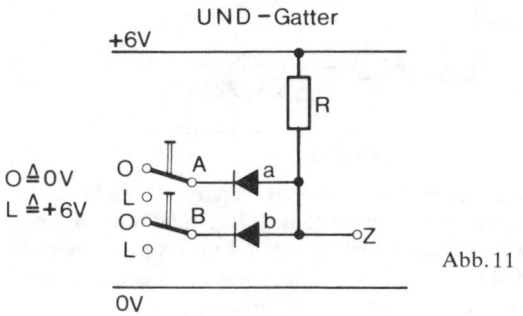

Abb. 11

Diese Schaltung arbeitet nun wie folgt:
Liegen die Eingänge A und B auf 0 V, so liegt an dessen Punkten O-Signal an. Die Dioden leiten. Es fließt ein Strom über die Signalquellen, die an den Eingängen des Gatters liegen.

Durch den Strom fällt am Widerstand R die gesamte Spannung von 6 V ab. Der Ausgang Z liegt dadurch auf 0 V. Der Ausgang Z führt O-Signal.

Wird nun der Eingang B auf +6 V, d. h. auf L-Signal geschaltet und verbleibt A auf O-Signal, so ist immer noch die Diode a leitend. Der Punkt Z behält infolge des Spannungsabfalls an R sein O-Signal.

Am Ausgang Z liegt erst dann ein L-Signal, d. h. +6 V an, wenn beide Dioden sperren. Dies ist der Fall, wenn beide Eingänge A und B L-Signal und somit +6 V führen.

Das Widerstands-Dioden-Gatter stellt eine UND-Stufe dar.

Die ODER-Funktion kann ebenfalls mit einem aus Dioden und Widerständen zusammengesetzten Gatter aufgebaut werden. Dabei werden die binären Signale „L" wieder durch +6 V, „O" durch 0 V dargestellt. Liegen alle Eingänge auf 0 V, so fließt kein Strom. Da kein Spannungsabfall am Widerstand R

auftritt, führt der Ausgang 0 V und somit O-Signal *(Abb. 12)*.

Legt man jetzt jedoch an einen der beiden Eingänge A oder B ein L-Signal (+6 V), dann wird die entsprechende Diode leitend. Der Ausgang Z liegt auf +6 V, d. h. auf L-Signal.

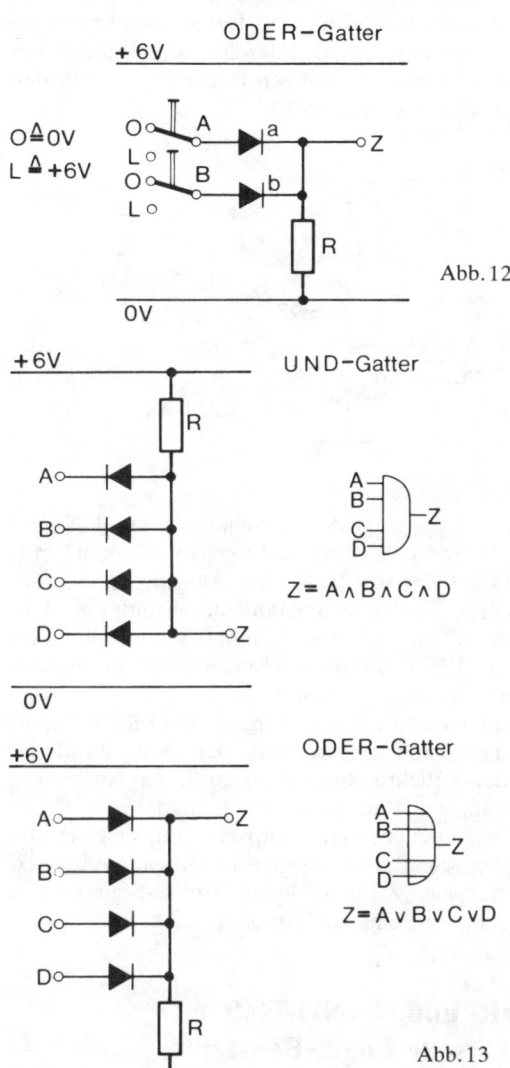

Abb. 12

Abb. 13

Sowohl bei dem UND- wie bei dem ODER-Gatter kann die Zahl der Eingänge erhöht werden. *Abbildung 13* zeigt die Schaltungen mit jeweils vier Eingängen. Daneben das entsprechende Logik-Symbol und die Logik-Funktion.

171

Der Transistor negiert das Eingangssignal

Zur Darstellung einer Negation braucht man einen Transistor, der als Schalter betrieben wird (*Abb. 14*). Wieder wird das L-Signal durch +6 V, das O-Signal durch 0 V repräsentiert. Der verwendete Transistor vom npn-Typ wird durch eine gegenüber der Emitter-Spannung positiven Basisspannung in den Durchlaßbereich geschaltet.

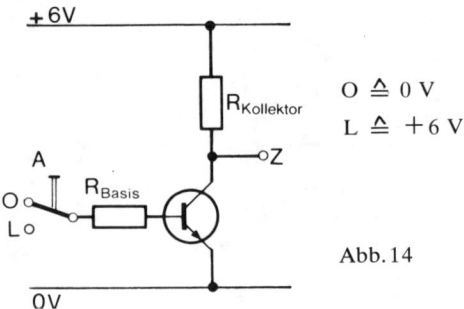

$$O \triangleq 0\,V$$
$$L \triangleq +6\,V$$

Abb. 14

Liegt am Eingang A der Schaltung ein L-Signal (+6 V), so ist die Basis positiv gegenüber dem Emitter. Der Transistor leitet. Am Ausgang Z liegt ein O-Signal, da der Widerstand der Emitter-Kollektorstrecke fast Null ist und somit 0 V an Punkt Z erscheint. Ein L-Signal am Eingang des Transistors bewirkt ein O-Signal am Ausgang.
Legt man nun an den Eingang A ein O-Signal, so ist der Transistor gesperrt und der Widerstand der Emitter-Kollektorstrecke sehr groß. Am Ausgang Z erscheint +6 V und somit ein L-Signal.
Die besprochene Transistorschaltung negiert das Eingangssignal. Ein O-Signal am Eingang A bewirkt am Ausgang Z ein L-Signal. Ein L-Signal an A bringt ein O-Signal am Ausgang Z.

NOR- und NAND-Gatter: universelle Logik-Bausteine

Die mit Dioden und Widerständen aufgebauten Logik-Gatter entsprechen nicht den Anforderungen, die heute an größere digitale Informationsverarbeitungssysteme gestellt werden. In größeren Schaltungskombinationen sind die beiden Spannungszustände, die die Logik-Werte O und L repräsentieren,

nicht mehr gewährleistet. Man hat Logik-Systeme entwickelt, deren gemeinsames Merkmal ein signalverstärkendes Element, der Transistor ist.
Wie der Aufbau einer aktiven Logik-Schaltung aussehen kann, soll in folgender Schaltungsanalyse gezeigt werden (*Abb. 15*).

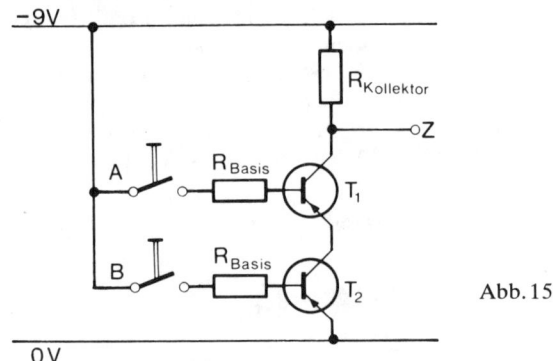

Abb. 15

Das L-Signal wird diesmal durch −9 V, das O-Signal durch 0 V dargestellt. (Die Zuordnung der beiden Spannungswerte zu den Logikwerten ist prinzipiell freigestellt; sie richtet sich nach den Eigenheiten der verwendeten Bauelemente.)
Die in der Schaltung verwendeten pnp-Transistoren werden mit einer gegenüber dem Emitter negativen Basisspannung durchgeschaltet. Liegt an den beiden Eingängen A und B jeweils ein O-Signal, so sind die beiden Transistoren gesperrt. Am Ausgang Z liegt L-Signal. Wird am Eingang A ein L-Signal aufgeschaltet, so wird zwar der Transistor T_1 leitend, es fließt jedoch kein nennenswerter Emitter-Kollektorstrom, da die in Reihe geschaltete Emitter-Kollektorstrecke des Transistors 2 noch ihren hohen Widerstand besitzt.
Der Ausgang Z bleibt auf −9 V, also auf L-Signal. Erst wenn beide Eingänge mit L-Signal belegt sind, fließt ein Emitter-Kollektorstrom und der Ausgang Z liegt auf 0 V und führt O-Signal.
In eine Funktionstabelle eingetragen ergeben diese Überlegungen folgenden Zusammenhang:

A	B	Z
O	O	L
O	L	L
L	O	L
L	L	O

Dieses logische Verhalten erscheint uns unbekannt. Es läßt sich jedoch aus dem uns bekannten Logik-Verhalten erklären *(Abb. 16)*.

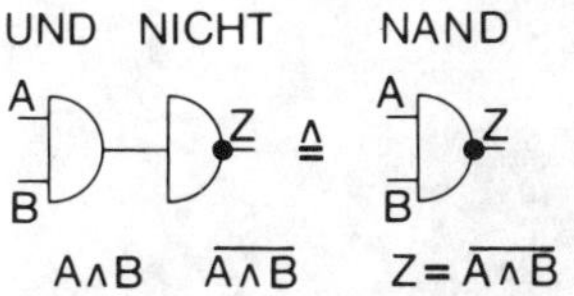

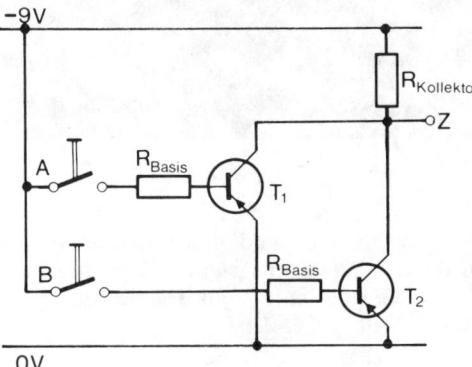

Abb. 16

Schaltet man den Ausgang eines UND-Gatters auf den Eingang eines Negationsbausteins, so werden alle Ausgangssignale der UND-Stufe negiert:

A	B	$A \wedge B$	$\overline{A \wedge B}$
O	O	O	L
O	L	O	L
L	O	O	L
L	L	L	O

Wir bekommen genau das gleiche logische Verhalten wie bei unserer Transistorschaltung. Sie stellt somit ein negiertes UND-Gatter dar. Dieses Gatter wird NAND-Stufe genannt.

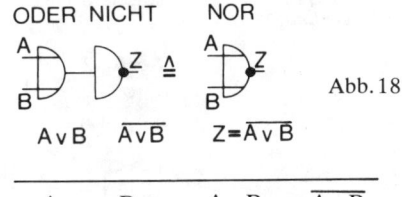

Abb. 17

Die in *Abbildung 17* vorgestellte Transistorschaltung ist eine weitere Variante aus der Sammlung der aktiven Logik-Elemente. Auch hier soll uns die Schaltungsanalyse Aufschluß über die Arbeitsweise bringen.
In der Schaltung sind die beiden Emitter-Kollektorstrecken der Transistoren T_1 und T_2 parallel geschaltet. Liegen die Eingänge A und B auf O-Signal,

so sind die beiden Transistoren gesperrt. Am Ausgang der Schaltung liegt -9 V und somit L-Signal.

Steuert man einen der Transistoren mit -9 V – also mit L-Signal an –, so wird er durchgeschaltet. Über die Emitter-Kollektorstrecke des durchgeschalteten Transistors fließt ein Strom. Die Systemspannung fällt jetzt vollständig an dem beiden Transistoren gemeinsamen Kollektorwiderstand R ab. Der Ausgang Z liegt somit auf 0 V, d. h. auf O-Signal.
Tragen wir diese Zusammenhänge in die Funktionstabelle ein, so ergibt sich:

A	B	Z
O	O	L
O	L	O
L	O	O
L	L	O

Dieses logische Verhalten erhalten wir auch, wenn der Ausgang Z einer ODER-Stufe auf den Eingang einer Negationsstufe geschaltet wird *(Abb. 18)*.

ODER NICHT   NOR

Abb. 18

A	B	$A \vee B$	$\overline{A \vee B}$
O	O	O	L
O	L	L	O
L	O	L	O
L	L	L	O

Die Ausgangssignale der ODER-Stufe werden negiert. Dies entspricht, wie die Funktionstabelle zeigt, ganz dem logischen Verhalten unserer Transistorschaltung.
Die Transistorschaltung nach Abbildung 17 stellt somit eine negierte ODER-Stufe dar. Sie wird *NOR-Gatter* genannt.
Die beiden hier analysierten Logik-Gatter sind universell verwendbar. Mit jedem der beiden Gattertypen lassen sich die drei uns bekannten logischen Grundschaltungen nachbilden.

173

In der nachstehenden Übersicht *(Abb. 19)* sind das erwünschte Logikverhalten, die entsprechende Logik-Schaltung und die Funktionstabelle der Schaltung zusammengestellt.

Abb. 19a: Zur Verfügung stehen NOR-Gatter
Abb. 19b: Zur Verfügung stehen NAND-Gatter.

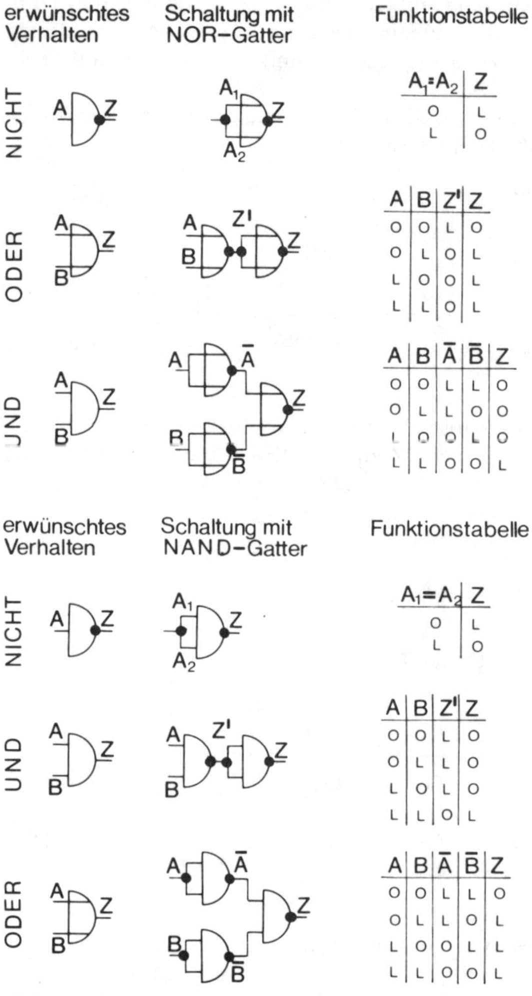

Abb. 20

erwünschtes Verhalten	Schaltung mit NOR-Gatter	Funktionstabelle

NICHT

$A_1=A_2$	Z
O	L
L	O

ODER

A	B	Z'	Z
O	O	L	O
O	L	O	L
L	O	O	L
L	L	O	L

UND

A	B	$\bar{A}$	$\bar{B}$	Z
O	O	L	L	O
O	L	L	O	O
L	O	O	L	O
L	L	O	O	L

erwünschtes Verhalten	Schaltung mit NAND-Gatter	Funktionstabelle

NICHT

$A_1=A_2$	Z
O	L
L	O

UND

A	B	Z'	Z
O	O	L	O
O	L	L	O
L	O	L	O
L	L	O	L

ODER

A	B	$\bar{A}$	$\bar{B}$	Z
O	O	L	L	O
O	L	L	O	L
L	O	O	L	L
L	L	O	O	L

Abb. 19

Die Tatsache, daß mit Hilfe nur eines Logik-Elements alle benötigten logischen Grundfunktionen dargestellt werden können, ist von nicht zu unterschätzendem Vorteil. Fertigung und Lagerhaltung von nur einem Gattertyp sind besonders wirtschaftlich. Im Zeitalter der integrierten Baustein-Technologie ist der scheinbare Aufwand für NOR- und NAND-Gatter unbedeutend geworden. In einem einzigen dieser kleinen integrierten Digitalbausteine sind eine Vielzahl von Logik-Elementen untergebracht *(Abb. 20)*.

Die elektronische Abstimmanlage

Die Verknüpfungsmöglichkeiten und die Anwendungsfälle von Logik-Gattern sind außerordentlich vielseitig. Das folgende Beispiel hat den Vorzug, von der Problemstellung her allgemein verständlich zu sein.

Das Problem lautet:

„In einer Abstimmung sind die Beschlüsse mit einer

174

Zwei-Drittel-Mehrheit zu fällen. Die Abstimmung hat geheim zu erfolgen."

Für die Durchführung der Abstimmung bietet sich eine digitale Anlage geradezu an.

Damit die elektronische Schaltung übersichtlich bleibt, gehen wir davon aus, daß nur drei Personen an der Abstimmung teilnehmen. Sind zwei der drei Personen für die Annahme des zur Abstimmung freigegebenen Vorschlags, so soll dies durch eine Signallampe sichtbar gemacht werden *(Abb. 21)*.

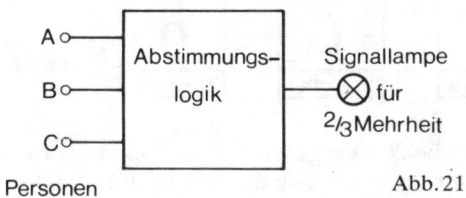

abstimmberechtigte

Personen

Abb. 21

Im Blockschema werden die abstimmberechtigten Personen durch die drei Eingangsvariablen A, B und C repräsentiert. Liegt Zwei-Drittel-Mehrheit vor, so leuchtet die Lampe am Ausgang der Schaltung auf. In diesem Fall führt der Ausgang Z ein L-Signal.

In der Funktionstabelle sind alle möglichen Abstimmungskombinationen erfaßt.

Nr.	A	B	C	Z	
1.	O	O	O	O	
2.	O	O	L	O	
3.	O	L	O	O	
4.	O	L	L	L → ☀
5.	L	O	O	O	
6.	L	O	L	L → ☀
7.	L	L	O	L → ☀
8.	L	L	L	L	

Stimmen die Abstimmungsberechtigten für die Annahme des Vorschlags, so geben sie über Tastendruck ein L-Signal in die Logik-Schaltung. Gemäß der geforderten zwei Drittel-Mehrheit leuchtet die Lampe immer dann auf, wenn wenigstens zwei L-Signale am Eingang der Logik-Schaltung anliegen. Die Zeile 8 ist dabei überflüssig; denn wenn alle drei Eingangsvariablen L sind, dann wird dieser Fall im

Sinne der Zwei-Drittel-Mehrheit bereits in den Zeilen 4, 6 und 7 ausgewertet.

Für die Logik-Schaltung ergibt sich aus der Funktionstabelle der Aufbau gemäß *Abbildung 22*.

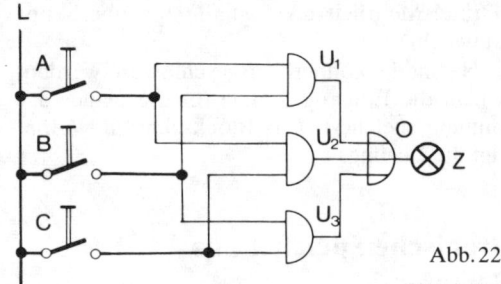

Abb. 22

Wird *eine* der UND-Stufen durchgeschaltet, so soll die Anzeigelampe aufleuchten. In der Logik-Schreibweise sieht das wie folgt aus:

$$Z = U_1 \vee U_2 \vee U_3.$$

Da alle Ausgänge der UND-Stufen auf eine Lampe wirken sollen, müssen sie über eine ODER-Stufe miteinander verknüpft werden.

Für die gesamte Schaltung ergibt sich somit die Logik-Gleichung:

$$Z = (A \wedge B) \vee (A \wedge C) \vee (B \wedge C).$$

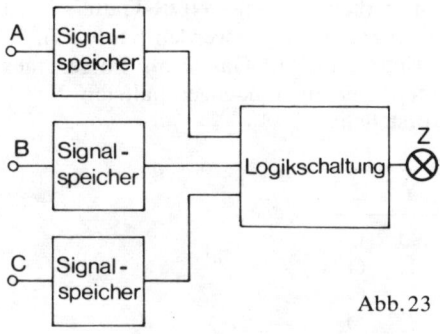

Abb. 23

Immer dann, wenn bei einer geheimen Abstimmung Zwei-Drittel-Mehrheit vorliegt, wird dies durch die Signallampe angezeigt.

Die vorgestellte Logik-Schaltung hat allerdings einen kleinen Schönheitsfehler. Damit das Abstimmungsergebnis eindeutig festgestellt werden kann, müssen Beginn und Ende der Abstimmung koordiniert werden. Stimmen z. B. die Personen A und B

175

für die Annahme der Vorlage und betätigt die Person A ihre Abstimmtaste nur kurz, so leuchtet die Signallampe ebenfalls nur kurz und unmerklich auf. Tasten beide Personen ihr Ja-Signal sogar zeitlich nicht deckungsgleich, so wird trotz vorliegender Zwei-Drittel-Mehrheit die Signallampe überhaupt nicht aufleuchten.

Solche Nachteile können ausgeschlossen werden, indem man die Eingangssignale für die Dauer der Abstimmung speichert. Das Blockschaltbild *(Abb. 23)* zeigt die Lösung.

Elektronische Speicher aus NOR-Stufen

Für die elektrische Speicherung von Signalen braucht man elektronische Elemente, die in der Lage sind, einen kurzzeitig an ihrem Eingang anstehenden Impuls aufzunehmen. Der elektronische Speicher muß den aufgenommenen Impuls auch dann noch repräsentieren, wenn der Eingangsimpuls selbst bereits wieder verschwunden ist. Eine zusätzliche Bedingung ist, daß die gespeicherte Information nach Belieben wieder gelöscht werden kann *(Abb. 24)*.

Ein solches elektronisches Gedächtniselement läßt sich auf recht einfache Weise mit zwei uns bekannten NOR-Stufen aufbauen.

Dafür soll die Arbeitsweise des NOR-Gatters noch einmal in Erinnerung gerufen werden *(Abb. 25)*.

Man kann sich das NOR-Gatter als Folge eines ODER-Gatters mit einer nachgeschalteten Negationsstufe vorstellen:

A	B	Y	Z
O	O	O	L
O	L	L	O
L	O	L	O
L	L	L	O

Bereits ein L-Signal am Eingang der ODER-Stufe bedingt ein L-Signal am Ausgang Y. Da der Signalzustand bei Y durch die nachfolgende Negationsstufe gedreht wird, führt die NOR-Stufe immer dann ein O-Signal, wenn bereits einer der Eingänge auf L-Signal liegt.

Am Ausgang Z der NOR-Stufe liegt nur dann ein L-Signal, wenn beide Eingangssignale O sind.

Zur Erzeugung des Speicherverhaltens werden *zwei* NOR-Stufen wie in *Abbildung 26* miteinander verknüpft.

Jeweils einer der beiden Eingänge der NOR-Stufen wird mit dem Ausgang der anderen NOR-Stufe verbunden. So ist der Ausgang der NOR-Stufe I auf

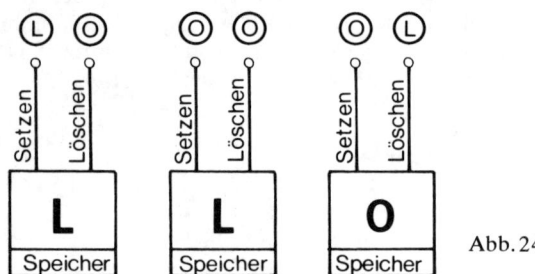

Abb. 24

einen der beiden Eingänge der NOR-Stufe II (und umgekehrt), der Ausgang der NOR-Stufe II auf einen der beiden Eingänge der NOR-Stufe I geschaltet.

Es wird weiter angenommen, daß eine der beiden NOR-Stufen schneller als die andere durchschaltet. Dies wird durch gewisse unvermeidbare Toleranzen im Aufbau der elektronischen Schaltungen beider NOR-Stufen bedingt.

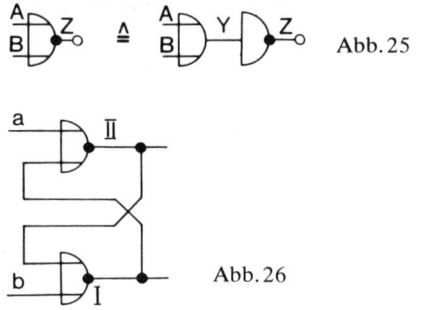

Abb. 25

Abb. 26

Dies bedingt, daß zum Beispiel der Ausgang der NOR-Stufe I auf L-Signal liegt.

Sind die freien Eingänge a und b der beiden NOR-Stufen mit O-Signal belegt, so liegen folgende Signalverhältnisse in der Schaltung vor:

Am freien Eingang der NOR-Stufe II liegt ein O-Signal und durch die Aufschaltung des Ausganges der NOR-Stufe I liegt am zweiten Eingang L-Signal. Dieses eine L-Signal am Eingang der NOR-Stufe II zwingt den Ausgang der NOR-Stufe auf O-Signal.

Das O-Signal wiederum ist auf einen der Eingänge der NOR-Stufe I geschaltet. Zusammen mit dem O-Signal am freien Eingang dieser NOR-Stufe I bewirkt es die Bestätigung des angenommenen L-Signals.

Damit wir diese NOR-Stufenschaltung in eindeutiger Weise als Speicher verwenden können, ergänzen wir unsere Schaltung durch zusätzliche Bezeichnungen und durch ein beiden NOR-Stufen gemeinsames Gehäuse (Abb. 27).

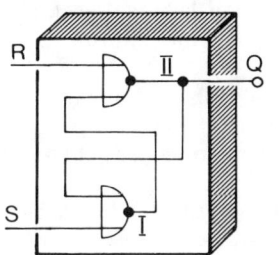

Abb. 27

Wir führen nun den Ausgang der NOR-Stufe II und die freien Eingänge der NOR-Stufen aus dem gemeinsamen Gehäuse heraus. Der Ausgang Q repräsentiert den Informationsgehalt des Speichers. Er führt nach unseren bisherigen Überlegungen O-Signal.

Schaltet man nun auf den freien, mit S bezeichneten Setzeingang der NOR-Stufe I ein L-Signal, so zwingt dieses L-Signal den Ausgang der NOR-Stufe I auf O-Signal.

Jetzt liegen an beiden Eingängen der NOR-Stufe II O-Signale. Am Ausgang der NOR-Stufe II und somit an Q erscheint ein L-Signal. Dieses L-Signal ist wieder auf einen der Eingänge der NOR-Stufe I geschaltet.

Verschwindet jetzt am freien Eingang der NOR-Stufe I das L-Signal, so wird der Zustand der NOR-Stufen durch die Signalrückschaltungen auf die Eingänge beibehalten.

Das kurzzeitig auf den Setzeingang S aufgeschaltete Signal ist nunmehr in der NOR-Stufenschaltung gespeichert. Es wird durch das L-Signal bei Q repräsentiert. Will man den Speicher wieder löschen, so gibt man ein L-Signal auf den Rückstelleingang R. Die internen Umschaltvorgänge verlaufen analog zu den genannten Setzvorgängen.

In der Praxis ist die NOR-Stufenkombination in der gezeigten Anordnung bei den verwendeten elektronischen Speichern nicht wiederzuerkennen. Man

hat für die Speicher eigene Symbole entwickelt (Abb. 28).

Der Setzeingang und der Rückstelleingang behalten ihre Bezeichnungen bei, jedoch wird durch eine in-

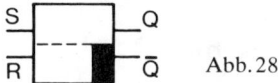

Abb. 28

terne Verlegung der Ausgangsleitungen dafür gesorgt, daß diese ihre Plätze, geometrisch betrachtet, tauschen. Im Gegensatz zu unserer vorherigen Schaltung führt man beide NOR-Stufenausgänge aus.

Der mit Q bezeichnete Ausgang ist der sogenannte Arbeitsausgang des Speichers. Führt er L-Signal, dann hat der Baustein ein L-Signal gespeichert. Es liegt in der Natur der Schaltung, daß der Ruheausgang $\bar{Q}$, der zusätzlich mit einem schwarzen Balken gekennzeichnet ist, immer das negierte Signal des Arbeitsausganges Q führen muß.

Enthält der Speicher ein O-Signal, so liegt bei Q ein O-Signal, bei $\bar{Q}$ dagegen ein L-Signal an und umgekehrt.

Elektronische Speicher in der Abstimmanlage

Kommen wir jetzt auf unsere elektronische Abstimmanlage zurück (Abb. 29).

Den drei UND-Stufen der Abstimmelektronik ist jetzt jeweils ein Speicher vorgeschaltet. Die ab-

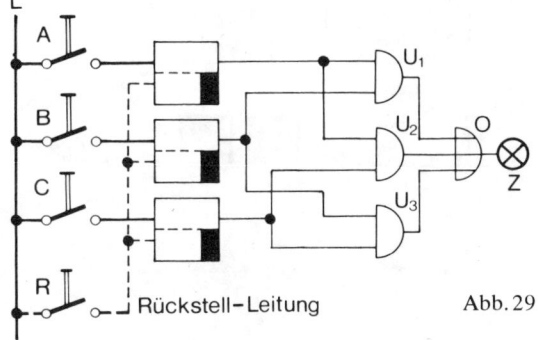

Abb. 29

stimmberechtigten Personen A, B und C brauchen jetzt nur kurz auf ihre Signaltasten zu drücken. Die eingebauten Speicher registrieren die Eingangsimpulse und geben sie an die Logik-Schaltung weiter.

177

Ist die Abstimmung beendet, so werden alle drei Speicher über eine gemeinsame Rückstell-Leitung wieder in ihre Ruheposition gesetzt. Die Abstimmanlage steht für eine weitere Abstimmung bereit.

Elektronische Zählspeicher

Von diesem elektronischen Speicher ausgehend – der übrigens wegen seiner beiden stabilen Speicherzustände auch *bistabile Kippstufe* genannt wird –, sind im Laufe der Zeit für die unterschiedlichsten Anwendungsarten eine ganze Reihe von Speichervarianten abgeleitet worden. Einer dieser Speicher, der in der elektronischen Zähltechnik verwendet werden kann, soll nun erklärt werden.

Im Prinzip gehen wir von dem uns bekannten Speicherelement aus, dem aber zu Zählzwecken eine besonders ausgebildete elektronische Schaltung vorgeschaltet wird. Zum Setzen und Rückstellen eines Zählspeichers wird prinzipiell nur ein außerordentlich kurzes Signal benötigt *(Abb. 30)*.

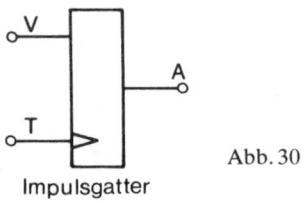

Abb. 30

Impulsgatter

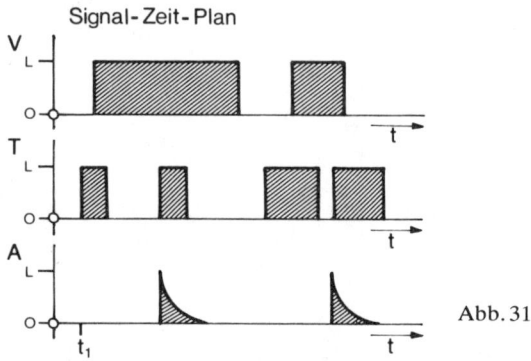

Signal-Zeit-Plan

Abb. 31

Die im Symbol dargestellte Schaltung, deren interner Aufbau hier nicht diskutiert werden soll, formt immer ein kurzes Ausgangssignal, gleichgültig wie lange der eigentliche Zählimpuls auch ist. Dieses kurze Ausgangssignal wird aber nur dann gebildet,

wenn ein zweiter Eingang der Schaltung – der sogenannte *Vorbereitungseingang* V – auf L liegt, bevor der Zählimpuls T auf die Schaltung aufläuft *(Abb. 31)*. Der Signalzeitplan zeigt uns die Arbeitsweise der Schaltung noch einmal deutlich.

Zu der Zeit t_1 wird der Zählimpuls nicht durchgelassen, da beim Eintreffen des Impulses der Vorbereitungseingang auf O lag. Obwohl der Vorbereitungseingang etwas später ebenfalls auf L kommt, bleibt die Schaltung gesperrt. Am Ausgang Z der Schaltung erscheint nur dann ein kurzes Signal, wenn der Vorbereitungseingang V auf L-Signal liegt, bevor das Signal am Zähleingang von O auf L wechselt.

Unabhängig davon, ob das Zählsignal T nun lang oder kurz anliegt, verschwindet das Ausgangssignal nach der durch die Dimensionierung der Schaltung vorgegebenen Zeit.

Diese Schaltung nennt der Elektroniker *Impulsgatter*. Wesentliches Merkmal seiner Arbeitsweise ist – das sei hier ausdrücklich wiederholt –, daß der eigentliche Zählimpuls am Eingang T durch den Vorbereitungseingang V je nach Bedarf durchgelassen oder gesperrt werden kann.

Mit Hilfe zweier vorbereitbarer Impulsgatter läßt sich in Verbindung mit dem oben beschriebenen Speicherelement ein elektronisches Zählelement aufbauen.

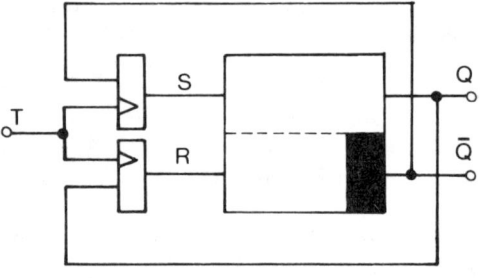

Abb. 32

Den beiden Eingängen S und R des Speicherelements nach *Abbildung 32* wird je ein vorbereitbares Impulsgatter vorgeschaltet. Der auf der Leitung T auflaufende Zählimpuls wird gleichzeitig beiden Impulsgattern zugeleitet.

Dem Impulsgatter S wird nun zusätzlich als Vorbereitungssignal das Speicherausgangssignal Q und dem Impulsgatter R das Speichereingangssignal Q zugeleitet. Für den Fall, daß der Speicher ein O-Signal gespeichert hat, sperrt das an Q liegende O-

Signal das Impulsgatter R. Das an $\bar{Q}$ liegende L-Signal bereitet das Impulsgatter S vor.

Läuft nun auf der Signalleitung ein zu zählender Impuls auf, so kann dieser nur das Impulsgatter S passieren, da dieses mit L vorbereitet ist. Der Speicher wird gesetzt; am Ausgang Q erscheint ein L-Signal.

Durch den Signalwechsel an den Ausgängen des Speichers wird nun aber das Impulsgatter R vorbereitet, das Impulsgatter S dagegen gesperrt. Ein nachfolgender zweiter Zählimpuls auf der Leitung T stellt den Speicher wieder in seine Ruhelage zurück. Mit jedem zweiten Zählimpuls wird der Speicher gesetzt bzw. zurückgestellt.

Bevor wir nun jedoch zur eigentlichen Zählschaltung kommen, wollen wir das Symbol des Zählelements so vereinfachen, wie es in der Praxis gebräuchlich ist *(Abb. 33)*.

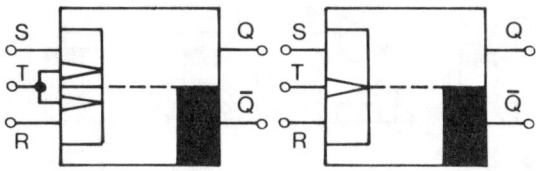

Abb. 33

In den praktisch ausgeführten Zählelementen werden die vorbereitbaren Impulsgatter in das Speicherelement einbezogen. In einer weiteren Vereinfachung werden die beiden Takteingänge symbolisch zusammengefaßt, so daß das endgültige Symbol (Abb. 33) entsteht.

Elektronische Zähler zählen anders

Elektronische Zähler, die aus Speicherelementen zusammengebaut sind, zählen anders als z. B. der Kilometerzähler eines Autos.

Ein Kilometerzähler zählt in der Einerstelle von 0–9 und springt beim Erreichen von 10 in der Einerstelle auf 0 zurück. Dafür tritt dann in der Zehnerstelle eine 1 auf. Jede Stelle des Kilometerzählers besitzt eine Wertigkeit, mit der die in der Stelle auftretende Ziffer multipliziert werden muß. Die Ziffer 1 hat in der Einerstelle die Wertigkeit 1, in der Zehnerstelle dagegen die Wertigkeit 10. (In *Abb. 34* sind Dezimalzähler und ein elektronischer Dualzähler gegenübergestellt.)

Beim *Dualzähler* können die Ziffern pro Stelle nur 0 oder 1 sein. Daraus ergibt sich für die Stellen des Zählers eine völlig andere Wertigkeit als beim *Dezimalzähler*.

Nehmen wir die Anzeige 5 des Dezimalzählers. Die 5 des Dezimalzählers wird beim Dualzähler als Ziffernfolge 0101 angezeigt. Berücksichtigt man die

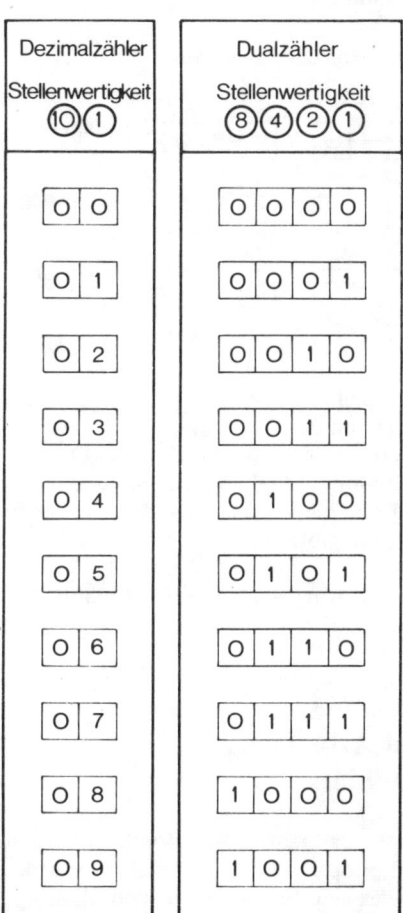

Abb. 34

Wertigkeit dieser Ziffern, so ergibt sich die Zahl
$0 \cdot 8 + 1 \cdot 4 + 0 \cdot 2 + 1 \cdot 1 = 5$.

Elektronische Dualzähler sind so aufgebaut, daß jede Stelle durch ein Speicherelement – das man *Flipflop* (FF) nennt – repräsentiert wird. Führt der Arbeitsausgang des Speicherelements ein L-Signal, so ist die gespeicherte Ziffer 1. Führt er dagegen O-Signal, so ist die gespeicherte Ziffer 0.

179

Abbildung 35 zeigt an drei Beispielen den Zustand der Speicherflipflops für unterschiedliche Anzahlen gespeicherter Impulse.

Die zu zählenden Impulse laufen von rechts in die Zählschaltung ein. Im ersten Beispiel wurde noch kein Impuls gezählt. Die Zählflipflops enthalten alle O-Signal. In der Quersumme aller Speicherinhalte ergibt sich die Zahl 0.

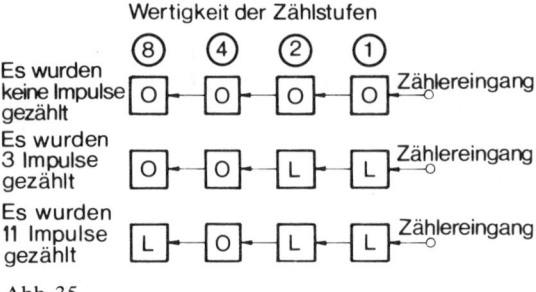

Abb. 35

Im zweiten Beispiel wurden drei Impulse gezählt. Die Zählflipflops mit der Wertigkeit 1 und 2 enthalten je ein L-Signal, also beide die Ziffer 1. Die beiden anderen Flipflops enthalten O-Signal und somit die Ziffer 0. Die Quersumme aus den einzelnen Speicherinhalten ergibt: $0 \cdot 8 + 0 \cdot 4 + 1 \cdot 2 + 1 \cdot 1 = 3$, die Zahl 3.

Im dritten Beispiel wurden elf Impulse gezählt. Die Quersumme der Speicherinhalte ergibt: $1 \cdot 8 + 0 \cdot 4 + 1 \cdot 2 + 1 \cdot 1 = 11$, die Zahl 11.

Aufbau und Arbeitsweise eines Dualzählers

Unser elektronischer Dualzähler *(Abb. 36)* besteht aus vier Zählflipflops. Wir sehen am Eingang des Impulsgatters des mit FF1 bezeichneten Zählflipflops die Informationsleitung, auf der die zu zählenden Impulse auflaufen. Der Ruheausgang des FF1 ist mit dem Eingang des Impulsgatters des Zählflipflops FF2 verbunden. Der Ruheausgang des FF2 ist wiederum mit dem Eingang des Impulsgatters des Zählflipflops FF3 verbunden usw. Die Arbeitsausgänge der Zählstufen steuern Signallampen an, die immer dann aufleuchten, wenn der Arbeitsausgang der entsprechenden Zählstufe ein L-Signal führt.

In der Grundstellung des Zählers sind alle Signal-

lampen erloschen, d. h. daß die Arbeitsausgänge der Speicher O-Signal führen, und somit alle Zählstufen 0 gespeichert haben.

Die einzelnen Zählflipflops enthalten vorbereitbare Impulsgatter, die nur durchschalten, wenn sie mit L-Signal vorbereitet sind und wenn das Signal an dem mit einem Dreieck gekennzeichneten Eingang von O auf L wechselt. Weder ein ständiges L-Signal noch ein Signalwechsel von L auf O wird durchgelassen.

Schauen wir uns in *Abbildung 36* das Zählflipflop FF1 daraufhin genau an. Der linke Vorbereitungseingang des FF1 ist mit dem L-Signal der Ruheseite des nicht gesetzten Speicherelements vorbereitet.

Elektronischer Dualzähler

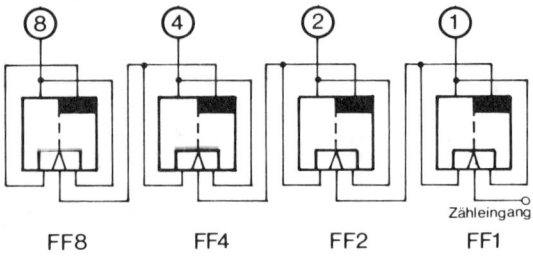

Abb. 36

Die rechte Seite ist durch das aufgeschaltete O-Signal der Arbeitsseite gesperrt. Läuft jetzt der erste Impulse auf, so wird das Flipflop 1 gesetzt. Der Arbeitsausgang führt L-Signal, der Ruheausgang O-Signal. Hierdurch werden die Vorbereitungseingänge des FF1 anders beschaltet.

Läuft nun ein zweiter Impuls auf den Eingang des Flipflop 1 auf, so wird dieses zurückgesetzt. Am Ruheausgang erscheint wieder L-Signal. Dieser Signalwechsel von O auf L am Ruheausgang des FF1 läuft auf den mit einem Dreieck gekennzeichneten Eingang des Flipflop 2. Entsprechend der Vorbereitung des FF2 wird es gesetzt. Die Signallampe am Arbeitsausgang des FF2 leuchtet auf. Der Zähler zeigt die Zahl 2 an.

Beim dritten Impuls wird Zählflipflop 1 zusätzlich gesetzt. Die Quersumme der Wertigkeiten beider gesetzten Flipflops ergibt 3.

Beim vierten Impuls werden die Zählflipflops 1 und 2 gelöscht, dafür aber Flipflop 4 gesetzt.

In *Abbildung 37* sind die Zustände der vier Zählflipflops für jede Impulszahl von 0 bis 9 aufgetragen.

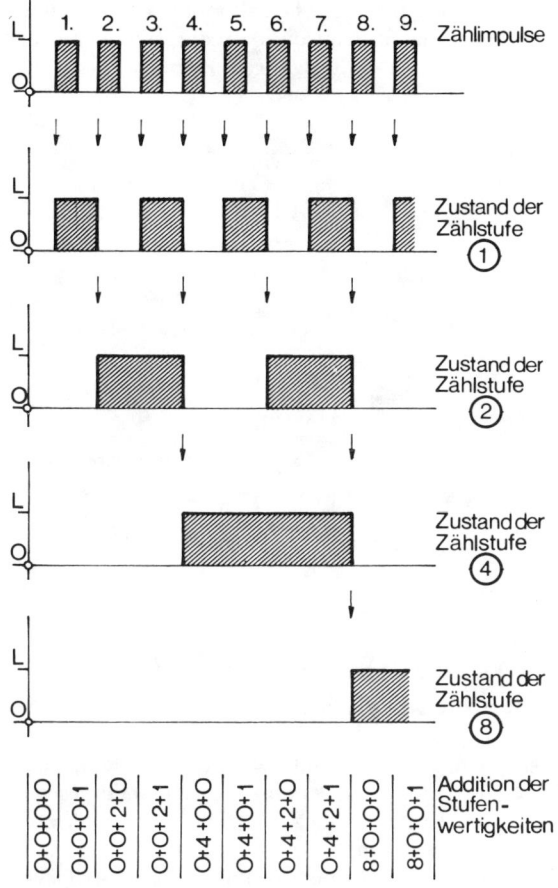

Abb. 37

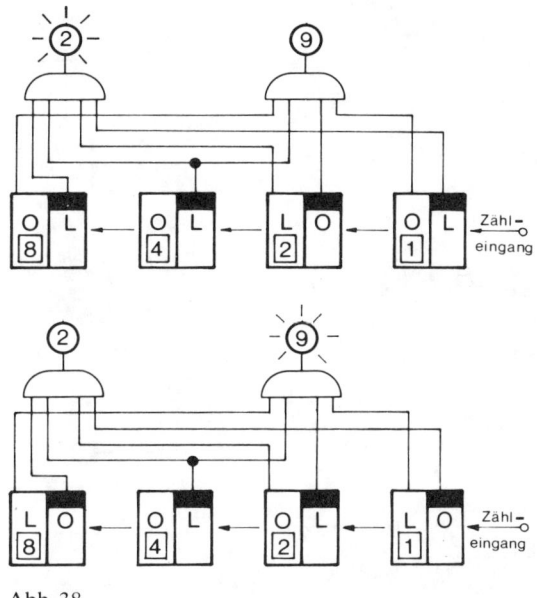

Abb. 38

Abb. 38 nur die Zahlen 2 und 9 ausgewählt). Enthält der Zähler die Zahl 2, so ergibt sich dafür ein bestimmter Zustand des Zählflipflops, der nur bei der Zahl 2 auftritt (dieser Zustand ist im oberen Bildteil eingetragen). Legt man alle an den Zählflipflop-Ausgängen vorliegenden L-Signale an die

UND-Stufe (2), so wird die UND-Bedingung erfüllt und die Lampe 2 leuchtet auf. Die UND-Bedingung für die Decodierstufe 9 ist nicht erfüllt. Die Lampe 9 bleibt dunkel.

Hat nun der Zähler insgesamt 9 Impulse gezählt, so ist die UND-Bedingung der Decodierstufe 9 erfüllt. Alle anderen Decodierstufen sind in diesem Falle nicht durchgeschaltet.

Wie man den Zählzustand eines Dualzählers in das Zehnersystem umsetzt

Der Zählerinhalt eines Dualzählers ist nicht leicht zu erkennen. Mit Hilfe von Logik-Gattern kann man den Zustand eines Dualzählers auf recht einfache Weise decodieren, d. h. im Zehnersystem zur Anzeige bringen *(Abb. 38)*.

Für jede Zahl des Zehnersystems braucht man ein UND-Gatter (der Einfachheit halber haben wir in

Signale werden zeitlich beeinflußt

Mit den Logik-Stufen und den Speicherstufen haben wir die wesentlichen Bausteine digitaler Steuerungsanlagen und der Computertechnik kennengelernt. Allen Digitalbausteinen ist gemeinsam, daß sie – sieht man von dem Zeitbedarf ab, der in der Schaltungselektronik zum Durchschalten gebraucht wird – ohne Zeitverzug arbeiten.

Nun möchte man in der Praxis häufig die Steue-

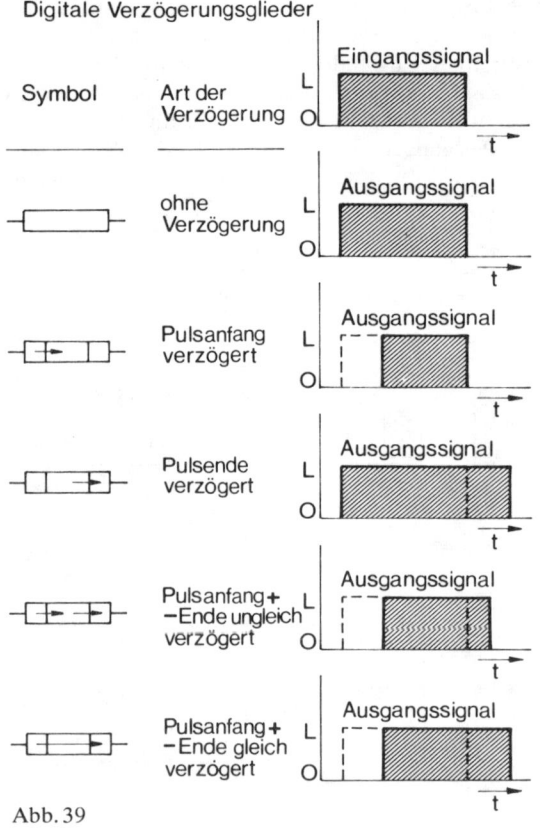

Digitale Verzögerungsglieder

Symbol	Art der Verzögerung	
		Eingangssignal
——◻——	ohne Verzögerung	Ausgangssignal
—◻→◻—	Pulsanfang verzögert	Ausgangssignal
—◻←◻—	Pulsende verzögert	Ausgangssignal
—◻→◻→◻—	Pulsanfang + -Ende ungleich verzögert	Ausgangssignal
—◻→◻→—	Pulsanfang + -Ende gleich verzögert	Ausgangssignal

Abb. 39

Stufe nur den dritten Teil der Periode der Eingangssignale ausmacht, liegt die Ausgangsfrequenz dreimal so hoch wie die Eingangsfrequenz.

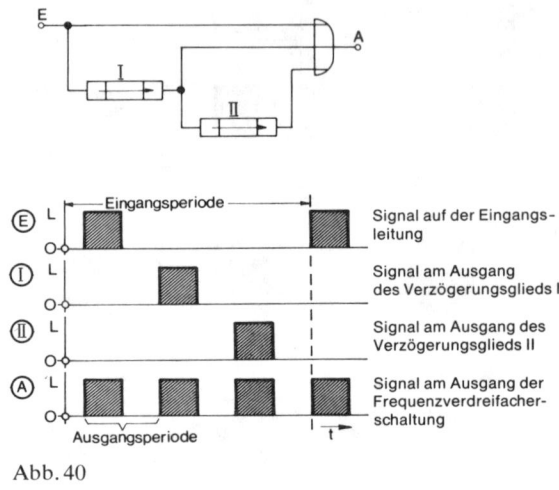

Abb. 40

rungssignale zeitlich beeinflussen. Zu diesem Zweck hat man Verzögerungsschaltungen entwickelt, die hier in ihrer funktionellen Arbeitsweise gezeigt werden sollen.

In *Abbildung 39* werden einige Varianten digitaler Verzögerungsglieder vorgestellt. Je nach Schaltungsausführung können der Signalanfang, das Signalende oder beide zeitlich beeinflußt werden.

Ein Anwendungsbereich digitaler Verzögerungsglieder ist die Frequenzvervielfacherschaltung.

Die in der Schaltung nach *Abbildung 40* eingebauten Verzögerungsglieder verzögern Impulsanfang und Impulsende in gleichem Maße, so daß die eigentliche Impulslänge nicht beeinflußt wird. Das Eingangssignal läuft einmal direkt und zusätzlich über die Verzögerungsglieder auf eine ODER-Stufe. Obwohl am Eingang der Schaltung nur ein Impuls aufläuft, erscheinen am Ausgang der Schaltung drei Impulse gleicher Dauer.

Da die Periode der Signale am Ausgang der ODER-

Die kontaktlose Steuerung setzt sich durch

Bisher haben wir uns mit den Hauptproblemen der digitalen Steuerungstechnik auseinandergesetzt, ohne im Rahmen dieses Buches zu konkreten Steuerungsproblemen kommen zu können. Die in der Praxis bedeutsamen Logik-Stufen, Speicher-Stufen und Verzögerungsschaltungen sind nun vom Grundprinzip her bekannt. Allgemein läßt sich sagen, daß alle modernen digitalen Steuerungs- oder Informationsverarbeitungsanlagen diese Grundbausteine der Digitaltechnik in unterschiedlichster Kombination und Anzahl enthalten.

Der Trend in der Industrie führt zunehmend zur Automatisierung technischer Prozesse. Man verspricht sich davon eine Verbesserung von Produktqualität und Dienstleistung bei gleichzeitiger Erhöhung der Wirtschaftlichkeit.

Allerdings wirft die Automatisierung immer größere Probleme auf. Man stößt in der Praxis jetzt an die Grenzen der Möglichkeiten, die die herkömmliche Schütztechnik bietet. Bestimmte Steuerungsprobleme – z. B. schnelle Zählvorgänge oder Positionierungen – lassen sich nur noch mit elektronischen, kontaktlos arbeitenden Steuerungselementen beherrschen.

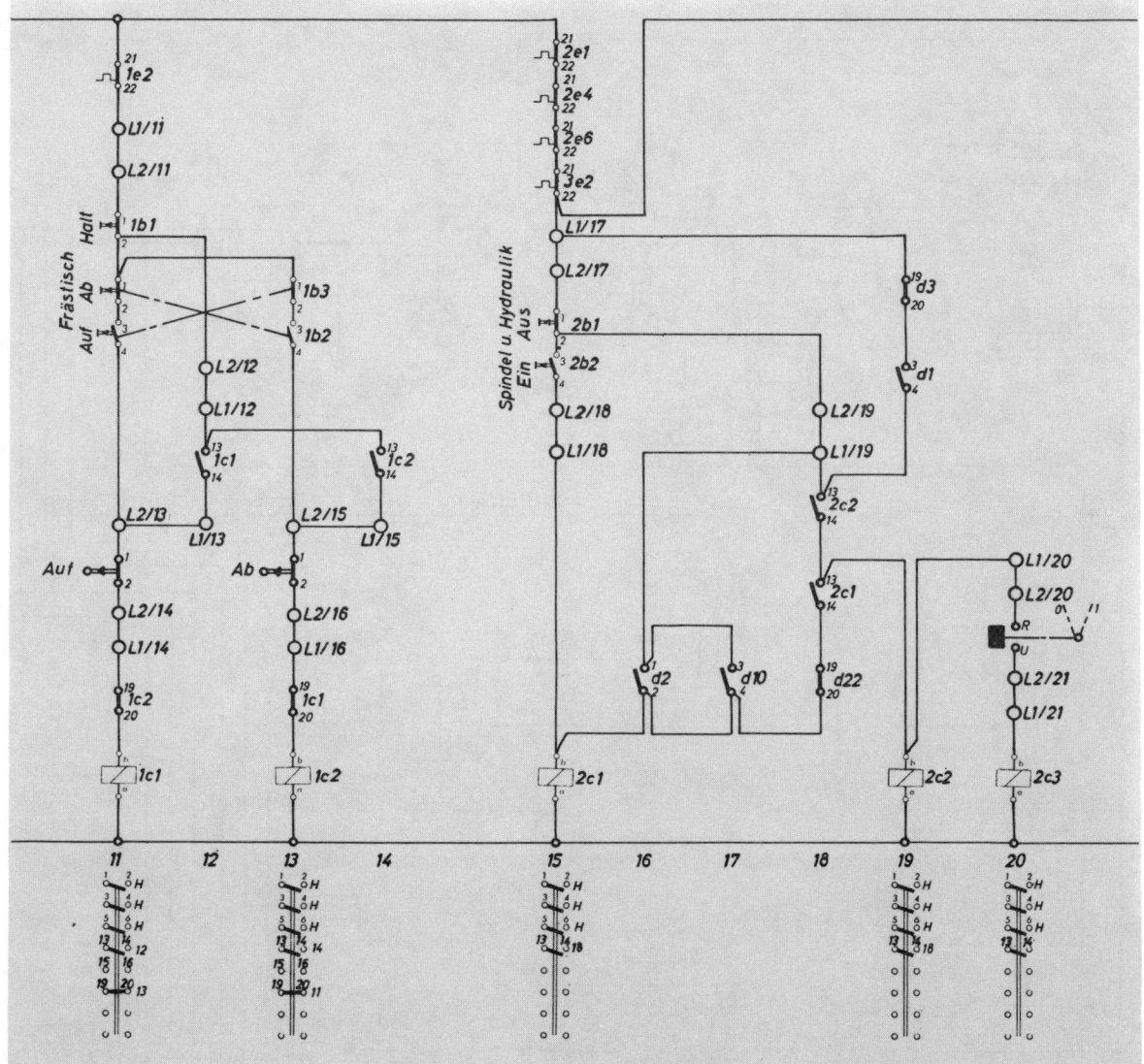

Abb. 41 a

183

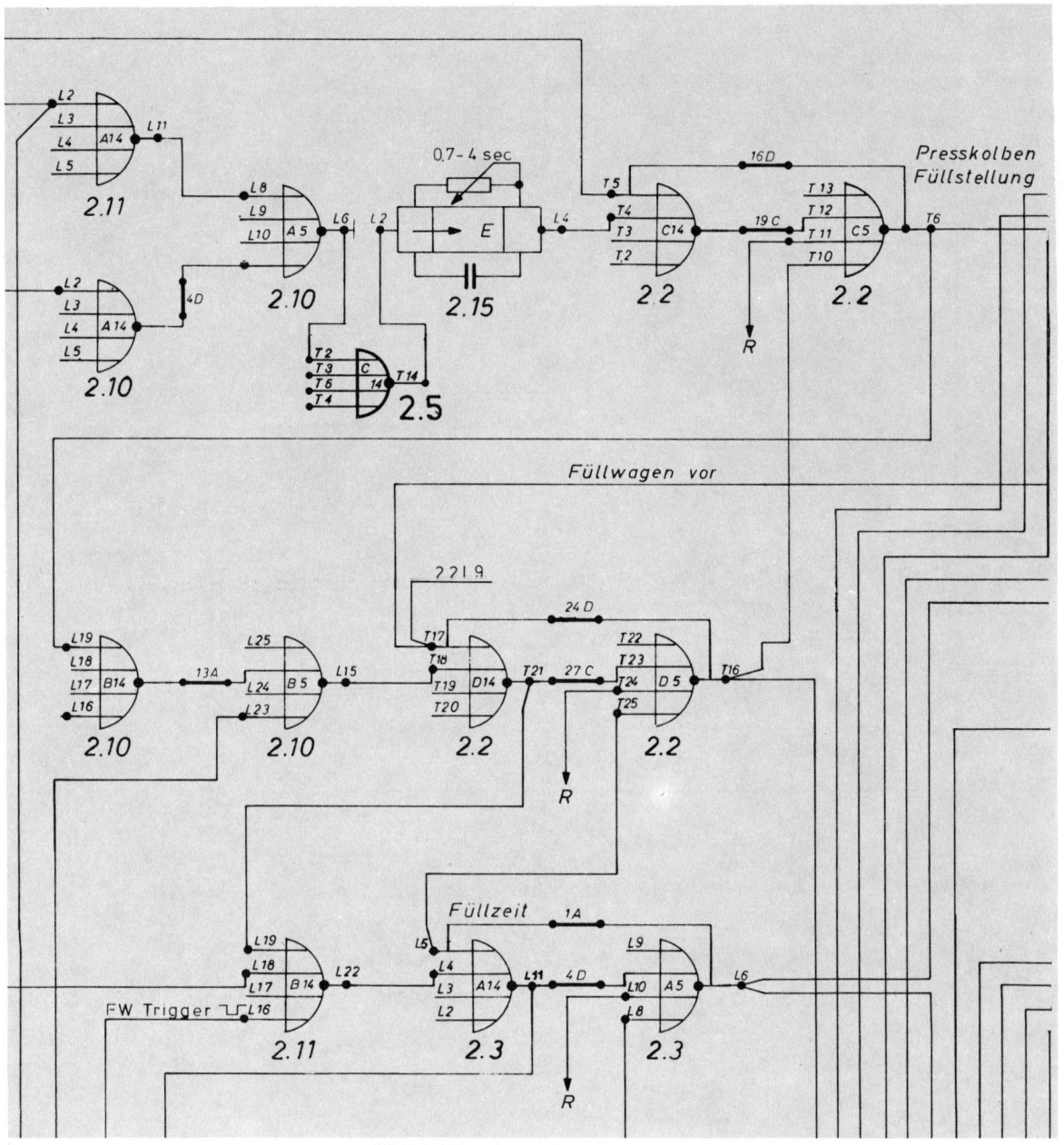

Abb. 41b

184

Schaut man sich in den Betrieben um, so ist festzustellen, daß der Anteil der elektronischen Steuerungen an der Gesamtzahl der Steuerungsanlagen sehr stark zugenommen hat. Die Vorteile der kontaktlosen elektronischen Steuerungstechnik sind so groß, daß sie sich weiter durchsetzen wird; eine Tendenz, die gefördert wird durch fallende Kosten für elektronische Steuerungselemente vor allem bei den Bausteinen, die auf dem Prinzip integrierter Schaltungstechnik basieren.

Betriebspraktikern, die ihre Erfahrungen an kontaktbehafteten Schalteinheiten gewonnen haben, fällt die Umstellung auf die neuartige Technik nicht immer leicht. Was solche Umstellungen bedeuten, läßt ein Vergleich der beiden *Schaltzeichnungen 41 a und b* erahnen. Bei der ersten Zeichnung handelt es sich um einen Ausschnitt einer Schützsteuerung für eine automatisierte Walzfräsmaschine, im zweiten um den Ausschnitt einer kontaktlosen Steuerung einer numerisch gesteuerten Kalksandsteinpresse.

Die folgenden Fotos aus dem Bereich der Digitaltechnik dienen der ergänzenden Information.

*

Weiterführende Literatur findet sich im Anhang. Für dieses Kapitel gelten vor allem die Nummern 16, 20, 52, 70

Abb. 42 Schaltschrank einer automatischen Walzfräsmaschine

Abb. 43 Schaltschrank einer kontaktlos numerisch gesteuerten Kalksandsteinpresse

Abb. 44 Digitale Baueinheiten auf der Basis diskreter Bauelemente

Abb. 45 Digitale Baueinheiten auf der Basis der integrierten Schaltungstechnik

188

Abb. 46 Erste programmgesteuerte Rechenanlage ZUSE Z 3 1941 (Rekonstruktion)
Photo: Deutsches Museum München

Übungsaufgaben

Bei den folgenden Fragen soll die jeweils richtige Antwort links im Kästchen angekreuzt werden. Es ist immer nur eine Antwort richtig.

1. Als universelle Logik-Stufe, mit der man die drei logischen Grundverknüpfungen herstellen kann, gilt

☐ **a)** die UND-Stufe

☐ **b)** die NOR-Stufe

☐ **c)** die Negationsstufe

2. Welche Nachteile hat die Widerstands-Dioden-Logik gegenüber der mit Transistoren bestückten NOR-Logik?

☐ **a)** Sie arbeitet langsamer

☐ **b)** Sie ist teurer

☐ **c)** Sie hat keine signalverstärkende Wirkung

3. In der digitalen Steuerungstechnik wird mit binären Signalen gearbeitet, weil

☐ **a)** analoge Signale zu langsam sind

☐ **b)** elektronische Schaltungen analoge Signale nicht verarbeiten können

☐ **c)** logische Schaltungen analoge Signale nicht verstehen

4. Welches Bauelement gehört nicht zu der Ausstattung der kontaktlosen Steuerungstechnik?

☐ **a)** das Schütz

☐ **b)** das Zählflipflop

☐ **c)** die NAND-Stufe

5. Der Ausgang einer NOR-Stufe führt L-Signal, wenn

☐ **a)** alle Eingänge O-Signal führen

☐ **b)** ein Eingang L-Signal führt

☐ **c)** alle Eingänge L-Signal führen

6. Welche der drei Spalten für Z entspricht dem logischen Verhalten der Schaltung?

☐ **a)**   ☐ **b)**   ☐ **c)**

A	B	Z		
		a)	b)	c)
O	O	O	L	O
O	L	L	O	L
L	O	O	L	L
L	L	L	L	O

7. Am Ausgang des Impuls-Gatters erscheint ein kurzes Signal, wenn

☐ **a)** der Vorbereitungseingang von O auf L wechselt und wenn vorher der Takteingang auf L lag

☐ **b)** der Vorbereitungseingang V auf L liegt und das Signal am Takteingang von O auf L wechselt

☐ **c)** der Vorbereitungseingang auf L liegt und das Signal am Takteingang von L auf O wechselt

8. Welche ist im dualen Zahlensystem die richtige Schreibweise für die Dezimalzahl 7?

☐ **a)** 0101   ☐ **b)** 1110   ☐ **c)** 0111

9.

Wieviel Impulse hat der Zähler aufgenommen?

☐ **a)** 3   ☐ **b)** 12   ☐ **c)** 2

10. Welche Leitungsverbindungen müssen hergestellt werden, damit das Flipflop bei jedem Taktimpuls umgeworfen wird?

☐ **a)** R mit $\overline{Q}$ und S mit Q

☐ **b)** R mit S

☐ **c)** R mit Q und S mit $\overline{Q}$.

Die Lösungen der Übungsaufgaben finden Sie in Anhang 1 dieses Buches auf Seite 278.

9. Der Thyristor

Der Thyristor ist ein steuerbarer Gleichrichter auf Siliziumbasis. Er dient zum Schalten und Steuern großer Leistungen.

Der Thyristor - ein Bauelement für große Leistungen

Als 1958 in den USA die ersten Thyristoren auftauchten, revolutionierten sie die elektrische Energietechnik in ähnlicher Weise, wie ein Jahrzehnt zuvor die Transistoren die elektrische Nachrichtentechnik.

Inzwischen haben die Thyristoren die Leistungselektronik längst erobert und durch Vorzüge, wie geringer Raumbedarf, kleine Durchlaßwiderstände, hohe Sperrwiderstände und absolute Wartungsfreiheit, die Selen- und Quecksilberdampfgleichrichter verdrängt. Besonders dort, wo es auf „Steuerbarkeit" ankommt – in der Steuerungs- und Regelungstechnik also –, ersetzen heute Thyristoren die bisher verwendeten Thyratrons, Maschinenumformer und Transduktoren. Leistungsthyristoren werden auf Elektroloks zur direkten Speisung und Steuerung der Fahrmotoren eingesetzt; im Bergbau werden die Fördermaschinen über Thyristoren versorgt.

Es gibt heute Thyristoren in Ausführungen für Ströme von 1 bis 1200 A und für Sperrspannungen bis 3 kV.

Aufbau des Thyristors

Der Name *Thyristor* ist ein Kunstwort aus den beiden Wörtern THYRatron und TransISTOR, denn er besitzt sowohl die Eigenschaften des Thyratrons – der früher für gleiche Zwecke benutzten steuerbaren gasgefüllten Gleichrichterröhren – als auch des Transistors.

Wie ist ein Thyristor aufgebaut?

Er besteht im wesentlichen aus einem vierschichtigen Siliziumkristall mit wechselnder Zonenfolge (z. B. pnpn), die so angeordnet sind, daß 3pn-Übergänge entstehen *(Abb. 1)*.

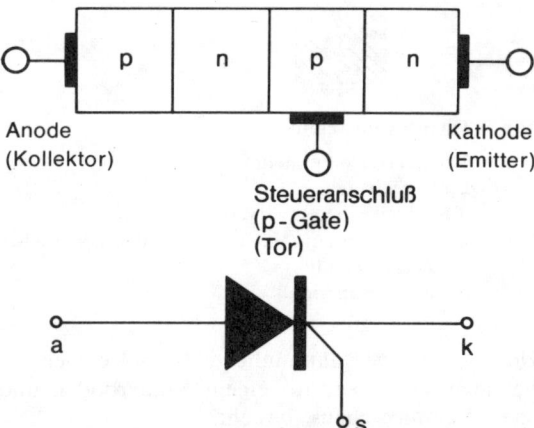

Abb. 1 Schematische Darstellung eines Thyristors. Symbol nach DIN 41 786

Die äußere p-Schicht bildet die Anode; sie wird häufig *Kollektor* genannt. Die äußere n-Schicht ist die Kathode, die analog zum Transistor auch *Emitter* genannt wird.

Die innere p-Schicht wird an einen besonderen Anschluß, die Steuerelektrode (Tor) geführt, die auch *p-Gate* genannt wird. Das genormte Schaltsymbol ähnelt dem eines Halbleitergleichrichters mit einem dritten Anschluß. Dieses Vierschichtelement, die eigentliche *Thyristortablette*, ist klein im Ver-

191

gleich zur Größe des gesamten Thyristors, zu dem außerdem Flächen zur Wärmeableitung und Löt- oder Schraubanschlüsse gehören *(Abb. 2)*.

Die Thyristortablette wird zum Schutz gegen mechanische Beschädigung, Oxydation und chemische

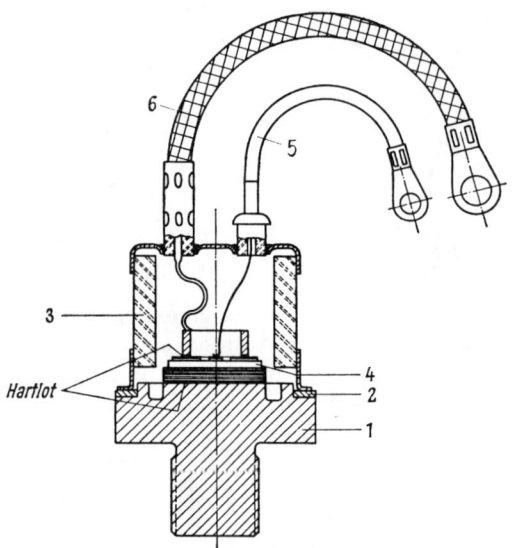

Abb. 2 Thyristor im Schnitt

    1 Kupferboden (Anode)
    2 Schweißring
    3 Keramikgehäuse (Al_2O_3)
    4 Thyristortablette (nicht maßstäblich dargestellt)
    5 Steueranschluß
    6 Kathodenanschluß

Einflüsse in eine vakuumdichte Kapsel eingebaut, die im wesentlichen aus einem Kupferboden und einem Keramikgehäuse besteht.

Der Kupferboden dient gleichzeitig als Anodenanschluß und hat direkte leitende Verbindung zur äußeren p-Schicht der Thyristortablette. Zur besseren Kühlung wird der Thyristor oft auf einen Kühlkörper geschraubt. Daher überträgt der Kühlkörper Spannung an das Gehäuse, in das er eingebaut ist.

Die äußere n-Schicht, die Kathode, trägt einen Kontaktring, an dem das Kathodenseil angelötet ist; bei kleineren Typen wird ein starker Kontakt mit einem Schraubanschluß hergestellt.

Der Steueranschluß besteht entweder in einem starr abgewinkelten kleineren Schraubkontakt oder er wird — wie in Abbildung 2 — über ein dünnes Kupferseil erreicht.

Wie eine Thyristortablette hergestellt wird

Die Vierschichtstruktur der Thyristortablette entsteht in mehreren aufeinanderfolgenden Diffusionsprozessen; sie sollen im folgenden beschrieben werden.

Als Ausgangsmaterial werden n-leitend dotierte Siliziumscheiben verwendet *(Abb. 3a)*. In einem Diffusionsofen läßt man im Vakuum und bei hohen

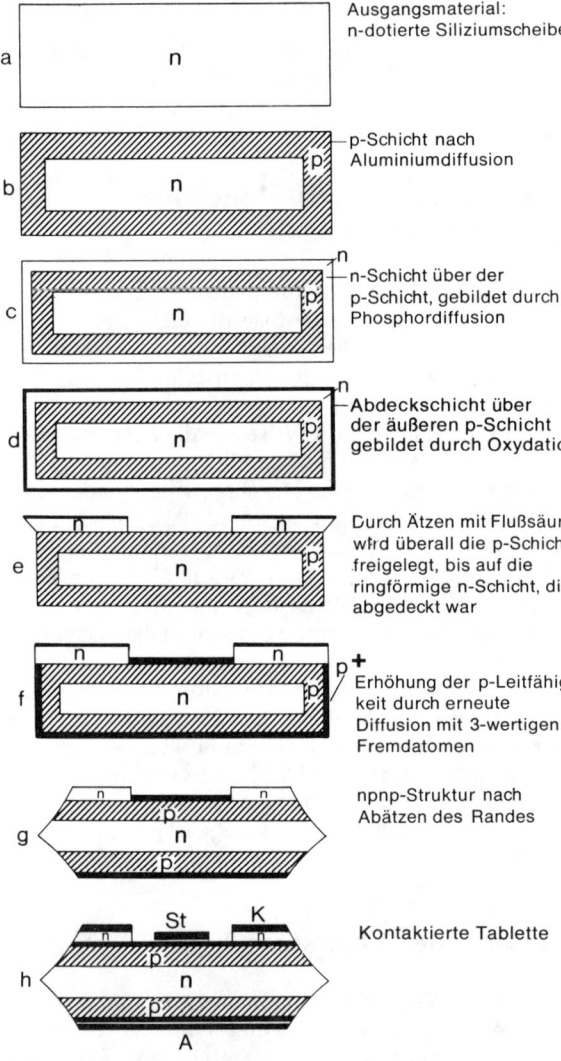

Abb. 3 Herstellung der Thyristortablette

Temperaturen Aluminiumatome in diese Scheiben eindringen. Da Aluminium dreiwertig ist, wird an allen Seiten eine p-leitende Schicht erzeugt, deren Tiefe von der Zeitdauer abhängt, über die der Diffusionsprozeß abläuft *(Abb. 3b)*.

In diese Oberflächenschicht läßt man dann Phosphor eindiffundieren. Da Phosphor 5-wertig ist, entsteht so eine weitere n-Schicht, die die darunterliegende p-Schicht voll umschließt *(Abb. 3c)*.

In einem anschließenden Oxydationsprozeß entsteht an der Oberfläche eine Phosphorsiliziumoxydschicht, die die Tabletten gegen äußere Einflüsse schützt *(Abb. 3d)*.

Auf einer Seite der runden Tabletten wird eine ringförmige Lackschicht aufgebracht, die die darunterliegende n-Schicht abdeckt. Daraus entsteht später die ringförmige Kathode. Alle übrigen Stellen werden dann mit Flußsäure freigeätzt, so daß überall die p-Schicht freiliegt *(Abb. 3e)*.

Zur Erhöhung der p-Leitfähigkeit wird in einem weiteren Diffusionsvorgang ein dreiwertiger Stoff – in der Regel Bor oder Gallium – eindiffundiert (in Abb. 3f mit p + bezeichnet) *(Abb. 3f)*.

In einem weiteren Ätzprozeß wird der Scheibenrand entfernt, wodurch sich die npnp-Schichtenfolge ergibt. Auf einen n-dotierten Ring, die Kathode, folgt eine p-Schicht, dann die innere n-Schicht und schließlich die äußere p-Schicht, die als Anode dient *(Abb. 3g)*.

Das Kontaktieren des Steueranschlusses geschieht direkt auf der Tablette, während Kathodenring und Anodenplatte aufgepreßt werden. Dabei muß darauf geachtet werden, daß sperrschichtfreie Übergänge erzeugt werden *(Abb. 3h)*.

Das Verhalten der 3 pn-Übergänge der Thyristoren

Zum Verständnis der Wirkungsweise eines Thyristors sei an die gleichrichtende Wirkung eines pn-Übergangs erinnert.

In einem Kristall, der in der einen Hälfte mit dreiwertigen Elementen (z. B. Aluminium) – den *Akzeptoren* – und in der anderen Hälfte mit fünfwertigen Elementen (z. B. Phosphor) – den *Donatoren* – dotiert ist, bildet sich an der Grenzschicht eine Verarmungszone *(Abb. 4)*.

Das geschieht deshalb, weil auch ohne Anlegen einer äußeren Spannung, nur unter Einfluß der An-

ziehungskräfte der Ladungen aufeinander, einige Elektronen aus dem n-Bereich in den p-Bereich diffundieren und einige Löcher aus dem p-Bereich in den n-leitenden Bereich wandern.

Die in das p-leitende Gebiet diffundierten Elektronen verbinden sich mit den Löchern. Dadurch verschwinden gleich zwei Ladungsträger. Diesen Vor-

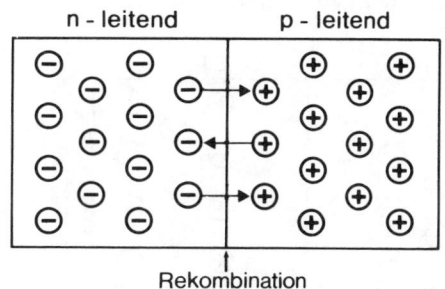

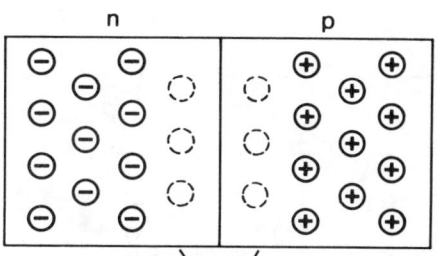

Abb. 4 Entstehen einer Verarmungszone am pn-Übergang infolge Rekombination

gang nennt man *Rekombination*. Die Grenzschicht verarmt an Ladungsträgern. Die Elektronen der n-Schicht sind vermindert, die Löcher der p-Schicht in der Nähe des Übergangs sind aufgefüllt; es entsteht eine isolierende Schicht.

Legt man eine äußere Spannung an den pn-Übergang, so daß der Pluspol am n-leitenden und der Minuspol am p-leitenden Bereich liegt, so wandern die Ladungsträger beider Bereiche zu den Polen der angelegten Spannung; die Grenzschicht verarmt noch mehr. Der pn-Übergang zeigt Sperrverhalten *(Abb. 5)*. Vgl. auch Kapitel 4, S. 97ff.

Polt man die äußere Spannung um, so daß ihr Pluspol an der p-Schicht und der Minuspol an der n-Schicht liegen, dann treibt sie die Elektronen sowohl des n-Bereiches als auch die positiven Ladungsträ-

ger des p-Bereiches auf den Grenzübergang zu
(Abb. 6).

Die Elektronen des n-Bereiches wandern durch den
p-Bereich zum Pluspol der Spannungsquelle. Die
abwandernden Elektronen werden über den äußeren Leiter vom Minuspol der Spannungsquelle dauernd ersetzt. Es kommt also zu einer Elektronen-
drift durch den Halbleiter, die sich als Elektronenstrom im äußeren Leiter fortsetzt.

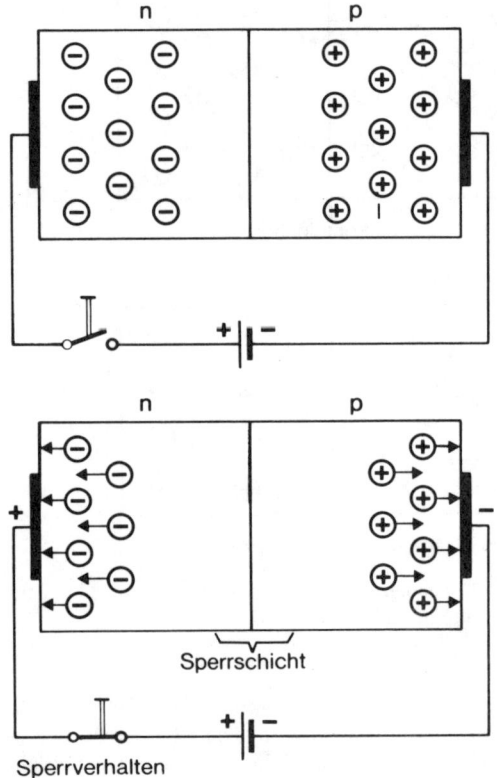

Abb. 5 pn-Übergang mit äußerer Spannung, die in Sperrrichtung gepolt ist

Auch die Löcher des p-Gebietes wandern durch den
ganzen Kristall; sie verursachen dabei einen Löcherstrom zum Anschluß derjenigen Elektrode, an der
die negative Polarität der äußeren Spannungsquelle
angeschlossen ist. Auf diesem Weg rekombinieren
sie stets dann, wenn ein Elektron sie auffüllt. Es verschwinden dann also zwei Ladungsträger – ein Leitungselektron und ein Loch. Dotiert man das n-leitende Gebiet etwa 500mal stärker als das p-leitende

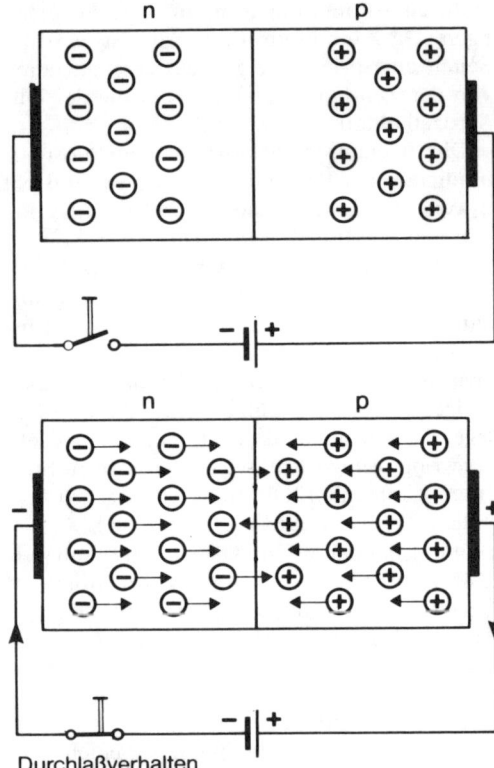

Durchlaßverhalten

Abb. 6 pn-Übergang bei Polung einer äußeren Spannung
in Durchlaßrichtung

Gebiet, dann findet die Rekombination etwa 500mal
seltener statt. Es überwiegt dann auch im p-Gebiet
die Elektronenleitung.

Ein Thyristor besitzt nun aber 3 pn-Übergänge
(Abb. 7).

Legt man eine äußere Spannung so an die äußeren

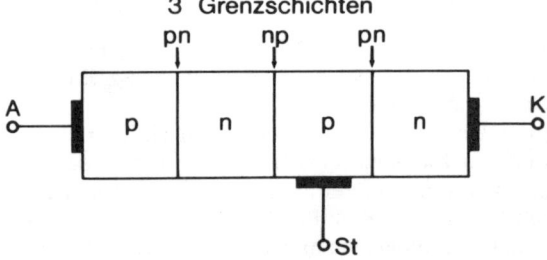

Abb. 7 Schematische Darstellung des Thyristors mit den
drei Grenzschichten, die durch Diffusion und Rekombination ladungsträgerarm sind

Schichten, daß der positive Pol an der p-Schicht und der negative Pol an der n-Schicht liegt, dann werden die beiden äußeren pn-Übergänge abgebaut. Von der mittleren Grenzschicht werden jedoch durch die saugende Wirkung der äußeren Spannungsquelle in der p-Schicht die positiven Ladungsträger und in der n-Schicht die Elektronen zurückgezogen. Dieser pn-Übergang verarmt an beweglichen Ladungsträgern; er sperrt *(Abb. 8)*.

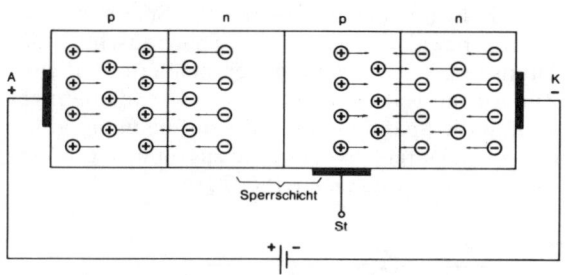

Abb. 8 Thyristor an äußerer Spannung, die in Durchlaßrichtung gepolt ist

Polt man die äußere Spannung um, so daß jetzt der Minuspol an der Anode und der Pluspol an der Kathode des Thyristors liegen, dann zeigen die beiden äußeren pn-Übergänge Sperrverhalten, während die mittlere Grenzschicht leitend wird *(Abb. 9)*.

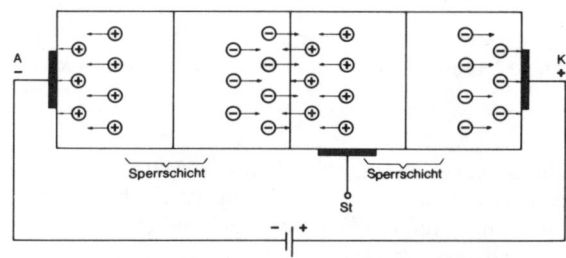

Abb. 9 Thyristor an äußerer Spannung, die in Sperrrichtung gepolt ist

In beiden Fällen ist also der Thyristor gesperrt; denn es ist immer mindestens einer der pn-Übergänge in Sperr-Richtung gepolt. Die Richtung der Spannung, bei der im Thyristor nur ein pn-Übergang sperrt, nennt man *Vorwärtsrichtung* oder *Schaltrichtung*. Die Richtung, bei der zwei pn-Übergänge in Sperrrichtung geschaltet sind, nennt man *Rückwärtsrichtung*.
Für den Nachweis, daß der Thyristor tatsächlich in

beiden Richtungen sperrt, kann der in *Abbildung 10* gezeigte Versuch dienen.
Die erforderliche Spannung wird einem Netzgerät, das eine gut gesiebte Gleichspannung abgibt, oder einer Batterie entnommen. Der Thyristor liegt in Reihe mit einer Glühlampe als Lastwiderstand und einem Meßinstrument zum Nachweis des fließenden Stromes. Es ist darauf zu achten, daß der Nennstrom des Thyristors und die Nennsperrspannung nicht

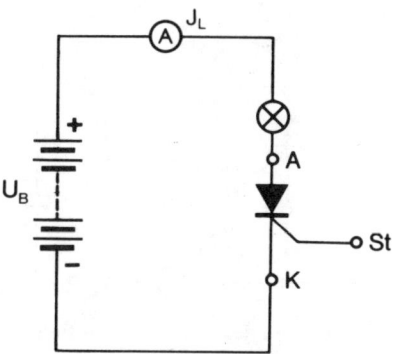

Abb. 10 Versuch zum Nachweis des Sperrverhaltens des ungezündeten Thyristors

überschritten werden. Zunächst wird die Polung der Spannungsquelle so gestaltet, daß an der Anode des Thyristors der Pluspol anliegt. Die Glühlampe leuchtet nicht auf. Dann wird die Spannungsquelle umgepolt. Auch jetzt leuchtet die Lampe nicht auf. Damit ist nachgewiesen, daß der Thyristor tatsächlich in beiden Richtungen sperrt.

Der Einfluß der Steuerelektrode

Auf welche Weise ist es nun möglich, auch die innere Sperrschicht bei angelegter Spannung in Vorwärtsrichtung abzubauen?
Dazu müssen bewegliche Ladungsträger in die innere p-Schicht gebracht werden, die gegen den inneren pn-Übergang Sturm laufen und ihn durchstoßen. Die oben beschriebene Versuchsanordnung muß dafür erweitert werden *(Abb. 11)*.
Über einen Stellwiderstand wird der positive Pol einer Taschenlampenbatterie an den Steueranschluß des Thyristors und der negative Pol an die Kathode gelegt. Mit einem Schalter kann die Spannung eingeschaltet werden. Begonnen wird mit voll eingedreh-

195

tem Potentiometer. Am Milliamperemeter läßt sich der Steuerstrom I_{St} ablesen. Schon bei einem geringen Steuerstrom (je nach Thyristor zwischen 1 bis 50 mA) leuchtet die Glühlampe auf. Der innere pn-Übergang muß also überwunden worden sein!
Wie ist das möglich?

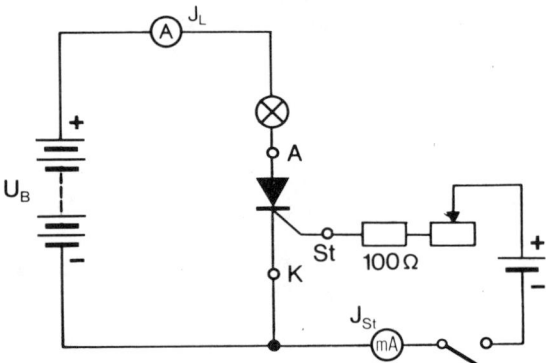

Abb. 11 Versuch zum Zünden des Thyristors mit Fremd-spannungsquelle

In Vorwärtsrichtung sind die beiden äußeren pn-Übergänge durchlässig. Deshalb konnten bei Einschalten des Steuerkreises Ladungsträger in die innere p-Schicht gelangen. Diese Schicht wird dadurch so stark von Ladungsträgern überflutet, daß die in der Mitte liegende Sperrschicht abgebaut wird. Man sagt: Der Thyristor wird „gezündet." Diese Bezeichnung ist zwar nicht richtig, denn tatsächlich zündet nirgends ein Funke; man hat jedoch diesen Ausdruck aus der Thyratrontechnik entlehnt.
Unser Versuch gelingt nur, wenn das Netzgerät so angeschlossen ist, daß der Thyristor positive Polarität erhält; also in Vorwärtsrichtung geschaltet ist. Liegt Minus an Anode und Plus gegen Kathode, dann kann der Thyristor nicht gezündet werden. Abb. 9 macht das deutlich. Der der Anode benachbarte pn-Übergang bleibt gesperrt, wenn der Thyristor in Rückwärtsrichtung an äußere Spannung gelegt wird.

Impulszündung des Thyristors

Bei unserem Versuch wurde die Steuerenergie für das Zünden des Thyristors einer besonderen Spannungsquelle entnommen. Es mußte ein Steuerstrom über den kathodenseitigen pn-Übergang fließen,

dessen energiereiche Ladungsträger die mittlere Sperrschicht abbauten. Eine solch separate Spannungsquelle ist sehr lästig. Es ist daher sinnvoll, zu prüfen, ob es nicht möglich ist, den erforderlichen Steuerstrom der vorliegenden Schaltung selbst zu entnehmen.
Die Steuerspannung muß positiv gegenüber der Kathode des Thyristors sein. An der Anode liegt bei Schaltung in Vorwärtsrichtung positive Spannung; nur dann kann der Thyristor überhaupt gezündet werden. Legt man nun diese positive Spannung über einen Vorwiderstand an den Steueranschluß des Thyristors, dann erhält dieser den erforderlichen Zündstrom. Hat er einmal „gezündet", dann bricht an ihm die Spannung bis auf den Spannungsabfall an seinem Durchlaßwiderstand zusammen. Ein Versuch soll das bestätigen (Abb. 12).

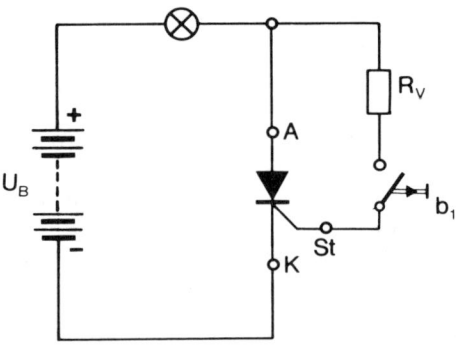

Abb. 12 Impulszündung des Thyristors von der Anode her

Die Steuerspannung wird von der Anode her über den Vorwiderstand R_v und den Taster b_1 an den Steueranschluß des Thyristors geschaltet.
Zunächst ist der Taster b_1 offen.
Beim Tippen des Tasters gelangt die positive Spannung an das Gate; es fließt Steuerstrom. Der Widerstand R_v begrenzt diesen Strom auf den maximal zulässigen Wert. Der Thyristor zündet, d. h. er schaltet durch, und die Lampe leuchtet auf.
Bei dieser Schaltung kann also auf eine Fremdspannungsquelle verzichtet werden.
Nach dem Zünden des Thyristors kann der Steuerstromkreis abgeschaltet werden, denn die innere Sperrschicht ist abgebaut worden. Der Vorwärtsstrom – das ist der durch die Lampe fließende Laststrom – fließt weiter, so daß immer genügend La-

dungsträger zur Verfügung stehen, die den Strom durch das Vierschichtbauelement treiben.

Dieser Vorgang findet seine natürliche Grenze dadurch, daß der Vorwärtsstrom kleiner wird als ein charakteristischer Mindeststrom, der *Haltestrom*. Der Haltestrom ist der kleinste Durchlaßstrom, bei dem der Thyristor noch im leitenden Zustand bleibt.

Daraus ergibt sich, daß man nur für kurze Zeit Zündenergie braucht. Ein dauernder Steuerstrom würde auch nur zu unerwünschter Erwärmung des Thyristors führen.

Thyristoren zündet man also möglichst mit Impulsen. Sie entstehen in der gewählten Schaltung von selbst; denn nachdem der Thyristor in Vorwärtsrichtung geschaltet wurde, liegt an ihm nur noch die geringe Durchlaßspannung, so daß auch die Dauer des Zündimpulses nur davon abhängt, wie lange der Thyristor braucht, um zu zünden.

Der Thyristor als Schalter im Gleichstromkreis

Bei den Versuchen nach Abbildung 11 und 12 leuchtete mit dem Zünden des Thyristors die Lampe auf. Der Thyristor hatte die Lampe also eingeschaltet. Außer dieser „Schalteigenschaft" zeigte der Thyristor aber auch, daß er den einmal eingeleiteten Vorgang in Gang hält. Die Lampe brannte nämlich

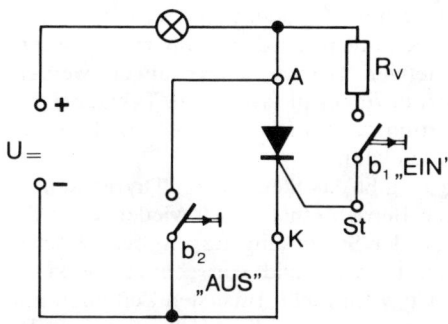

Abb. 13 Ein- und Ausschalten des Thyristors

weiter, und zwar auch dann noch, als im Versuch nach Abbildung 11 der Schalter wieder geöffnet oder im Versuch nach Abbildung 12 der Taster losgelassen wurde.

In diesen beiden Eigenschaften verhält sich der Thyristor wie ein Schütz oder ein *Relais* mit Selbsthaltekontakt. Äußere Schaltungsmaßnahmen müssen getroffen werden, um den Laststromkreis wieder zu unterbrechen. Der „gezündete" Thyristor muß stromlos werden, er muß erst „löschen", damit er wieder sperren kann. Dafür kann man z. B. in den Laststromkreis einen Ruhestromkontakt legen, der normalerweise immer geschlossen ist. Drückt man diesen Kontakt, dann wird der Strom durch den Thyristor unterbrochen.

Einfacher ist es freilich, einen Arbeitskontakt (in Abb. 13: b_2) parallel zu dem Thyristor zu legen. Bei Betätigen dieses Tasters wird der Thyristor kurzgeschlossen. Er wird dadurch stromlos und blockiert wieder. Bei Loslassen ist der Laststromkreis dann unterbrochen *(Abb. 13)*.

Das „Löschen" des Thyristors durch Steuerimpuls

Zum Zünden des Thyristors ist lediglich ein positiver Impuls nötig. Zum Löschen müßte bei unseren Versuchen jedoch entweder die Speisespannung unterbrochen oder der Thyristor kurzgeschlossen werden.

Nun wäre denkbar, daß sich mit einem Impuls in Sperrichtung an der Steuerelektrode der Laststrom unterbinden ließe. Die Sperrschicht könnte sich dann wieder bilden und der Thyristor wäre gelöscht. Der Steuerstrom, der dem Laststrom entgegenwirken soll, müßte dann jedoch etwa gleichgroß wie der Laststrom sein.

In der Praxis benutzt man dafür die sogenannte *Kondensatorlöschschaltung*.

In *Abbildung 14* ist eine solche Schaltung dargestellt.

R_1 und b_1 bilden die bereits bekannte Impulszündschaltung. Wird der Taster b_1 betätigt, so zündet der Thyristor, und der Kondensator C lädt sich über den jetzt niederohmigen Thyristor bis auf die Spannung auf, die auch an der Last liegt.

Wird der Taster b_2 betätigt, so wird der Kondensator so an den Steueranschluß gelegt, daß der Steuerstrom in umgekehrter Richtung fließt wie beim Zünden. Dadurch löscht der Thyristor.

Andere Hersteller schalten z. B. den Laststrom mit einem Hilfsthyristor auf einen Nebenweg, so daß der Hauptthyristor sperren kann. Dieses Verfahren entspricht etwa dem in unserem Versuch, in dem der Laststrom über den Taster parallel zum Thyri-

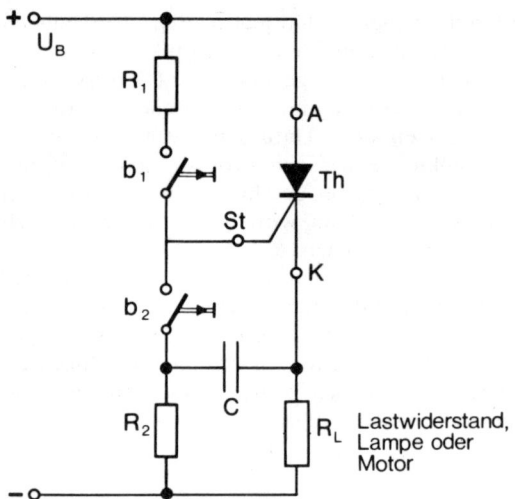

Abb. 14 Steuerschaltung für einen durch Steuerimpuls
abschaltbaren Thyristor

stor geschaltet wurde. Eine solche Schaltung zeigt *Abbildung 15*.

Nach Betätigen des Tasters b_1 schaltet der Lastthyristor Th_1; denn er erhält über R_1 die Zündspannung. Die Lampe R_L brennt. Th_2 ist noch gesperrt; daher liegt am Kondensator C an der Seite a die positive Spannung. Wird Taster b_2 betätigt, dann zündet der Hilfsthyristor Th_2. Dadurch wird wirkungsmäßig die Kondensatorseite a an die Kathode des Lastthyristors Th_1 gelegt und dieser gelöscht. Der Kondensator hat jetzt auf Seite b positive Spannung; er wird umgeladen.

Betätigt man nun erneut Taster b_1, um den Lastthyristor Th_1 wieder zu zünden, wird Th_2 gelöscht. Die Thyristoren führen also nach dem ersten Einschalten abwechselnd Strom. Damit die beiden Thy-

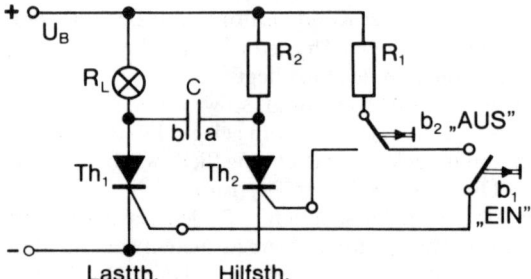

Abb. 15 Löschen des Lastthyristors durch einen Hilfsthyristor

ristoren nicht gleichzeitig gezündet werden können – sie könnten sich sonst nicht gegenseitig löschen –, müssen die beiden Taster b_1 und b_2 mechanisch verriegelt werden.

Die Taster b_1 und b_2 können durch elektronische Bausteine, z. B. durch Transistorkippverstärker, ersetzt werden. Man erhält dann ein voll elektronisch arbeitendes Gleichstromschütz, dessen Schaltleistung den Daten des Hauptthyristors entspricht.

Impulslängensteuerung von Thyristoren bei Gleichstrombetrieb

Alle bisher beschriebenen Schaltungen schalten die *volle Leistung* ein und aus. Sie werden daher in Zweipunktregelungen verwendet. Ein Nachteil dabei ist, daß die Regelgröße starken Schwankungen unterliegt. Soll z. B. ein Füllstand konstant gehalten werden, so ist das sehr lästig; denn dieser Füllstand wird je nach Schaltsituation immer zwischen zwei Werten pendeln – einem Minimalwert und einem Maximalwert.

Wenn auf diese Weise die Temperatur eines Glühofens geregelt wird, dann stört dieser Nachteil nicht allzusehr; Glühöfen besitzen eine große thermische Trägheit, so daß sich der Einfluß der Schaltsituation, d. h. ob gerade ein- oder ausgeschaltet ist, kaum auswirkt.

Wenn man jedoch nicht nur die volle Leistung ein- oder ausschalten will, sondern darüber hinaus Zwischenwerte gebraucht werden, muß zu sogenanntem quasistetigen Betrieb übergegangen werden. Man benutzt dazu beispielsweise ein Taktgerät, mit dem ein bestimmtes Impuls-Pausen-Verhältnis eingestellt werden kann.

Abbildung 16 gibt das Steuern von Thyristoren im quasistetigen Betrieb schematisch wieder. Über der Zeitachse ist der Strom eingetragen, der zwischen Einschaltzeitpunkt t_{ein} und Ausschaltzeitpunkt t_{aus} durch den Thyristor fließt. Im ersten Zeitdiagramm ist zwischen t_{ein} und t_{aus} die Leistung voll – also mit 100 % – eingeschaltet.

Im darunter dargestellten Zeitdiagramm wird 6mal ein- und 6mal ausgeschaltet, d. h. daß nur während der halben Zeit eingeschaltet ist. Da die Fläche unter der Kurve jeweils das Produkt aus Strom mal Zeit darstellt, ergibt sich nach Multiplikation mit der Netzspannung die elektrische Leistung, die dem Verbraucher zugeführt wird. Es ist also jetzt nur die

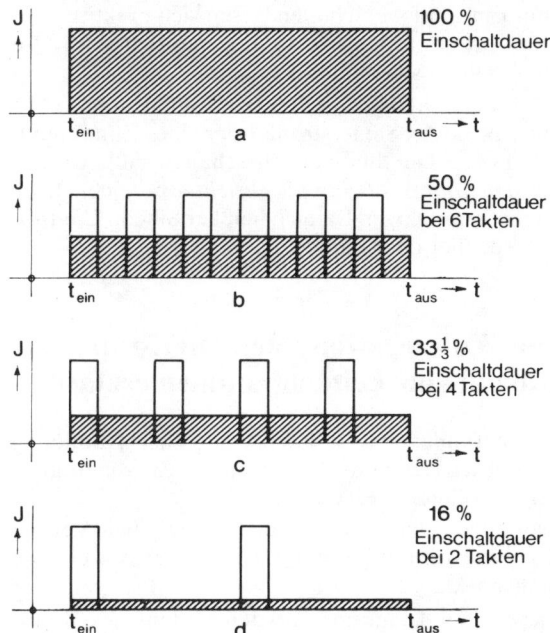

Abb. 16 Zeitdiagramme vom quasistetigen Betrieb, getaktet mittels Thyristorsteuerung nach dem Impulslängenverfahren

halbe Leistung wirksam, was der schraffierten Fläche in *Abbildung 16 b* entspricht.

Im dritten Zeitdiagramm *(Abb. 16 c)* ist das Stromimpulspaket gleich groß, jedoch der Abstand – die Pause – ist doppelt so lang. Dem Verbraucher wird also nur noch $33\frac{1}{3}$ % Leistung zugeführt.

Im letzten Zeitdiagramm erhält der Verbraucher noch weniger Leistung.

Man kann durch entsprechendes Impuls-Pausen-Verhältnis praktisch jeden beliebigen Zwischenwert erreichen.

Solche Taktsteuerungen benutzt man beispielsweise bei Elektrokarren, bei Hub- und Gabelstaplern. Mit ihrer Hilfe kann man schnell oder langsam fahren, Lasten schnell anheben oder mit vorsichtigen Hub- und Fahrbewegungen behutsam absetzen.

Wesentlich ist dabei, daß diese Methode verlustfrei wirkt; die Fahrgeschwindigkeit wird nicht über Vorwiderstände verändert, auf die man vor Erfindung des Thyristors angewiesen war. Dadurch wird nicht nur die Lebensdauer der Batterien in Elektrokarren erhöht, auch der Zeitabstand für das Nachladen vergrößert sich.

Der Thyristor im Wechselstromkreis

Bisher wurde hier immer von Gleichspannung als Versorgungsspannung ausgegangen. Die Hauptanwendungsgebiete des Thyristors liegen jedoch im Wechselstrombereich. Verwendet man als Versorgungsspannung eine Wechselspannung, dann liegt an der Anode des Thyristors ständig wechselnd positive und negative Polarität. Der Thyristor ist aber nur dann durchlässig, d. h. niederohmig, wenn Plus an der Anode liegt, wenn er also in Vorwärtsrichtung geschaltet ist.

Da die Vorwärtsspannung, und das heißt: der Betrag der positiven Halbwelle der Versorgungsspannung, nach einer Sinusfunktion verläuft, wird am Ende jeder positiven Halbwelle der Haltestrom unterschritten und der Thyristor gelöscht. Besondere Überlegungen, wie ein gezündeter Thyristor wieder gelöscht werden kann, sind bei Wechselspannungen nicht nötig. Er löscht selbsttätig ohne jeden schaltungstechnischen Aufwand. Allerdings muß der Zündvorgang in jeder positiven Halbwelle erneut eingeleitet werden.

Der erforderliche Steuerstrom läßt sich entweder einer Fremdspannungsquelle entnehmen, oder ein Impuls zündet den Thyristor. Dieser Impuls muß dann jedoch zeitlich in der positiven Halbwelle auftreten.

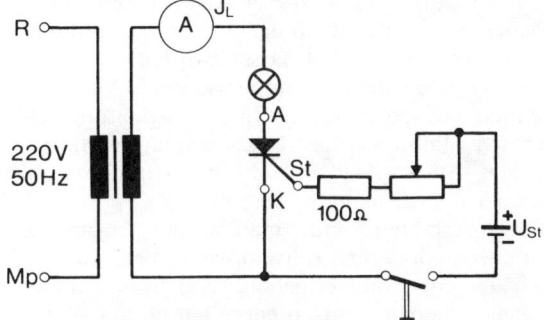

Abb. 17 Versuch mit Wechselspannung als Betriebsspannung. Der Thyristor zündet in jeder positiven Halbwelle, solange der Schalter eingeschaltet ist

Anstelle der Gleichspannung U_B wird lediglich eine Wechselspannung angeschlossen, wie *Abbildung 17* zeigt.

In gleicher Weise kann auch die Schaltung nach Abbildung 12 abgewandelt werden. Immer dann, wenn die positive Halbwelle der Versorgungsspannung

199

an der Anode des Thyristors liegt – wenn er also in Vorwärtsrichtung geschaltet ist –, erhält er auch über R_V den positiven Zündimpuls, sobald der Taster b_1 gedrückt ist *(Abb. 18)*.

Läßt man den Taster b_1 los, dann verlöscht die Lampe, weil der Thyristor für die Dauer der negativen Halbwelle sperrt. Bei der folgenden positiven Halb-

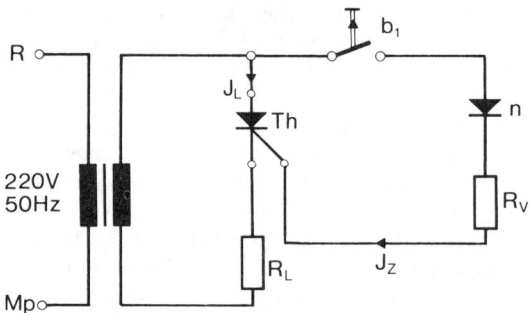

Abb. 18 Thyristor im Wechselstromkreis und Impulszündung.
Solange b_1 geschlossen ist, zündet der Zündstrom I_z bei jeder positiven Halbwelle den Thyristor. Negative Impulse während der negativen Halbwelle werden durch n verhindert. Wird b_1 geöffnet, sperrt der Thyristor auch bei den positiven Halbwellen

welle – wenn er also wieder in Vorwärtsrichtung geschaltet ist – fehlt jedoch der positive Zündimpuls; der Taster b_1 war ja losgelassen worden.

Der Thyristor leitet den Strom also nur in Vorwärtsrichtung, er sperrt ihn in Rückwärtsrichtung. Die negative Halbwelle der Speisespannung wird nicht genutzt. Am Lastwiderstand fällt darum eine pulsierende Gleichspannung ab.

Dieses Verfahren wendet man bei der „eigensicheren Installation für explosionsgefährdete Räume" an. Zu solchen Räumen gehören z. B. Spritzkabinen, in denen niemals Funken entstehen dürfen, wie sie beim Öffnen von Schützkontakten oder an Schaltern auftreten. Die Energie dieser Funken würde ausreichen, das Gas-Luft-Gemisch im Raum zu entzünden. Ähnliches gilt für die Luftführung in Bergwerken, in denen durch Funken schlagende Wetter ausgelöst werden können.

Mit einem Thyristor lassen sich schon mit kleiner Steuerenergie, und ohne daß irgendwelche Funken entstehen, große Leistungen schalten; denn der Schaltvorgang findet im Halbleiter statt. Die Taster

zum Ein- und Ausschalten lassen sich praktisch immer dort anordnen, wo sie ungefährlich sind: also außerhalb des Gefahrenbereiches.

Weil der Thyristor sich „kontrolliert" mit Hilfe eines positiven Steuerstroms oder eines Zündimpulses in den Durchlaßbereich schalten läßt, wird er als *steuerbarer Siliziumgleichrichter* bezeichnet. Im englischsprachigen Bereich heißt er Silicon Controlled Rectifier oder kurz SCR.

Die Wirkungsweise des Thyristors, anhand von Zeitdiagrammen erklärt

Die Wirkungsweise der Schaltung nach Abbildung 18 soll jetzt anhand der folgenden Zeitdiagramme genau erläutert werden *(Abb. 19)*:

Das obere Diagramm zeigt den zeitlichen Verlauf der Netzwechselspannung $U_\sim$: eine vollständige Sinuslinie.

Im zweiten Diagramm ist der Verlauf des Zündstroms I_z dargestellt. Es handelt sich um positive Zündimpulse, die gerade am Beginn jeder positiven Halbwelle der Netzwechselspannung liegen. Sobald der Thyristor leitend wird, bricht an ihm die Spannung zusammen, so daß auch die Impulse eine steil abfallende Flanke zeigen.

Im dritten Diagramm wird der Verlauf des Durchlaßstroms I_D gezeigt, der durch den Lastwiderstand fließt. Er fließt erst, wenn der Thyristor zündet – also zeitlich etwas nach dem Nulldurchgang der Netzwechselspannung –, und er fehlt ganz in deren negativer Halbwelle. Die Gleichrichterwirkung des Thyristors ist hier gut zu erkennen. An den Enden der positiven Halbwelle kommt es im übrigen zu einem steilen Abfall, da der Durchlaßstrom den minimalen Haltestrom des Thyristors unterschreitet, sich also die Sperrschicht bildet.

Im vierten Diagramm ist der zeitliche Verlauf der Spannung U_{Th} am Thyristor wiedergegeben. Es ist deutlich zu erkennen, daß am Anfang jeder positiven Halbwelle der Netzwechselspannung ein positiver Anstieg vorliegt bis der Thyristor zündet. Dann ist nur noch die Durchlaßspannung vorhanden, die nur wenige Volt beträgt. In der negativen Halbwelle folgt die Amplitude in Sperrichtung analog dem zeitlichen Verlauf der Netzwechselspannung.

Wichtig ist: die hier dargestellten Zeitdiagramme gelten *nur* für Fälle, in denen Ohmsche Widerstände

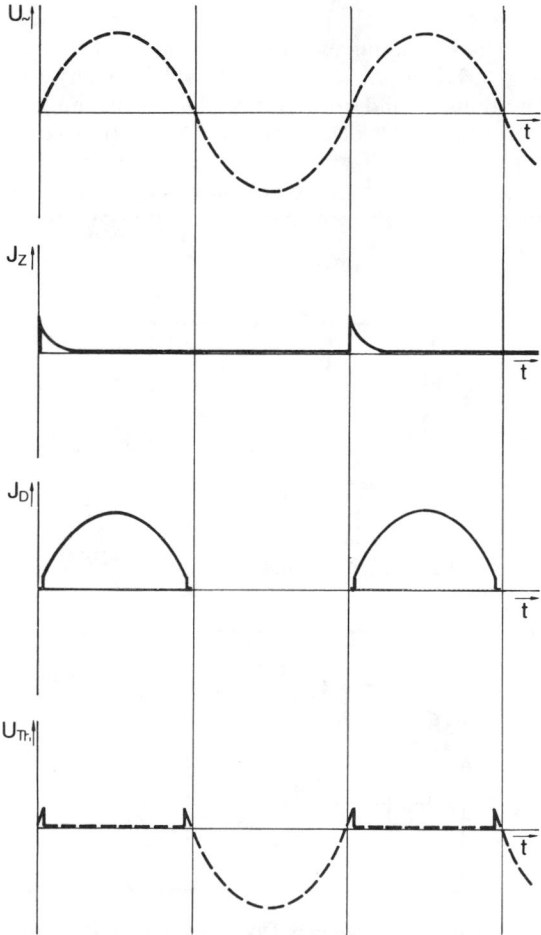

Abb. 19 Zeitdiagramme des Thyristors mit Impulszündung bei Wechselstrombetrieb

als Last verwendet werden; bei kapazitiver oder in-
direkter Last (z. B. bei Motoren) gelten die dargestellten Verhältnisse nicht.

Phasenanschnitt durch zeitlich verschobene Impulse

Bisher wurde davon ausgegangen, daß die Zündimpulse den Thyristor nach jedem Nulldurchgang sofort erneut zünden, d. h. der Strom in Vorwärtsrichtung folgt dem sinusförmigen Verlauf der Betriebsspannung bis zum Augenblick der Löschung. Da

der innere Widerstand des Thyristors nach dem
Zünden aber nicht mehr geändert werden kann, muß
der Strom durch den Widerstand im Lastkreis auf
den gewünschten Betrag begrenzt werden.

Wenn jedoch die dem Verbraucher zugeführte Energie beliebig verändert werden soll, bleibt nur die
Möglichkeit, den Strommittelwert über mehrere Perioden hinweg dadurch zu ändern, daß die Zündzeit
verändert wird.

Zündet man den Thyristor nicht unmittelbar nach
dem Nulldurchgang der positiven Halbwelle, sondern erst im Maximum oder später, dann wird dem
Verbraucher eine geringere Leistung zugeführt
(Abb. 20).

Die zeitliche Verschiebung des Zündimpulses entspricht einer Phasenverschiebung, deren Wert als
Zünd- oder *Steuerwinkel* bezeichnet wird.

Einem Zündwinkel von 90 °el (elektrisch) entspricht
ein Zünden des Thyristors im Maximum; das Ergebnis ist eine Ausnutzung nur des halben Strom-
mittelwertes der positiven Halbwelle.

Mit dem Zündimpuls wird also die positive Halbwelle der Betriebsspannung angeschnitten. Man
spricht daher von *Anschnittsteuerung.* In *Abbil-*

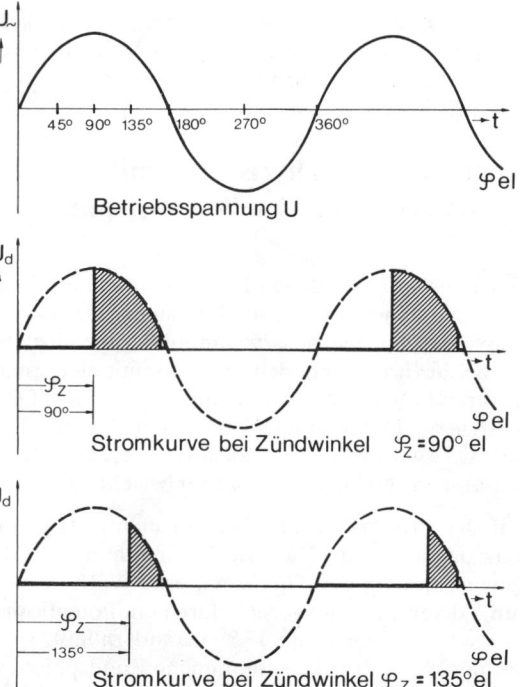

Abb. 20 Phasenanschnitt der sinusförmigen Spannung

dung 21 ist für verschiedene Zündwinkel schematisiert angegeben, welcher Stromanteil noch fließt. Da die Fläche unter der Kurve multipliziert mit der Spannung der Leistung entspricht, die dem Verbraucher zugeführt wird, kann durch Anschnittsteuerung die Leistung von Null bis auf ein Maximum verstellt werden.

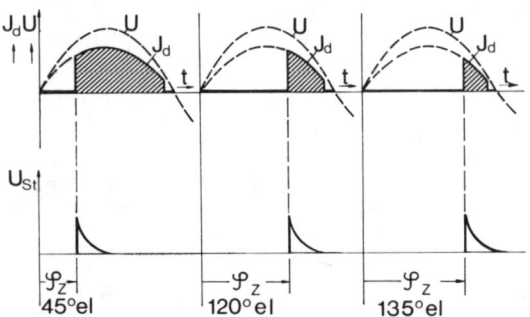

Abb. 21 Thyristorsteuerung mit phasenverschobenen Impulsen. Jeder Zündwinkel zwischen 0 ... 180°C ist einstellbar. Damit ist der Strommittelwert veränderbar zwischen Maximum und Null

Die Industrie hat spezielle Steuergeräte entwickelt, deren Steuerimpulse sich in einem Winkelbereich von 0 bis 180° einstellen lassen.

Steuerung von Thyristoren mit phasenverschobener Wechselspannung

In den bisher behandelten Fällen wurden dem Thyristor bei einer Phasenanschnittsteuerung immer phasenverschobene positive Impulse zugeführt. Es ist aber auch möglich, den Thyristor mit einer phasenveränderbaren Wechselspannung an seinem Gate zu steuern. Dafür braucht man eine Phasenschieberbrücke, die aus einem Transformator, einem Kondensator und einem Potentiometer besteht *(Abb. 22)*.

Auf der Primärseite des Transformators liegt die Netzspannung an. Die Brückenspannung ist die Steuerspannung des Thyristors, eine Wechselspannung, deren Phasenlage sich durch ein Potentiometer etwa zwischen 5° bis 175° verändern läßt.
Die der Phasenbrücke entnommene Zündspannung läßt einen definierten Phasenanschnitt der positiven Halbwelle der Anodenwechselspannung eines Thy-

ristors zu, sobald die positiven Halbwellen der Steuerwechselspannung einen Betrag von ca. 3 V übersteigen. Die negativen Halbwellen der Steuerwechselspannung sind unwirksam, da sie die mittlere Sperrschicht des Thyristors in Vorwärtsrichtung nicht abbauen.
Eine typische Schaltung zur Steuerung von Thyristoren durch Phasenschieberbrücke zeigt *Abbildung 23*.

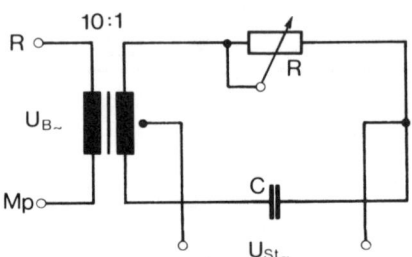

Abb. 22 Phasenschieber, einstellbar von ca. 5° ... 175°C

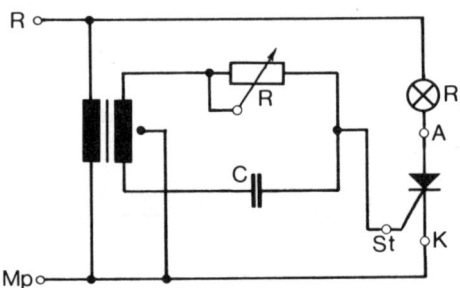

Abb. 23 Ansteuerung eines Thyristors mittels phasenverschobener Steuerspannung aus Phasenschieberbrücke

Antriebe mit Phasenanschnittsteuerschaltungen

Phasenanschnittsteuerschaltungen bei Thyristoren bieten besondere Vorteile bei Motorsteuerungen und vielen anderen Arten von Antriebsregelungen.

Ein Beispiel: Das Drehmoment eines Elektromotors ist von der ihn durchfließenden Stromstärke abhängig, denn die Stromstärke beeinflußt direkt die magnetischen Größen des Motors. Jede Drehzahlsteuerung durch einen Vorwiderstand geht daher auf Kosten des Drehmoments, d. h. die gewünschte Motordrehzahl, die mit einem Vorwiderstand eingestellt wurde, ändert sich je nach der Belastung an der Welle.

Bei Stromanschnittsteuerungen mit Hilfe von Thyristoren ist das nicht der Fall. Die für das Drehmoment erforderliche Stromstärke wird bei einer Phasenanschnittsteuerung erreicht; allerdings gilt sie bei der gewünschten Drehzahl nur für diejenigen Zeitintervalle, die durch den Zündwinkel bestimmt sind. Das Verhältnis Einschaltzeit:Pausenzeit des Stroms wird zwar verändert und damit auch die Drehzahl, doch bleibt das Drehmoment des Motors annähernd gleich.

Die Antiparallelschaltung

In allen bisher behandelten Schaltungen ließen sich nur die positiven Halbwellen der Netzspannung ausnutzen. Nach jeder positiven Halbwelle wurde die Anode des Thyristors negativ, und damit blieb der Thyristor gesperrt. Der Zündvorgang wurde in jeder positiven Halbwelle von neuem eingeleitet.

Um beide Halbwellen des Wechselstroms ausnutzen zu können, verwendet man zwei Thyristoren in Antiparallelschaltung.

Was ist darunter zu verstehen?

Zwei Thyristoren werden so zusammengeschaltet, daß die Anode des einen mit der Kathode des anderen verbunden ist *(Abb. 24)*.

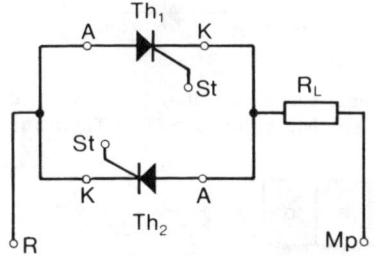

Abb. 24 Thyristoren in Antiparallelschaltung

An den Steueranschluß jedes Thyristors wird von seiner Anode über einen Widerstand die Zündspannung herangeführt. Es zündet jeweils der Thyristor, an dessen Anode gerade die positive Halbwelle liegt *(Abb. 25)*.

Man kann auch mit *einem* Widerstand auskommen, dann nämlich, wenn es gelingt, bei dem Thyristor

einen negativen Steuerstrom zu unterbinden, an dessen Anode gerade die negative Halbwelle liegt. Das läßt sich mit zwei Dioden erreichen, die in Sperrrichtung geschaltet sind *(Abb. 26)*.

Die Wirkungsweise der Schaltung ist folgende:

Liegt die positive Halbwelle an der Anode von Th_1, dann wird der Zündimpuls über die Diode n_1, den Widerstand R_v und den Taster b_1 an den Steueranschluß von Th_1 geführt; Th_2 ist gesperrt.

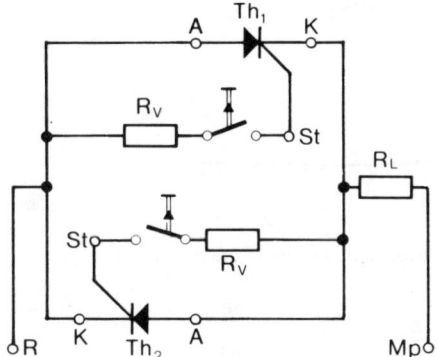

Abb. 25 Antiparallelschaltung mit zwei Widerständen zur Impulszündung

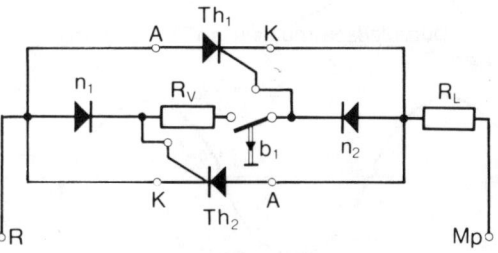

Abb. 26 Antiparallelschaltung mit einem Zündwiderstand und Schutzdioden

Bei der anderen Halbwelle ist die Anode von Th_2 positiv. Der Zündimpuls gelangt über die Diode n_2, den Taster b_1 und den Widerstand R_v an seinen Steueranschluß. Der Thyristor Th_1 ist gesperrt.

Die positiven Halbwellen steuern also den Thyristor Th_1 auf, falls der Taster b_1 im Moment des positiven Nulldurchgangs der Wechselspannung geschlossen wurde. Beim Übergang zur negativen Halbwelle löscht Th_1, da der notwendige Haltestrom unterschritten wurde, und an seiner Anode jetzt die negative Halbwelle wirksam wird, in der ja die beiden äußeren pn-Übergänge gesperrt sind. Die negativen

203

Halbwellen steuern den Thyristor Th$_2$. Der Wechselbetrieb von Th$_1$ und Th$_2$ wiederholt sich so lange, bis b$_1$ geöffnet wird. Der Lastwiderstand erhält also Wechselspannung.

Diese Schaltung läßt sich in ihrer Wirkungsweise mit einem kontaktlosen Schütz vergleichen. Es entstehen keine Funken, es gibt keinen Abbrand. Bei Drehstrombetrieb lassen sich mit sechs Thyristoren sehr leistungsfähige Drehstromschütze aufbauen, die große Schalthäufigkeit und große Schaltgeschwindigkeit zulassen.

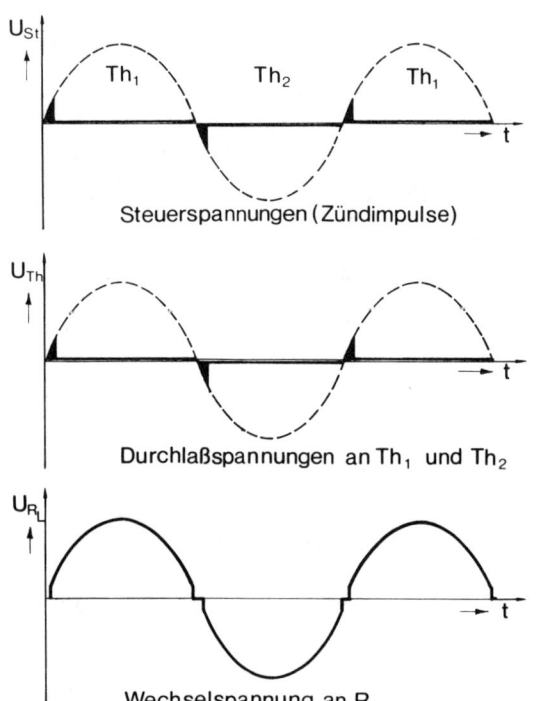

Abb. 27 Zeitdiagramme der Spannungen bei antiparallel geschalteten Thyristoren (kontaktloses Wechselstromschütz)

Abbildung 27 zeigt die Zeitdiagramme der Steuerspannungen der beiden Thyristoren, die Durchlaßspannungen und die dem Verbraucher zugeführte Wechselspannung.

p-Gate-Thyristor, n-Gate-Thyristor, Thyristortetrode

Der hier bisher in allen Schaltungen benutzte Thyristortyp war der p-Gate-Thyristor, ein Bauelement mit pnpn-Struktur, dessen innere p-Schicht einen Steuerkontakt erhielt: das p-Gate. Seine Kennzeichen sind: eine positive Steuerspannung gegenüber der Kathode des Thyristors läßt einen Steuerstrom fließen, dessen Ladungsträger den mittleren pn-Übergang überfluten, so daß dessen Sperrwirkung abgebaut und das Bauelement leitend wird. Dies gelingt jedoch nur in Vorwärtsrichtung, d. h. wenn die Anode positiv ist. Steuerspannungen negativer Polarität gegenüber der Kathode gelingt es nicht, den Thyristor zu öffnen.

Man kann jedoch auch einen Thyristor bauen, dessen mittlere n-Schicht an eine Steuerelektrode geführt ist, die dann n-Gate heißt.

Eine negative Steuerspannung öffnet den n-Gate-Thyristor, wenn er in Vorwärtsrichtung geschaltet ist.

In *Abbildung 28* sind die beiden Arten von Thyristoren und die ihnen zugeordneten Schaltsymbole dargestellt.

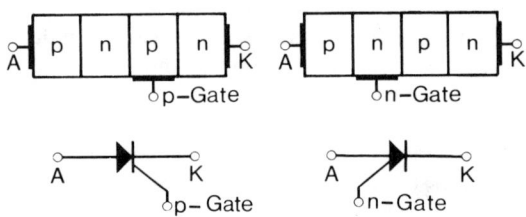

Abb. 28 Schichtenfolge, Elektroden und Schaltsymbole des p-Gate-Thyristors und des n-Gate-Thyristors

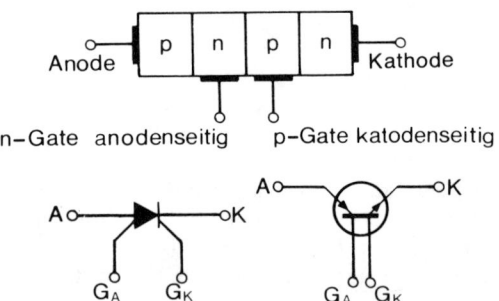

Abb. 29 Thyristortetrode (Schichtenfolge und Elektroden) Vorschläge für Schaltsymbol

204

Ein Vierschichtbauelement mit zwei Steuerelektroden heißt *Thyristortetrode*. Die Thyristortetrode kann wahlweise mit Steuerspannungen oder Impulsen beider Polaritäten geschaltet werden. Dabei müssen allerdings der mittleren n-Schicht negative Impulse und der mittleren p-Schicht positive Impulse zugeführt werden.

Eine schematische Darstellung zeigt *Abbildung 29*. Da ein genormtes Symbol noch nicht vorliegt, werden hier zwei Vorschläge angegeben.

Ein Wechselstromschütz aus einem p-Gate-Thyristor und einem n-Gate-Thyristor

In der Schaltung nach Abbildung 26 braucht man zwei Dioden, um einen Zündwiderstand einzusparen. Die Dioden sind nicht mehr erforderlich, wenn ein p-Gate-Thyristor und ein n-Gate-Thyristor in Antiparallelschaltung verwendet wird *(Abb. 30)*.

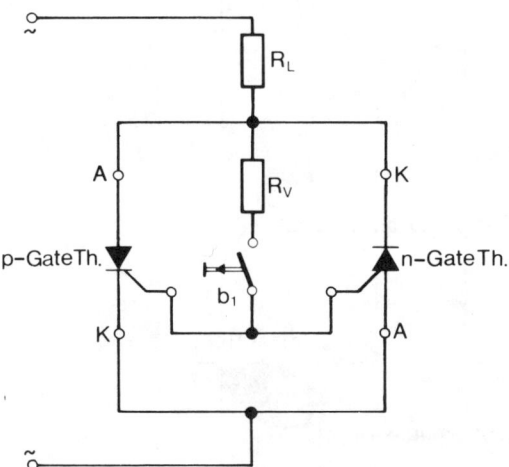

Abb. 30 Kontaktloses Wechselstromschütz gebildet aus p-Gate- und n-Gate-Thyristor antiparallel

Die Anode des einen und die Kathode des anderen Thyristors sind zusammengeschaltet, die Steueranschlüsse ebenfalls an einen gemeinsamen Punkt geführt. Ein gemeinsamer Zündwiderstand ist vorhanden. Eingeschaltet wird mit dem Schalter b_1.

Die positive Halbwelle schaltet dann den p-Gate-Thyristor über R_v.

Die positive Zündspannung kann den n-Gate-Thyristor nicht zünden, denn es liegt negative Spannung an seiner Anode, und er braucht eine negative Zündspannung.

Bei der negativen Halbwelle liegt an der Anode des n-Gate-Thyristors positive Spannung. Zum Zünden benötigt er an seinem n-Gate eine negative Spannung. Diese gelangt ebenfalls über R_v an sein n-Gate.

In dieser Phase ist dann der p-Gate-Thyristor gesperrt.

Diese Schaltung ist derjenigen nach Abbildung 26 in jeder Hinsicht gleichwertig. Sie stellt ein kontaktloses Wechselstromschütz dar.

Es gibt ein neues Bauelement, das die gesamte Schaltung in sich vereinigt, den Triac.

Der TRIAC

Dieses Bauelement ist im Prinzip eine Kombination aus zwei Thyristoren. Ein p-gesteuerter Thyristor wird mit einem n-gesteuerten in Antiparallelschaltung gebracht. *Abbildung 31* zeigt die beiden Thyristoren in Vierschichtdarstellung und als Symbole.

Rückt man die beiden zusammen, so erhält man eine Kombination mit acht Zonen unterschiedlicher Do-

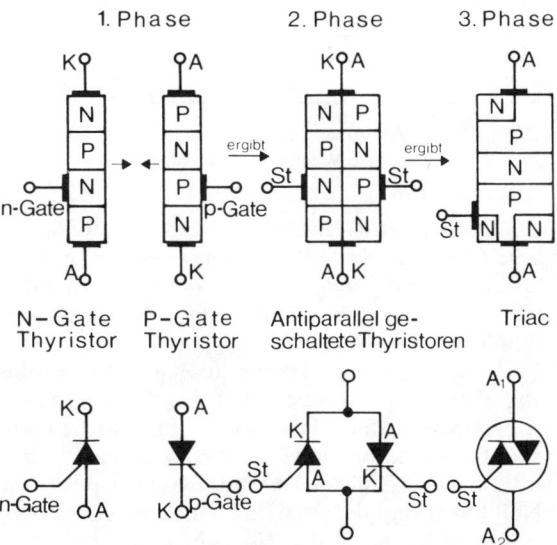

Abb. 31 Entstehen des Zonenaufbaus und des Schaltsymbols eines TRIAC

205

tierung und vier Anschlüssen. Die äußeren Schichten werden mit einer gemeinsamen Elektrode versehen, die beiden Steueranschlüsse vereinigt. Das Ergebnis ist ein Bauelement, das in beiden Richtungen geschaltet werden kann.

Ein Impuls beliebiger Richtung zwischen Steueranschluß und benachbarter Elektrode schaltet dann dieses Element unabhängig von der Richtung der Spannung im Laststromkreis in den leitenden Zustand.

Dieser Zweiwegthyristor erhielt den Namen TRIAC, ein englisches Kunstwort, gebildet aus *TRI*ode-*A*lternating *C*urrent-switch, was wörtlich übersetzt *Trioden-Wechselstromschalter* heißt. Das Schaltsymbol zeigt zwei antiparallel geschaltete Dioden mit den beiden Hauptelektroden A_1 und A_2 und einem Steueranschluß St, dem beliebig gepolte Steuerspannungen zugeführt werden können.

Alle für Thyristoren angegebenen Grundschaltungen gelten auch für den Triac. Lediglich die Steuerspannungswerte liegen höher als beim Thyristor, nämlich bei ca. 35 V.

Wie einfach die Schaltungen mit einem Triac werden, zeigt *Abbildung 32 a*.

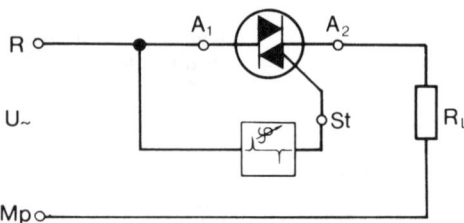

Abb. 32a TRIAC steuert die dem Lastwiderstand
zugeführte Wechselstromleistung

Lastwiderstand R_L und Triac werden in Reihe geschaltet und direkt an die Versorgungsspannung gelegt. Ein Impulszündgerät liefert dem Triac Impulse, die im Phasenwinkelbereich von 0 bis 180° verschoben werden können.

In *Abbildung 32 b* wird davon ausgegangen, daß das Impulszündgerät abwechselnd positive und negative Impulse liefert, die einander im zeitlichen Abstand einer Halbperiode der Netzwechselspannung folgen. Der zeitliche Abstand zwischen positivem Nulldurchgang der Betriebsspannung und erstem positivem Impuls ist der Zündwinkel φ_Z.

Die Klemmenspannung am Triac steigt wie die Betriebsspannung sinusförmig an, bis entsprechend

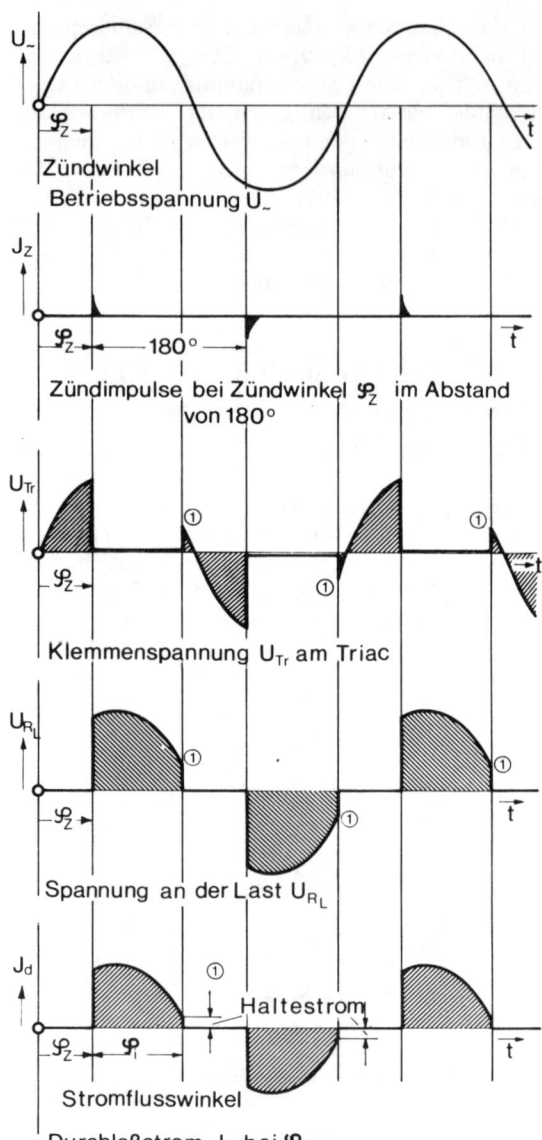

Abb. 32b Zeitdiagramme einer einfachen TRIAC-
Schaltung bei Zündwinkel z = 60°

dem eingestellten Zündwinkel der Triac leitend wird. Dann bricht sie bis auf die Durchlaßspannung zusammen. Jetzt liegt nahezu die volle Betriebsspannung als Klemmenspannung am Lastwiderstand R_L.

Gleichphasig dazu fließt durch den Triac der Durchlaßstrom I_D der positiven Halbwelle, wenn R_L als ohmsche Last angenommen ist. Der Durchlaßstrom bricht, wenn der Mindesthaltestrom unterschritten wird, sofort ab, wie das Zeitdiagramm des Durchlaßstroms und der an R_L liegenden Spannung zeigt.

Nach Abbruch des Durchlaßstroms liegt sofort wieder die dem negativen Nulldurchgang zustrebende Amplitude der Betriebsspannung am Triac. Dadurch entstehen die Spannungsspitzen, die im Zeitdiagramm der Triac-Spannung an den mit 1 bezeichneten Stellen zu sehen sind.
Bei der negativen Halbwelle wiederholt sich dieser Vorgang, jedoch mit umgekehrter Polarität.
Die Zeitspanne, in welcher der Triac in der jeweiligen Halbwelle leitend ist, wird mit Stromflußwinkel φ_i bezeichnet. Er ist im Zeitdiagramm des Durchlaßstromes I_D angegeben.
Mit einem Triac lassen sich aber nicht nur Wechselstromsteller bauen, die mit phasenverschobenen Impulsen angesteuert werden; man kann dafür auch jede beliebige Phasenschieberschaltung verwenden.

Die Dimmerschaltung

Wir zeigen hier eine besonders einfache Phasenanschnittsteuerung für elektrische Leuchten, deren Helligkeit beliebig verstellt werden kann (Abb. 33).

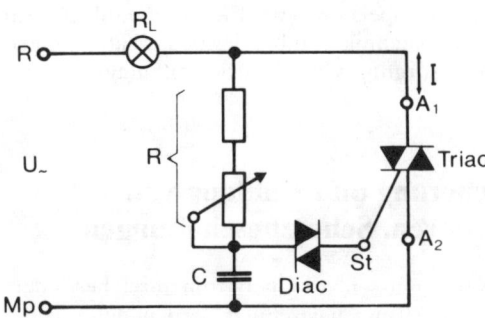

Abb. 33 Die Dimmerschaltung

Der Triac und die Glühlampe R_L sind, wie in Abbildung 32, in Reihe an die Versorgungsspannung gelegt. Vor die Steuerelektrode des Triac ist eine sogenannte Triggerdiode, ein DIAC geschaltet. Dieser DIAC schaltet in den niederohmigen Zustand um, sobald die angelegte Spannung den Wert einer bestimmten Durchbruchspannung überschreitet.

Die Steuerspannung wird einem RC-Glied entnommen, das eine Phasenverschiebung liefert. Die Phasenverschiebung hängt von der Stellung des Potentiometers ab: Je größer der Widerstand, desto später wird die Durchbruchspannung der Triggerdiode erreicht. Erst dann wirkt die Kondensatorspannung als Zündspannung am Steueranschluß des Triac. Dann erst wird der Triac leitend, und es fließt Laststrom. Die Wirkungsweise der Schaltung entspricht völlig einer Phasenanschnittsteuerung.
Strom- und Spannungsverlauf der Dimmerschaltung zeigen die Zeitdiagramme in Abbildung 34.

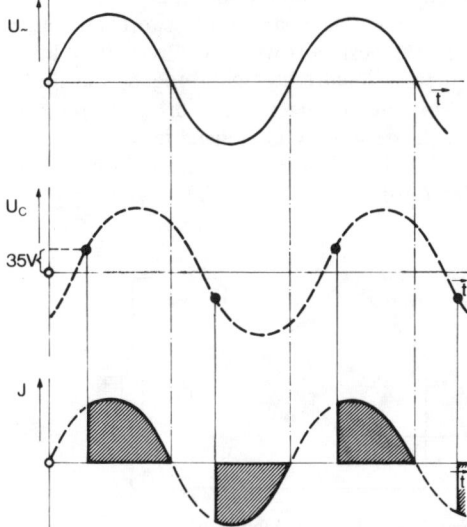

Abb. 34 Zeitdiagramme der Dimmerschaltung

Da es sich bei DIAC und Triac um Siliziumhalbleiter-Bauelemente handelt, ist es möglich, sie auf einem einzigen Siliziumkristall gemeinsam zu erzeugen. Der so entstehende DiTriac ist ein Bauelement, das nur drei Anschlüsse hat; das entsprechende Schaltzeichen gibt Abbildung 35 wieder.

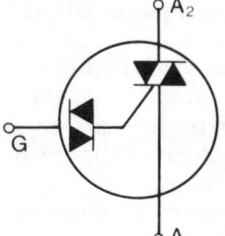

Abb. 35 Schaltzeichen des DiTriac

207

DiTriacs für den Einbau in Schalterdosen gibt es, mit dem erforderlichen Einstellwiderstand und dem Kondensator komplett in ein Gehäuse montiert, im Handel. Man verwendet Schaltungen mit Triac und DiTriac wegen ihres guten Wirkungsgrades viel in Steuer- und Regelschaltungen.

Einstellbare Gleichrichter

Thyristoren verhalten sich nach dem Zünden wie normale Siliziumgleichrichter. Zusätzlich haben sie jedoch noch die Schalter- und Steuereigenschaft. Daher kann der Gleichstrommittelwert zwischen Null und 100 % gesteuert werden. Thyristoren können in allen Gleichrichterschaltungen die üblichen Gleichrichter ersetzen; man erhält dann einstellbare, d. h. steuerbare Gleichrichter.
Das soll an der Einphasen-Brückenschaltung erläutert werden (*Abb. 36*).

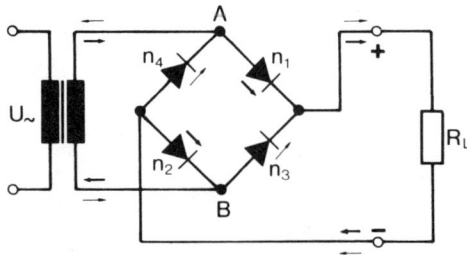

Abb. 36 Einphasen-Brückenschaltung

Bei der positiven Halbwelle liegt am oberen Einspeisungspunkt A der Brücke positive Polarität, so daß der Gleichrichter n_1 in Durchlaßrichtung geschaltet ist. Es kann also ein Strom fließen, der über den Lastwiderstand R_L und den Gleichrichter n_2, der ebenfalls in Durchlaßrichtung liegt, an den unteren Einspeisungspunkt gelangt. Bei der negativen Halbwelle ist die positive Polarität am unteren Punkt B, und der Strom fließt über n_3, den Lastwiderstand R_L und den Gleichrichter n_4. Der Lastwiderstand wird also stets in gleicher Richtung durchflossen.
In Brückenschaltungen braucht jedoch nur die Hälfte der Gleichrichter durch Thyristoren ersetzt zu werden, da immer ein Gleichrichter und Thyristor in Reihe geschaltet sind (*Abb. 37*).
Man nennt daher eine solche Schaltung *halbgesteuert*.

Durch Phasenanschnittsteuerung läßt sich der Gleichstrommittelwert des Verbraucherstromes auf den gewünschten Betrag bringen. Ersetzt man in dieser Schaltung den Lastwiderstand durch eine Bat-

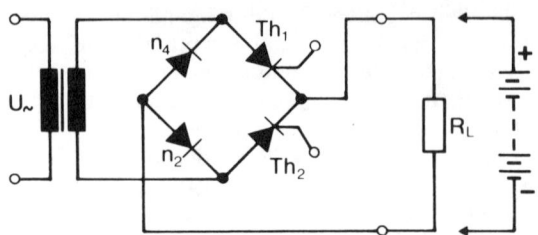

Abb. 37 Halbgesteuerte Gleichrichterbrücke, deren Thyristoren mittels Phasenanschnittsteuerung dem Lastwiderstand eine im Gleichstrommittelwert beeinflußbare Leistung geben; auch Grundschaltung für ein ladezustandsabhängig gesteuertes Ladegerät

terie, die aufgeladen werden soll, dann hat man ein ladezustandsabhängiges Ladegerät, das bei geeigneter Steuerung stets den optimalen Ladestrom abgibt.
Gesteuerte Gleichrichter werden in der Antriebstechnik, zur Erzeugung der veränderlichen Anker- bzw. Feldspannung von drehzahlgeregelten Maschinen, zur Speisung von Elektrolyseanlagen, in der Galvanotechnik und bei der bedarfsabhängigen Energieversorgung von Nachrichtenanlagen eingesetzt.

Absicherung und Kühlung von Thyristoren, Schutzbeschaltungen

Thyristoren müssen vor Überstrom durch besonders schnelle Sicherungen geschützt werden, denn sie besitzen nur eine sehr kleine Wärmekapazität. Solche Sicherungen können vor die Schaltung der Thyristoren als sogenannte Strangsicherung oder in die Schaltung als sogenannte Zweigsicherung gelegt werden (vgl. *Abb. 38*).
Die Wärmekapazität des einzelnen Thyristors ist so klein, daß bei einem Kurzschluß die zulässige Kristalltemperatur schon nach einer einzigen Halbwelle überschritten wird. Es sind also sehr flinke Schmelzsicherungen oder Schutzschalter erforderlich, deren

208

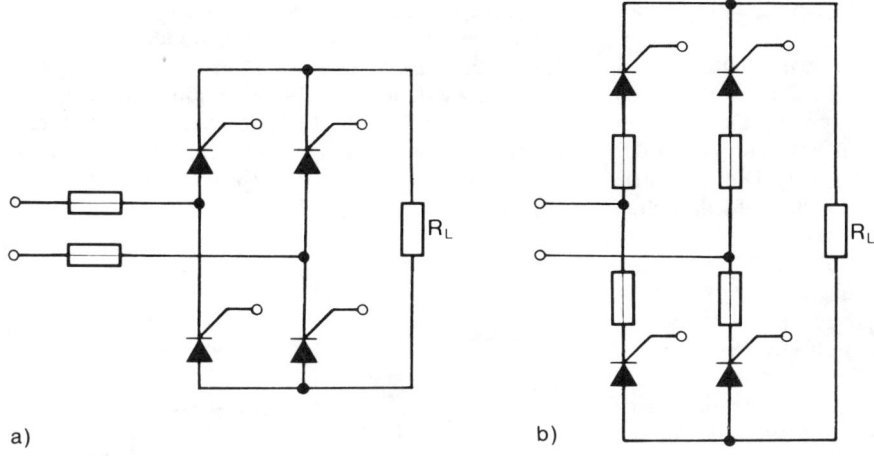

Abb. 38 Schutz von Thyristoren gegen Stromüberlastung
    a) mittels Strangsicherungen   b) mittels Zweigsicherungen

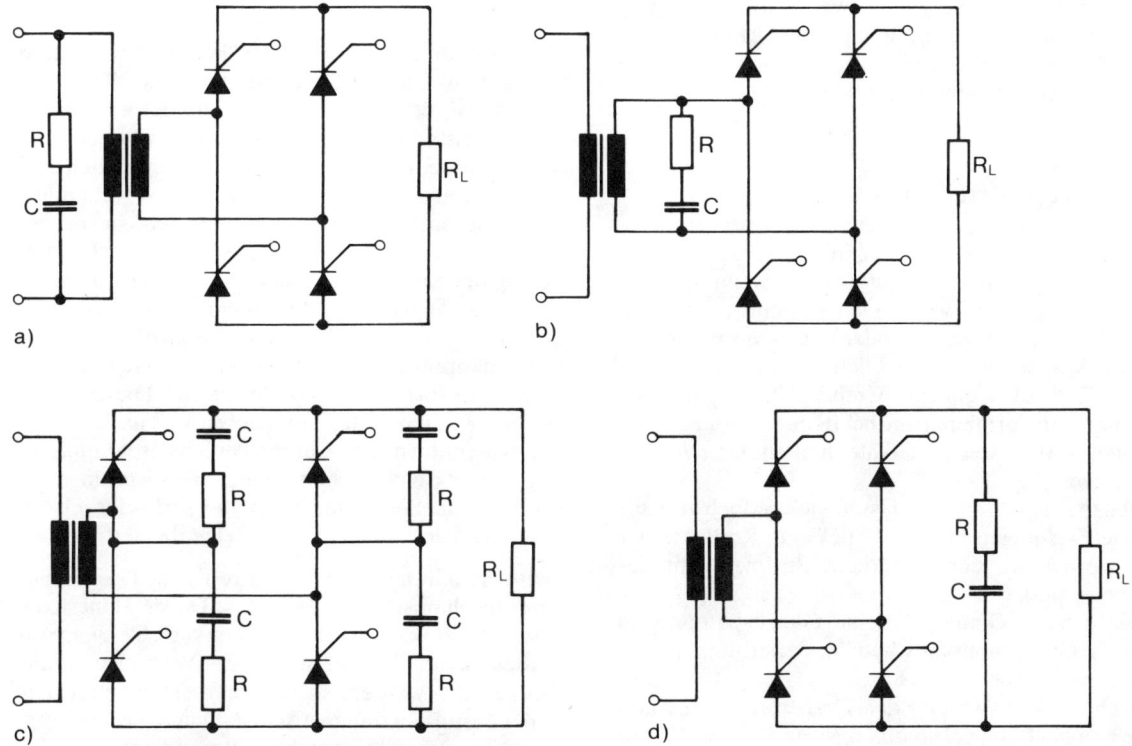

Abb. 39 Überspannungsschutz bei Thyristoren
    a) Trafobedämpfung eingangsseitig   c) Zellenbedämpfung
    b) Trafobedämpfung ausgangsseitig   d) Lastbedämpfung

Abschaltzeit bei 50 Hz-Betrieb unter 1/100 sec liegen muß.

Die Stromdichte in der Thyristortablette ist bei Nennbetrieb sehr groß; daher muß die auftretende Verlustwärme gut abgeführt werden. Das erreicht man über Kühlkörper, die oft beträchtlich größer sind als der eigentliche Thyristor. Die Industrie schreibt in ihren Datenblättern die erforderlichen Kühlkörper vor.

Auch vor Überspannungen muß der Thyristor geschützt werden. Sie können aus dem Netz kommen, aber auch durch Schaltvorgänge im Lastkreis ausgelöst sein, wo recht häufig induktive Spannungsspitzen auftreten.

Zum Schutz gegen Überspannungen werden meist RC-Glieder oder Reihenschaltungen aus Dioden und Widerständen verwendet. Die Dimensionierung dieser Schutzkombination und die Art der Beschaltung ist den Datenblättern der Hersteller zu entnehmen.

In *Abbildung 39* sind die einzelnen Möglichkeiten der Beschaltung angegeben, wobei danach unterschieden wird, ob gegen Spannungsspitzen eine Bedämpfung des Transformators, der einzelnen Zelle oder der Last vorgenommen werden soll.

Der Wechselrichter

Gleichspannungen lassen sich nicht transformieren. Als Ausweg benutzte man früher, wenn Gleichspannungen erhöht werden sollten, entweder einen mechanischen Zerhacker oder einen Motorengenerator. Aus der niedrigen Gleichspannung entsteht durch Zerhacken eine pulsierende Gleichspannung, die man transformieren und bei Bedarf wieder gleichrichten kann. Solche Geräte heißen *Gleichspannungswandler*.

Mechanische Zerhacker lassen sich jedoch nur für kleine Leistungen bauen, da bewegte Kontakte der Beanspruchung durch stärkere Ströme nicht gewachsen sind.

Elektronische Geräte, die eine Gleichspannung in eine Wechselspannung wandeln, nennt man *Wechselrichter*.

Durch die Entwicklung der Thyristoren ist es nun auch möglich, Gleichspannungswandler und Wechselrichter für große Leistungen zu bauen.

Abbildung 40 zeigt das Prinzipschaltbild eines Wechselrichters.

Es handelt sich hier um eine symmetrisch aufgebaute Schaltung. Die Thyristoren sind anodenseitig an die Enden der Primärseite des Transformators Tr_1 geschaltet. Zwischen die Mittelanzapfung der Primärwicklung von Tr_1 und die Kathoden der Thyristoren ist die Gleichspannungsquelle (z. B. eine Autobatterie) geschaltet. Der positive Pol muß dabei an der Mittelanzapfung liegen.

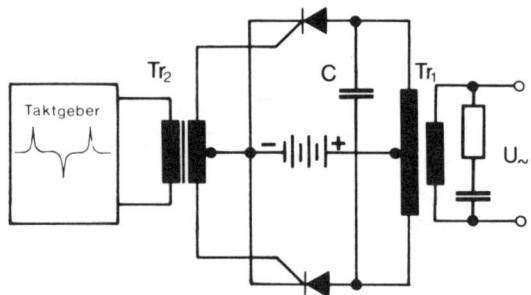

Abb. 40 Wechselrichter mit Thyristoren (Prinzip)

Ein elektronischer Taktgeber liefert abwechselnd Schaltimpulse an die Steueranschlüsse der Thyristoren, so daß diese abwechselnd gezündet werden.

Die Thyristoren dürfen jedoch nur abwechselnd Strom führen, damit im Transformator wirklich eine Wechselspannung entsteht. Der zuerst gezündete Thyristor muß daher gelöscht werden, bevor der zweite Thyristor zündet. Das geschieht mit Hilfe des Löschkondensators C_L, der parallel zur Primärwicklung von Tr_1 liegt. Man nennt diesen Kondensator auch *Kommutierungskondensator*.

Die Ankopplung des Taktgebers erfolgt über den Steuertransformator Tr_2, dessen Mittelanzapfung mit den Kathoden der Thyristoren verbunden ist.

Die Kurvenform der Ausgangswechselspannung ist wegen des Schaltverhaltens der Thyristoren nicht sinusförmig. Sie kann, wenn dies erforderlich ist, durch nachgeschaltete Siebmittel verbessert werden.

Diese Schaltung ist das elektronische Gegenstück eines mechanischen Zerhackers. Da sie keine Kontakte besitzt, kann sie auch nicht verschleißen. Außerdem kann die Frequenz der Wechselspannung frei gewählt werden, so daß man sie entsprechend den günstigsten magnetischen Daten des verwendeten Transformatorblechs festlegen kann.

Der Thyristor im Kraftfahrzeug

In der modernen Kfz-Technik werden heute anstelle der alten elektromechanischen Zündunterbrecher Thyristorzündanlagen verwendet *(Abb. 41)*.
Bisher wurde die gesamte Zündenergie vom Unterbrecherkontakt geschaltet, der in Reihe mit der Primärseite der Zündspule liegt. Dabei kam es zu star-

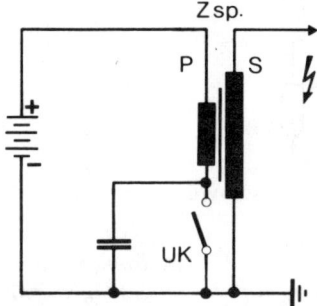

Abb. 41 Konventionelle Kfz-Zündschaltung

kem Abbrand, so daß schon nach kurzer Zeit die Zündkerzen nicht mehr die erforderliche Leistung erhielten. Bei einer Thyristorzündanlage schaltet der Unterbrecherkontakt nur noch einen Strom von wenigen mA, dessen Größe durch R_1 festgelegt ist (vgl. dazu das *Blockschaltbild 42)*.

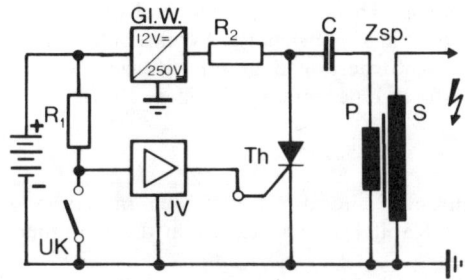

Abb. 42 Thyristorzündanlage für Kfz

Die an dem Kontakt auftretenden Spannungssprünge wandelt der nachgeschaltete Impulsformer IV in Schaltimpulse für den Thyristor um.
Ein Gleichspannungswandler Gl. W. erzeugt aus der Batteriespannung von 6 oder 12 V eine Gleichspannung von ca. 250 V, die einen Kondensator C über den Widerstand R_2 und die Primärwicklung der Zündspule auflädt. Beim Schalten des Thyristors

entlädt sich der Kondensator schlagartig über den kleinen Durchlaßwiderstand des Thyristors und die Primärwicklung der Zündspule. Dieser Entladestromstoß induziert in der Sekundärwicklung der Zündspule eine Hochspannung, die den Zündkerzen zugeführt wird. Da der Unterbrecherkontakt also keine Induktivität mehr schaltet, brennt er auch nicht mehr ab.
Thyristor-Zündanlagen haben noch einen weiteren Vorteil: sie erleichtern im Winter das Starten des Motors, denn der Kondensator C kann sich trotz der niedrigen Motordrehzahl infolge des steifen Öls über R_2 auf die volle Spannung aufladen. Auch die bei konventionellen Zündanlagen auftretende starke Belastung der Batterie bei geschlossenem Unterbrecherkontakt, die einen Strom von ca. 10 A fließen läßt, tritt nicht mehr auf.

Der Fotothyristor

Normalerweise steuert und zündet man Thyristoren durch eine Steuerspannung, die an den Steueranschluß gelegt wird. Dadurch werden Ladungsträger derart beschleunigt, daß sie die mittlere Sperrschicht in Vorwärtsrichtung abbauen.
Ladungsträger lassen sich jedoch auch durch Zuführung von Wärme oder Licht im Halbleiter direkt freisetzen. Die dadurch auftretende Eigenleitung, die sonst bei Halbleitern sehr unerwünscht ist, nennt man den *inneren fotoelektrischen Effekt*. Er wird bei Fotoelementen und Fototransistoren ausgenutzt.

Man hat nun einen Fotothyristor entwickelt, der gezündet wird, wenn auf die innere Sperrschicht Licht fällt. Den schematischen Aufbau des Fotothyristors zeigt *Abbildung 43*.
Im allgemeinen besitzt ein solcher Fotothyristor noch den normalen Steueranschluß (p-Gate). Die Zündung kann also durch einen Steuerimpuls, durch Lichteinfall oder durch beides eingeleitet werden.

Anwendungen von Fotothyristoren

Die einfache Anwendung von Fotothyristoren zeigt die Schaltung in *Abbildung 44*.
Der Fotothyristor und der Lastwiderstand R_L sind in Serie direkt an eine Wechselspannung geschaltet. Parallel zum Fotothyristor ist ein Spannungsteiler

geschaltet, an dem die Ansprechempfindlichkeit des Fotothyristors eingestellt werden kann. Bei Lichteinfall zündet der Thyristor; er löscht, sobald die Beleuchtung einen bestimmten Wert unterschreitet, denn es liegt Wechselspannung als Anodenspan-

Reizes ein Impuls abgegeben, mit dem z. B. ein *Zeitrelais* ausgelöst werden kann, das nach Ablauf einer bestimmten Zeit den Thyristor quittiert und ihn für einen späteren neuen optischen Reiz wieder ansprechbereit macht.

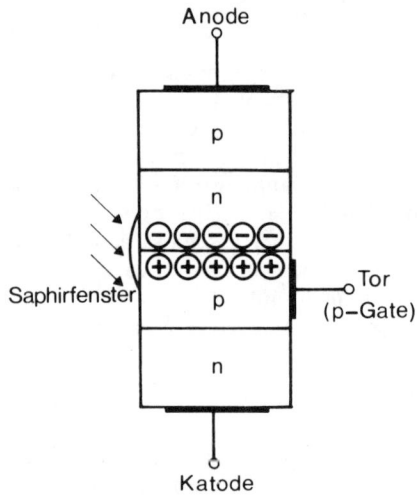

Abb. 43 Fotothyristor mit Saphirfenster für optimale Steuerung und p-Gate für elektrische Steuerung bzw. Empfindlichkeitseinstellung der Zündwilligkeit

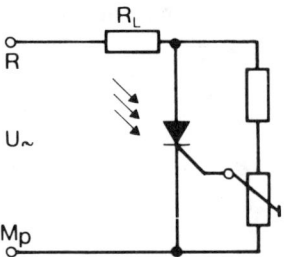

Abb. 44 Lichtschranke mit Fotothyristor

nung an, so daß er nach Beendigung der Halbwelle sperrt, die mit dem Ende des optischen Reizes zeitlich zusammenfällt.

Diese Schaltung stellt die einfachste Form eines *fotoelektrischen Analog-Digitalwandlers* dar, der außerdem noch Speicherverhalten zeigt.

Wählt man anstelle des Lastwiderstandes ein Relais, dann ist die Schaltung als *Dämmerungsschalter* verwendbar.

Wird anstelle des Lastwiderstandes ein Impulstransformator benutzt und als Anodenspannung eine Gleichspannung, dann wird bei Beginn des optischen

Fotothyristoren werden für *Lichtschranken, optische Näherungsschalter, Raumschutzanlagen* bald eine ähnlich revolutionierende Bedeutung wie die Fotowiderstände erlangen, die alle anderen fotoelektrischen Bauelemente in Lichtschranken fast ganz verdrängt haben.

Würde man das Licht über Lichtleitkabel führen, dann ließen sich Zündimpulse sogar über einen ideal isolierenden Signalweg leiten. Auf diese Weise wäre es z. B. möglich, Hochspannungsanlagen von ihren Steueranlagen voll galvanisch zu trennen. Und schließlich: Auch für die besonderen Bedingungen in explosionsgefährdeten Räumen und unter Tage, in denen an die Eigensicherheit elektrischer Anlagen hohe Anforderungen gestellt werden, spielen Fotothyristoren eine immer wichtigere Rolle.

*

Weiterführende Literatur findet sich im Anhang. Für dieses Kapitel gelten vor allem die Nummern 34, 41, 65

Übungsaufgaben

Bei den folgenden Fragen soll die jeweils richtige Antwort links im Kästchen angekreuzt werden. Es können mehrere, es kann aber auch keine der angebotenen Antworten richtig sein.

1. Welche Aussage über die Leitfähigkeit von Halbleitern ist richtig?

- [ ] **a)** Halbleiter sind unter Normalbedingungen gute Isolierstoffe, wenn sie nicht verunreinigt oder dotiert sind
- [ ] **b)** Halbleiter sind gute Leiter
- [ ] **c)** Die Leitfähigkeit der Halbleiter ist besser als die der Isolierstoffe und schlechter als die der Metalle
- [ ] **d)** Halbleiter leiten den Strom nur in einer Richtung

2. Welche Aussage über Begriffe der Halbleitertechnik ist falsch?

- [ ] **a)** P-Leiter sind mit Fremdatomen niedrigerer Wertigkeit dotiert
- [ ] **b)** Ein mit 5wertigen Fremdatomen dotierter Siliziumkristall wirkt n-leitend
- [ ] **c)** Eigenleitfähigkeit entsteht durch das Aufbrechen von Gitterbindungen des Kristallgefüges. So entstehen Ladungsträgerpaare, freie Elektronen und Löcher (Elektronenfehlstellen)
- [ ] **d)** Dotieren mit dreiwertigen Fremdatomen vergrößert die Anzahl freier Elektronen
- [ ] **e)** Rekombination ist das paarweise Verschwinden je eines freien Elektrons und eines Loches

3. Welche Aussagen über Sperrschichten sind richtig?

- [ ] **a)** Sperrschichten entstehen an der Grenze von Bereichen, die verschieden dotiert sind
- [ ] **b)** Eine Sperrschicht hat stets Diodencharakter
- [ ] **c)** Durch Anlegen einer Spannung, deren Pluspol an die n-dotierte Schicht und deren Minuspol an die p-Schicht gelegt wird, nimmt die Sperrschichtbreite ab

- [ ] **d)** Legt man den Pluspol einer äußeren Spannung an die p-Schicht, den Minuspol an die n-Schicht, so wird die Sperrschicht abgebaut, sie wird niederohmig
- [ ] **e)** Die Sperrschicht entsteht erst bei angelegter Spannung

4. Welche allgemeine Aussage über Thyristoren ist falsch?

- [ ] **a)** Er ist ein Bauelement mit 4 aufeinanderfolgenden Halbleiterschichten wechselnder Leitungsart, z. B. pnpn
- [ ] **b)** Zwischen den verschieden dotierten Schichten befinden sich 3 Grenzschichten
- [ ] **c)** Die äußere p-Schicht ist die Anode
- [ ] **d)** Der Kathodenanschluß ist mit der äußeren n-Schicht verbunden
- [ ] **e)** Thyristoren haben nur eine geringe Wärmekapazität
- [ ] **f)** Thyristoren sind Siliziumbauelemente, da Silizium gegenüber Germanium eine fast dreimal höhere zulässige Sperrschichttemperatur besitzt

5. Welche der Aussagen über die Arten der Thyristoren ist richtig?

- [ ] **a)** Der p-Gate-Thyristor hat seinen Steueranschluß an der inneren p-Schicht
- [ ] **b)** Der n-Gate-Thyristor wird an der inneren n-Schicht gesteuert
- [ ] **c)** Der p-gesteuerte Thyristor benötigt eine geringere Steuerleistung als der entsprechende n-Gate-Thyristor mit den gleichen Nenndaten
- [ ] **d)** Die Thyristortetrode hat 2 Steueranschlüsse, ein p-Gate und ein n-Gate

6. Welche Aussagen über den Leitungsmechanismus von Thyristoren sind falsch?

☐ **a)** Liegt zwischen Anode und Kathode des Thyristors eine Spannung, so ist mindestens eine der Sperrschichten in Sperrichtung gepolt

☐ **b)** Liegt der Pluspol der Spannung an der Anode und der Minuspol an der Kathode des Thyristors, so ist der mittlere pn-Übergang in Durchlaßrichtung gepolt

☐ **c)** Bei Polung der äußeren Spannung entsprechend 6b) sagt man, daß der Thyristor in Vorwärtsrichtung geschaltet sei

☐ **d)** Rückwärtsrichtung nennt man die Polung der äußeren Spannung, bei der an Anode der Minuspol und an Kathode der Pluspol liegt

7. Welche der Aussagen über Gleichstrombetrieb treffen zu?

☐ **a)** Die äußere Spannung muß so angelegt werden, daß die Anode am Minuspol liegt, sonst ist der Thyristor immer gesperrt

☐ **b)** Die Steuerspannung muß positiv gegenüber der Kathode sein, wenn ein p-Gate-Thyristor verwendet wird

☐ **c)** n-Gate-Thyristoren lassen sich nur verwenden, wenn der Minuspol der Versorgungsspannung an der Anode liegt

☐ **d)** n-Gate-Thyristoren erfordern eine negative Steuerspannung gegenüber Kathode, um geschaltet werden zu können

☐ **e)** Neben der Schaltereigenschaft besitzen Thyristoren bei Gleichstrombetrieb noch die Speichereigenschaft

8. Thyristoren werden von einem Steuerstrom gezündet. Welche den Zündvorgang betreffende Aussage ist falsch?

☐ **a)** Der Steuerstrom überflutet den mittleren p-Bereich so stark mit Ladungsträgern, daß die mittlere Sperrschicht abgebaut wird

☐ **b)** Der Thyristor wird trotzdem nur dann durchlässig, wenn die beiden anderen pn-Übergänge in Durchlaßrichtung geschaltet sind

☐ **c)** Liegt die Versorgungsspannung in Vorwärtsrichtung am Thyristor, so verhindern die Ladungsträger des Durchlaßstromes ein Löschen des Thyristors, auch wenn der Steuerstrom abgeschaltet wird

☐ **d)** Ist der Thyristor in Rückwärtsrichtung geschaltet, so kann er nur mit einem negativen Steuerstrom gezündet werden

9. Welche Aussagen über den Thyristor bei Wechselstrombetrieb sind gültig?

☐ **a)** Der Thyristor wirkt wie ein Gleichrichter, sobald Steuerstrom fließt

☐ **b)** Er verliert die Gleichrichtereigenschaft, sobald der Steuerstrom unterbrochen wird

☐ **c)** Die Speichereigenschaft des Thyristors bei Gleichstrombetrieb ist bei Wechselstrombetrieb nur während der positiven Halbwelle da

☐ **d)** Am Ende jeder positiven Halbwelle löscht der Thyristor selbsttätig

☐ **e)** In jeder positiven Halbwelle der Versorgungsspannung muß der Thyristor gezündet werden

10. Welche Aussage über ein Triac ist falsch?

☐ **a)** Das Triac kann als zwei antiparallel geschaltete Thyristoren aufgefaßt werden

☐ **b)** Es kann mit Wechselstrom oder mit Gleichstrom in beiden Richtungen gezündet werden

☐ **c)** Der Steueranschluß ist – wie die beiden Hauptanschlüsse – mit einem p-dotierten und einem n-dotierten Bereich verbunden

☐ Das Triac kann als kontaktloses Schütz aufgefaßt werden

☐ **e)** Phasenanschnittsteuerungen machen das Triac zu einem Wechselstromsteller

11. Phasenanschnittsteuerungen gestatten, daß der Steuerstrom so eingestellt werden kann, daß Thyristoren zu einem frei wählbaren Zeitpunkt zünden. Was trifft jedoch nicht zu?

☐ **a)** Zum Steuern können Impulse oder Steuerwechselspannungen verwendet werden, deren Phasenlage zur Versorgungsspannung einstellbar ist

☐ **b)** Die zeitliche Verschiebung des Zündens des Thyristors gegenüber dem positiven Nulldurchgang in Vorwärtsrichtung heißt Zündwinkel

☐ **c)** Es können Stromflußwinkel von 180° erreicht werden

☐ **d)** Mit Anschnittsteuerungen wird der Gleichstrommittelwert des Laststroms eingestellt

12. Der Fotothyristor ist ein neues Bauelement für optische Problemlösungen. Welche Aussagen über ihn sind richtig?

☐ **a)** Über der mittleren Sperrschicht befindet sich ein im Gehäuse eingebautes Saphirfenster, welches als optische Steuerelektrode wirkt, da bei Lichteinfall auf die Sperrschicht der Fotothyristor zündet

☐ **b)** Zur Einstellung der Empfindlichkeit ist bei den meisten Typen noch ein normales Gate vorhanden

☐ **c)** Fotothyristoren werden im allgemeinen mit Anodenwechselspannung betrieben; dann löschen sie sofort, wenn das optische Signal beendet ist

☐ **d)** Fotothyristoren lassen sich über Lichtleitkabel steuern

Die Lösungen der Übungsaufgaben finden Sie in Anhang 1 dieses Buches auf Seite 279.

10. Die Technologie elektronischer Bauelemente und gedruckter Schaltungen

Hersteller und Anwender elektronischer Bauelemente tragen eine große Verantwortung; denn Regelungsanlagen, Computer, elektronische Bauelemente in Weltraumsatelliten, künstliche Nieren oder Herzschrittmacher müssen absolut zuverlässig arbeiten.

Daher sind Fertigungsverfahren entwickelt worden, die eine gleichmäßige Qualität aller Bauelemente eines Typs unabhängig davon gewährleisten, aus welcher Serie diese Elemente stammen und wie etwa gerade die klimatischen Bedingungen während der Fertigungszeit waren.

Normen legen fest, welche Daten von Materialien oder von Bauelementen eingehalten und welche Prüfverfahren zu ihrem Nachweis angewendet werden müssen.

Halbleiterbauelemente werden je nach den geforderten elektrischen Daten in unterschiedlichen Verfahren hergestellt. Die wichtigsten Fertigungs-Technologien werden hier behandelt.

Gedruckte Schaltungen lösen die früher übliche räumliche Verdrahtung in elektronischen Geräten mehr und mehr ab. Ein Verfahren zum Selbstanfertigen von *prints*, und die bei der Massenfertigung wohl am häufigsten angewandte Siebdrucktechnik werden eingehend beschrieben.

Außerdem werden in diesem Kapitel verschiedene Erscheinungen im Detail dargestellt, auf die in anderem Zusammenhang bereits eingegangen wurde.

Passive und aktive Bauelemente

Jeder hat wohl schon einmal die Rückwand seines Rundfunkgerätes abgeschraubt oder in ein Transistorradio neue Batterien eingelegt und dabei die Bauelemente gesehen, die da zusammengeschaltet sind.

Auf den ersten Blick sieht man, daß Widerstände und Kondensatoren am häufigsten verwendet werden. Außerdem gibt es noch Transformatoren und Drosseln, die wegen ihrer Größe sofort auffallen, dann die Bauelemente, die mit Drehknöpfen verbunden sind: also Potentiometer, Drehkondensatoren, Schalter. Winzig sind die Dioden, auffälliger die Gleichrichter im Stromversorgungsteil.

Alle diese Teile nennt man die *passiven Bauelemente*.

Zu den *aktiven Bauelementen* gehören Röhren, Transistoren, Thyristoren, integrierte Schaltungen. Sie spielen in der Elektronik eine überaus wichtige Rolle.

Die Normung elektronischer Bauelemente

Elektronische Bauelemente werden genormt, um den vielfältigen Anforderungen der Praxis zu entsprechen. Der Normung unterliegen z. B. bei Widerständen nicht nur die Widerstandswerte und Belastbarkeiten, sondern auch die Bauformen, geometrischen Abmessungen und die garantierten Langzeitqualitäten. Bei Kondensatoren ist weitgehende Normung noch wichtiger als bei Widerständen; sie umfaßt außer Kapazitätswert und Toleranz noch andere Parameter, wie etwa Nennspannung, Spitzenspannung, Polung, Temperaturkoeffizient und die Fülle der Bauformen.

Elektronische Bauelemente werden immer in Großserien hergestellt. Auch das ist ein Grund, sie zu normieren, damit *Austauschbarkeit* immer möglich ist.

Allein bei Hartpapier, Hartgewebe oder Preßstoffen, die als Basismaterial für die heute üblichen gedruckten Schaltungen verwandt werden, gibt es zahlreiche

Normen über Maße und Streifenbreiten von Platten, Formate von Steckkarten, einzuhaltende mechanische, elektrische, chemische und thermische Garantiewerte. Sogar die verwendeten Begriffe sind genormt.

Aus dem z. Z. gültigen *DIN-Normblattverzeichnis* hier einige Beispiele:

DIN 7735   Hartpapier, Hartgewebe, Hartmatte, Anforderungen, Prüfung, Typen

DIN 40605   Tafeln und Streifen aus Hartpapier

DIN 40606   Hartgewebe, Tafeln und Streifen

DIN 40801   Gedruckte Schaltungen, Richtlinien, Grundlagen

DIN 40803   Gedruckte Schaltungen, Richtlinien für Konstruktion, Fertigung und Prüfung

DIN 53463   Prüfung von Preßstoffen, Spaltversuche an Schichtpreßstoffplatten

DIN 53480   Prüfung von Isolierstoffen, Kriechstromfestigkeit

DIN 53481   Prüfung von Isolierstoffen, Durchschlagspannung, Durchschlagfestigkeit

DIN 53482   Prüfung von Isolierstoffen, elektrische Widerstandswerte

DIN 53483   Prüfung von Isolierstoffen, Dielektrizitätskonstante

DIN 53484   Prüfung von Isolierstoffen, Lichtbogenfestigkeit

DIN 53485   Prüfung von Isolierstoffen, Verhalten unter Einwirkung von Glimmentladungen

DIN 53488   Prüfung von Kunststofftafeln, Lochversuch

DIN 53489   Prüfung von Isolierstoffen, Beurteilung der elektrolytischen Korrosionswirkung

Entsprechend gibt es für die elektronischen Bauelemente Normen, zu deren Einhaltung sich die Hersteller verpflichtet haben, wenn sie das Zeichen DIN auf ihren Erzeugnissen angeben wollen.

Halbleiterbauelemente und wie es anfing (vgl. auch Kap. 4 und 5)

Im Jahr 1942 wurde in München entdeckt, daß sich *Germanium* als Detektormaterial gut eignet. Auf der Grundlage dieser Entdeckung wurde bei Siemens die Fertigung von Germaniumdioden aufge-

nommen. 1944 wurden monatlich rund 1 000 Stück hergestellt.

Die beiden Amerikaner *John Bardeen* und *Walter H. Bradley* entdeckten anläßlich einer Arbeit über das Verhalten der Umgebung von Spitzendioden 1948 zufällig den *Transistoreffekt*. 1950 gelang dann die Herstellung der ersten Flächentransistoren.

Heute verlassen täglich Zehntausende von Halbleiterbauelementen die Fertigungsbetriebe, hergestellt nach Verfahren und auf Anlagen, an die vor 20 Jahren – zu Beginn dieser technischen Entwicklung – noch niemand zu denken wagte.

Transistoren werden als verstärkende Halbleiterbauelemente in allen Zweigen der Nachrichtentechnik, der Steuer- und Regelungstechnik verwendet; sie arbeiten in elektronischen Datenverarbeitungsanlagen von Technik und Wirtschaft; sie sind die aktiven Bauelemente in unseren Rundfunk- und Fernsehgeräten; ohne sie wäre die Raumfahrt gar nicht denkbar.

Die Halbleiter-Ausgangsmaterialien

Woraus werden Halbleiter hergestellt?

Das klassische Ausgangsmaterial ist das *Germanit*, ein Erz, das ungefähr 6 bis 8 % Germanium enthält. Der Schmelzpunkt von Germanium liegt bei 960 °C, seine Dichte beträgt 5,4 p/cm^3. Die Grenze seiner Einsatzmöglichkeit liegt jedoch schon bei rund 80 °C. Daher ist heute das *Silizium* weit wichtiger, denn dessen maximal zulässige Betriebstemperatur liegt bei rund 180 °C, in besonderen Fällen sogar bei 240 °C. Silizium ist mit 25,7 % das zweithäufigste Element in den oberen 16 km der Erdrinde. Es ist in fast allen Gesteinen enthalten, vor allem als *Siliziumdioxyd* (SiO_2). Sand – Quarzsand – ist SiO_2 in grobkristalliner Form. Halbedelsteine, wie z. B. Bergkristalle, Onyx, Achate, Amethyste, Rauchquarze, bestehen ebenfalls aus kristallisiertem Siliziumdioxyd. Der Schmelzpunkt von Silizium liegt bei 1 450 °C, seine Dichte beträgt 2,4 p/cm^3.

Mit Salzsäure überführt man das Rohmaterial in *Germaniumtetrachlorid* oder *Siliziumtetrachlorid*, das man dann mit Wasserstoffgas zu reinem, zu pulverförmigem Germanium oder Silizium reduziert. Das Pulver wird dann zu Barren oder Stäben gesintert. In dieser Form genügt es jedoch den Forderungen nach höchster Reinheit noch nicht.

Die Zonenreinigung des Germaniums

Verunreinigungen und Fremdatome erzeugen in dem Halbleiterausgangsmaterial eine undefinierte elektrische Leitfähigkeit. Heutigen Forderungen entspricht ein *Reinheitsgrad*, bei dem auf ca. 10 Milliarden Germaniumatome nur ein Fremdatom kommt. Solche Reinheiten sind aber durch chemische Verfahren nicht zu erzielen. Man wendet daher ein Zonenreinigungsverfahren an, bei dem der Barren in einem *Graphitschiffchen* eine mit Hochfrequenz induktiv geheizte Schmelzzone durchwandert *(Abb. 1)*.

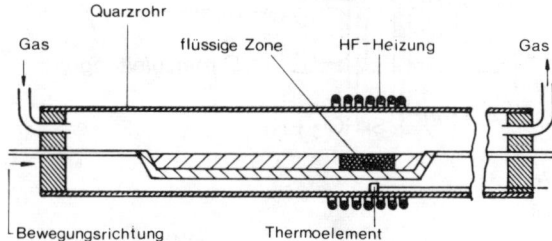

Abb. 1 Zonenreinigungsverfahren mit liegendem Schiffchen (schematisch). In Halbleiterfabriken sind mehrere solche Heizzonen hintereinander angeordnet.

Wie kommt es dabei zu der geforderten Reinigung? Die im Germanium noch vorhandenen Fremdstoffe haben einen anderen Schmelzpunkt als das Germanium, so daß beim Erstarren der Schmelze diese Fremdstoffe zu einem anderen Zeitpunkt in den festen Zustand übergehen. Diese Erscheinung kann man auch beim Bleigießen zu Silvester beobachten. Das geschmolzene Blei wird ins Wasser gegossen. Die erkalteten Perlen glänzen nicht überall metallisch, sondern zeigen Schlackeansätze. Im Prinzip geschieht beim Reinigungsprozeß im Zonenschmelzverfahren nichts anderes.

Um ein Quarzrohr, das von einem *Schutzgas* durchströmt wird, sind mehrere wassergekühlte Hochfrequenzspulen angeordnet, durch die das zu reinigende Halbleitermaterial in einem Graphitschiffchen langsam mit einer Zugstange geführt wird. Das Material wird dabei in den schmalen Heizzonen bis in die flüssige Phase erhitzt und die Fremdbestandteile „schwimmen" mit der Schmelzzone, sofern sie einen niedrigeren Schmelzpunkt als Germanium haben. Bei einem höheren Schmelzpunkt als Germanium

werden sie hinter die Schmelzzone zurückgedrängt. Dadurch werden sie in der Schmelze an die Ränder der Schmelzzone verschoben.

Auf diese Weise werden die Verunreinigungen an das Ende des Barrens geführt. Es entsteht ein *polykristalliner Barren,* d. h. die Kristallebenen der einzelnen Atome oder Atomgruppen liegen ungeordnet im Barren, weil er ungleichmäßig erkaltet ist. Das mit Fremdstoffen angereicherte Ende wird schließlich abgesägt und wieder eingeschmolzen. Wenn die Zonenreinigung mehrfach wiederholt wird, erzielt man sehr hohe Reinheitsgrade.

Ziehen des Einkristalls und Dotieren

Ein hoher Reinheitsgrad des Halbleitermaterials wird gefordert, weil Fremdatome die Leitfähigkeit vergrößern. Man möchte nicht von Zufälligkeiten hinsichtlich der Art oder der Konzentration an Ladungsträgern abhängig sein. Gebraucht wird ein Leitungsmechanismus mit genauen physikalischen Eigenschaften. Man erhält ihn durch *Einkristall-Herstellung*.

Dabei wird zunächst das im Zonenschmelzverfahren gereinigte Halbleitermaterial in einem Graphitiegel durch Hochfrequenzheizung wieder geschmolzen. Dann werden genau dosierte Zusatzstoffe in die Schmelze gegeben *(Abb. 2)*.

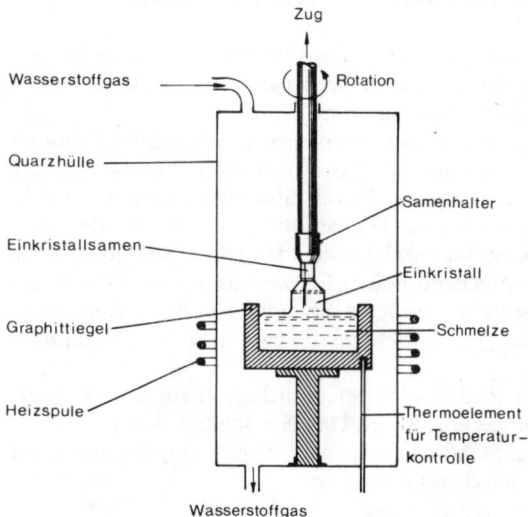

Abb. 2 Herstellung von Einkristallen im Tiegelziehverfahren

219

In der nächsten Phase wird bei der *Germanium-Ein-kristall*-Herstellung ein *Kristallkeim* eingetaucht, dessen Kristallachsen genau orientiert sind. Unter langsamem Drehen zieht man dann das Germanium als runden Stab aus der Schmelze. Er stellt einen einzigen großen Kristall dar. Man zieht ihn so langsam heraus, daß der Kristall Zeit hat, an der Orientierungsfläche fehlerfrei nachzuwachsen. Das Ganze spielt sich unter *Schutzgas* in einem *Quarzrohr* ab.

Allerdings kann es auf diese Weise zum unterschiedlichen Einbau von Dotierungsatomen in dem Kristallverband kommen. Um das zu verhindern, wurde das schon rund 50 Jahre alte Verfahren der Herstellung von Einkristallen durch Verwendung eines *Schwimmtiegels* verbessert, in dem das eigentliche Dotieren vorgenommen wird.

In diesen Tiegel – aus dem der Einkristall gezogen wird – gelangt immer nur soviel reine Schmelze, wie durch das Herausziehen des wachsenden Einkristalls entnommen wird.

Dieses Verfahren gestattet die Herstellung von Einkristallen in einer Länge, die im wesentlichen von den Abmessungen des Quarzrohres der Ziehapparatur abhängt. Im allgemeinen werden Einkristalle bis zu 600 mm Länge mit einem Durchmesser bis zu 35 mm hergestellt.

Die Herstellung reinen Siliziums

Die Herstellung reinen Siliziums wird heute fast allgemein nach dem bei *Siemens* entwickelten „*C*"-*Verfahren* vorgenommen.

Dabei wird aus einem Stück Silizium ein dünner Stab gezogen, der zwischen zwei Stromanschlüsse geklemmt wird. Durch Strahlungsheizung wird er dann auf eine Temperatur gebracht, bei der viele Atome Valenzelektronen freigeben, so daß er einen entsprechend hohen Leitwert annimmt. Durch Anlegen einer äußeren Spannung wird er dann unter einer *Quarzglocke* bis auf ca. 1 100 °C erhitzt *(Abb. 3)*.

Am Boden wird Siliziumchloroform und Wasserstoffgas eingeführt. Das Gas schlägt sich an der heißen Staboberfläche nieder und reagiert nach der chemischen Gleichung

$$SiHCl_3 + H_2 = Si + 3 HCl.$$

Dabei wächst Silizium radial an dem Dünnstab an,

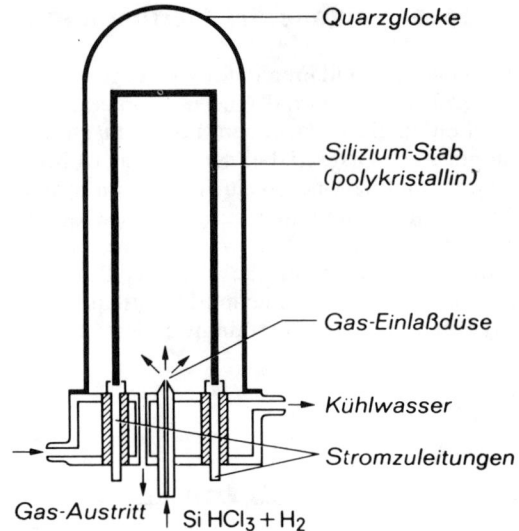

Abb. 3

und die entstehende Salzsäure wird abgeleitet. Auf diese Weise können Stäbe bis zu einem Durchmesser von 50 mm hergestellt werden. Mit wachsendem Durchmesser wird der Strom durch den Stab größer, so daß es unwirtschaftlich wäre, Stäbe mit größerem Durchmesser herzustellen. Bei ca. 18 mm und einer Länge von 300 mm wird z. B. von Siemens ein Strom von etwa 250 A angegeben.

Der auf diese Weise hergestellte *polykristalline Siliziumstab* ist sehr rein, denn in der ganzen Apparatur ist der Stab die heißeste Stelle, so daß Verunreinigungen eher von dem heißen Stab weg auf die kalte Wand als umgekehrt getragen werden.

Tiegelfreies Zonenziehen von Silizium

Bei Silizium bereitet das Ziehen des Einkristalls aus dem Tiegel besondere Schwierigkeiten, da es chemisch sehr aggressiv ist, und der Schmelzpunkt von etwa 1 420 °C sehr hoch liegt.

Daher wird der polykristalline Siliziumstab senkrecht in eine Zonenziehapparatur eingespannt. In einem Quarzrohr kann der Prozeß unter einer Schutzgasatmosphäre ablaufen. Auf der einen Seite wird ein *monokristallines* Stück vorgesetzt; eine

220

Hochfrequenzheizspule erwärmt die Anschlußstelle zwischen Silizium-Einkristall und polykristallinem Stab *(Abb. 4)*.

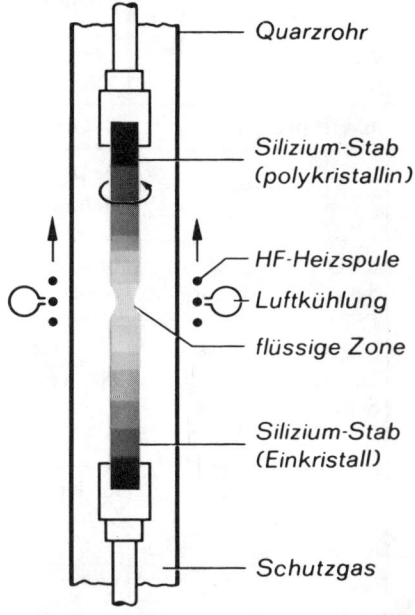

Quarzrohr

Silizium-Stab
(polykristallin)

HF-Heizspule

Luftkühlung

flüssige Zone

Silizium-Stab
(Einkristall)

Schutzgas

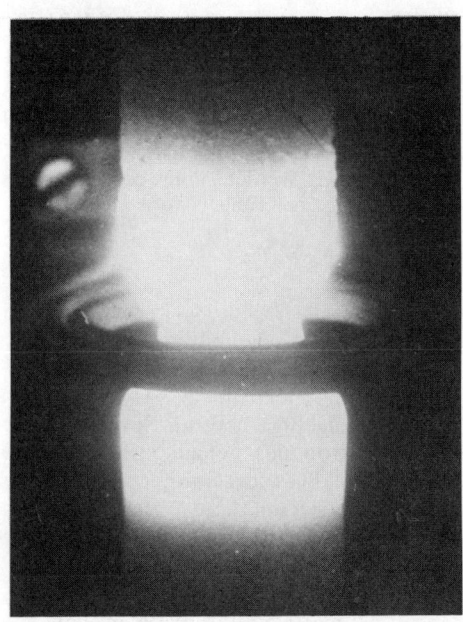

Abb. 4

Bewegt man nun die Induktionsspule langsam aufwärts, so wandert eine tropfenförmige Zone flüssigen Materials durch den Stab; beim Erkalten entsteht an der entgegen der Bewegungsrichtung liegenden Seite ein *Silizium-Einkristall*. Bei diesem Prozeß fließt die geschmolzene Zone nicht heraus. Das verhindert die Oberflächenspannung der Schmelze und die geringe Dichte des Siliziums. Im Hochfrequenzfeld der Schmelze sinken die möglicherweise noch enthaltenen Fremdstoffe immer weiter nach unten ab. Nach mehrmaligem Zonenschmelzen besteht der Stab aus reinstem Silizium in einkristalliner Form; die Verunreinigungen befinden sich am unteren Ende. Dieses Stück wird abgetrennt und neu aufbereitet.

Eigenleitung in Halbleitern

Mit diesem Verfahren werden Halbleitermaterialien von höchster Reinheit hergestellt. Sie sind frei von beweglichen Ladungsträgern, also hochwertige Isolatoren. Wofür dieser Aufwand?

Bei Halbleitern handelt es sich – wie im Kapitel 4 bereits gesagt – um Elemente aus der Gruppe IV des *periodischen Systems*, die vier sogenannte *Valenzelektronen* haben *(Abb. 5)*.

Die Zahl der Valenzelektronen bestimmt die Möglichkeit der Bildung stabiler chemischer Verbindungen. Bei dem Aufbau von *Kristallen* ist durch sie die Kristallform festgelegt.

Die elektrische Leitfähigkeit hängt vom Aufbau des *Kristallgitters* ab. In reinen Halbleitern sind alle Valenzelektronen im Kristallgitter gebunden, also keine Ladungsträger vorhanden. Durch Zufuhr von Wärmeenergie können einige Bindungen von Valenzelektronen im Kristallgitter aufbrechen. Damit wird aus einem Valenzelektron ein freies *Leitungselektron*. Dadurch entsteht im Kristallgitter ein Loch. Das zugehörige Atom erscheint jetzt positiv geladen, der gesamte Kristallverband nach außen jedoch weiterhin neutral, da sich alle so entstandenen Ladungsträger „paarweise" bilden, also kein Mangel oder Überschuß einer Ladungsträgerart vorliegt. Diese Art von Leitfähigkeit nennt man *Eigenleitung*. Sie ist alles andere als erwünscht, da sie temperaturabhängig ist.

	Diese Elemente geben bei der Bildung chem. Verbindungen Elektronen ab			Halbleiter	Diese Elemente nehmen bei der Bildung chem. Verbindungen Elektronen auf			Edelgase
			erzeugen p-Leitfähigkeit (Löcher)		erzeugen n-Leitung (freie Elektronen)			
	1. Gruppe	2. Gruppe	3. Gruppe	4. Gruppe	5. Gruppe	6. Gruppe	7. Gruppe	0. Gruppe
1. Periode	1 H Wasserstoff							2 He Helium
2. Periode	3 Li Lithium [2][1]	4 B Beryllium [2][2]	5 B Bor [2][3]	6 C Kohlenstoff [2][4]	7 N Stickstoff [2][5]	8 O Sauerstoff [2][6]	9 F Fluor [2][7]	10 Ne Neon [2][8]
3. Periode	11 Na Natrium [2][8][1]	12 Mg Magnesium [2][8][2]	13 Al Aluminium [2][8][3]	14 Si Silizium [2][8][4]	15 P Phosphor [2][8][5]	16 S Schwefel [2][8][6]	17 Cl Chlor [2][8][7]	18 Ar Argon [2][8][8]
4. Periode			31 Ga Gallium [2][8][18][3]	32 Ge Germanium [2][8][18][4]	33 As Arsen [2][8][18][5]			36 Kr Krypton [2][8][18][8]
5. Periode			49 In Indium [2][8][18][18][3]	50 Sn Zinn [2][8][18][18][4]	51 Sb Antimon [2][8][18][18][5]			54 Xe Xenon [2][8][18][18][8]

Abb. 5 Periodisches System der Elemente (Ausschnitt) Die Zahlen der linken Ecke geben die Ordnungszahl und damit die Zahl der Elektronen in der Atomhülle. Die Anzahl der Elektronen in den einzelnen Schalen geben die Felder unten an; das erste Feld die kernnäheste Schale, das letzte Feld die kernfernste Schale. In dieser werden die Elektronen zur Bildung chemischer Verbindungen aufgenommen oder abgegeben. Werden Atome der 3. Gruppe in einen Kristallverband aus 4-wertigen Atomen eingebaut, entsteht p-Leitung, bei Einbau von Atomen der 5. Gruppe entsteht n-Leitung

Störstellenleitung durch Dotieren erzeugt

Die Zahl der beweglichen Ladungsträger (und damit eine genau definierte Leitfähigkeit) kann durch den Einbau von Fremdatomen in das Kristallgitter erhöht werden. Diesen Vorgang nennt man *Dotieren*.

Mit Atomen der III. Gruppe des periodischen Systems, mit Bor, Gallium, Aluminium oder Indium – die alle nur drei Valenzelektronen besitzen –, entsteht beim Einbau in das regelmäßige Kristallgitter jedesmal eine *Bindungslücke*, ein *Loch*. Fängt ein Loch ein freies Leitungselektron ein, so wird an dieser Stelle das Kristallgefüge neutral. Springt dagegen ein Valenzelektron des benachbarten Atoms in das Loch, so hinterläßt es dort eine neue Bindungslücke. Das Loch wandert auf diese Weise durch das Kristallgitter; beim Anlegen einer äußeren Spannung wandert es wegen seiner positiven Ladung zum Minuspol. Fremdatome der V. Gruppe des periodischen Systems – Atome also mit fünf Valenzelektronen, wie z. B. Phosphor – geben beim Dotieren ein

Elektron ab, da zum Einbau in das Kristallgefüge nur vier Valenzelektronen benötigt werden. Die so erzeugte Leitfähigkeit nennt man wegen der Abgabe freier Elektronen *n-Leitfähigkeit*. Im Gegensatz dazu wurde bei Dotieren mit 3-wertigen Stoffen *p-Leitfähigkeit* erzeugt.

pn-Übergänge, Sperrschichten

Verbindet man zwei Bereiche unterschiedlicher Leitungsart eng miteinander, so entsteht ein pn-Übergang. Das geschieht beispielsweise durch *Legieren*. Dabei *diffundieren* infolge von Wärmebewegungen der Kristallatome einige negative Ladungsträger in den p-leitenden Bezirk, und einige Löcher des p-leitenden Gebietes gelangen in das *n-dotierte Gebiet*. Es kommt zu Rekombinationen, zu einem Vorgang also, bei dem freie negative Ladungsträger gebunden werden und Löcher verschwinden. Der pn-

Übergang verarmt an Ladungsträgern, es bildet sich eine Sperrschicht.

Transistoren besitzen zwei solche pn-Übergänge. Sie entstehen durch drei verschieden dotierte, hintereinander angeordnete Halbleiterschichten. Auf diese Weise lassen sich bei unterschiedlicher Schichtenfolge zwei Typen von Transistoren herstellen: *pnp-Transistoren* und *npn-Transistoren*.

Die wichtigsten Technologien zur Herstellung von Transistoren

Transistoren lassen sich nach Bauform und Herstellungsart wie in *Abbildung 6* einteilen.
Bei den verschiedenen Herstellungsverfahren, die auf entsprechende Eigenschaften der Transistoren bei hohen Frequenzen, hohen Eingangswiderständen und auf Erhöhung der zulässigen Betriebstem-

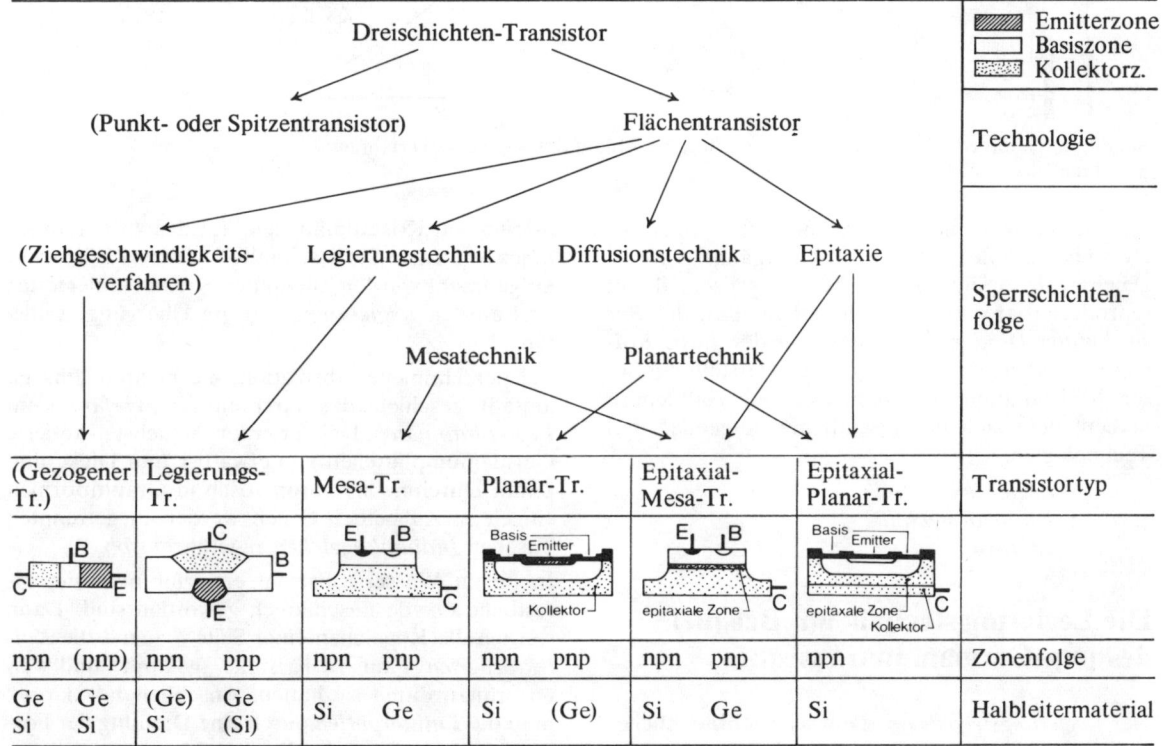

Abb. 6 Die Technologien der Herstellung von Transistoren (eingeklammerte Angaben sind seltene Ausführungen)

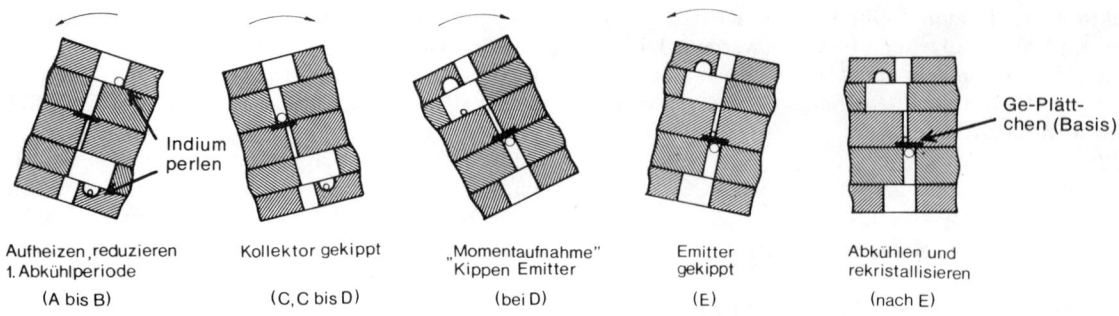

| Aufheizen, reduzieren 1. Abkühlperiode (A bis B) | Kollektor gekippt (C,C bis D) | „Momentaufnahme" Kippen Emitter (bei D) | Emitter gekippt (E) | Abkühlen und rekristallisieren (nach E) |

Herstellung von Legierungstransistoren im Kipplegierautomaten (schematisch, nach Siemens)

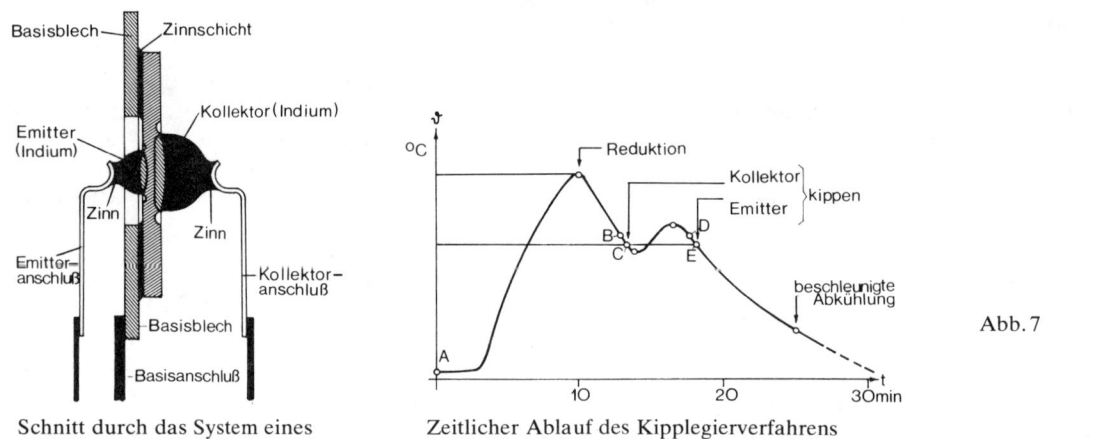

Schnitt durch das System eines pnp-Transistors

Zeitlicher Ablauf des Kipplegierverfahrens

Abb. 7

peratur angelegt sind, wird versucht, die Transistoren so herzustellen, daß die pn-Übergänge saubere, gleichmäßig orientierte Flächen aufweisen, damit reproduzierbares Sperrschichtverhalten an der *Basis-Emitter-Diodenstrecke* bzw. an der *Basis-Kollektor-Diodenstrecke* vorliegt. Zur Herstellung dieser flächenhaften pn-Übergänge bei Halbleitern bedient man sich im wesentlichen folgender drei Technologien:

a) *Legierungstechnik,*
b) *Diffusionstechnik,*
c) *Epitaxie.*

Die Legierungstechnik am Beispiel des pnp-Germaniumtransistors

Der *Legierungstransistor* ist ein sehr gebräuchlicher Transistortyp, der vorwiegend im NF-Bereich eingesetzt wird. Er besteht im wesentlichen aus einem n-leitenden Kristallplättchen, auf das zwei Tropfen eines 3wertigen Stoffes, ähnlich wie zwei Lötperlen, aufgebracht wurden, die in den Kristall einlegierten und an den *Legierungszonen* pn-Übergänge bildeten.

Bei der Halbleiterfabrikation, die mehrere Phasen umfaßt, geschieht das durch ein *Kippverfahren* im *Legierautomaten.* Dabei werden zunächst n-dotierte Germaniumplättchen von etwa 0,1 mm Dicke und 2 mm Durchmesser automatisch in Graphitformen eingelegt. Zu beiden Seiten werden in getrennten Taschen *Indiumkügelchen* zugeführt *(Abb. 7).*

In einem Wasserstoffstrom erwärmt man sie, bis restliche Oxyde unschädlich geworden sind. Dann werden die Kügelchen einer Seite – zuerst die *Kollektorperlen* – auf die Kristalle „gekippt" und weiter erhitzt, damit sie haften. Anschließend „kippt" man die *Emitterperlen* durch eine Drehung der Formen um 180°C auf den Kristall. Man erhitzt wieder kurz und läßt den Legierungsvorgang langsam in

224

Durchlauföfen ablaufen. Auf diese Weise erzielt man glatte Legierungsflächen und einen gleichmäßigen Einbau der *Indiumatome* in den Kristall.

Beim Legierungsprozeß geschieht im einzelnen etwa folgendes:

Bei rund 156 °C schmilzt das Indium und bildet auf dem Germanium einen in sich zusammengesackten Lötbatzen. Erhitzt man weiter bis auf etwa 400 °C, so ist der Schmelzpunkt einer Indium-Germanium-Legierung erreicht. Das 3-wertige Indium dringt in den Germaniumkristall ein und baut seine Atome in den n-leitenden Kristallverband ein. Es erzeugt so eine p-dotierte Zone. An der *Legierungsfront* ist also ein pn-Übergang entstanden. Dasselbe wird auf der anderen Seite des Germaniumscheibchens mit einem etwas größeren Indiumkügelchen wiederholt. Der Legierungsvorgang wird solange fortgesetzt, bis die gewünschte Dicke der verbleibenden n-Schicht erzielt ist, die später die Basis bildet. Werden an die drei Zonen jetzt noch *sperrschichtfreie Kontakte* angelötet, ist der Transistor bis auf das Gehäuse fertig *(Abb. 8)*.

Abb. 8 Drei Transistoren im Größenvergleich zu einem Pfennig

Diffusionstechnik am Beispiel des Mesatransistors

Die Eigenschaften eines Transistors hängen von seinem Herstellungsverfahren ab. So war man z. B. von Anfang an bemüht, dünne Basiszonen zu erzielen, denn davon und von ihrer Fläche hängen die Hochfrequenzeigenschaften der Transistoren ab. Durch die *Drifttechnik*, die zuerst bei RCA entwickelt wurde, ergibt sich in der Basiszone in Richtung zum Kollektor eine exponentiell abnehmende *Dotierungsdichte*. Solche Transistoren sind dann bis etwa 100 MHz verwendbar.

Besonders hohe Arbeitsfrequenzen gestattet die Mesatechnik *(Abb. 9)*.

Mesatransistoren werden nur von einer Seite her aufgebaut. Dabei kann von echter Massenfertigung

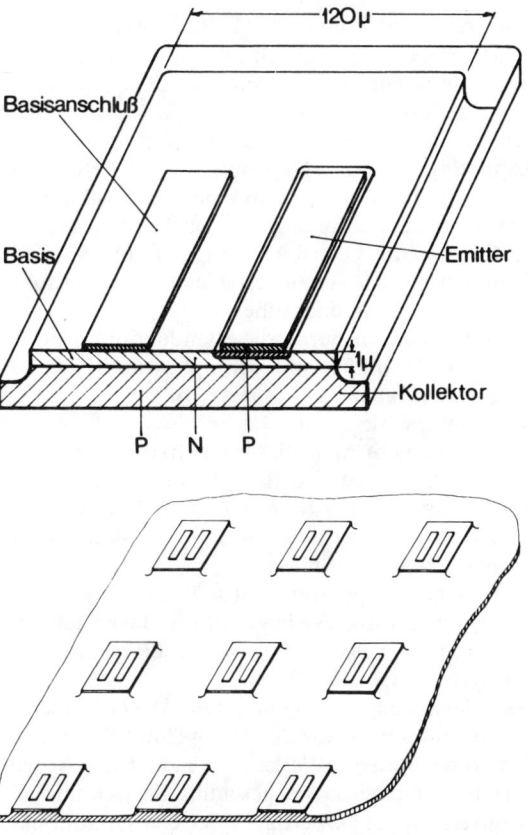

Abb. 9 Aufbau eines Mesa-Transistors (schematisch); (von spanisch Mesa = Tisch, Tafelberg)

225

gesprochen werden. Auf einer Germaniumscheibe werden gleichzeitig bis zu tausend Systeme erzeugt. Welche Arbeitsgänge sind dazu nötig?

In einen Quarzbehälter werden monokristalline Germaniumscheiben gestellt, die bereits p-leitend dotiert sind. Auf dem Boden des Behälters befindet sich ein 5-wertiges Salz – Arsen oder Antimon –, dessen Atome n-Leitung erzeugen, wenn sie in den Kristallverband eingebaut werden. Dies geschieht durch ein Diffusionsverfahren. Man erhitzt dabei die geschlossenen Quarzbehälter in einem Ofen je nach Typ 20–80 Minuten lang auf ca. 650 °C, wobei der 5-wertige Dotierungsstoff verdampft. Dabei schmilzt das Kristallgitter jedoch nicht, sondern die Atome des Donatordampfes dringen in das Gitter ein und erzeugen dabei eine n-Schicht von etwa 1–2 µm Dicke, deren Dotierungsdichte nach innen stetig abnimmt. Man nennt diesen Vorgang *Box-Diffusion*.

Beim Abkühlen kommt der Diffusionsvorgang zum Stillstand; er „friert" gleichsam ein. Die p-leitenden Germaniumscheiben sind nun rundum an der Oberfläche n-dotiert. Die Germaniumscheiben werden dann in einen Maskenträger eingelegt, damit die in Abbildung 9 dargestellten Basis- und Emitterflecke gebildet werden können. In einer Hochvakuumanlage werden diese durch Tantalmasken hindurch auf die Germanium-Oberfläche aufgedampft. Man verdampft in einem genau festgelegten Arbeitsablauf Gold, Aluminium und Silber.

Zunächst werden durch die Blendenöffnungen der Maske Goldstreifen aufgedampft, die später die *sperrschichtfreien Basiskontakte* bilden.

Nun müssen die Emitterflecke hergestellt werden. Dazu verschiebt man die Maske parallel zur Germaniumoberfläche und dampft durch die gleichen Blendenöffnungen Aluminium auf. Das 3-wertige Aluminium erzeugt in der n-Schicht p-leitende Bezirke: die späteren Emitter.

In derselben Apparatur wird später in einem weiteren Aufdampfprozeß Silber auf die Basisflecke aufgedampft, um eine bessere Kontaktierung zu ermöglichen (vgl. auch *Abb. 10*).

Die Herstellung der benötigten *Masken* mit den Blendenöffnungen für ca. 1000–2000 Systeme erfordert hochpräzise Werkzeuge, modernste Arbeitsverfahren und besonders geschulte Fachkräfte.

Wenn sich auf der Oberfläche der Germaniumscheiben dicht nebeneinander die Basis- und die Emitterflecke gebildet haben, muß die *Mesa* hergestellt wer-

Typ	Kantenlänge der Mesa	Dicke der		Emitter- und Basiskantenlänge	Flekkenabstand	Draht-Ø der Anschlußdrähte
		n-schicht	Basisschicht			
AF 106	120 µ	2 µ	1,2 µ	30 70	15 µ	13 µ
AF 139	75 µ	1,5 µ	0,8 µ	15 50	10 µ	7,5 µ

Abb. 10 Typische Systemabmessungen von Mesa-Transistoren der Firma Siemens

den – die Kollektorinsel, die dieser Technologie den Namen gab. Die Physiker der amerikanischen Firma *Bell* wurden durch die Tafelberge Arizonas zu diesem Namen angeregt (Mesa heißt im Spanischen Tisch, Tafelberg). Das geschieht in einem Ätzprozeß, bei dem zunächst die beiden Metallflecke jedes Systems mit Wachs abgedeckt werden. Dann wird mit Flußsäure überall die nicht abgedeckte n-Schicht abgeätzt, so daß die tafelbergartige Form entsteht. Auch die n-Schicht der Unterseite der Germaniumscheiben wird abgeätzt.

Nach dem Wässern und Entfernen der Wachsabdeckung werden die Scheiben, die nun etwa 1000 bis 2000 Mesasysteme tragen, mit feinen Meßtastern einzeln auf Einhaltung bestimmter elektrischer Werte geprüft, wobei fehlerhafte Systeme mit einer magnetischen Tinte markiert werden. Dann werden die Scheiben mit Diamanten geritzt und gebrochen. Die einzelnen Systeme werden auf Systemträger aufgelegiert und kontaktiert.

Da die schädlichen Kapazitäten äußerst klein sind, kann man mit Hilfe der Mesatechnik Transistoren bis zu sehr hohen Frequenzen bauen. Aus der Mesatechnik wurden noch zahlreiche andere Technologien entwickelt, die heute von den Halbleiterwerken vielfach nebeneinander benutzt werden.

Epitaxie – ein weiteres Verfahren zur Erzeugung verschieden dotierter Schichten

Halbleiterwerkstoffe, die auf ihrer Oberfläche eine Schicht mit entgegengesetztem Leitungscharakter erhalten sollen, werden in ein Quarzrohr – den *Epitaxieofen* – eingeführt, der von einem HF-Generator über seine ganze Länge gleichmäßig aufgeheizt wird. Aus Siliziumchloroformdampf, den man über die Halbleiterscheiben leitet, wird Silizium als Niederschlag auf den Scheiben abgeschieden. Dabei wird der monokristalline Aufbau an der Oberfläche der Mutterscheiben fortgesetzt. Daher hat das Verfahren auch seinen Namen *Epitaxie* (aus griechisch: epi = auf, axial = achsengerecht).

Unter Epitaxie versteht man in der Kristallographie das kristallebenengerechte Aufwachsen auf einer gegebenen Unterlage. Eine epitaxiale Schicht ist eine auf einen Einkristall mit bestimmter Leitfähigkeit abgeschiedene einkristalline Schicht mit einer anderen Leitfähigkeit.

Durch Zusätze im Dampf kann man also entweder Schichten mit größerer Leitfähigkeit oder auch mit einer anderen Leitungsart monokristallin aufwachsen lassen. Dieses Verfahren spielt bei der Technologie integrierter Schaltungen (vgl. dazu Kapitel 11) eine große Rolle.

Die Planartechnik

Die heute wohl wichtigste Technologie ist die Planartechnik, die im Jahr 1960 von *Fairchild* entwickelt wurde und sich außerordentlich schnell durchsetzte. Nahezu alle Hersteller von Halbleiterbauelementen und integrierten Schaltungen benutzen sie.

Wie bei der Mesatechnik wird mit Epitaxie und Diffusionsverfahren gearbeitet; allerdings werden die drei Zonen nicht bergartig übereinandergeschichtet, sondern in eine Ebene (lat. planum = Ebene) eingelassen. Die Fertigungsschritte eines npn-Silizium-Planartransistors werden im folgenden beschrieben.

Ausgangsmaterial ist n-leitendes Silizium *(Abb. 11)*.

Die Oberfläche wird zunächst bei rund 1000 °C im Sauerstoffstrom oxydiert. Dabei bildet sich Siliziumdioxyd – Quarz –, also ein sehr hartes, glasartiges Gestein, das außerdem ein besonders hochwertiger Isolator ist. Diese Schicht ist für Dotierungsstoffe undurchlässig *(Abb. 12)*.

Anschließend wird auf das Plättchen eine *lichtempfindliche Lackschicht* aufgebracht, eine *Photomaske* aufgelegt, die auf einer Fläche von 50 × 50 mm rasterartig vielhundertfach die gleiche *geometrische Struktur* besitzt *(Abb. 13)*.

Man belichtet durch diese Maske mit ultraviolettem Licht. Die unbelichteten Stellen werden dann durch einen *Entwicklungsprozeß* herausgelöst und die darunterliegende Quarzschicht mit *Flußsäure* weggeätzt. Auf diese Weise entstehen in der Isolierschicht *Fenster*. In *Abbildung 14* ist nur eines der

vielen hundert Fenster aus der gesamten Scheibe dargestellt.

In einem *Diffusionsofen* wird nun in einem Stickstoffstrom Bor bei etwa 1200 °C über die Halbleiterscheiben geblasen. Dabei dringen die dreiwertigen Boratome durch die *eingeätzten Fenster* in das n-Material ein und erzeugen eine p-leitende Zone, die spätere Basiszone *(Abb. 15)*.

Anschließend wird – wieder bei 1000 °C – Sauerstoff eingeblasen, wodurch sich auf den Scheibchen wieder eine isolierende Siliziumdioxydschicht bildet *(Abb. 16)*.

Nach dem Abkühlen und Säubern wird erneut Fotolack aufgebracht und durch eine andere Maske, die das Muster der späteren Emitterzonen trägt, wieder belichtet, entwickelt und geätzt *(Abb. 17)*.

In einem nächsten Diffusionsprozeß läßt man durch das entstandene Fenster Phosphoratome eindringen, die nun in der p-Zone eine n-Insel erzeugen. Der Diffusionsvorgang wird so lange in Gang gehalten, bis die Dicke der p-leitenden Basiszone darunter nur noch etwa 0,5 mm beträgt *(Abb. 18)*.

Anschließend wird wieder alles in einem Sauerstoffstrom oxydiert, bis die gesamte Oberfläche voll mit der schützenden Oxydschicht abgedeckt ist *(Abb. 19)*.

In einer neuen *photolitographischen Phase* werden dann kleine Anschlußfenster zu den künstlich erzeugten p- und n-Zonen hergestellt *(Abb. 20)*.

Danach wird in einer Vakuumkammer Aluminium zum Verdampfen gebracht, das sich auf der gesamten Oberfläche niederschlägt und in den Fenstern in die darunter liegenden Zonen einlegiert. Dadurch entstehen metallische, sperrschichtfreie Anschlußkontakte *(Abb. 21)*.

In einem letzten Photo- und Ätzprozeß wird nun noch das nicht benötigte Aluminium bis auf die *Kontaktierstellen* und eventuell einige Leiterbahnen entfernt.

Auf gleiche Weise lassen sich auch pnp-Transistoren herstellen. So führt die gleichzeitige Verwendung von pnp- und npn-Transistoren in einer bestimmten Schaltung häufig zu einem geringeren Bauelementeaufwand.

Nach diesem Verfahren lassen sich jedoch nicht nur Transistoren, sondern auch Widerstände, Kondensatoren (aber keine Induktivitäten) herstellen. Man baut heute sogar schon ganze Schaltungen damit auf und verbindet die einzelnen Bauelemente mit *aufgedampften Leiterbahnen* (IC's vgl. Kap. 11, S. 237 ff.).

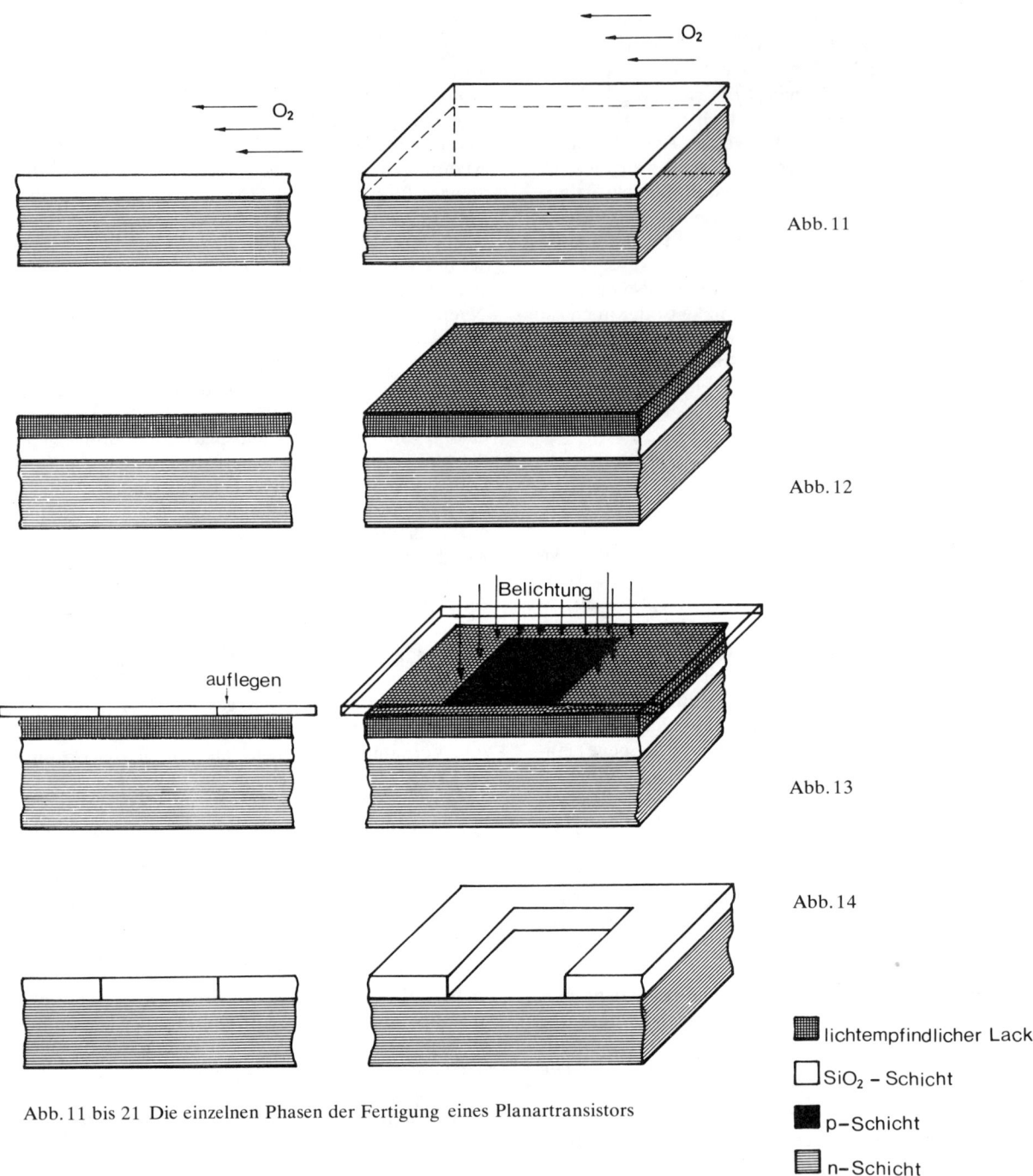

O₂

Abb. 11

Abb. 12

Belichtung

auflegen

Abb. 13

Abb. 14

lichtempfindlicher Lack

SiO₂ – Schicht

p–Schicht

n–Schicht

Abb. 11 bis 21 Die einzelnen Phasen der Fertigung eines Planartransistors

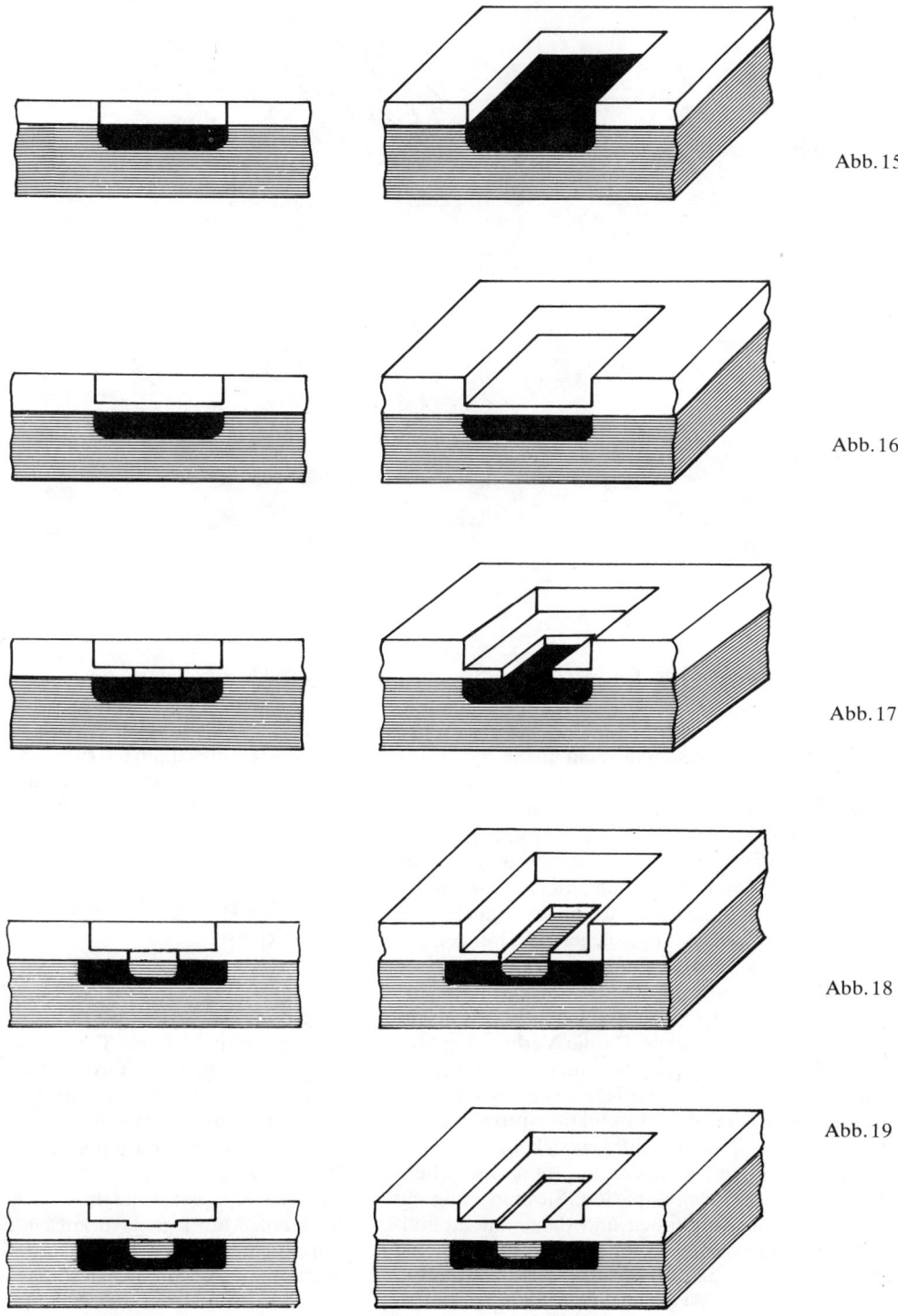

Abb. 15

Abb. 16

Abb. 17

Abb. 18

Abb. 19

229

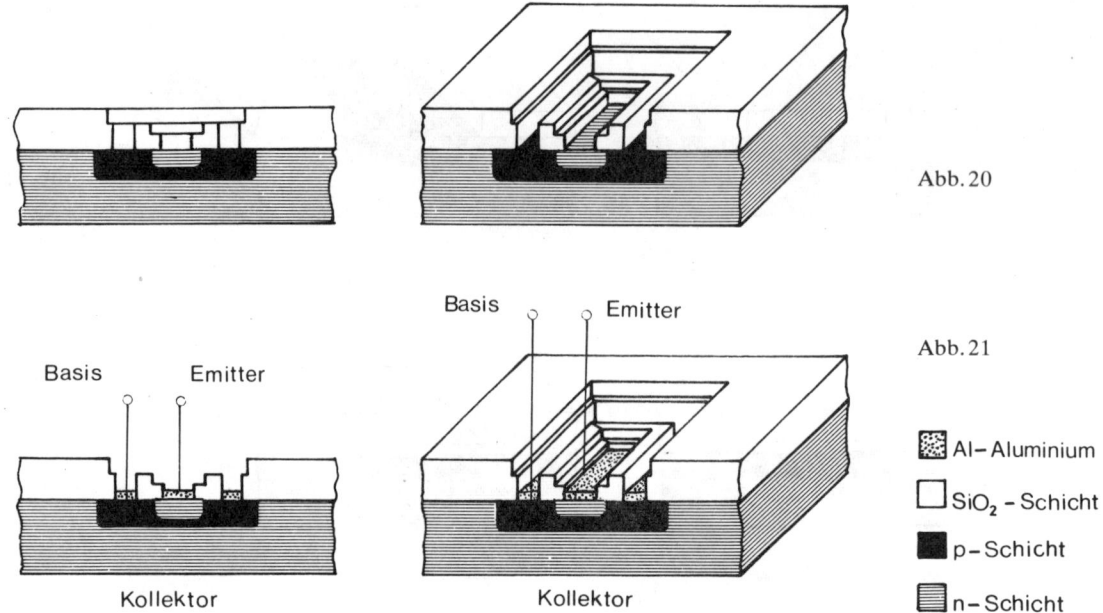

Abb. 20

Basis   Emitter

Abb. 21

▨ Al – Aluminium

☐ SiO₂ – Schicht

■ p – Schicht

▤ n – Schicht

Basis   Emitter

Kollektor   Kollektor

Was sind gedruckte Schaltungen?

Wenn man heute in das Innere eines elektronischen Gerätes schaut, findet man nicht mehr die früher übliche *räumliche Verdrahtung* der Bauelemente. Heute verwendet man *Leiterplatten,* in die die Bauelemente eingesteckt sind, die auf der anderen Seite durch Leitungszüge miteinander verbunden sind. Man benutzt dafür den Sammelbegriff *Gedruckte Schaltungen,* weil die ersten technisch brauchbaren Verfahren zur Herstellung solcher Schaltungen auf Methoden der Drucktechnik zurückgingen. Erst durch die Verwendung gedruckter Schaltungen sind in der Serienfertigung gleichbleibende elektrische Eigenschaften zu erzielen. Da die Verbindung zwischen den einzelnen Bauelementen schon bei der *Entwicklung der Druckvorlage* festgelegt werden, können im eigentlichen Produktionsprozeß durch ungenaue Arbeit kaum Fehler entstehen.

Die *Leiterbahnen* lassen sich in ihrem Querschnitt dem fließenden Strom anpassen. Sie sind innig mit der Leiterplatte verbunden und daher unempfindlicher als freitragende Leitungen gegen Stoß und andere mechanischen Einflüsse. Durch Aufdrucken der Symbole und Werte an der Montagestelle der

verwendeten Bauelemente sind gedruckte Schaltungen überdies servicefreundlich.

Gedruckte Schaltungen werden jedoch nicht nur in der Massenanfertigung verwendet. Bei der Entwicklung von Labormustern kam man auf ein Verfahren, das es erlaubt, auch Einzelstücke herzustellen.

Selbstanfertigung einer gedruckten Schaltung

Zunächst muß die Druckvorlage des späteren Leitungsbildes hergestellt werden. Dazu fertigt man auf Transparentpapier eine Tuschezeichnung der Schaltung entsprechend der Größe, der verwendeten Bauelemente und ihrer Lage im gewünschten *Rastermaß* an; denn später sollen diese Bauelemente ja mit ihren Anschlußdrähten und Steckfüßen in die Bohrungen passen.

Mit Rasterpapier kann man sich diese Arbeit erleichtern. Man legt dazu auf ein Rasterpapier eine durchsichtige Kunststoff-Folie und klebt nach dem Rastermaß die *Lötaugen* fest. Dann werden die Lötaugen entsprechend der Schaltung mit selbstklebenden Leiterbahnen verbunden, die es in verschiedenen Breiten zu kaufen gibt. Für die Anschlüsse nach außen werden entsprechend dem Raster der Kontaktbuchsenleiste besondere Lötaugen aufgeklebt.

In der nächsten Stufe erfolgt die *Kontaktbelichtung* der Platte. Dazu legt man die Druckvorlage auf eine fotopositiv beschichtete *kupferkaschierte Platte* (deren Schichtseite nach oben weisen muß), beschwert das Ganze gleichmäßig mit einer Glasplatte und belichtet ca. 15 Minuten mit einer 100 W-Kryptonlampe, die etwa 10 cm über der Platte angebracht ist. Dabei muß auf gleichmäßigen Druck der Glasplatte geachtet werden. Die belichtete Platte wird jetzt in einen Entwickler gelegt, den man fertig zu kaufen bekommt. Die Temperaturangaben des Herstellers sind dabei genau zu beachten. Der Entwicklungsprozeß verläuft, wenn man die Schale leicht bewegt, gleichmäßiger.

Bald ist das Leiterbild zu erkennen. Wenn die wegzuätzenden Kupferflächen völlig blank sind, ist der Entwicklungsprozeß beendet (normale Dauer ca. 2 Minuten). Sollte er länger als 3 Minuten dauern, dann ist die Platte unterbelichtet.

Die Platte wird nun unter fließendem Wasser gespült

Das blanke Kupfer muß nun z. B. in einer *Eisen-Tri-Chloridlösung* bei einer Temperatur von ca. 45 °C weggeätzt werden. Dazu legt man die Platte in eine Schale oder stellt sie besser in einen Behälter. Das Ätzen dauert etwa 15 Minuten. Dann wird die Platte unter fließendem Wasser gespült. Man sieht auf ihr jetzt die Schaltung von der Druckvorlage. Der Fotolack wird mit Aceton von den Leiterbahnen entfernt, und es wird noch einmal gründlich mit Wasser gespült. Reste des Fotolacks bekommt man am besten mit einem Papiertaschentuch von der Platine, die nun noch mit einem Fön getrocknet wird. An den Stellen, durch die später die Bauteile gesteckt werden – an den sogenannten Lötaugen also –, wird die Platine gebohrt. Zum Schutz gegen Oxydation wird noch ein Schutzlack oder ein Lötflußmittel aus Spiritus und darin gelöstem Kolophonium über die Platine gestrichen: Die gedruckte Schaltung ist nun fertig.

Viele glauben, daß gedruckte Schaltungen nur dort verwendet werden, wo es sich um Massenanfertigung handelt. Inzwischen werden sie jedoch auch in Entwicklungslabors für einzelne Modellgeräte oder als Experimentierplatte verwendet, da sie Vorteile

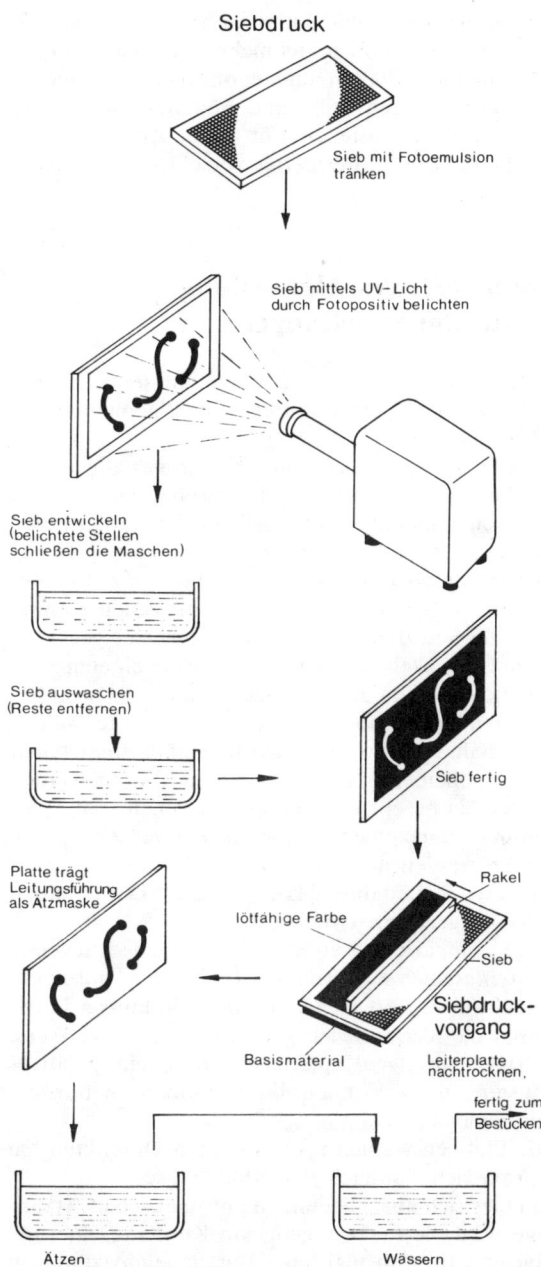

Siebdruck

Sieb mit Fotoemulsion tränken

Sieb mittels UV-Licht durch Fotopositiv belichten

Sieb entwickeln (belichtete Stellen schließen die Maschen)

Sieb auswaschen (Reste entfernen)

Sieb fertig

Platte trägt Leitungsführung als Ätzmaske

lötfähige Farbe

Rakel

Sieb

Siebdruckvorgang

Basismaterial

Leiterplatte nachtrocknen

fertig zum Bestücken

Ätzen

Wässern

Abb. 22 Die Herstellungsphasen des Siebdruckverfahrens zur Anfertigung gedruckter Schaltungen (schematisch)

bieten, die der „wilde Laboraufbau" nicht hat. Es lassen sich schließlich aus mehreren solchen *Prints* – wie man die Platten auch nennt (engl. to print = drucken) – durch Stift- und Federleisten größere Geräte zusammenstellen. Für solche Zwecke gibt es im Handel *Lochrasterplatten* verschiedenster Art.

Die industrielle Herstellung gedruckter Schaltungen

In der Massenanfertigung benützt man statt des eben beschriebenen Fotoverfahrens im allgemeinen die *Siebdrucktechnik.*

Als Druckvorlage dient ein sehr feinmaschiges Sieb aus Seide, Nylon oder V2A-Gewebe, das in einen Rahmen gespannt ist. Das Sieb wird mit einer Foto-Emulsion getränkt *(Abb. 22).*

Es wird durch Leiterzeichnung, die sich auf einem Diapositiv befindet, mit einer Ultraviolett-Lampe belichtet und danach in einen Entwickler gegeben. Beim Entwickeln verhärten sich die belichteten Stellen und schließen die Maschen des Siebes. Die unbelichteten Stellen sind später die Flächenteile, welche Leiterbahnen, Lötaugen oder Kontaktierungsstellen bilden sollen. Mit diesem Verfahren können auch die Stellen beschriftet werden, an denen später bestimmte Bauelemente eingesteckt werden. Diese Stellen werden ausgewaschen, d. h. das Sieb wird an diesen Stellen durchlässig gemacht. Damit haben wir die eigentliche Druckvorlage.

Das so präparierte Sieb wird auf das zu bedruckende *kupferkaschierte Basismaterial* gelegt, und mit einem Rakel (einer Art Schaber) wird lötfähige Farbe durch die Siebmaschen gedrückt. Auf diese Weise entsteht auf der Kupferkaschierung ein positives Muster. Dieser Vorgang läuft in einem Siebdruckautomaten ab.

Die Platinen wandern nun in einen Durchlaufofen und passieren danach eine Kühlstrecke.

In einer sich anschließenden automatischen Ätzanlage wird die nicht abgedeckte Kupferkaschierung abgeätzt (in den meisten industriellen Ätzanlagen schleudern Bürsten oder Schaufelräder die Ätzlösung gegen die Kaschierung und waschen das Kupfer dadurch aus).

Die Platinen werden dann gründlich gereinigt und gespült und durchlaufen danach einen Trockner.

Die fertig geätzten Platinen werden an den Kanten

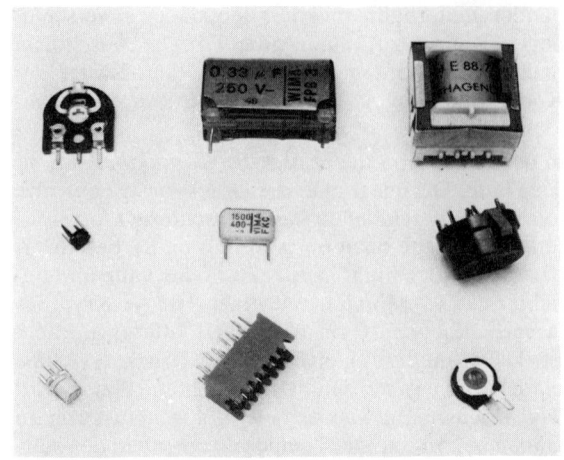

Abb. 23 Typische Bauelemente zum Bestücken gedruckter Schaltungen

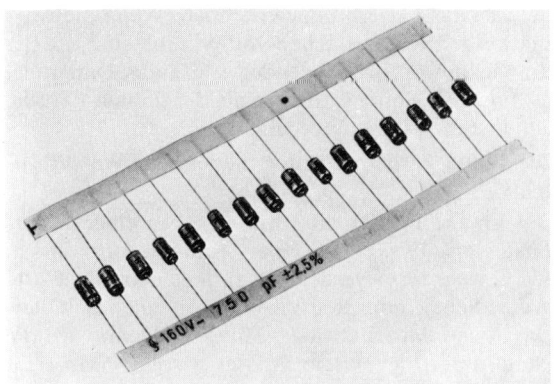

Abb. 24 Gegurtete Kondensatoren

beschnitten und in die Lötaugen die Löcher für die einsteckbaren Bauelemente gestanzt.

Bauelemente, die in gedruckten Schaltungen benutzt werden sollen, sind so konstruiert, daß sie durch Löten befestigt werden können. Das ist aber nicht immer möglich, weshalb besondere Halterungen entwickelt oder die Bauteile mit Schränklappen versehen wurden, die man einfach umbiegt. Solche Arbeiten müssen vor der eigentlichen Bestückung der Platine vorgenommen werden *(Abb. 23).*

Werden die Platinen maschinell bestückt, dann müssen die Bauelemente *gegurtet* werden und die Anschlußdrähte automatisch gerichtet und abgelängt sein, damit sie fehlerfrei in die Bestückungslöcher eingeführt werden können *(Abb. 24).*

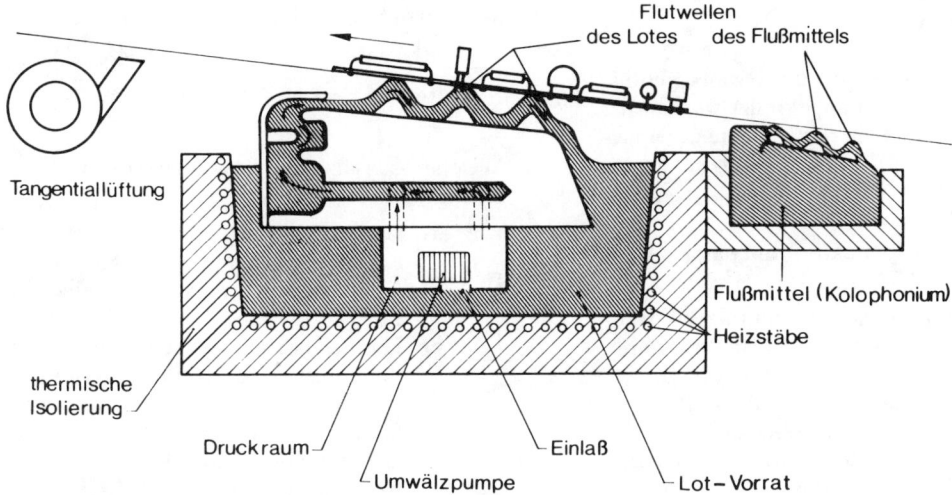

Flutwellen
des Lotes   des Flußmittels

Tangentiallüftung

Flußmittel (Kolophonium)

Heizstäbe

thermische
Isolierung

Druckraum   Einlaß

Umwälzpumpe   Lot−Vorrat

Abb. 25 Lötmaschine für geätzte und bestückte Leiterplatten (schematisch). Bewegung der Leiterplatten über mehrere Flußmittel- bzw. Zinnwellen (Fry's Flowsolderverfahren)

Da bei der gedruckten Schaltung sämtliche Lötstellen in einer Ebene liegen, benutzt man die *Tauchlö-
tung*, bei der alle Lötstellen zunächst mit einem
Flußmittel benetzt und dann in ein Lötbad getaucht
werden *(Abb. 25)*.
Die Platinen wandern in einem Kettentransporteur
schräg nach oben und passieren dabei mehrere Zinnwellen, die durch eine Umwälzpumpe erzeugt werden. Die gedruckten Schaltungen werden dabei
mehrmals an der Leiterseite benetzt. Man benutzt
dazu sogenannte *eutektische Lote*, die sich beim Erkalten nicht entmischen. Auf diese Weise erhält man
besonders zuverlässige Lötstellen und eine innige
Verbindung mit der Leitungsführung.

Moderne Verfahren zur Herstellung gedruckter
Schaltungen sind der Grund dafür, daß außer Fernsehgeräten, Radioapparate und viele andere elektronische Geräte zu Preisen angeboten werden können, die weit unter denen vor 1936 liegen – dem Zeitpunkt, zu dem die Elektronik ein neues Zeitalter
einleitete.

*

Weiterführende Literatur findet sich im Anhang.
Für dieses Kapitel gelten vor allem die Nummern
6, 9, 18, 60, 63, 66, 68

Übungsaufgaben

Bei den folgenden Fragen soll die jeweils richtige Antwort links im Kästchen angekreuzt werden. Es können mehrere, es kann aber auch keine der angebotenen Antworten richtig sein.

1. Welche Aussagen über aktive und passive Bauelemente sind falsch?

- **a)** Drehkondensatoren sind aktive Bauelemente, da je nach Einstellung deren wirksame Kapazität geändert wird
- **b)** Transformatoren sind aktive Bauelemente, denn sie übersetzen Spannungen bzw. Ströme je nach dem Windungsverhältnis
- **c)** Aktive Bauelemente benötigen eine Versorgungsspannung
- **d)** Bei aktiven Bauelementen ist – abgesehen von den Verlusten – die Ausgangsleistung größer als die erforderliche Eingangsleistung
- **e)** Temperaturabhängige Widerstände und Fotowiderstände sind passive Bauelemente
- **f)** Dioden sind keine passiven Bauelemente

2. Welche Aussagen über die Normung von Bauelementen treffen zu?

- **a)** Man erreicht dadurch eine Beschränkung der Typen von Bauelementen mit gleichen elektrischen Daten
- **b)** Die Austauschbarkeit der Bauelemente steigt
- **c)** Wenn man das DIN-Zeichen auf den Bauelementen führen will, müssen mindestens 50 % der in den Normen festgelegten Werte gewährleistet sein
- **d)** Wenn man das DIN-Zeichen auf den Bauelementen führen will, müssen mindestens die elektrischen Daten gewährleistet sein, die thermischen Werte können unterschritten werden
- **e)** Es müssen alle in den Normen angegebenen Werte gewährleistet sein, wenn man das DIN-Zeichen auf den Bauelementen angeben will

3. Wann wurde der Transistoreffekt entdeckt?

- **a)** 1936
- **b)** 1942
- **c)** 1948
- **d)** 1950

4. Welche Aussage über Halbleiterrohstoffe ist richtig?

- **a)** Germanit ist ein reiches Erz, das mehr als 25 % Germanium enthält
- **b)** Quarz ist Siliziumdioxyd in reiner Form
- **c)** Halbedelsteine wie Achate und Amethyste sind Siliziumdioxyd in kristalliner Form
- **d)** Silizium ist eines der häufigsten Elemente der Erdrinde
- **e)** Kohlenstoff ist kein Halbleiter

5. Welche Aussagen über die Zonenreinigung sind falsch?

- **a)** Chemische Reinigungsverfahren erzielen höhere Reinheitsgrade als die Zonenreinigung
- **b)** Die Zonenreinigung wird mit pulverförmigen Ausgangsstoffen im liegenden Schiffchen durchgeführt
- **c)** Das Material wird in Barrenform in die Schmelzzone gebracht
- **d)** Die Zonenreinigung findet bei Raumatmosphäre statt, da der Luftsauerstoff dann die Fremdstoffe oxydiert
- **e)** Man benutzt induktive Hochfrequenzerwärmung, da man damit den zu heizenden Bereich seitlich begrenzen kann
- **f)** Es entsteht ein polykristalliner Barren
- **g)** Bei Germanium liegt die Temperatur der Schmelzzone um 1 400 °C

6. Welche Aussagen über die Herstellung des Einkristalls treffen zu?

☐ **a)** Man zieht den Einkristall aus einem geheizten Graphittiegel heraus

☐ **b)** Unter besonderen Bedingungen entsteht der Einkristall schon bei der Zonenreinigung im liegenden Graphitschiffchen

☐ **c)** Nur bei Silizium muß der Ziehvorgang senkrecht vor sich gehen, bei Germanium kann er waagerecht oder schräg erfolgen

☐ **d)** Man benutzt einen Kristallkeim mit genau orientierten Achsen

☐ **e)** Es lassen sich auch Metalle – nicht nur Halbleiter – als Einkristalle ziehen, wenn sie ein kristallines Gefüge haben

7. Welche Aussagen über Einkristalle sind falsch?

☐ **a)** Man dotiert beim Ziehen des Einkristalls in der Schmelze, aus der er gezogen wird

☐ **b)** Das Schwimmtiegelverfahren erlaubt einen gezielteren Einbau der Dotierungsstoffe

☐ **c)** Beim Ziehen des Einkristalls kann nicht gleichzeitig dotiert werden

☐ **d)** Einkristalle besitzen eine richtungsabhängige Leitfähigkeit, Polykristalle dagegen sind in beiden Richtungen verwendbar

☐ **e)** Der Ziehanfang des Einkristalls ist polykristallin, deshalb wird er wieder eingeschmolzen

8. Welche Aussagen über die Herstellung reinen Siliziums sind richtig?

☐ **a)** Beim Siemens-C-Verfahren wächst das Silizium tangential zur Staboberfläche

☐ **b)** An der Staboberfläche wächst das Silizium radial nach außen

☐ **c)** Der dickerwerdende Stab wächst einkristallin, da die Anlage senkrecht steht

☐ **d)** Die erzeugten Stäbe haben polykristalline Struktur

☐ **e)** Die Herstellung von Stäben mit einem Durchmesser über 35 mm ist unwirtschaftlich, da zu große Stromstärken benötigt werden

9. Welche Aussagen über den Legierungstransistor sind richtig?

☐ **a)** Wegen seiner breitflächigen pn-Übergänge wird er speziell für Nf-Zwecke und als Leistungstransistor verwendet

☐ **b)** Bei pnp-Transistoren ist die Emitterperle 5wertig dotiert, bei npn-Transistoren 3wertig

☐ **c)** Die Kollektorperlen sind kleiner als die Emitterperlen, denn sie sollen hochohmigere pn-Übergänge erzeugen

☐ **d)** Bei Leistungstransistoren ist die Kollektorperle sehr häufig mit dem Gehäuse verbunden

☐ **e)** Legierungstransistoren benötigen keine sperrschichtfreien Kontakte

10. Welche Angaben über Diffusionstechnik sind zutreffend?

☐ **a)** Unter Diffusionsschicht versteht man eine Halbleiterschicht, bei der eingedrungene Fremdatome in den Kristallverband eingebaut werden

☐ **b)** Die Diffusionsfront ist die Grenzfläche, bis zu der die eindiffundierten Fremdatome in das Halbleitermaterial eingedrungen sind

☐ **c)** Die Dotierungstiefe wird bei der Diffusionstechnik von Diffusionstemperatur und -zeit bestimmt

☐ **d)** In der Diffusionszone gibt es ein Konzentrationsgefälle der Ladungsträger

11. Welche Aussagen über Mesa-Transistoren sind falsch?

☐ **a)** Sie werden schichtenweise von einer Seite her aufgebaut

☐ **b)** Zur Erzeugung des Kollektorbereichs läßt man eine Schicht epitaxial aufwachsen

☐ **c)** Emitter- und Basiszone werden mittels Diffusion erzeugt

☐ **d)** Emitter- und Basisanschlüsse sind stets nebeneinander angeordnet

☐ **e)** Die tafelbergartige Form entsteht durch den Ätzprozeß

12. Welche Angaben zur Planartechnik sind richtig?

- [ ] **a)** Planartransistoren werden mit Hilfe fotolitographischer Verfahren hergestellt
- [ ] **b)** Dioden lassen sich in dieser Technik nicht herstellen
- [ ] **c)** Als Dotierungsmasken werden Schichten aus Siliziumdioxyd benutzt
- [ ] **d)** Die Dotierung erfolgt schichtenweise übereinander, und es werden dabei besonders dünne Basiszonen erzeugt
- [ ] **e)** Die Herstellung von Transistoren, Widerständen und Kapazitäten wird durch diese Technik auf eine geometrische Struktur zurückgeführt
- [ ] **f)** Es lassen sich damit auch Induktivitäten erzeugen
- [ ] **g)** Alle auf einem Siliziumplättchen erzeugten Bauelemente können die notwendigen Verbindungen untereinander durch eine Aluminiumbedampfung erhalten

13. Welche Aussagen über gedruckte Schaltungen stimmen nicht?

- [ ] **a)** Sie ermöglichen rationelle Fertigungsmethoden
- [ ] **b)** Auch bei unqualifizierten Arbeitskräften ist die Fehlerquote gering
- [ ] **c)** Es wird eine dreidimensionale Verdrahtungstechnik angewandt
- [ ] **d)** Die Bauelemente befinden sich auf einer Seite der Isolierstoff-Flächen
- [ ] **e)** Der Querschnitt der Leiterbahnen wird den fließenden Strömen entsprechend ausgelegt
- [ ] **f)** Man erreicht weder eine Volumenersparnis noch eine Gewichtsersparnis mit gedruckten Schaltungen

14. Welche Aussagen über die industrielle Fertigung gedruckter Schaltungen treffen zu?

- [ ] **a)** Man benutzt zum Übertragen des Leitungsbildes auf die kaschierte Isolierstoffplatte eines der drei Druckverfahren: Fotodruck, Siebdruck oder Offsetdruck
- [ ] **b)** Bei der Siebdrucktechnik werden feinmaschige Siebe, meist aus Seide oder Nylon, benutzt

- [ ] **c)** Das Sieb ist an den Stellen durchlässig, die später die Leiterführung sein sollen
- [ ] **d)** Die Kupferkaschierung trägt bei der Siebdrucktechnik ein negatives Bild der Leiterführung
- [ ] **e)** Geätzte Platinen tragen ein positives Bild der Leitungsführung
- [ ] **f)** Bei der Fertigung gedruckter Schaltungen erfolgt das Bohren der Löcher für die Bauelemente vor dem Ätzen
- [ ] **g)** Zum automatischen Bestücken werden die Bauelemente gegurtet

Bei der folgenden Frage geht es um die richtige Zuordnung. Sie kann gleich hier im Buch vorgenommen werden, indem Sie unter **a)** und **b)** die den einzelnen Bauelementen jeweils vorangestellten Buchstaben k) bis t) notieren.

15. Ordnen Sie die nachstehend genannten Bauelemente in zwei Gruppen

k) Bildröhre	p) Thyristor
l) Potentiometer	q) Transformator
m) Widerstand	r) Drossel
n) Diode	s) Kippschalter
o) Transistor	t) Integrierte Schaltungen

a) passive Bauelemente:

b) aktive Bauelemente:

Bei der folgenden Frage kann die Wertigkeit der Elemente durch entsprechende Ziffer hinter dem Element angegeben werden.

16. Welche der folgenden Elemente sind 3wertig, 4wertig oder 5wertig?

k) Aluminium	Al	q) Indium	In
l) Antimon	Sb	r) Kohlenstoff	C
m) Arsen	As	s) Phosphor	P
n) Bor	B	t) Silizium	Si
o) Gallium	Ga	u) Zinn	Sn
p) Germanium	Ge		

Die Lösungen der Übungsaufgaben finden Sie im Anhang 1 dieses Buches auf Seite 279.

11. Integrierte Schaltungen

Integrierte Schaltungen werden nach den Methoden der *Planartechnologie* hergestellt.

Dabei werden nicht mehr einzelne Bauelemente (Widerstände, Dioden, Transistoren) verdrahtet, sondern alle Bauelemente auf einem einzigen Siliziumplättchen erzeugt und bei der Herstellung der gewünschten Funktionsweise entsprechend verbunden.

Die Herstellungstechnologie der Bauelemente einer Schaltung, ihrer Isolierung gegeneinander und die elektrische Verbindungstechnik werden hier erläutert. Außerdem werden die wichtigsten Schaltungsarten behandelt.

Analoge Schaltungen geben ein Ausgangssignal ab, das in einem bestimmten mathematischen Bezug zu einem oder mehreren Eingangssignalen steht. Dabei sind lineare oder auch nicht lineare Zusammenhänge möglich, die noch durch die äußere Beschaltung beeinflußt werden können.

Digitale Schaltungen geben bei Überschreiten eines Mindestpegels von einem Eingangssignal oder mehrerer Eingangssignale am Ausgang eine Spannung ab, die nur einen von zwei möglichen Werten hat.

„Computer konstruieren sich selbst!"

So stand es früher in Science-fiction-Romanen; heute ist es Wirklichkeit. Denn heute setzt man Elektronenrechner ein, um die Topographie von Schaltungen zu entwerfen, die erforderlichen Bauelemente zu berechnen und optimal zu bemessen, die einzelnen Herstellungsphasen zu überwachen und die einzelnen Systeme zu prüfen.

Mit Rechnern werden die *logischen Gleichungen* der digitalen Elektronik in Schaltungen umgesetzt, der Platzbedarf der darin vorhandenen Bauelemente und ihre zweckmäßigste Anordnung zueinander festgelegt und die thermisch günstigste geometrische Lage bestimmt. Bei Änderungen vorhandener Elemente bei bestimmten Kundenwünschen erstellen Rechner aus einer Anzahl von Standardschaltungen, deren elektrische und funktionale Eigenschaften in den Speicher vorher eingegeben wurden, die erforderliche Schaltungsvariante.

„Rechnergesteuert" ist nicht mehr nur ein werbewirksames Schlagwort der Datenverarbeitungsindustrie; der Begriff ist heute selbstverständlicher Ausdruck einer sinnvollen und effektiven Technologie. Werkzeugmaschinen werden im Zeitalter der Massenanfertigung durch die Eingabe von Arbeitsanweisungen in numerischer Form gesteuert und durch die Wahl eines neuen Programms bei Änderungen in der Produktion auf neue Zwecke umgestellt.

Prozeßrechner werden in der Verfahrenstechnik benutzt, die nicht nur die einzelnen Phasen einer Fertigung überwachen, sondern auch bei Mischungsfehlern oder bei Abweichungen der charakteristischen Kennwerte eines Zwischenproduktes selbsttätig die Dosierung von Zuschlagstoffen ändern oder die zur Korrektur der Abweichung erforderlichen Steuer- bzw. Regelsignale geben.

Aber auch im Alltag hilft die Elektronik.

Hörhilfen sind heute fast unsichtbar im Brillengestell eingebaut, die Temperatur in Waschmaschinen und in Kühltruhen wird elektronisch überwacht, man trägt eine elektronische Armbanduhr, bei Kreislauferkrankungen erhält der Patient einen elektronischen Herzschrittmacher. Miniaturisierung ermöglichte diese Entwicklung.

Wie kam es dazu?

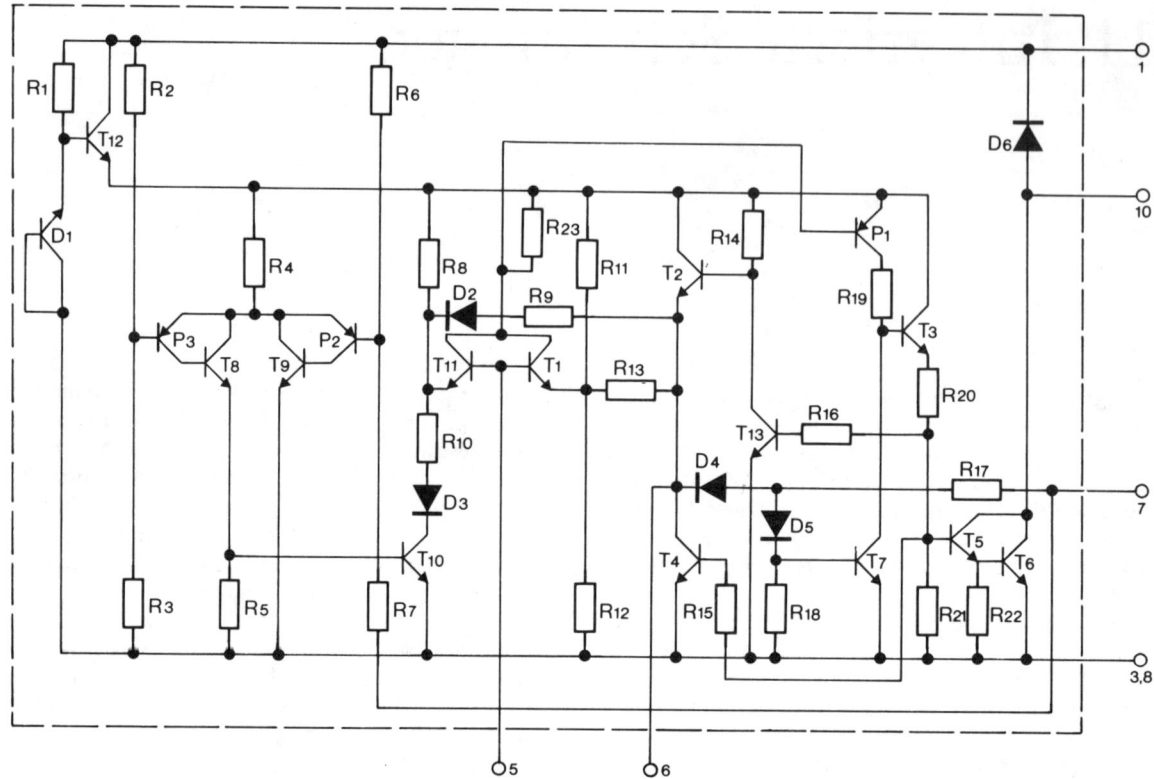

Abb. 1 Innenschaltung eines Leistungsoszillators, der als integrierte Schaltung TAA 775 G (ITT) ausgeführt ist

Am Anfang war die Planartechnik

Ausgangspunkt dieser Entwicklung ist das *Silizium-chip*, auf dem passive und aktive Bauelemente und die dazugehörenden Verbindungen in einem Fertigungsprozeß mit vielen Einzelphasen als integrierte Schaltungen erzeugt werden.

Wie Silizium-Planartransistoren hergestellt werden, wurde in Kapitel 12 eingehend beschrieben. Es waren nur wenige logische Schritte zu gehen, um auf diese Weise auch Dioden, Widerstände und Kondensatoren auf dem Siliziumchip zu erzeugen und zu integrieren.

Bis zu tausend identischer Schaltungen werden gleichzeitig auf einer Siliziumscheibe hergestellt, die aus dem gezogenen Einkristallstab von 25 mm, 38 oder 50 mm Durchmesser geschnitten werden. Dabei sind dann bis zu 100 Bauelemente auf einer Fläche von nicht ganz 2,5 mm² in einer einzigen inte-

grierten Schaltung enthalten. Eine solche Schaltung zeigt *Abbildung 1*.

Sie wird in der Kraftfahrzeugtechnik für Fahrtrichtungs- und Warnblinkanlagen verwendet.

Widerstände in integrierten Schaltungen

Mit Hilfe photolitographischer Prozesse und SiO$_2$-Masken auf dem Kristall lassen sich praktisch beliebige geometrische Strukturen im *Halbleiterplanum* erzeugen. Dabei bestimmen die Dotierungszeit und die Dotierungsstoffe den Leitungstyp, während die geometrischen Abmessungen den Leitwert bzw. den Widerstand festlegen.

Widerstände sind ihrer Natur nach keine guten Leiter. Undotiertes Silizium ist fast ein Isolator, seine noch vorhandene Leitfähigkeit hat ihre Ursache in den Spuren von Fremdatomen, die trotz aller Zonenreinigungsprozesse noch verblieben. Dotiert man nun Silizium in geeigneter Weise, so kann man je nach Menge der Ladungsträger, nach Breite und Länge der Widerstandsbahn praktisch jeden beliebigen Widerstand herstellen.

Es ist jedoch nötig, diese *Widerstände* wie alle Bauelemente gegenüber anderen Bauelementen zu *isolieren*. Daher umgibt man die einzelnen Bauelemente innerhalb einer integrierten Schaltung mit pn-Übergängen, die in Sperrichtung liegen. Das soll hier am Beispiel eines Widerstandes erläutert werden *(Abb. 2)*.

a)

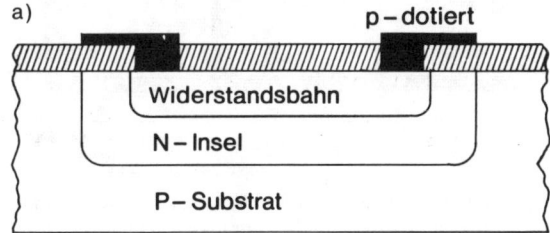

b)

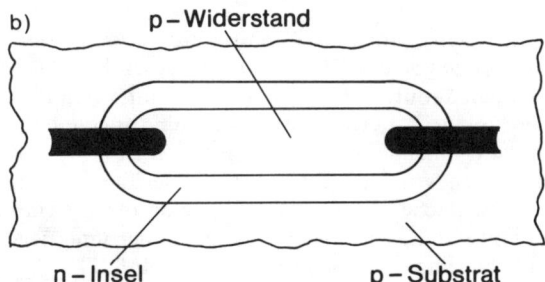

Abb. 2 Widerstandsbahn in einer n-leitenden Insel auf p-Substrat erzeugt.
    a) Längsschnitt
    b) Draufsicht

Ausgehend von einer p-leitenden Schicht wird darin nach dem Verfahren der Planartechnik eine *n-leitende Insel* in folgenden Schritten erzeugt (vgl. dazu Kapitel 12):

a) Oberfläche oxydieren im Sauerstoffstrom,
b) Fotolack aufbringen,
c) Maske auflegen und belichten mit UV-Licht,
d) durch Entwickeln werden die unbelichteten Stellen entfernt,
e) Ätzen eines Fensters mit Flußsäure,
f) Diffusion von 5-wertigen Atomen,

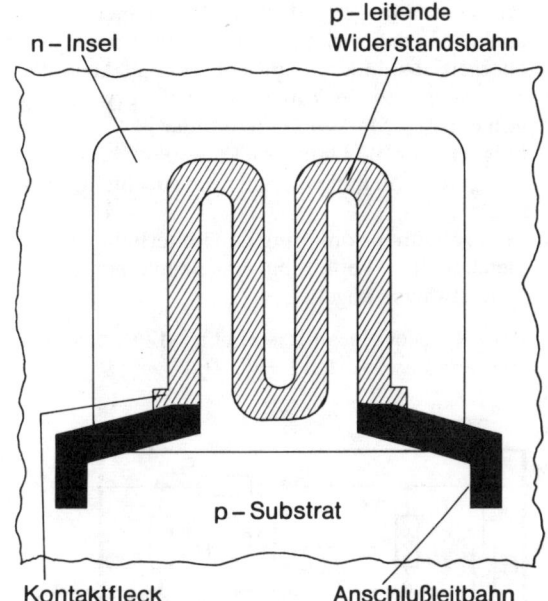

Abb. 3 Topographie eines größeren Widerstandswertes

g) erneutes Abdecken der n-Insel mit Siliziumdioxyd.

Auf gleiche Weise läßt man dann innerhalb der n-Insel – beispielsweise durch Diffusion von 3-wertigem Bor – ein p-leitendes Gebiet entstehen, das den vorgesehenen Widerstandswert hat und kontaktiert durch kleine Fenster, so daß die Anschlüsse des Widerstandes gebildet sind. Gegen das Substrat und alle sonst vorhandenen Bauelemente sind überall sperrende pn-Übergänge entstanden, so daß der Widerstand völlig isoliert ist. Größere Widerstandswerte erzielt man, indem die Widerstandsbahn mäanderförmig und schmal ausgeführt wird; kleinere Widerstände, indem man breite Flächen und kleine Längen vorsieht *(Abb. 3)*.

Die Herstellung einer realen integrierten Schaltung

Nach Entwicklung der zu integrierenden elektrischen Schaltung muß, den elektrischen Anforderungen entsprechend, die *Topographie* der Einzelbauelemente berechnet werden. Anschließend erfolgt die Konstruktion der Gesamttopographie, bei der folgendes berücksichtigt werden muß:

239

a) Minimaler Flächenbedarf pro Bauelement,
b) Einhalten der technologisch notwendigen Sicherheitsabstände, hinsichtlich elektrischer Spannung und Deckungsfehler bei Verwendung von 6 bis 10 Masken übereinander,
c) möglichst große Unterdrückung parasitärer Effekte, wie Ableitung, verteilte Sperrschichtkapazitäten,
d) richtige Dimensionierung der Leiterbahnen und gleichmäßige Verteilung der Bauelemente, die Verlustwärme abgeben.

An dem Beispiel eines dreistufigen NF-Verstärkers soll dies erläutert werden *(Abb. 4)*.

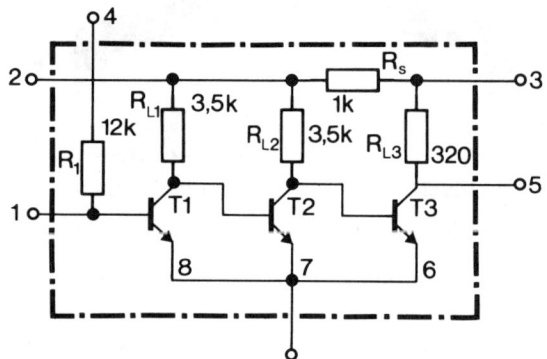

Abb. 4 Innenschaltbild des Nf-Verstärkers TAA 111 (Siemens)

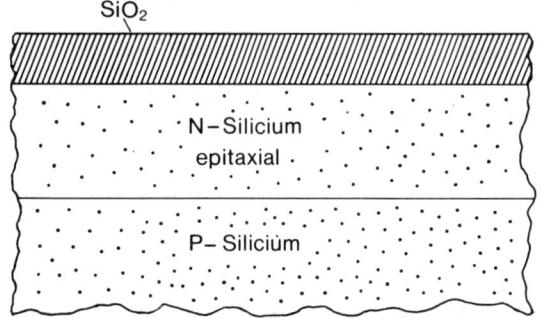

Abb. 5 Auf p-Substrat epitaxial gewachsenes n-Silizium, mit Siliziumdioxyd als schützende Abdeckung

Die strichpunktierte Linie umschließt die 3 Transistoren und 5 Widerstände, die gemeinsam die integrierte Schaltung bilden. Das Grundmaterial ist ein p-leitendes Substrat, auf das man eine n-leitende Siliziumschicht aufwachsen ließ *(Abb. 5)*.

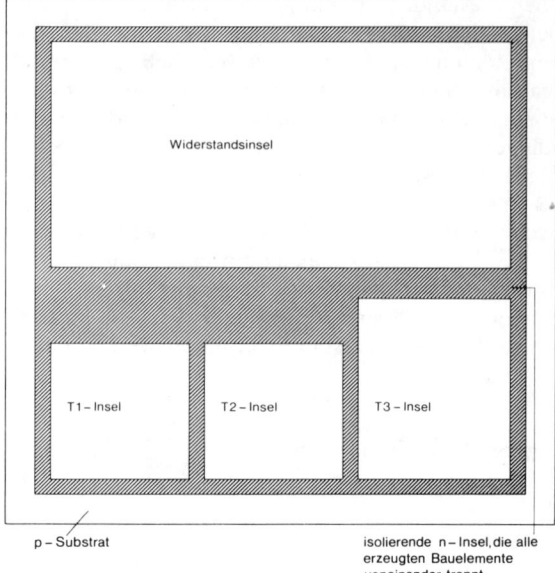

Abb. 6 3 Transistorinseln und 1 Widerstandsinsel in einer großen n-Insel isoliert voneinander eingebettet

Beim ersten Diffusionsvorgang werden die 3 *Transistorinseln* und eine *Widerstandsinsel* gebildet. Dies geschieht dadurch, daß man in alle schraffierten Flächen solange dreiwertige Atome eindringen läßt, bis die n-leitende Schicht durchstoßen ist *(Abb. 6)*. Unter den vom Siliziumdioxyd bedeckten Stellen der Oberfläche entstehen so n-leitende Inseln. Man erreicht damit, daß alle Bauelemente der integrierten Schaltung elektrisch isoliert sind *(Abb. 7)*.

Nach jeder abgeschlossenen Diffusion läßt man wieder auf dem ganzen Kristall eine Oxydationsschicht entstehen. Im zweiten Diffusionsvorgang werden dann die Widerstandsbahnen und die Basiszonen der Transistoren gebildet *(Abb. 8)*.

Es ist deutlich zu sehen, daß die beiden Kollektorwiderstände der Transistoren T_1 und T_2 gleiche

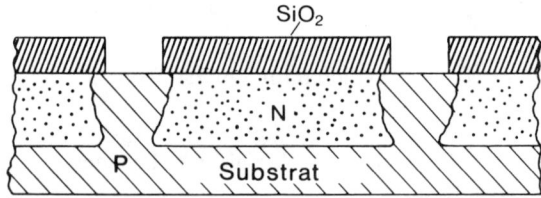

Abb. 7 Querschnitt durch ein p-leitendes Siliziumchip, an dem die einzelnen n-Inseln erkennbar sind

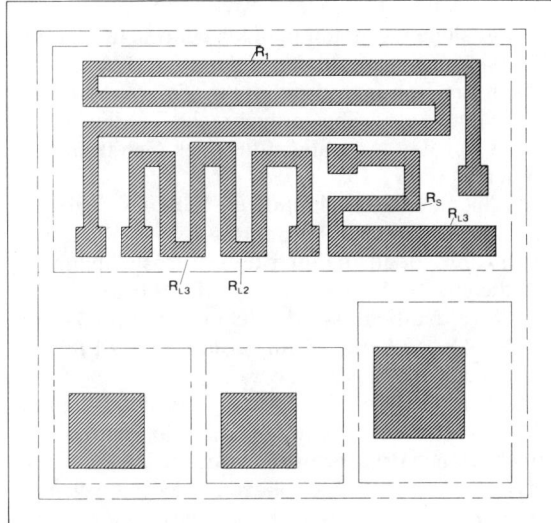

Abb. 8 Bildung der Widerstandsbahnen und der Basiszonen der Transistoren bei dem 2. Diffusionsprozeß

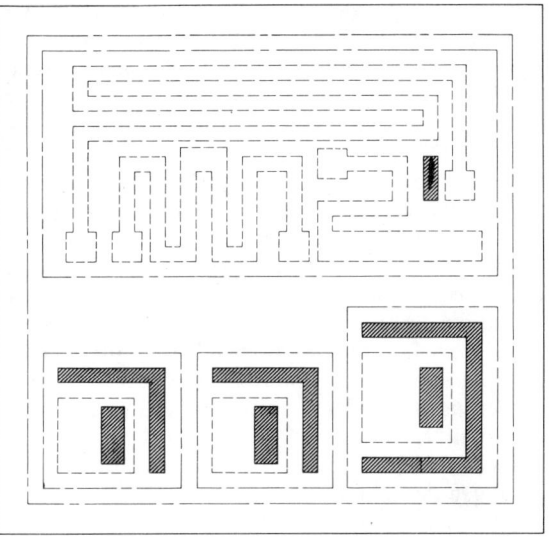

Abb. 9 Bildung der Emitterfenster, der Kontaktflecke der Kollektoren und der Anschlußkontaktstelle der Widerstandsinsel (3. Diffusion)

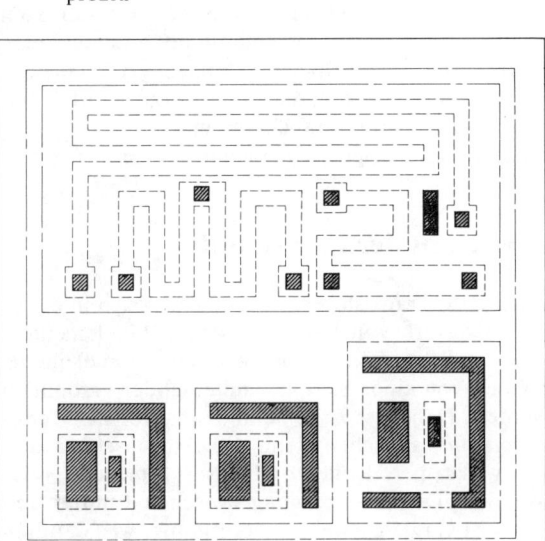

Abb. 10 Alle weiteren Kontaktstellen der Transistoren und der Widerstände werden gebildet (4. Diffusion)

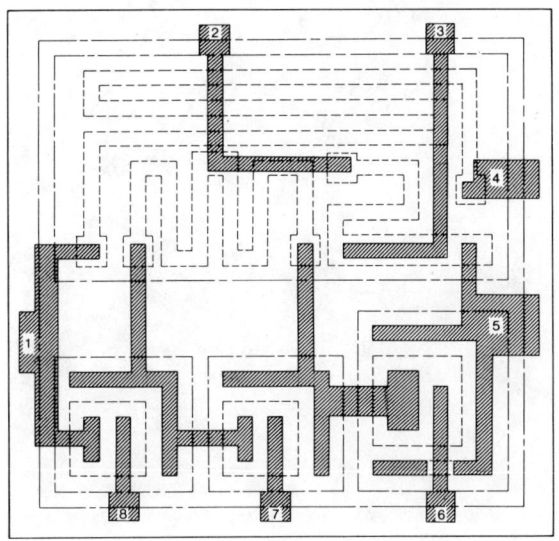

Abb. 11 Verbindung der Bauelemente durch Aluminiumleitbahnen

241

geometrische Flächen einnehmen; denn sie haben den gleichen Widerstandswert von 3,5 kΩ. Der größte Widerstand R_1 mit 12 kΩ hat auch die längste Widerstandsbahn, während der Kollektorwiderstand von T_3 die mit dem kleinsten Wert von 320 Ω breiteste Fläche einnimmt.

Mit der Belichtung durch die dritte Maske werden die Fenster für die Emitter, die Kontaktierungsstellen der Kollektoren und die Kontaktstelle der Widerstandsinsel geöffnet. In diese läßt man im dritten Diffusionsvorgang 5-wertige Atome in hoher Konzentration eindringen *(Abb. 9)*.

Im vierten photolitographischen Prozeß und der anschließenden Diffusion werden alle benötigten Kontaktierungsstellen der Transistoren und Widerstände hergestellt *(Abb. 10)*.

Danach werden alle Kontaktstellen von Verunreinigungen gesäubert und in einem Vakuumprozeß die *Aluminiumleitbahnen* aufgedampft, die die einzelnen Bauelemente verbinden. In einem weiteren photolitographischen Verfahren wird das Aluminium überall dort weggeätzt, wo keine Verbindungen der Bauelemente untereinander gebraucht werden. Die Aluminiumleitbahnen führen zu Kontaktierflecken am Rande, auf die durch *Thermokompression* dann Golddrähte aufgebracht werden, deren Enden mit den Anschlußstiften des Gehäuses verbunden werden *(Abb. 11)*.

Wie allgemein bei mehrstufigen Verstärkern, belegt T_3 eine größere Fläche als die beiden Vorstufentransistoren; denn an ihm tritt die höchste Spannung und die größte Wärmeleistung auf *(Abb. 10)*.

Hier wird deutlich, daß die Schaltung eines 3-stufigen NF-Verstärkers auf ein geometrisches Problem zurückgeführt wurde.

Nach Fertigstellung der Systeme auf den Siliziumscheiben werden sie vor der weiteren Bearbeitung verschiedenen Prüfungen unterworfen. Das geschieht auf automatischen Meßplätzen, die mit *rechnergesteuerten* Meßgeräten kombiniert sind. Dabei werden ca. 30−50 verschiedene Messungen pro System in etwa 200 Millisekunden durchgeführt.

Systeme, die diesen Prüfbedingungen nicht genügen, werden magnetisch gekennzeichnet und nach dem Ritzen und Brechen entlang der Systemkanten automatisch ausgeschieden. Danach werden die Systeme nach Verfahren, die aus der Transistorherstellung bekannt sind, im Gehäuse eingebaut.

Abbildung 12 zeigt einige Gehäusetypen.

Dioden in der IS-Technik

Integrierte Transistoren unterscheiden sich in dieser Technik stark von konventionellen Bauelementen. Alle auf einem Siliziumchip erzeugten Bauelemente müssen von einer Seite her miteinander verbunden werden. Daher ist z. B. beim Transistor der Bahnwiderstand zwischen dem Kollektoranschluß und der wirksamen Kollektor-Basis-Sperrschicht relativ hoch. Der pn-Übergang zwischen Emitter und Basis ist vergleichsweise niederohmig, was dadurch begründet ist, daß die Emitter erst nach der *Basisdiffusion* gebildet werden und ihre Anschlüsse ganz oben liegen.

Werden in integrierten Halbleiterschaltungen Dioden gebraucht, so können sie im allgemeinen aus Transistoren gebildet werden. Das läßt sich auf verschiedenste Weise erreichen *(Abb. 13)*:

a) Emitter-Basis-Diode mit Kurzschluß von Basis zu Kollektor.

Abb. 12 Gehäuseformen von integrierten Schaltungen; oben: eingelötet in Schaltplatine

b) Emitter-Basis-Diode mit Kurzschluß von Emitter zu Kollektor.
c) Emitter-Basis-Diode mit offenem Kollektor.
d) Kollektor-Basis-Diode mit Kurzschluß von Basis zu Emitter.
e) Kollektor-Basis-Diode mit offenem Emitter.

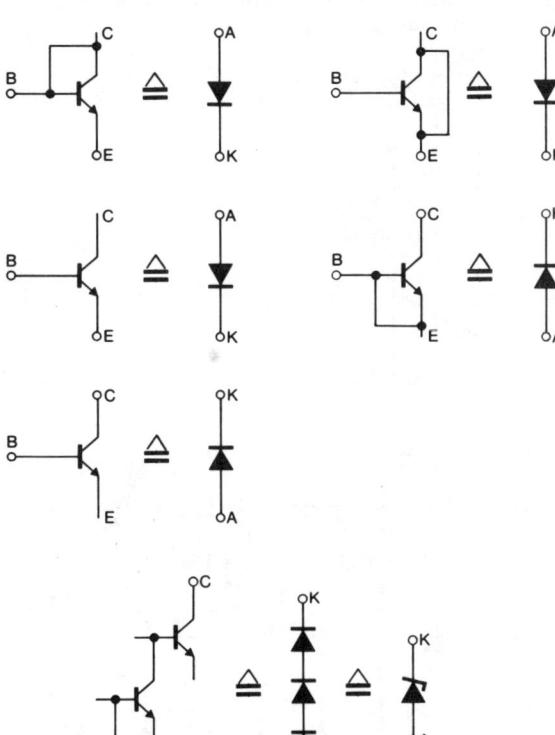

Abb. 13 Integrierte Dioden, gebildet unter Verwendung der pn-Übergänge von Transistoren

Diese fünf Diodentypen unterscheiden sich in ihrem Durchlaß- bzw. Sperrverhalten; man kann also für die jeweilige Schaltung die geeignetste Form wählen. Werden Zenerdioden oder Referenzspannungen gebraucht, so schaltet man mehrere Kollektor-Basis-Sperrschichten hintereinander, deren Anzahl dann die gewünschte Referenzspannung ergibt *(Abb. 13f)*.

Der Kondensator in der IS-Technik

Wird ein pn-Übergang in Sperrichtung vorgespannt, so ist er ein Isolator (den Sperrstrom vernachlässigen wir dabei einmal). Die Breite der Sperrschicht hängt jedoch von der angelegten Spannung ab. Daraus läßt sich ableiten: ein solcher pn-Übergang kann als *spannungsabhängiger Kondensator* aufgefaßt werden.

Die Kapazität eines Plattenkondensators wird durch folgende Beziehung festgelegt:

$$C = \frac{\varepsilon \cdot A}{d}$$

Darin bedeuten:

ε = Dielektrizitätskonstante. Sie ist durch die Materialeigenschaften des pn-Übergangs bestimmt;

A = Flächengröße der beiden verschieden dotierten Zonen, die einander gegenüberliegen;

d = Abstand der dotierten Flächen bzw. Dicke der ladungsfreien Schicht.

Die Sperrschichtdicke des pn-Übergangs hängt von der angelegten Spannung ab. Mit zunehmender Sperrspannung verarmt der pn-Übergang weiter an Ladungsträgern, die Sperrschichtdicke wächst und die Kapazität des pn-Übergangs wird kleiner. Die Sperrschichtdicke d steht im Nenner der oben angegebenen Formel, d. h. der Wert der Kapazität sinkt, weil der Zahlenwert eines Bruches kleiner wird, wenn der Nenner größer wird. Ausgeführt werden solche Kapazitäten entsprechend *Abbildung 14*.

Je nach angelegter Sperrspannung läßt sich eine Kapazitätsvariation zwischen 10 pF und 250 pF erreichen. Es ist oft ein Nachteil, daß kein fester Kapazitätswert vorliegt. Wegen der angelegten Sperrspannung nennt man diesen integrierten Kondensatortyp auch *gepolter Kondensator*.

Einen *spannungsunabhängigen Kondensator* erzielt man, wenn eine n-dotierte Zone mit Siliziumdioxyd abgedeckt wird. Dieser Bereich stellt dann die eine Kondensatorplatte dar und das abdeckende Siliziumdioxyd ist das Dielektrikum. Wenn später die Leitungsbahnen aus Aluminium aufgedampft werden, bildet das die Oxydschicht bedeckende Aluminium die andere Kondensatorplatte. Solche Kondensatoren werden mit Werten bis max. 200 pF hergestellt, da zu viel kostbare Chipfläche benötigt wird. Man versucht, Schaltungen zu entwickeln, die keine oder nur kleine Kondensatoren enthalten.

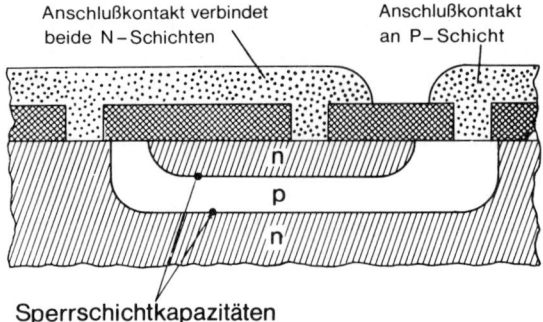

a) gepolter Kondensator

Anschlußkontakt verbindet beide N–Schichten

Anschlußkontakt an P–Schicht

Sperrschichtkapazitäten

b) ungepolter (spannungsunabhängiger) Kondensator

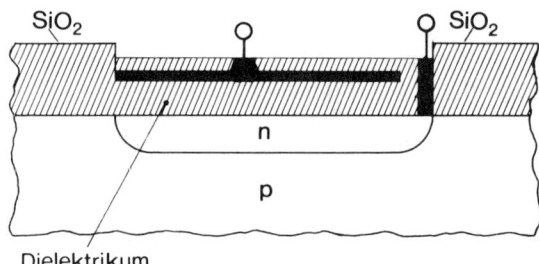

SiO_2 SiO_2

n

p

Dielektrikum

Abb. 14 Integrierte Kondensatoren
 a) (spannungsabhängig = gepolt)
 b) (spannungsunabhängig = ungepolt)

Die integrierte Schaltung als „blackbox"

Den Benutzer einer integrierten Schaltung interessiert im allgemeinen nicht die innere Struktur, ihn interessiert nur noch die Schaltung als Funktionsblock. Er betrachtet sie als „blackbox", als *schwarzen Kasten* mit einer Anzahl von Anschlüssen. Die Funktion dieses schwarzen Kastens kann man unter Umständen zwar durch äußere Beschaltung ändern, sein Inneres ist jedoch für den Benutzer nicht erreichbar. Er kann ihn auch nicht reparieren, sondern nur ersetzen. Die Unmöglichkeit von Eingriffen mag manchen davon abhalten, sich überhaupt damit zu befassen. Nun geben aber die Hersteller Datenblätter über die Grenzwerte heraus; sie erklären die Funktionsweise und liefern Anwendungsbeispiele. Trotzdem: die für integrierte Schaltungen verwen-

deten Symbole unterstützen geradezu die Vorstellung vom Geheimnisvollen einer „blackbox."
Das Symbol der integrierten Schaltung TAA 151 ist in *Abbildung 15a* dargestellt: ein Dreieck mit 10 Anschlüssen. Erst *Abbildung 15b* verdeutlicht das Innenschaltbild; es ähnelt sehr dem von Abbildung 4. Man könnte meinen, damit ließe sich nur ein 3-stufiger Verstärker bauen.

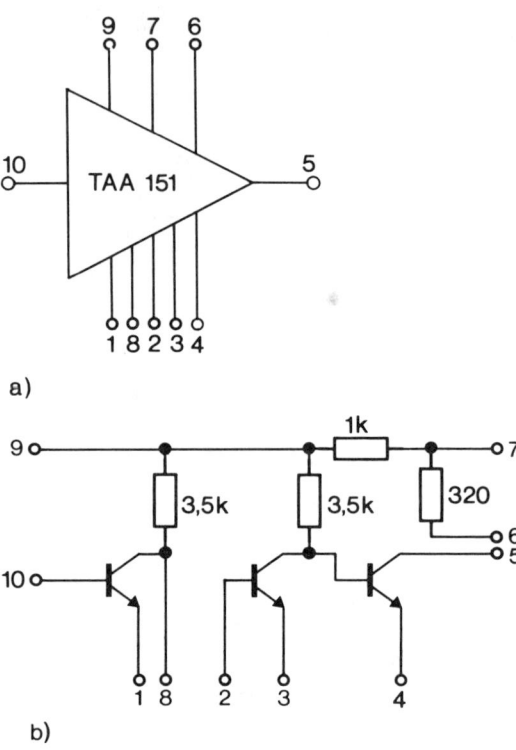

a)

b)

Abb. 15 TAA 151 (Siemens)
 a) Symbol
 b) Innenschaltung

Die integrierte Schaltung TAA 151 als 3-stufiger Verstärker

Die Innenschaltung des TAA 151 (Abb. 15b) zeigt drei Transistoren, deren Emitter einzeln herausgeführt sind. Die Basisanschlüsse der Transistoren T_1 und T_2 sowie die Kollektoren von T_1 und T_3 sind an Anschlüsse gelegt, so daß sie von außen beschaltet werden können. Will man einen 3-stufigen Verstärker bauen, dann verbindet man die Emitteran-

244

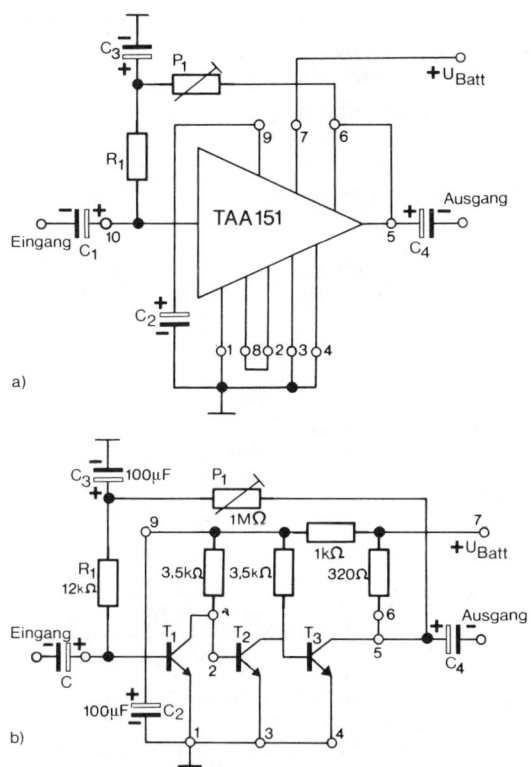

Abb. 16 TAA 151 als 3stufiger Verstärker geschaltet
  a) äußere Beschaltung des TAA 151 als 3-
     stufiger Verstärker
  b) die gleiche Schaltung in konventioneller
     Darstellung

pelung von T_3 auf T_1. Der Basisstrom von T_1 stabilisiert dadurch die Arbeitspunkte aller drei Verstärkerstufen. An den Lötpunkt zwischen P_1 und R_1 wird zur signalmäßigen Entkoppelung ein Elektrolytkondensator C_3 gegen Masse geschaltet.

An die Eingangs- und Ausgangsanschlüsse werden zur gleichstrommäßigen Trennung noch Koppelungskondensatoren C_1 und C_4 gelötet. Bei allen *Elektrolytkondensatoren* muß auf die angegebene Polung geachtet werden. An Punkt 7 wird der Pluspol der Batteriespannung an 1 deren Minuspol angeschlossen.

Der Verstärker hat eine Spannungsverstärkung von ca. 70 dB, das ist mehr als 2 500-fach. Für seine Konstruktion waren nur eine geeignete integrierte Schaltung und weitere sechs Bauelemente erforderlich.

TAA 151 als Rechteckgenerator geschaltet

Mit der integrierten Schaltung lassen sich nicht nur lineare Schaltungen aufbauen.

Abbildung 17 zeigt die Schaltung eines Rechteckgenerators, dessen *Kippfrequenz* durch die Kondensatoren C_1, C_2 und die Widerstände R_{E1} und R_{E2} bestimmt ist.

Bei gleichen Kondensatoren ist die Impulszeit gleich der Pausenzeit, das *Tastverhältnis* ist also 1 : 1.

schlüsse 1, 3 und 4 und legt sie gemeinsam an Masse *(Abb. 16)*.

Verbindet man die Anschlüsse 8 und 2, so hat man einen galvanisch gekoppelten *3-stufigen Verstärker.* Die beiden 3,5 kΩ-Widerstände sind Arbeitswiderstände der Transistoren T_1 und T_2. Damit ihre oberen Enden wechselstrommäßig (signalmäßig) an Masse liegen, verbindet man sie über einen Kondensator von 100 μF von Anschluß 9 nach 1. Der Transistor T_3 erhält als Arbeitswiderstand den ebenfalls integrierten Widerstand von 320Ω, indem der Kollektoranschluß 5 von T_3 mit Anschluß 6 verbunden wird.

Vom Kollektor des Transistors T_3 wird an die Basis von T_1 die Reihenschaltung aus Potentiometer P_1 und Widerstand R_1 gelegt.

Es handelt sich hier um eine Gleichstromgegenkop-

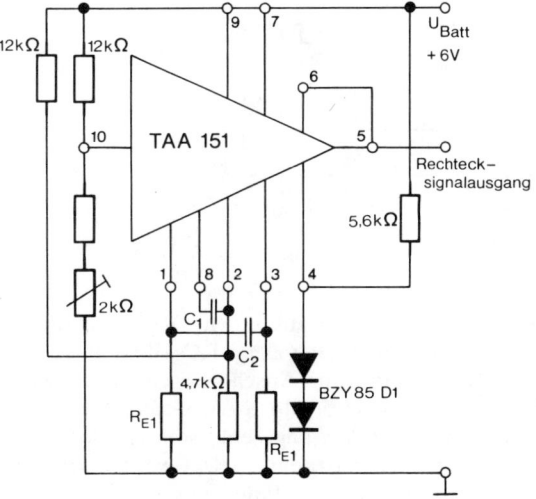

Abb. 17 TAA als Rechteckgenerator geschaltet

245

Wählt man die Kondensatoren C_1 und C_2 unterschiedlich groß, so kann man das Tastverhältnis ändern. Solche Rechteckgeneratoren verwendet man als Taktgeber in digitalen Zählschaltungen und in elektronischen Rechnern, außerdem als Signalgeber in *Blinkwarnanlagen* oder akustischen Rufanlagen, als *Intervallschalter* für eine Scheibenwischautomatik und überall dort, wo Zeittakte benötigt werden.

Einsatz des Oszillators TAA 775 G in Kraftfahrzeugen

In Abbildung 1 war das Innenschaltbild der integrierten Schaltung TAA 775 G dargestellt; es erscheint mit der Vielzahl der dort angegebenen Bauelemente für den Laien doch recht verwirrend. Der Hersteller gibt jedoch im allgemeinen für die Zwecke des Benutzers nur das Anschlußschaltbild, sowie *statische* und *dynamische Kennwerte* der integrierten Schaltung, die ihre Eigenschaften festlegen. Mit Hilfe der angegebenen Grenzwerte kann ein Benutzer Spannungen, Ströme und Bauelemente, die mit der integrierten Schaltung zusammenwirken, so dimensionieren, daß kein einziger Grenzwert überschritten und die sofortige Zerstörung der integrierten Schaltung vermieden wird.

Das *Anschlußschaltbild* des TAA 775 G zeigt *Abbildung 18*.

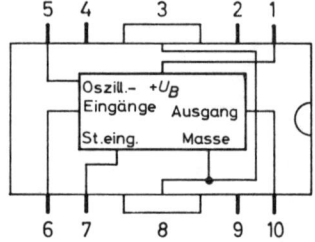

Abb. 18 Anschlußschaltbild des TAA 775 G (ITT)

Es handelt sich dabei um einen Oszillator, dessen Frequenz durch ein einziges RC-Glied bestimmt wird, welches an seine Anschlüsse geschaltet wird. An die Anschlüsse 5 und 6 wird das *frequenzbestimmende RC-Glied* angeschlossen. An Anschluß 7 kann eine Steuerspannung gelegt werden, die drei verschiedene Betriebszustände des Oszillators gestattet:

a) Betrieb mit einer durch das RC-Glied bestimmten Kippfrequenz f_o, wenn eine Spannung zwischen 0 und 350 mV anliegt;
b) Erhöhung der Kippfrequenz um den Faktor 2,2 auf $f_o' = 2{,}2 f_o$, bei Steuerspannungen zwischen 0,4 und 5 V;
c) Blockieren der Schwingung bei einer Steuerspannung oberhalb 8 V.

Der TAA 775 G gibt am Anschluß 10 Rechteckimpulse mit einem maximal zulässigen Strom von 150 mA ab.

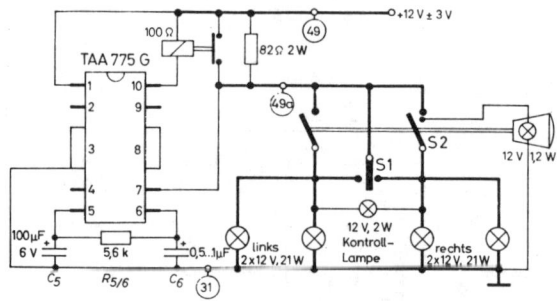

Abb. 19 Schaltbild einer Kfz-Richtungs- und Warnblinkanlage mit TA A 775 G
Schalter S1 links: Fahrtrichtungsblinken links
Schalter S1 rechts: Fahrtrichtungsblinken rechts
Schalter S1 in Mittelstellung und Schalter S2 gezogen: Warnblinken auf allen Lampen

In *Abbildung 19* ist die Verwendung einer integrierten Schaltung TAA 775 G als *Kfz-Richtungs- und Warnblinkanlage* angegeben. Die Blinkfrequenz von etwa 85 Hellphasen je Minute wird durch das frequenzbestimmende RC-Glied $R_{5/6} = 5{,}6 \mathrm{k}\Omega$ und den Kondensator $C_5 = 100 \mu\mathrm{F}$ bestimmt. Als Lastwiderstand des TAA 775 G wird ein Relais mit einem Wicklungswiderstand von $\geq 100 \Omega$ verwendet.

Die im Wagen vorhandene Verdrahtung ist dick gezeichnet; die einen Hitzdraht-Blinkgeber und ein Stromüberwachungsrelais ersetzende Schaltung ist dünn gezeichnet. Die Kontrollampe 12 V/2 W überwacht die Blinklampen beim Fahrtrichtungsblinken; bei Ausfall einer Blinklampe ist die Blinkfrequenz 2,2-fach höher.

Auch zum Aufbau einer *Intervall-Scheibenwischautomatik* läßt sich der TAA 775 G verwenden. Dabei beträgt die Einschaltdauer konstant ca. 0,2 Sekunden, während die Ausschaltdauer zwischen 4 und 20 Sekunden einstellbar ist.

Bei beiden Schaltungen nach *Abbildung 19* und *20* ist der Ladezustand der Autobatterie in weiten Grenzen unkritisch, da die integrierte Schaltung TAA 775 G eine Spannungsregelschaltung enthält, so daß Abweichungen um ± 3 V von der Nennspannung keinen Einfluß auf die Wirkungsweise haben.

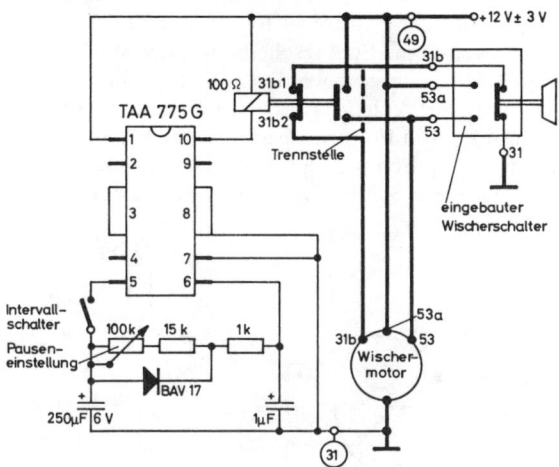

Abb. 20 Schaltbild eines Intervall-Scheibenwischers mit TAA 775 G

Fehlersuche durch Signalverfolgung mit einem Signalgenerator

Bei der Reparatur von Rundfunk- und Fernsehgeräten hat sich die Signalverfolgung als methodischer Weg zur Erkennung nicht richtig arbeitender Stufen weitgehend durchgesetzt. Dabei wird dem zu untersuchenden Gerät – vom Ausgang zum Eingang fortschreitend – ein Signal zugeführt und jeweils festgestellt, ob das Signal noch an den Ausgang gelangt. Die fehlerhafte Stufe ist diejenige, von der ab kein oder nur ein sehr schwaches Signal an den Ausgang gelangt.

Bei der akustischen Untersuchung von Empfängern beginnt man also bei der Endstufe und prüft, ob das Signal am Lautsprecher zu hören ist. Ein Empfänger enthält – vom Lautsprecher aus gesehen – folgende Stufen: Nf-Verstärker, Demodulator, Zf-Verstärker, Mischstufe mit Oszillator und Hf-Verstärker. Dabei werden, von Punkt zu Punkt bei der Prüfung von Empfängern fortschreitend, an das Signal wech-

selnde Forderungen gestellt. Vom Lautsprecher bis zum Ausgang des Demodulators muß es ein niederfrequentes Signal sein, damit es am Lautsprecher hörbar ist. Dem Eingang des Demodulators muß ein Signal zugeführt werden, das einer hochfrequenten Schwingung entspricht, die niederfrequent – also hörbar – moduliert ist, damit nach Demodulation das Signal übrigbleibt, das den Nf-Verstärker durchlaufen soll. Zwischen Demodulation und Antennenbuchse liegen Verstärkerstufen mit abgestimmten Kreisen verschiedener Resonanzfrequenz. Das Signal muß also sowohl die Zwischenfrequenz als auch alle diejenigen Frequenzen enthalten, die man durch Variation des Drehkondensators und durch die Wahl der Wellenbereiche einstellen kann.

Das für diese Anforderungen benötigte Signal liefert ein Signalgenerator, der mit einem TAA 775 G gebildet werden kann. Die Schaltung zeigt *Abbildung 21*.

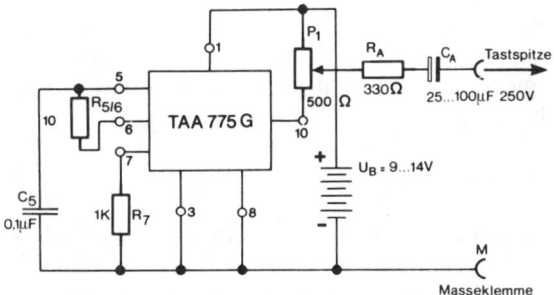

Abb. 21 Signalgenerator aus TAA 775 G zur Signalverfolgung in Geräten der Rundfunk-, Fernseh- und Phonotechnik

Das Signal ist eine Rechteckschwingung mit sehr steilen Flanken und einer Grundfrequenz von ca. 800 Hz, die durch den Widerstand $R_{5/6} = 10$ kΩ und den Kondensator $C_5 = 0,1$ μF festgelegt ist. Die Signalspannung kann an dem Potentiometer P_1 zwischen Null und Maximum eingestellt werden. Der Ausgangswiderstand hat ca. 240 Ω. Der Kondensator C_A verhindert, daß eine Gleichspannung des zu untersuchenden Gerätes die Schaltung zerstört und daß durch den Signalgenerator Potentialverschiebungen bei der Fehlersuche verursacht werden. Da eine Rechteckspannung mit steilen Flanken und ohne Dachschräge aus einer Grundschwingung und einer großen Anzahl von Oberschwingungen zusammengesetzt ist, die vom Hörbereich bis

247

in das Kurzwellengebiet reichen, steht jeweils die erforderliche Frequenz zur Verfügung.

Wegen der geringen Anzahl von Bauelementen ist es möglich, die gesamte Schaltung mit den Batterien in einen Tastkopf einzubauen. An Ausgang A muß dann eine Tastspitze angeschlossen werden, am gemeinsamen Massepunkt eine Krokodilklemme, um den Signalbezugspunkt in dem zu prüfenden Gerät festzulegen.

Mit der integrierten Schaltung TAA 775 G lassen sich noch viele andere Aufgaben lösen. Man kann damit *Impulsgeneratoren* mit einstellbarer Frequenz und einstellbarem Tastverhältnis für einen sehr weiten Frequenzbereich aufbauen. Der Hersteller gibt umfangreiche Applikationsbeispiele für Taktgeber, elektronische Musikinstrumente und Stroboskopsteuerungen an.

Digitale Drehzahlmessung

Bisher wurden hier technische Aufgaben und Schaltungen besprochen, in denen Taktgeber eine Rolle spielten. Auch Rechteckgeneratoren sind ja Zeittaktgeber.

Will man die Drehzahl einer Maschine elektronisch messen, dann gibt es im wesentlichen zwei Verfahren:

a) *Drehzahlmessung mit Hilfe eines Tachodynamos;*
b) *Drehzahlmessung durch Impulserzeugung und Zählung.*

Bei der Drehzahlmessung mittels Tachodynamo wird eine elektrische Spannung in der Ständerwicklung eines Generators erzeugt, die ein analoges Abbild der Geschwindigkeit des Rades ist, von dem der Tachodynamo angetrieben wird. Da der Durchmesser des Rades konstant ist, erhält man auf diese Weise eine Angabe über die Drehzahl. Eine Glühlampe, der man diese Spannung zuführt, leuchtet bei größerer Drehzahl heller, bei niedriger Drehzahl weniger hell, wie es vom Fahrraddynamo her bekannt ist.

Bringt man an der Welle, deren Drehzahl oder Drehgeschwindigkeit gemessen werden soll, einen *Impulsgeber* an, der pro Umdrehung einen oder mehrere Impulse abgibt, so ist dessen Frequenz der Drehzahl proportional

Die Erzeugung der Impulse kann mechanisch, induktiv oder fotoelektrisch erfolgen.

Mechanische Impulserzeuger bestehen im wesentlichen aus einem Schalter, der von Nocken betätigt wird, die sich auf der Welle befinden.

Induktive Impulsgeber benutzen z. B. einen oder mehrere kleine Magnete, die bei jeder Umdrehung in einer feststehenden Spule einen Spannungsimpuls induzieren. So arbeiten z. B. die Ruf- und Signalmaschinen der Post.

Fotoelektrische Impulsgeber arbeiten häufig mit Fotodioden oder Fototransistoren. Man verbindet beispielsweise eine Schlitzscheibe mit der Welle, deren Drehzahl gemessen werden soll. Ihre Abblendsegmente unterbrechen dann den Lichtstrahl einer Lichtschranke. Ein Fototransistor auf der Empfangsseite gibt je Umdrehung der Schlitzscheibe soviel Impulse ab, wie Schlitze vorhanden sind *(Abb. 22)*.

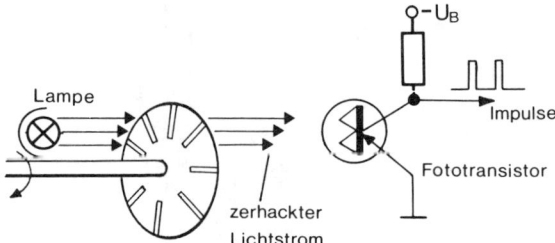

Abb. 22 Drehzahlumformer (Analog-Digital-Wandler). Die analoge Größe „Drehzahl" wird durch die Schlitzscheibe, die den Lichtstrom unterbricht, in digitale Spannungsimpulse gewandelt

Ist n die Drehzahl der Welle in einer Minute und m die Anzahl der Impulse je Umdrehung, so erhält man am Ausgang des Drehzahlumwandlers eine *Impulsfolgefrequenz* von

$$f = \frac{n \cdot m}{60} \ [Hz].$$

Ein Zahlenbeispiel einer realen Anlage macht den mathematischen Zusammenhang deutlicher:
Ist die Drehzahl n = 2400 U/min und sind m = 50 Schlitze vorhanden, so ergibt sich eine Impulsfolgefrequenz:

$$f = \frac{2400 \cdot 50}{60} \ Hz.$$

Kürzt man Zähler und Nenner mit 60, so erhält man:

$$f = 2000 \ Hz.$$

Zählt man die Impulse während einer Beobachtungszeit von genau 5 Sekunden, dann erhält man genau

10 000 Impulse, sofern in dieser Zeit keine Drehzahländerung erfolgte.

Da bereits eine Abweichung von einem Impuls festgestellt werden kann, beträgt die Genauigkeit der Messung $1 : 10^4$, oder anders ausgedrückt: $1/10\,\%_0$. Sie hängt nur von der Genauigkeit der Meßzeit ab.

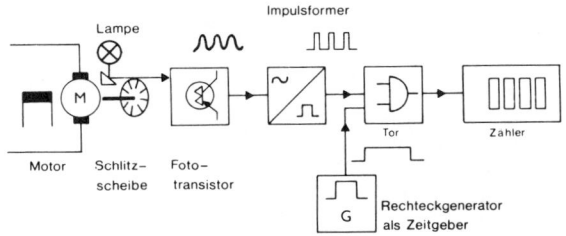

Abb. 23 Digitale Drehzahlmessung (Blockschaltbild)

Welche Geräte man für derart genaue Messungen braucht, zeigt *Abbildung 23. Das Blockschaltbild* zeigt die erforderlichen Funktionsblöcke:

Auf der Welle des Motors, dessen Drehzahl gemessen werden soll, ist die *Schlitzscheibe* angebracht. Sie bildet mit dem Fototransistor einen Drehzahlumformer, dessen Signale einem Impulsformer zugeführt werden, der aus Impulsen, die verschliffene Flanken haben, steilflankige Impulse erzeugt. Über eine Torschaltung gelangen diese Impulse in den Zähler. Als *Torschaltung* kann z. B. ein logisches „UND" dienen, dessen Toröffnungszeit durch einen Rechteckgenerator bestimmt wird.

Eine *„UND"-Schaltung* mit zwei Eingängen gibt nur dann ein Ausgangssignal ab, wenn beide Eingänge gleichzeitig ein Signal erhalten. Wenn nun an einen Eingang die Impulse gelangen, die vom Drehzahlumformer kommen, und an den anderen Eingang ein Zeitimpuls, der von dem Rechteckgenerator kommt, dann gibt die Schaltung solange Impulse an den Zähler, wie der Zeitimpuls am zweiten Eingang liegt.

Sämtliche Funktionsblöcke lassen sich durch integrierte Schaltungen bilden, die mit äußeren Bauelementen ergänzt werden.

Soll die Drehzahl des Motors gemessen werden, so muß zunächst die Gesamtschaltung eingeschaltet werden. Dann gelangen die Impulse an die Torschaltung. Startet man den Zeitimpuls des Rechteckgenerators, so beginnt die Messung. Nach Beendigung des Zeitimpulses werden die Impulse, die der Zähler während der *Toröffnungszeit* erhielt, abgelesen.

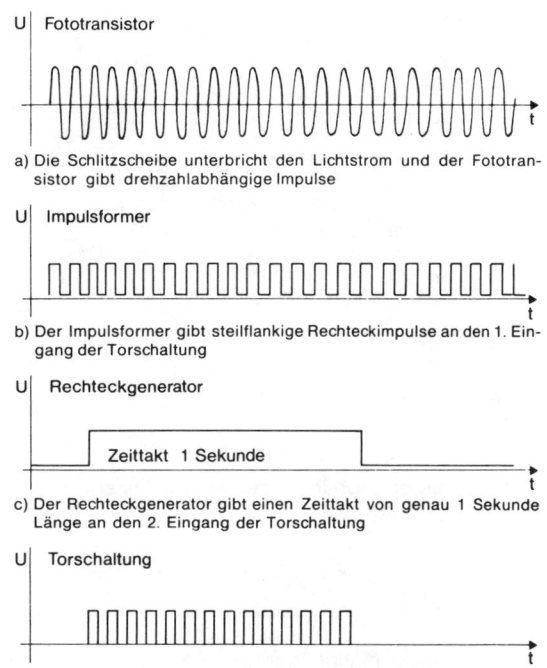

a) Die Schlitzscheibe unterbricht den Lichtstrom und der Fototransistor gibt drehzahlabhängige Impulse

b) Der Impulsformer gibt steilflankige Rechteckimpulse an den 1. Eingang der Torschaltung

Zeittakt 1 Sekunde

c) Der Rechteckgenerator gibt einen Zeittakt von genau 1 Sekunde Länge an den 2. Eingang der Torschaltung

d) Während dieser Meßzeit gibt die Torschaltung die Impulse an den Zähler weiter

Abb. 24 Impulsdiagramm zur Erläuterung der Wirkungsweise der digitalen Drehzahlmessung

Ist der Zeitimpuls genau 1 Sekunde lang, dann erhält man die Drehzahl pro Sekunde, wenn man die Impulszahl durch die Anzahl der Schlitze dividiert. Das Impulsdiagramm in *Abbildung 24* soll die Wirkungsweise verdeutlichen.

Digitale Wegmessung

Das Zählen der Impulse während einer genau festgelegten Zeit haben wir zur Drehzahlmessung benutzt. Man kann jedoch auch zu einer Wegmessung kommen, wenn man die von einem Impulsgeber erzeugten Signale fortlaufend zählt. Dies geschieht zum Beispiel am Förderturm einer Schachtanlage. Das Seil, an dem der Förderkorb hängt, ist über eine große Seiltrommel gelegt, deren Umfang bekannt ist. Man kann bei diesem Verfahren jederzeit direkt angeben, wo sich der Förderkorb gerade befindet, denn die Anzahl der Impulse ist analog zur Weglänge. Bei solchen Anwendungsfällen werden allerdings sogenannte Vorwärts-Rückwärts-Zähler

249

a) Schaltbild

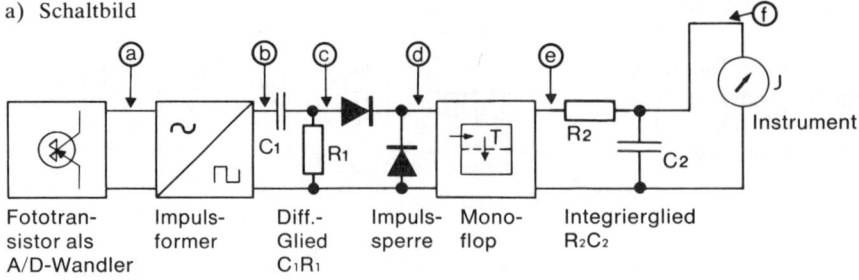

Fototransistor als A/D-Wandler — Impulsformer — Diff.-Glied C_1R_1 — Impulssperre — Monoflop — Integrierglied R_2C_2 — Instrument

b) Impulsdiagramm

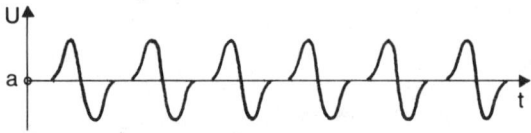

Fototransistor gibt Impulse, deren Anzahl von der Drehzahl abhängt

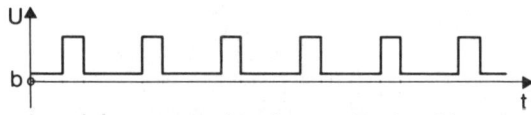

Impulsformer macht daraus Rechteckimpulse mit steilen Flanken

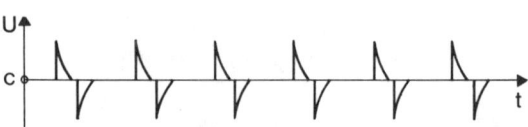

Differenzierglied C_1R_1 formt daraus Nadelimpulse

Impulssperre läßt nur die positiven Nadelimpulse durch, die negativen werden kurzgeschlossen

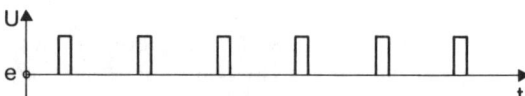

Monoflop gibt Rechteckimpulse ab, die einen definierten Zeitverlauf haben. Sie werden von dem Integrierglied R_2C_2 summiert. Daraus folgt ein Strom durch das Instrument, der um so größer ist, je mehr Impulse der Monoflop abgibt

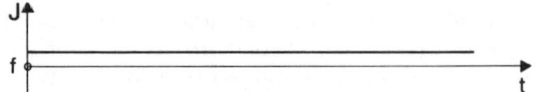

Abb. 25 Digitale Geschwindigkeitsmessung mit analoger Anzeige

benutzt, damit bei Richtungsumkehr eine genaue Angabe über den Ort möglich ist, an dem sich der Förderkorb gerade befindet.

Digitale Geschwindigkeitsmessung mit analoger Anzeige

Sehr häufig ist es notwendig, die Geschwindigkeit eines Bewegungsvorgangs zu wissen. Eine Schaltung, die das ermöglicht, zeigt das Blockschaltbild in *Abbildung 25*.

Die Anzahl der Spannungsimpulse eines Drehzahlumformers ist zeitabhängig, d. h. bei geringer Drehzahl kommen weniger, bei hoher Drehzahl mehr Impulse. Diese Impulse werden hinter dem Impulsformer mit einem *CR-Glied* differenziert. Es entstehen Nadelimpulse, die sowohl positiv als auch negativ gerichtet sind.

Die beiden Dioden unterdrücken die negativen Spitzen und lassen nur die positiven durch. Sie gelangen an eine *monostabile Kippschaltung*, die selbst Impulse konstanter Einschaltdauer abgibt, so daß die Pausenzeit um so kleiner ist, je mehr Impulse der Drehzahlgeber liefert. Mit einem *RC-Glied* werden die rechteckförmigen Spannungsanteile integriert. Es ergibt sich eine Gleichspannung, deren Betrag vom Verhältnis zwischen Einschalt- und Pausenzeit abhängt.

Bei niedrigen Drehzahlen ist die Pausenzeit sehr lang und daher die gemittelte Gleichspannung klein; bei hohen Drehzahlen mit entsprechend kurzen Pausenzeiten ist die Gleichspannung hoch.

Man erhält auf diese Weise eine analoge Anzeige der Geschwindigkeit am Meßinstrument, d. h. bei Erhöhung der Drehzahl – also bei steigender Geschwindigkeit – kommen in der Zeiteinheit mehr Impulse, und die Anzeige steigt; bei absinkender

Drehzahl dagegen sinkt der Ausschlag am Instrument. Die Anzeige ist also der Geschwindigkeit proportional.

Integrierte Schaltkreisfamilien

Alle hier behandelten Funktionsblöcke zur elektronischen Messung von Drehzahl, Weg, Geschwindigkeit und die Verarbeitung anderer physikalischer Größen, die als elektrische Signale vorliegen, lassen sich mit integrierten Schaltungen realisieren. Es wurden dazu *analoge* und *digitale IC-Familien* entwickelt, mit deren Hilfe sich praktisch alle Steuerungs- und Regelungsprobleme lösen lassen. Es ist heute nicht mehr so, daß Regelungstechnik grundsätzlich analoge Technik bleiben müsse, da die von ihr behandelten Größen kontinuierlich und einem bestimmten funktionalen Zusammenhang entsprechend verlaufen, während digitales Vorgehen dem grundsätzlich widerspräche. Man kann die Auflösung einer physikalischen Größe immer so hoch wählen, daß die Fehlergrenze geringer ist als bei der analogen Verarbeitung von Meßwerten, und außerdem kann man digitale Werte lange Zeit speichern, ohne daß sie eine Veränderung erfahren. Man kann sie bei Bedarf abrufen und eventuell auch ausdrukken.

Ausbeute, Zuverlässigkeit und Vielseitigkeit der Anwendung von IC's

Drei Fragen werden im Zusammenhang mit integrierten Schaltungen immer wieder gestellt: die nach der *Ausbeute* bei der Produktion, der *Zuverlässigkeit* und der *Vielseitigkeit* der Anwendung. Die Gesamtausbeute der Produktion hängt weitgehend von der Vielzahl der Ausbeuten bei den einzelnen Prozeßschritten ab. Bedenkt man, daß die Siliziumscheibe das Ausgangsmaterial ist und daß ca. 30 bis 50 Bearbeitungsphasen bis zur verkaufsfähigen integrierten Halbleiterschaltung durchlaufen werden, bei denen es ja nicht ohne Ausschuß abgeht, dann ist verständlich, daß die Gesamtausbeute nur bei ca. 8 % bis 35 % je nach Typ liegt.

Bei der Fertigung werden viele Faktoren unabhängig voneinander überwacht und gesteuert, so daß schon die Ausschaltung nur eines einzigen Risikos eine Vergrößerung einer Teilausbeute zur Folge hat.

Genaue Zahlenangaben wird der Laie wohl nie erfahren. Doch die Verbesserung jeder einzelnen technologischen Phase vergrößert den Ausstoß, so daß häufig von heute auf morgen Preissenkungen um 50 % auftreten.

Im Hinblick auf die Zuverlässigkeit gibt es bei integrierten Halbleiterschaltungen keinen grundsätzlichen, die Lebensdauer begrenzenden Effekt wie etwa die Emissionsfähigkeit von Röhren. Ganz allgemein gilt, daß die Zuverlässigkeit integrierter Halbleiterschaltungen erheblich größer ist als diejenige gleichwertiger Schaltungen, die in konventioneller Technik aus Einzelbauelementen aufgebaut wurden. Da integrierte Schaltungen meist in Geräten eingesetzt werden, die sehr umfangreich und hochwertig sind, ist dauernde Qualitätskontrolle eine wichtige Kundenforderung. Schon während der Fertigung werden deshalb integrierte Schaltungen eingehend mit Prüfautomaten geprüft. Dabei geht man davon aus, daß für bestimmte Eingangsbedingungen definierte Ausgangseigenschaften gemessen werden, die als Grundlage für die Weiterverarbeitung vorhanden sein müssen. Es gibt Prüfautomaten, die es gestatten, mehr als 50 unterschiedliche Tests innerhalb von wenigen Millisekunden durchzuführen.

Die Feststellung der Zuverlässigkeit integrierter Schaltungen ist allerdings eine komplizierte Sache. Es liegt auf der Hand, daß der Hersteller mit neu entwickelten integrierten Halbleiterschaltungen keinen Betriebsdauertest mit 10 000 Exemplaren über 1000 Stunden durchführen kann. Deshalb wurden Methoden entwickelt, die unter Streß-Bedingungen und mit etwa 500 Exemplaren einer *Betriebsdauerprüfung* gleichkommen, bei der man von der Annahme einer Prüfzeit von 10 Millionen Stunden unter Normalbedingungen ausgeht.

Neue Technologien, Entwicklungstendenzen

Soll der Preis integrierter Schaltungen weiter sinken, dann muß eine begrenzte Anzahl von Standardschaltungen in großen Stückzahlen gefertigt werden. Dadurch wird aber zugleich die Vielfalt der Anwendungsmöglichkeiten eingeschränkt. Es müssen daher vom Serienverwender integrierter Schaltungen häufig Kompromisse eingegangen werden, die dann zu Lösungen führen, die nicht mehr den Erwartungen entsprechen. Daher fertigen die Hersteller integrierter Schaltungen heute Kundenwünschen entsprechende *Multichip-Bausteine*, in denen mehrere unterschiedliche Halbleiterchips in einem Gehäuse untergebracht sind. Auf diese Weise erreicht man einen großen Kombinationsspielraum und die Anpassung elektronischer Technik an alle nur denkbaren Kundenforderungen.

Wir stehen heute längst nicht am Ende einer Entwicklung, sondern noch am Anfang. Innerhalb weniger Jahre wurden aus den ersten Labormustern technisch hochwertige Massenprodukte mit einem vernünftigen Preis. Waren früher Widerstände und Kondensatoren die billigsten Bauelemente in konventionellen elektronischen Schaltungen, so sind sie heute im Hinblick auf integrierte Schaltungen die teuersten geworden; denn sie benötigen den meisten Platz auf dem Siliziumchip. Aus diesem Grund entwickeln die Hersteller integrierter Schaltungen *äquivalente Schaltungen*, die möglichst wenige Widerstände und Kondensatoren enthalten. Der Schaltungsentwurf ist also meist technologisch bestimmt. Unter Herstellern gilt die Formel: Für einen Widerstand 3 Transistoren, für einen spannungsunabhängigen Kondensator 10–12 Transistoren.

Die heutige Laborfertigung gestattet schon die Unterbringung von 150–200 aktiven Bauelementen auf einer Chipfläche von 1,5 mm², was bedeutet, daß die Breite der p- oder n-leitenden Bereiche bis auf ca. 0,002 mm reduziert wurde. Da oft mehrere Bereiche mit aufeinanderfolgenden litographischen Prozessen deckungsgerecht erzeugt werden müssen, darf die dabei zulässige maximale seitliche Abweichung nicht größer als 0,0002 mm sein; das entspricht der halben Wellenlänge von Ultraviolettlicht. Man gerät dabei an die Grenzen optischer Technik.

Die Verschaltung derart dicht liegender aktiver und passiver Bauelemente ist so kompliziert, daß man nicht mehr mit den Leiterbahnen auf der obersten Oxydschicht auskommt, da oft noch viele Zwischenverbindungen gebraucht werden, die in einer Lage möglicherweise Kurzschlüsse erzeugen würden. Es ist daher eine *mehrschichtige Verschaltung* entwickelt worden, bei der die Leiterbahnen nur etwa 0,02 mm breit sind. Trennende Oxydschichten von nur 0,001 mm Dicke bilden die Isolation. An den Kreuzungspunkten erhalten die Leiterbahnen Löcher, durch die beim Aufdampfen der zweiten und der folgenden Lagen die Verbindung der verschiedenen Leitungsebenen erzielt wird.

Viele technologische Verbesserungen sind auf unspektakuläre Weise zustandegekommen. Sie sind nicht mehr die Leistung einzelner überragender Entwicklungsingenieure; Änderungen der Fertigung, bessere und rationellere Prüfmethoden, Fortschritte bei der Lösung schwieriger Aufgaben sind Ergebnisse der Zusammenarbeit vieler.

Wird die Integration weiter getrieben, dann gelangt man zu komplexen Großschaltungen, die in der US-Terminologie *LSI* (= *L*arge *S*cale *I*ntegration) genannt werden. Solche Schaltungen werden besonders für Digitalrechner, Prozeßrechner und numerische Steuerungen entwickelt. Die Integration mittleren Schaltungsumfangs mit einer gewissen Anzahl gleichartiger Schaltungen nennt man *MSI* (= *M*edium *S*cale *I*ntegration). Wir stehen gerade am Beginn einer Phase, bei der integrierte Schaltungen in den Bereich der Unterhaltung, der Konsumgüter, der Verkehrsmittel eindringen und dort die Art der Güter, ihre Benutzungsweisen, Wartung und Lebensdauer stark verändern.

*

Weiterführende Literatur findet sich im Anhang. Für dieses Kapitel gelten vor allem die Nummern 11, 13, 15, 17, 22, 30, 48, 71

Übungsaufgaben

Bei den folgenden Fragen soll die jeweils richtige Antwort links im Kästchen angekreuzt werden. Es können mehrere, es kann aber auch keine der angebotenen Antworten richtig sein.

1. Unter Mikroelektronik versteht man
   - [ ] **a)** Schaltungen, bei denen ausschließlich miniaturisierte Bauelemente verwendet werden
   - [ ] **b)** elektronische Schaltungen mit Subminiaturröhren
   - [ ] **c)** nur monolithische integrierte Schaltungen
   - [ ] **d)** sehr kleine elektronische Schaltungen, die in Dünnfilm-, Dickfilm- oder anderen Halbleiterverfahren hergestellt werden

2. Siliziumdioxyd wird verwendet als
   - [ ] **a)** Dotierungsstoff
   - [ ] **b)** Kontaktmaterial
   - [ ] **c)** Widerstandsmaterial
   - [ ] **d)** Isolation zwischen leitfähigen Bereichen
   - [ ] **e)** Maske zur Verhütung der Diffusion an bestimmten Stellen

3. Epitaxiales Wachstum erhält man
   - [ ] **a)** durch häufiges Destillieren
   - [ ] **b)** durch Niederschlag von Silizium auf einem polykristallinem Stab
   - [ ] **c)** durch Niederschlag von monokristallinem Silizium aus einem Gas auf einer monokristallinen Fläche
   - [ ] **d)** durch Ziehen eines Einkristalls aus der Schmelze

4. Bei der Planartechnologie benutzt man ein fotolitographisches Verfahren, um
   - [ ] **a)** die Siliziumscheibe zu fotographieren
   - [ ] **b)** das Ätzen von Siliziumdioxyd an ausgewählten Stellen auf dem Siliziumchip zu steuern
   - [ ] **c)** die Diffusion an bestimmten Stellen zu verhüten
   - [ ] **d)** „Fenster" der Oxydschicht zu erzeugen, durch die man bei der Diffusion Ladungsträger eindringen läßt

5. Welche Aussagen über die Herstellung von integrierten Schaltungen sind falsch?
   - [ ] **a)** Alle benötigten Schaltelemente werden auf einem einzigen Siliziumplättchen hergestellt
   - [ ] **b)** Siliziumschichten vom n-Typ werden durch Dotieren mit Phosphor hergestellt
   - [ ] **c)** Die Diffusion von Ladungsträgern geschieht bei Temperaturen von ca. 400 °C
   - [ ] **d)** Durch die Fotomaskierung wird die Diffusionstiefe gesteuert
   - [ ] **e)** Die Bauelemente werden dort erzeugt, wo das Siliziumdioxyd entfernt wurde
   - [ ] **f)** Nach jedem Diffusionsvorgang werden die Fenster wieder durch die Bildung von Siliziumdioxyd geschlossen

6. Was muß beim Entwurf integrierter Schaltungen besonders beachtet werden?
   - [ ] **a)** Die Verwendung der CR-Kopplung von Stufe zu Stufe
   - [ ] **b)** Die Verwendung von Widerständen großer Werte, da man dann kurze Diffusionszeiten hat
   - [ ] **c)** Wo dies möglich ist, die Verwendung von Transistoren und Dioden anstelle von Kondensatoren und Widerständen
   - [ ] **d)** Die vergleichsweise Anordnung der Bauelemente ähnlich einer gedruckten Schaltung

7. Welche Aussagen über Transistoren und Dioden in integrierten Schaltungen treffen zu?

☐ **a)** Die Transistoren sind einzelnen Planartransistoren vergleichbar; sie besitzen jedoch den Kollektorkontakt auf der Seite, die auch Basis- und Emitterkontakt trägt

☐ **b)** Dioden benötigen keinen speziellen Diffusionsvorgang

☐ **c)** Je nach Polung der Dioden werden sie entweder bei der Herstellung der Kollektorschicht oder der Emitterschicht von Transistoren erzeugt

☐ **d)** Dioden mit unterschiedlichen Eigenschaften lassen sich aus Transistoren erzeugen, die man durch Leiterbahnbedampfung teilweise kurzgeschlossen hat

8. Alle Widerstände in integrierten Schaltungen

☐ **a)** lassen sich mit guten Absolutwerten herstellen

☐ **b)** werden gegen andere Bauelemente mittels pn-Übergängen isoliert, die in Sperrichtung gepolt sind

☐ **c)** werden gleichzeitig erzeugt

☐ **d)** besitzen die gleichen relativen Abweichungen von den beabsichtigten Absolutwerten

9. Die Herstellungskosten integrierter Schaltungen sind

☐ **a)** der Anzahl der Bauelemente proportional

☐ **b)** der Oberfläche des Halbleiterplättchens annähernd proportional

☐ **c)** von der Anzahl passiver Bauelemente unabhängig

☐ **d)** von der Ausbeute unabhängig

10. Welche Aussagen über Kondensatoren in integrierten Schaltungen sind falsch?

☐ **a)** Die Kapazität gepolter Kondensatoren in IC's ist abhängig von der angelegten Sperrspannung

☐ **b)** Gepolte Kondensatoren in IC's benötigen weit weniger Chipfläche als ungepolte

☐ **c)** Ungepolte Kondensatoren haben zwei Sperrschichten als Dielektrikum, die gegeneinander geschaltet sind

☐ **d)** Spannungsunabhängige Kondensatoren besitzen eine Siliziumdioxydschicht als Dielektrikum

☐ **e)** Signale beliebiger Polarität können ungepolten Kondensatoren zugeführt werden, sofern ihr Spannungswert unterhalb der Durchschlagspannung des Dielektrikums bleibt

11. Die Betriebssicherheit einer integrierten Schaltung

☐ **a)** ist leicht meßbar

☐ **b)** ist schlechter als die von Schaltungen mit Einzelkomponenten

☐ **c)** ist ähnlich der von Planartransistoren gleicher Plättchengröße

☐ **d)** ist besser als die einer gleichwertigen Schaltung aus Einzelbauelementen

12. Verwendet man integrierte Schaltungen zur Lösung einer elektronischen Schaltungsaufgabe, dann sind die Gesamtkosten

☐ **a)** höher als ohne deren Verwendung

☐ **b)** immer niedriger als die der entsprechenden Schaltung mit Einzelkomponenten

☐ **c)** abhängig von der Anzahl der später hergestellten Schaltungen

☐ **d)** genau so hoch, wie ohne deren Verwendung

13. Welche Aussagen über Aluminiumleitbahnen auf der Oberfläche integrierter Schaltungen sind falsch?

- [ ] **a)** Alle Kontaktstellen der Emitter, Kollektoren und Basen von Transistoren, Dioden und Widerständen werden gemeinsam in einem Aluminiumbedampfungsprozeß verbunden
- [ ] **b)** Sind Kreuzungen in IC's notwendig, dann wird erst eine Siliziumdioxydschicht gelegt, die später eine Leitbahnbrücke bildet
- [ ] **c)** Die Leitbahnen zu den Kontaktstellen sind häufig nur 0,01 mm breit (Dicke eines Menschenhaars 0,06 mm)
- [ ] **d)** Bei Mehrlagenverdrahtung sind Oxydschichten von nur 0,001 mm Dicke als Zwischenisolation erforderlich
- [ ] **e)** Die Verbindung der einzelnen Leitbahnebenen bei Mehrlagenverdrahtung erfolgt durch Löcher an den Kreuzungspunkten

14. Eine Multichip-Schaltung

- [ ] **a)** besteht aus mehreren miteinander verbundenen Dünnfilm- oder Dickfilmschaltungen
- [ ] **b)** wird gewöhnlich so hergestellt, daß sich jedes Bauelement auf einem getrennten Plättchen befindet
- [ ] **c)** ist eine Anordnung von Bauelementen auf Keramikträgern in einem Block
- [ ] **d)** ist ein monolithisches integriertes Siliziumchip, kombiniert mit Dünnfilmbauteilen
- [ ] **e)** ist eine in einem Gehäuse miteinander verbundene Anordnung von mehreren Siliziumchips, die eine Gesamtschaltung bilden

15. Welche der Aussagen über Begriffe der IC-Technologie ist falsch?

- [ ] **a)** Die Ausbeute einer IC-Fertigung ist das Verhältnis der Anzahl brauchbarer IC's zur Gesamtzahl der hergestellten IC's, ausgedrückt als Prozentwert
- [ ] **b)** Unter Fehlerrate versteht man die Geschwindigkeit, mit der ein Bauteil ausfällt. Üblicherweise wird sie als Prozentsatz der ausfallenden Bauteile während einer Dauer von 1 000 Stunden angegeben
- [ ] **c)** Unter MTBF *(Mean Time Before Failure)* versteht man die mittlere Zeitspanne zwischen aufeinanderfolgenden Ausfällen eines Systems. Sie entspricht dem Kehrwert der Summe der Fehlerraten jedes Bauelements und jeder Verbindung des Systems
- [ ] **d)** Betriebssicherheit ist als die Wahrscheinlichkeit definiert, mit der ein Gerät oder ein System seine vorgesehene Funktion während einer angegebenen Zeitdauer zufriedenstellend erfüllt

Die Lösungen der Übungsaufgaben finden Sie im Anhang 1 dieses Buches auf Seite 279 f.

12. Elektronik – Zukunft des Autos

Dieser Teil wurde zusätzlich zur Sendung mit aufgenommen, weil sich am Beispiel des Automobils die Anwendungsmöglichkeiten der Elektronik in ihrer Vielfalt besonders gut zeigen lassen.

Elektrische Anlagen in einem Auto sind nichts Neues.

In den letzten Jahren wurde allerdings deutlich, daß konventionelle elektromechanische Bauelemente den steigenden Anforderungen an solche Teile im Auto nicht in jedem Fall gewachsen sind. Die Elektronik ersetzt also auch hier mehr und mehr die gewohnten Bauelemente. Durch elektronische Baugruppen ließen sich viele Neuerungen im modernen Automobilbau überhaupt erst realisieren.

Die zunächst oft problematische Temperaturempfindlichkeit der Halbleiter ist durch die moderne Siliziumtechnik weitgehend gegenstandslos geworden. Im übrigen nehmen die Hersteller auf die besonderen Belastungen von Halbleitern und elektronischen Bauelementen im Kraftfahrzeug durch Temperatur und Stoß Rücksicht und konstruieren diese Bauteile entsprechend.

In letzter Zeit sind sogar speziell für den Einbau in Autos entwickelte integrierte Schaltungen auf den Markt gekommen, die zugleich billiger und leistungsfähiger als früher verwendete Elemente mit ähnlicher Funktion sind.

Benzineinspritzung, elektronisch gesteuert

Noch vor wenigen Jahren galten Motoren mit Benzineinspritzung als ausgesprochen aufwendig. Wegen ihres hohen Preises wurden sie ausschließlich in teure Renn- und Sportwagen oder in Luxuslimousinen eingebaut.

Bekanntlich saugt der Ottomotor ein Kraftstoff-Luft-Gemisch an. Durch einen elektrischen Funken wird dieses Gemisch entzündet; bei der Verbrennung leistet es Arbeit *(Abb. 1)*. Jeden Zylinder eines Motors in allen Betriebszuständen mit dem richtigen Gemisch zu versorgen, ist ausgesprochen schwierig. Schon vor etwa 35 Jahren wurde deshalb damit begonnen, den Kraftstoff in der jeweils benötigten Menge durch eine Pumpe und fein versprühende Düsen in die Zylinder *(direkte Einspritzung)* oder in jedes der Ansaugrohre *(indirekte Einspritzung)* zu spritzen *(Abb. 2)*.

Zuerst wurden solche Anlagen in Flugmotoren verwendet, weil hier die Anforderungen an Gemischzusammensetzung und -dosierung am größten waren *(Abb. 3)*. Nach 1945 begann man jedoch, auch Automotoren mit Kraftstoffeinspritzung auszurüsten; denn sie erhöhen die Leistung und Laufkultur und verringern den Kraftstoffverbrauch. Bald erwarben sich Einspritzmotoren den Ruf, besonders leistungsstark und trotzdem sparsam zu sein. Nur war der Aufwand für die mechanische Einspritzanlage so hoch, daß nicht sehr viele Autofahrer bereit waren, den Aufpreis für den Buchstaben E hinter der Typenbezeichnung zu zahlen.

Benzineinspritzung löst das Abgasproblem

Wie wir seit langem wissen, ist der größte Nachteil unserer Automobilmotoren ihr mehr oder weniger giftiges Abgas. Bei der leider oft unvollständigen Verbrennung des Kraftstoffes entstehen neben relativ ungefährlichen Gasen (wie z. B. Kohlendioxyd

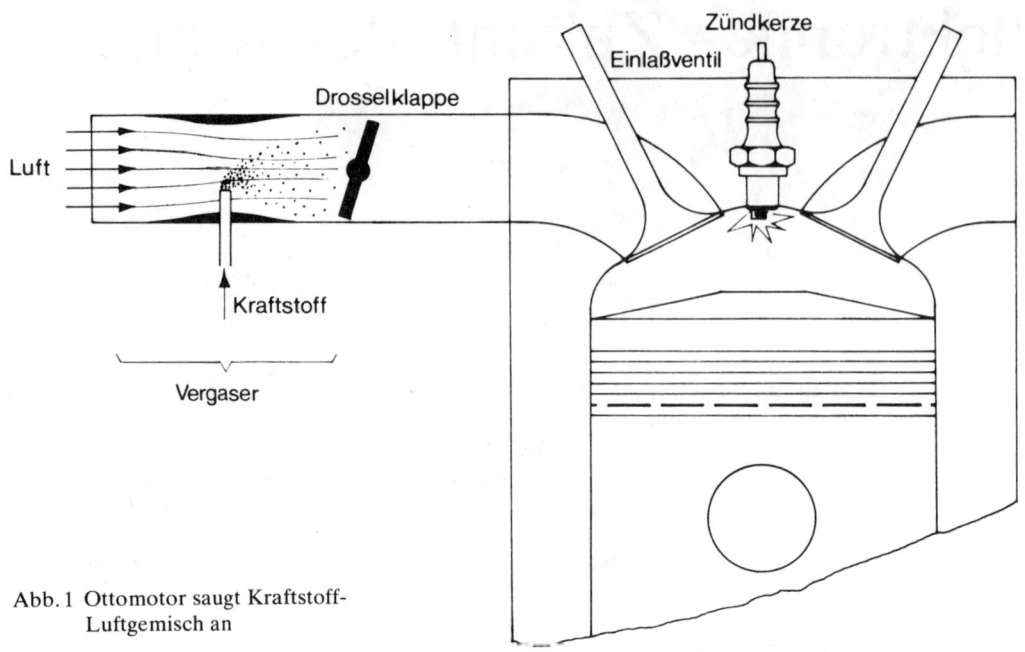

Abb. 1 Ottomotor saugt Kraftstoff-
Luftgemisch an

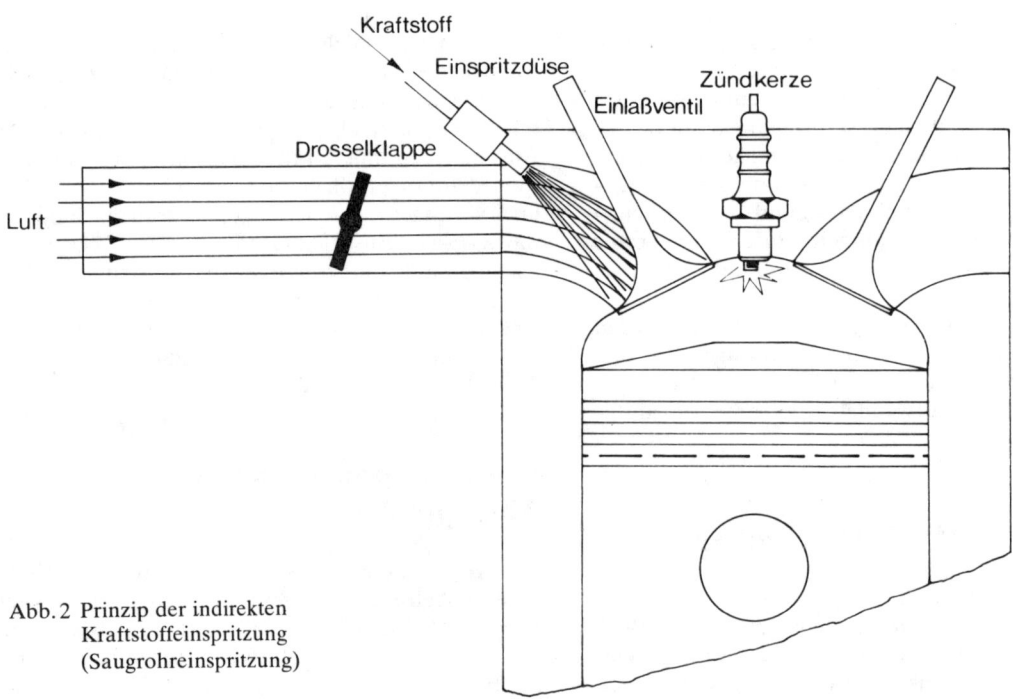

Abb. 2 Prinzip der indirekten
Kraftstoffeinspritzung
(Saugrohreinspritzung)

258

Abb. 3 Mercedes-Benz Weltrekordflugmotor DB 601

und Wasserdampf) auch sehr schädliche Gase: Kohlenmonoxyd, unverbrannte Kraftstoffteile und Stickoxyde. Die starke Zunahme des Verkehrs und der Zahl der Kraftfahrzeuge gefährden unsere Umwelt durch Luftverschmutzung.

Zu Recht wird deshalb eine Verminderung der schädlichen Abgasbestandteile gefordert. Völlig andere, abgasfreie Automobilantriebe sind zwar denkbar, und es wird an ihnen auch gearbeitet; ihnen allen aber ist nach dem jetzigen Stand der Technik der Ottomotor durch geringes Gewicht, Wirtschaftlichkeit, kleine Abmessungen und große Reichweite überlegen.

Wollen wir diese Vorteile erhalten, so bleibt den Motorenbauern nur übrig, den Anteil schädlicher Stoffe im Abgas stark zu senken. Ein wichtiges Mittel ist dabei die Benzineinspritzung.

Bei der Verminderung schädlicher Abgasbestandteile kommt es nämlich vor allem darauf an, jedem Zylinder eines Motors in allen Betriebszuständen – von Leerlauf bis Vollgas auf der Autobahn – genau diejenige Menge Kraftstoff zuzuführen, die zur vollständigen Verbrennung durch die angesaugte Luft gerade notwendig ist. Zuviel Kraftstoff bedeutet neben erhöhtem Verbrauch große Mengen giftiger Stoffe im Auspuff, zuwenig ergibt schlechtes Starten und Beschleunigen – und ebenfalls giftige Abgase; nämlich Bezinreste durch aussetzende Verbrennung.

Die Kraftstoffeinspritzung löst zwar diese Probleme – allerdings um den Preis hoher Kosten.

Die Elektronik kann hier helfen. Werden die aufwendigen und mit höchster Genauigkeit hergestellten mechanischen Steuereinrichtungen der Einspritzanlage durch die immer billiger werdende Elektronik ersetzt, muß nur noch die eigentliche Einspritzung des Kraftstoffes mechanisch erfolgen. Die dafür nötigen Bauteile lassen sich in großer Serie herstellen und sind billig, weil sie in verschiedenen Motorentypen verwendet werden können.

259

Für jeden Betriebszustand die richtige Kraftstoffmenge

Abbildung 4 zeigt das Prinzip einer elektronisch gesteuerten Benzineinspritzung. Eine elektrisch angetriebene Kraftstoffpumpe liefert über einen Feinfilter und einen sehr genau arbeitenden Druckregler Kraftstoff mit einem konstanten Druck von 2,0 atü. An die Druckleitung ist für jeden Zylinder ein Einspritzventil angeschlossen, das wie ein Magnetventil arbeitet. Lange Öffnungszeit bedeutet große eingespritzte Menge, kurze Öffnungszeit kleine eingespritzte Menge. Wenn der Kraftstoffdruck konstant ist, ist die Einspritzmenge der Öffnungszeit proportional. Die Einspritzventile werden zu Gruppen von je zwei oder drei Ventilen gemeinsam von einem elektronischen Steuergerät betätigt.

Den Befehl zum Öffnen der Einspritzventile erhält das Steuergerät von besonderen Auslösekontakten im Zündverteiler. Dabei werden die zu einer Gruppe zusammengefaßten Ventile gleichzeitig betätigt. Ein Vierzylindermotor enthält z. B. zwei Ventilgruppen mit je zwei Ventilen. Für einen Sechszylindermotor wären zwei Ventilgruppen mit je drei Ventilen oder drei Ventilgruppen mit je zwei Ventilen nötig. Gemeinsam betätigte Ventile werden so angeordnet,

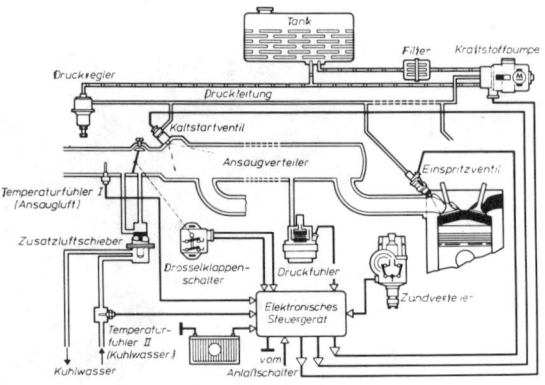

Abb. 4 Prinzipdarstellung der elektronisch gesteuerten Benzineinspritzung Jetronic

daß sie zu Zylindern gehören, die in der Zündfolge hintereinanderliegen. Das bedeutet, daß bei einem Zylinder direkt in den Ansaughub gespritzt wird, während der Nachbarzylinder die Kraftstofftröpfchen vorgelagert bekommt. Auf die Gemischbildung hat das nur geringen Einfluß.

Der Schließzeitpunkt, der die Einspritzmenge bestimmt, wird für jeden Betriebszustand des Motors vom elektronischen Steuergerät festgelegt, das seine

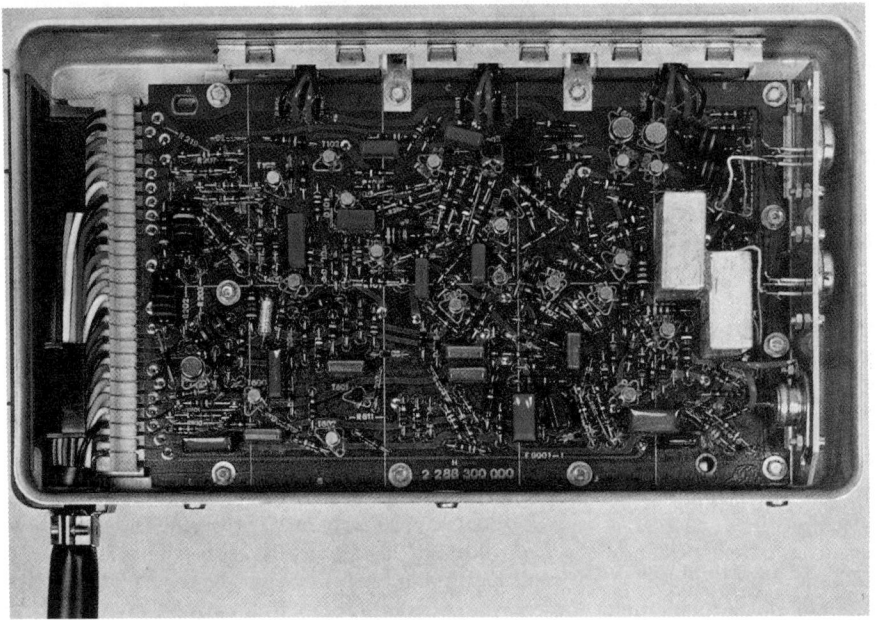

Abb. 5 Elektronisches Steuergerät für Benzineinspritzung; Ansicht bei abgehobenem Deckel

Informationen über Ansaugdruck, Motordrehzahl und Temperatur durch entsprechende Fühler am Motor erhält und sie in Impulse umwandelt. Diese angenähert rechteckförmigen Impulse sind etwa 2/1000 bis 10/1000 Sekunden lang. Die Ansprechzeit der Magnetventile selbst beträgt etwa 1/1000 Sekunden, der Hub ihres Ankers 0,15 mm.

Das Steuergerät bildet das elektronische Herz der Einspritzanlage. Je nach Ausführung enthält es bis zu 400 Bauelemente, davon 30 Transistoren und 40 Dioden (siehe *Abb. 5*).

Ein Blockschaltbild des Gerätes zeigt *Abbildung 6*, in dem die wichtigsten Teile durch stärkere Linien hervorgehoben sind. Durch die Auslösekontakte im

den Absolutdruck im Ansaugrohr signalisiert *(Abb. 7)*.

Seine Membrandosen verschieben einen Anker in zwei als Transformator wirkenden Spulen. Die damit verbundene Induktivitätsänderung bestimmt die jeweilige Einschaltzeit des Steuermultivibrators. Seine Einschaltdauer hängt somit unmittelbar vom Druck im Saugrohr ab. Das ergibt die gewünschte

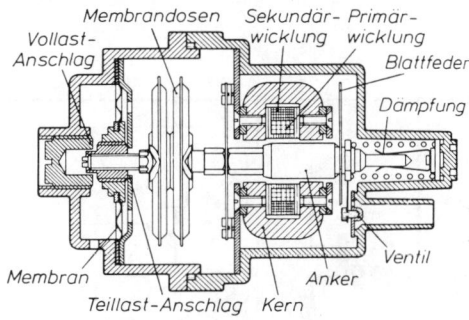

Abb. 7 Schematische Darstellung des Druckfühlers mit Vollastanreicherung

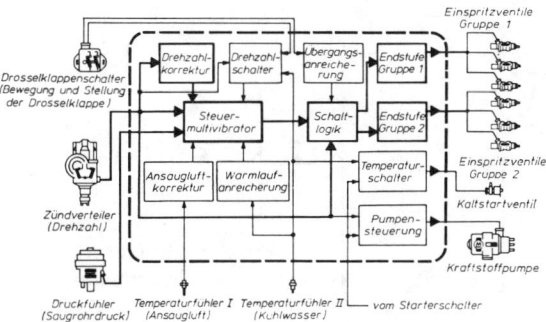

Abb. 6 Blockschaltbild des elektronischen Steuergerätes eines wassergekühlten Sechszylindermotors

Zündverteiler wird der *Steuermultivibrator* in Stellung „ein" gebracht. Entsprechende Anordnung der Kontakte bewirkt, daß pro Nockenwellenumdrehung für jede Ventilgruppe ein Schaltvorgang erfolgt. Die Auslösekontakte beeinflussen über die Drehzalkorrektur auch die Einschaltdauer des Steuermultivibrators. Außerdem steuern sie die Schaltlogik an. Diese wird von einer *bistabilen Kippstufe* gebildet, die die Aufgabe hat, die Ausgangsimpulse des Steuermultivibrators, dessen Einschaltzeit (Impulsdauer) die Menge des in den Zylinder eingespritzten Kraftstoffs bestimmt, wechselweise der einen oder der anderen Endstufe zuzuführen.

Diese Endstufen bestehen aus Leistungs-Schalttransistoren, die über Vorwiderstände die Einspritzventile betätigen, die mit einer Spannung von etwa 3 V arbeiten. Die Widerstände dienen zur Strombegrenzung.

Die Einschaltdauer des Steuermultivibrators wird in erster Linie durch den Druckfühler beeinflußt, der

Abhängigkeit der Einspritzmenge von den Motorbedingungen; denn mit sinkendem Unterdruck im Saugrohr – das bedeutet Öffnen der Drosselklappe, also Gasgeben – muß auch die eingespritzte Kraftstoffmenge je Arbeitsspiel entsprechend ansteigen (vgl. *Abb. 2*). Damit ist zugleich eine Korrektur des Außenluftdrucks verbunden. Bei niedrigem Barometerstand oder in großen Höhen (auf Pässen beispielsweise) saugt der Motor weniger Luft an und benötigt damit auch weniger Kraftstoff.

Die für ein Arbeitsspiel (dazu gehören beim Viertakt-Motor immer zwei Umdrehungen) benötigte Kraftstoffmenge ist von der Motordrehzahl nur wenig abhängig. Bei jeder zweiten Umdrehung wird Kraftstoff in das Saugrohr des betreffenden Zylinders eingespritzt. Für hohe Drehzahlen (viele Umdrehungen in der Zeiteinheit) wird also auch viel Kraftstoff eingespritzt und umgekehrt. Damit ist automatisch die Einspritzmenge an den Bedarf angepaßt, denn bei höheren Motordrehzahlen wird mehr Leistung erzeugt und mehr Kraftstoff gebraucht.

Eine geringe Korrektur ist aber trotzdem notwendig. Der Motor braucht bei doppelter Drehzahl nicht genau doppelt soviel Kraftstoff, sondern etwas weniger, weil er bei höheren Drehzahlen durch Verluste nicht mehr doppelt soviel Luft ansaugen kann. Entsprechend wird die Einspritzmenge in Abhängigkeit von der Motordrehzahl korrigiert.

Der Steuermultivibrator erhält das Drehzahlsignal automatisch, weil der zeitliche Abstand der Auslöseimpulse die Drehzahl bereits enthält. Die Drehzahlkorrektur in Abbildung 6 formt diese Impulse um und beeinflußt damit die Einschaltdauer des Multivibrators nach einer Kennlinie, die für jeden Motortyp durch Versuche auf dem Prüfstand ermittelt wird.

Diese Einschaltdauer ist von der Induktivität des Übertragers m_1 abhängig, die ihrerseits vom Saugrohr-Unterdruck des Motors bestimmt wird. Durch geeignete Form des Ankers in Abbildung 7 kann für jeden Motor die bei vorherigen Prüfstandsversuchen bestimmte Abhängigkeit der Einspritzmenge vom Saugrohr-Unterdruck realisiert werden.

Über den Eingang E in Abbildung 8 verändert die aus der Drehzahlkorrektur stammende Spannung U_1 die Einschaltzeit zusätzlich. An die Ausgänge 2 werden die Magnetventile angeschlossen; die Wider-

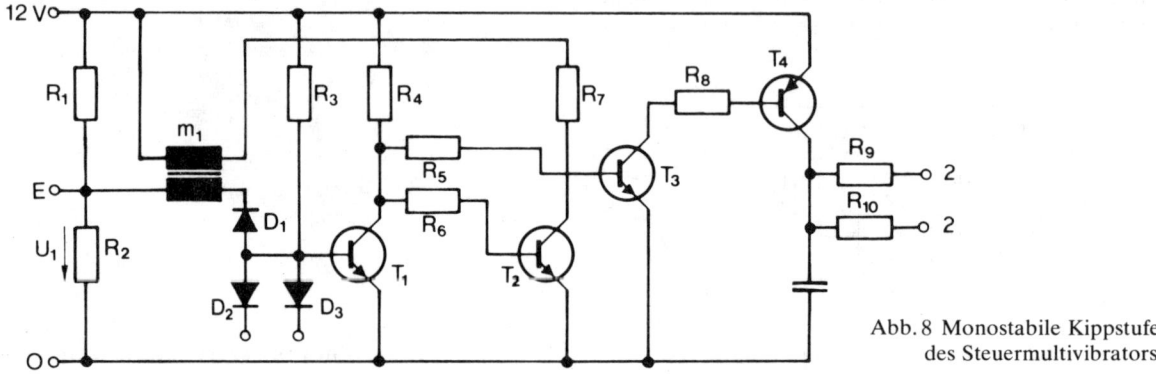

Abb. 8 Monostabile Kippstufe des Steuermultivibrators

Der Steuermultivibrator besteht aus einer *monostabilen Kippstufe. Abbildung 8* zeigt die Prinzipschaltung.

Die Kippstufe wird von den Transistoren T_1 und T_2, den Widerständen R_1 bis R_6 und dem Übertrager (Transformator) m_1 im Druckfühler gebildet. Der Übertrager m_1 dient zur Rückkopplung vom Kollektor von T_2 zur Basis von T_1. Dieser ist im Ruhezustand der Schaltung leitend, T_2 ist gesperrt. An die Dioden D_2 und D_3 sind die Auslösekontakte des Zündverteilers angeschlossen. Der Transistor T_1 wird gesperrt, wenn über eine von beiden Dioden ein negativer Impuls gelangt. T_2 wird dann über R_6 leitend, und es fließt ein Kollektorstrom über die im Kollektorkreis von T_2 liegende Wicklung von m_1. Dabei entsteht ein negativer Spannungssprung in der im Basiskreis von T_1 liegenden zweiten Wicklung und sperrt T_1 weiterhin. T_1 wird erst wieder leitend, wenn entsprechend der Zeitkonstante von m_1 und R_7 die Spannung an seiner Basis angestiegen ist. Die Schaltung kippt in ihre Ruhelage zurück, die Einschaltdauer der angeschlossenen Einspritzventile ist beendet.

stände R_9 und R_{10} schützen den Leistungstransistor T_4, der über den Treiber T_3 angesteuert wird.

Eine weitere Korrektur erfolgt durch den Temperaturfühler für die Ansaugluft (siehe Abb. 6). Bei steigender Lufttemperatur sinkt nämlich das vom Motor angesaugte Luftgewicht (Luftmasse), da die Luft spezifisch leichter wird. Entsprechend muß auch die Kraftstoffmenge vermindert werden, was durch einen NTC-Widerstand (sein Widerstand sinkt mit steigender Temperatur) erfolgt. Die Widerstandsänderung des NTC-Widerstandes beeinflußt dabei wiederum die Einschaltzeit des Steuermultivibrators. Die große Zahl der hier aufgeführten Korrekturmöglichkeiten soll zeigen, wie anpassungsfähig die elektronische Steuerung ist. Beim Schiebebetrieb – wenn also mit dem Motor gebremst werden soll – wird kein Kraftstoff benötigt. Dagegen soll beim eigentlichen Leerlauf – wenn z. B. kurz ausgekuppelt wird – der Motor zuverlässig weiterlaufen. Dafür sorgt in Verbindung mit einem Schalter an der Drosselklappe der Drehzahlschalter im Steuergerät (Abb. 4 und 6). Im Schiebebetrieb wird die Kraftstoffzufuhr vollständig gesperrt; bei Erreichen der

Leerlaufdrehzahl aber wird sie durch den Drehzahlschalter wieder eingeschaltet. Bei warmem Motor geschieht dies bei einer Drehzahl von etwa 1000 U/min, bei kalter Maschine wegen der Gefahr des Stehenbleibens schon bei rund 1500 U/min. Die Information zu dieser Unterscheidung erhält der Drehzahlschalter vom Temperaturfühler im Kühlwasser, bei dem es sich ebenfalls um einen NTC-Widerstand handelt.

Ein zweiter Schalter steuert – wenn die Klappe sich öffnet – die Übergangsanreicherung. Diese erzeugt Steuerimpulse von ca. 2/1000 Sekunden Dauer, die sich den Impulsen aus dem Steuermultivibrator überlagern. Dadurch werden zusätzliche Kraftstoffmengen eingespritzt, die das Motorverhalten beim Beschleunigen erheblich verbessern. Sie sind aber so klein, daß Kraftstoffverbrauch und schädliche Abgase nicht nennenswert ansteigen.

Besserer Kaltstart mit elektronischer Benzineinspritzung

Das Steuergerät kann aber noch mehr:
Bei sehr tiefen Temperaturen benötigt der Motor zum Start eine zusätzliche Kraftstoffmenge, damit er sicher anspringt und zuverlässig weiterläuft. Ein im Saugrohr eingebautes Kaltstartventil liefert einen sehr fein verteilten Kraftstoffstrahl für alle Zylinder. Es wird zusammen mit dem Anlasser betätigt, aber nur dann, wenn die Kühlwassertemperatur unter einem bestimmten Wert liegt. Der Temperaturschalter in Abbildung 6 liefert den entsprechenden Befehl.

Unmittelbar nach dem Kaltstart tritt eine Warmlaufautomatik in Tätigkeit, die sofortiges Losfahren auch bei tiefen Temperaturen ermöglicht. Solange ein Motor seine Betriebstemperatur noch nicht erreicht hat, braucht er zur Überwindung der höheren Reibung und des Widerstandes durch steifes Öl ein Gemisch, das „fetter" (kraftstoffreicher) als normal ist. Der vom Kühlwasser gesteuerte Zusatzluftschieber in Abbildung 4 umgeht die Drosselklappe und führt dem Motor eine zusätzliche Luftmenge zu, die bei steigender Temperatur immer geringer wird und bei etwa 70 °C Null erreicht. Gleichzeitig werden die Impulse des Steuermultivibrators durch die Warmlaufanreicherung in Abbildung 6 entsprechend verlängert. Diese enthält ein Widerstands- und Diodennetzwerk, das wiederum vom Temperaturgeber für

die Kühlwassertemperatur gesteuert wird. Bei luftgekühlten Motoren werden die Informationen übrigens von der Zylinderkopftemperatur genommen.

Eine besondere Pumpensteuerung (Abb. 6) schaltet die Kraftstoffpumpe nur dann ein, wenn der Startschalter betätigt wird oder wenn die Motordrehzahl über 200 U/min liegt. Bei eingeschalteter Zündung wird so ein Vollaufen eines Zylinders verhindert, falls durch Schmutz ein Einspritzventil einmal nicht ganz dicht schließen sollte. Damit trotzdem zum Anlaßvorgang Kraftstoffdruck zur Verfügung steht, wird die Kraftstoffpumpe unmittelbar nach Einschalten der Zündung von der Pumpensteuerung etwa eine Sekunde lang betätigt.

Diese Aufzählung der vielen miteinander verknüpften Einzelfunktionen der elektronisch gesteuerten Kraftstoffeinspritzung soll zeigen, wie durch sinnvolle Anwendung elektronischer Schaltungen ein kompliziertes Problem – nämlich eine optimale Zumessung des Kraftstoffes für alle Betriebsbedingungen eines Motors – technisch befriedigend gelöst werden kann. Der besondere Vorteil liegt darin, daß viele Einzelteile ohne Änderung in praktisch jedem Ottomotor verwendet werden können. Auch das elektronische Steuergerät ist praktisch für jeden Motor gleich und wird lediglich durch Veränderung von Widerständen den unterschiedlichen Anforderungen angepaßt. Für die Abgase ergibt sich ein besonderer Vorteil dadurch, daß für den betriebswarmen Motor eine relativ kraftstoffarme Einstellung gewählt werden kann. Durch die verschiedenen Korrekturen wird für eine Kraftstoffanreicherung nur dann gesorgt, wenn sie aus Gründen eines einwandfreien Betriebsverhaltens wirklich notwendig ist. Die damit erreichte Kraftstoffersparnis ist eine angenehme Beigabe.

Der Transistor ersetzt den Unterbrecherkontakt

Zum Zünden des Kraftstoff-Luftgemisches im Motor hat sich seit den Kindertagen des Automobils die Funkenentladung an den Elektroden einer Zündkerze durchgesetzt. Die Zündanlage hat dabei die Aufgabe, die Batteriespannung von den heute üblichen 12 V auf die zum Funkenüberschlag notwendige Hochspannung von 20 bis 30 kV umzuwandeln. Bei den modernen schnellaufenden Motoren liegt zwischen zwei Zündungen nur eine sehr kurze Zeit.

Deshalb ist es notwendig, die zur Entflammung des Gemisches notwendige Energie zwischenzuspeichern.

Dies geschieht bei der konventionellen Spulenzündung *(Abb. 9)* im Magnetfeld der Induktivität L_1.

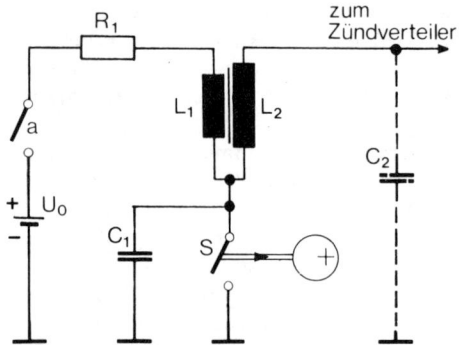

Abb. 9 Schema einer kontaktgesteuerten Spulenzünd-
anlage

Wenn der Kontakt S geschlossen ist, fließt Strom durch die Primärwicklung L_1 der Zündspule. In ihr wird dadurch – ähnlich wie in einer Magnetspule – ein Magnetfeld aufgebaut. In diesem Magnetfeld wird die zur Zündung notwendige Energie gespeichert (zwischengespeichert).
Man kann diese Energie ungefähr ausrechnen.
Bei geschlossenem Unterbrecherkontakt S steigt der Primärstrom I_1 nach einer e-Funktion an. Er erreicht seinen Maximalwert

$$I_1 = \frac{U_0}{R_1}.$$

Dabei ist U_0 die Batteriespannung und R_1 der Ohmsche Widerstand von Primärwicklung der Zündspule und Leitungen.
Die in L_1 gespeicherte Energie beträgt

$$W_{s\,max} = \frac{L_1 \cdot I_1^2}{2}.$$

Übliche Werte für heutige Zündanlagen sind:

$$U_0 = 12 \text{ V}, \ I_1 = 5 \text{ A}, \ L_1 = 3,5 \text{ mH}.$$

Wir können die gespeicherte Energie ausrechnen:

$$W_{s\,max} = \frac{3,5 \text{ mH} \cdot 5 \text{ A} \cdot 5 \text{ A}}{2} \approx 44 \text{ mWs}.$$

Wenn der Primärstrom seinen Sollwert von 5 A erreicht hat, ist also in der Primärwicklung der Zünd-

spule eine Energie von ca. 44 Milli-Watt-Sekunden oder 44 Milli-Joule enthalten.
Beim Öffnen des Kontaktes S – im Zündzeitpunkt also – beginnt ein sinusförmiger Schwingungsvorgang, dessen Frequenz etwa 2 kHz beträgt und von der Induktivität L_1 und den Kapazitäten C_1 auf der Primärseite und C_2 auf der Sekundärseite der Zündspule abhängt *(Abb. 10)*. Dabei wird in der Primärwicklung der Zündspule eine Spannung von etwa 400 V induziert, die auch am Unterbrecherkontakt

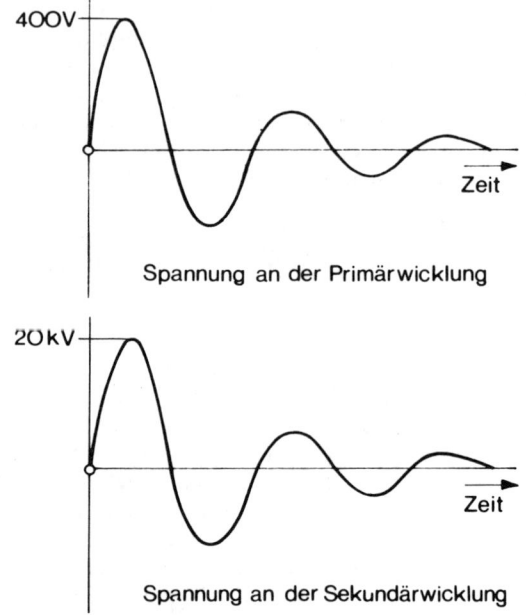

Abb. 10 Zeitlicher Spannungsverlauf an der Zündspule (theoretische Darstellung ohne Funkenüberschlag an der Zündkerze)

im Augenblick des Öffnens anliegt. Diese Spannung wird in der Sekundärwicklung auf die Hochspannung für den Funkenüberschlag umgewandelt; denn die Zündspule wirkt wie ein Transformator.
Wo liegen die Schwächen dieser Zündanlage?
Der Unterbrecherkontakt muß induktive Ströme von rund 5 A schalten und ist dabei Spannungen von 400 V ausgesetzt. Der Kondensator C_1 kann nur den beim Öffnen des Schalters entstehenden Lichtbogen vermindern; er kann aber nicht verhindern, daß die Kontakte durch Materialwanderung von einem zum anderen Pol nach relativ kurzer Betriebsdauer stark verschleißen. Das hat zwei Folgen:

1. Im Laufe der Zeit verändert sich der Zündzeitpunkt, was mit Leistungsabfall des Motors, höherem Kraftstoffverbrauch und steigendem Anteil von schädlichen Stoffen im Abgas verbunden ist.
2. Die Einschaltdauer von L_1 wird wegen des größer werdenden Kontaktabstandes von S geringer, d. h. die Primärwicklung der Zündspule wird zwischen zwei Zündungen nicht genügend lange an die Batteriespannung gelegt. Der Strom I_1 erreicht nicht mehr seinen Maximalwert, weil der Kontakt früher öffnet. Das führt zu geringerer Zündenergie vor allem bei hohen Drehzahlen des Motors.

Aber auch aus anderen Gründen befriedigt der Unterbrecherkontakt in Zündanlagen für moderne Automobile immer weniger. Der maximale Schaltstrom kann kaum über 5 A erhöht werden. Damit liegt der Mindestwiderstand der Primärwicklung bei einer 12 V-Anlage fest.

$$R_1 = \frac{U_0}{I_1} = \frac{12\,V}{5\,A} = 2,4\,\Omega.$$

Die Zeitkonstante des Primärkreises

$$\tau = \frac{L_1}{R_1} = \frac{3,5\,mH}{2,4\,\Omega} = 1,46\,ms,$$

also 1,46/1000 Sekunden, bestimmt die Anstiegsgeschwindigkeit des Primärstromes *(Abb. 11)*. Sie sollte möglichst klein sein, damit auch bei hohen

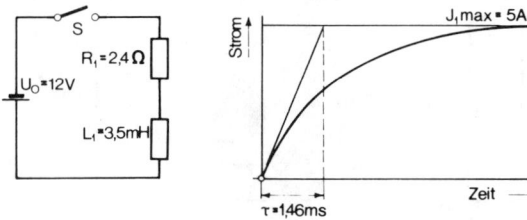

Abb. 11 Zur Erklärung der Zeitkonstante

Drehzahlen in der zur Verfügung stehenden kurzen Zeit zwischen zwei Zündungen genügend Energie gespeichert werden kann.

Wie kurz diese Zeit werden kann, soll ein *Beispiel* zeigen:

Ein 6-Zylinder-4-Takt-Motor soll eine Drehzahl von 6000 U/min erreichen (entsprechend einer Drehzahl von 100 pro Sekunde). Weil ein 4-Takt-Motor alle zwei Umdrehungen einen Zündfunken benötigt, muß bei einem 6-Zylinder also dreimal bei jeder Umdrehung gezündet werden. Die Zeit zwischen zwei Zündungen beträgt damit 1/300 Sekunde, also 3,3 ms. Der Maximalwert des Stromes I_1 wird erst nach etwa $3 \cdot \tau$ (in unserem Beispiel also nach ca. 4,5 ms) erreicht. Der Primärstrom würde bei einer Drehzahl von 6000 U/min seinen Spitzenwert gar nicht mehr erreichen und damit die Zündenergie also geringer werden. Dabei sind hier noch günstige Verhältnisse angenommen worden; denn die Induktivität vieler Zündspulen beträgt zwischen 5 und 8 mH. Entsprechend wird die Zeitkonstante noch größer.

Nach der Gleichung für die gespeicherte magnetische Energie

$$W_{s\,max} = \frac{L_1 \cdot I_1^2}{2}$$

hängt diese von der Primärinduktivität der Zündspule und vom Quadrat des durchfließenden Stromes ab. Obwohl eine Erhöhung des Stromes also sehr wirkungsvoll wäre, setzt der Unterbrecherkontakt die Grenze. Eine Vergrößerung der Primärinduktivität L_1 verbietet sich wegen der zu großen Zeitkonstante. Diese sinkt zwar bei steigendem Primärwiderstand R_1, was aber nach $I_1 = \frac{U_0}{R_1}$ den Strom begrenzt.

Bliebe als Ausweg die Erhöhung der Batteriespannung auf beispielsweise 24 V; bei gleichem Primärstrom könnte so der Primärwiderstand verdoppelt werden, was die Zeitkonstante auf die Hälfte verringern würde. Aus Vereinheitlichungsgründen und wegen höherer Kosten z. B. für Batterien scheidet diese Lösung aus.

Dagegen ist der *Ersatz des verschleißanfälligen und wartungsbedürftigen Unterbrecherkontaktes durch einen Schalttransistor* mit echten Vorteilen verbunden. Aus der Folge „Der Transistor als Schalter" (siehe S. 141 ff.) wissen wir, daß der Transistor auch zum Schalten induktiver Lasten geeignet ist. Auch bei der elektronisch gesteuerten Benzineinspritzung werden ja die Magnetventile durch Transistoren geschaltet.

Im Gegensatz zum Schalten von Relaiswicklungen beispielsweise, ist aber bei der Zündung die sogenannte Freilaufdiode nicht zu gebrauchen. Diese soll ja die beim Abschalten von Induktivitäten entstehende „Induktionsspannung" kurzschließen. Damit würde bei der Zündung aber der Aufbau der hohen Sekundärspannung verhindert.

Das Zusammenspiel Zündspule – Schalttransistor muß deshalb so abgestimmt werden, daß die Abschaltspannungsspitze den Transistor nicht gefährdet. Auch hochwertige und damit teure Schalttransistoren haben selten eine höhere zulässige Kollektor-Emitter-Spannung U_{CEO} als 120 V. Es muß also bei der Verwendung eines Transistors zum Schalten des Primärstromes dafür gesorgt werden, daß die entstehende induzierte Spannung auf der Primärwicklung keinesfalls größer als die für den verwendeten Transistor zulässige Kollektor-Emitter-Spannung ist.

Das läßt sich durch geringere Primärinduktivität der Zündspule erreichen. Damit trotzdem auf der Sekundärseite eine genügend hohe Zündspannung zur Verfügung steht, muß das Übersetzungsverhältnis entsprechend vergrößert werden.

Bei kleinerer Induktivität L_1 wird auch die gespeicherte Energie geringer. Die Verwendung eines Schalttransistors läßt jedoch eine Vergrößerung des Primärstromes zu, die das ausgleicht.

Ein *vereinfachtes Beispiel* soll das verdeutlichen:
Um die Abschaltspannungsspitze auf ein Viertel zu senken, muß die Induktivität halbiert werden (die Formel für die induzierte Spannung besagt, daß die Induktivität unter der Wurzel steht). Wir nehmen an, daß ein Schalttransistor eine Spannung von 100 V vertragen soll. Auf S. 264 war festgestellt worden, daß die Abschaltspannungsspitze etwa 400 V beträgt. Ihre Senkung auf 100 V bedeutet also, daß die Zündspule in unserem Beispiel eine Primärinduktivität von $L_1 = \dfrac{3,5 \text{ mH}}{2} = 1,75 \text{ mH}$ haben muß.

In der Gleichung für die gespeicherte magnetische Energie ist der Strom quadratisch enthalten. Für gleiche Zündenergie muß der Strom also nur um den Faktor $\sqrt{2}$ steigen. $I_1 = 5 \text{ A} \cdot \sqrt{2} = 7,07 \text{ A}$. Dieser Strom kann durch einen Leistungstransistor ohne Schwierigkeiten geschaltet werden.

Die gespeicherte Energie hat sich nicht geändert:

$$W_{s\,max} = \frac{1,75 \text{ mH} \cdot 7,07 \text{ A} \cdot 7,07 \text{ A}}{2} \approx 44 \text{ mWs}.$$

In unserem Beispiel auf S. 265 hatten wir den Widerstand der Primärentwicklung mit 2,4 Ω bestimmt. Wegen des um den Faktor $\sqrt{2}$ gestiegenen Stromes muß R_1 für unsere Transistor-Zündspule um diesen Faktor kleiner werden.

$$R_1 = \frac{2,4 \ \Omega}{\sqrt{2}} = 1,7 \ \Omega.$$

Es interessiert besonders die Zeitkonstante der mit einem Transistor geschalteten Zündspule, die möglichst gesenkt werden soll:

$$\tau = \frac{L_1}{R_1} = \frac{1,75 \text{ mH}}{1,7 \ \Omega} = 1,03 \text{ ms.}$$

Durch Verkleinerung der Induktivität konnte bei gleicher Energie die Zeitkonstante um fast 50 % verringert werden. Mit einem Kontakt hätte der dafür notwendige hohe Strom gar nicht mehr zuverlässig geschaltet werden können. Dagegen können moderne Leistungstransistoren Ströme von 20 A und mehr schalten. Die Stromverstärkung solcher Transistoren liegt bei etwa 40. In unserem Beispiel bedeutet das einen Basisstrom

$$I_B = \frac{I_C}{B} = \frac{7,07 \text{ A}}{40} = 180 \text{ mA.}$$

In *Abbildung 12* ist das Prinzip einer solchen Zündanlage dargestellt. Eine mit einem Transistor geschaltete Spulenzündung wird auch Transistor-Spulen-Zündung (TSZ) genannt.

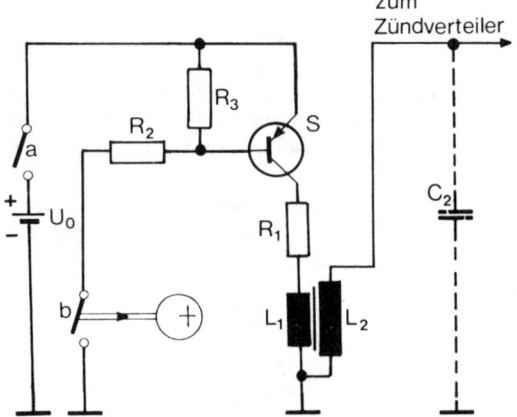

Abb. 12 Schema einer kontaktgesteuerten Transistor-Spulen-Zündung

Die Kollektor-Emitter-Strecke des Schalttransistors S liegt in Reihe zur Zündspule mit der Primärinduktivität L_1 und dem Gleichstromwiderstand R_1. Damit der Transistor sicher durchgeschaltet wird, muß durch den Basisspannungsteiler R_2/R_3 etwa der zehnfache Basisstrom fließen. In unserem Beispiel sind das ca. 1,8 A, die vom Unterbrecherkontakt geschaltet werden müssen. Da es sich aber um eine rein Ohmsche Belastung handelt, ist der Kontaktabbrand bedeutungslos. Damit der Kontakt nicht durch Ölnebel oder anderes verschmutzt, sollte der Strom ohnehin mindestens 0,3 A betragen. Der Funkenlöschkondensator C_1 in Abbildung 9 ist dann überflüssig.

Zu Beginn der Entwicklung behinderten hohe Preise von geeigneten Schalttransistoren, geringe zulässige Kollektor-Emitter-Spannungen und die begrenzte Temperaturfestigkeit von Germaniumtransistoren die allgemeine Einführung der Transistor-Spulen-Zündung. Vor allem das Temperaturproblem ließ sich erst mit dem Aufkommen der Siliziumtransistoren lösen. Beim Stillstand nach längerer Fahrt im Sommer treten im Motorraum Temperaturen von 80 °C und mehr auf. Für Germaniumtransistoren ist das bereits die Grenze ihrer Belastbarkeit. Unterdessen stehen billige Si-Leistungstransistoren mit U_{CEO} = 100 V und I_C = 15 A zur Verfügung. Ihr einziger Nachteil ist, daß sie vom npn-Typ sind. Das bedeutet, daß sie nicht einfach (wie in Abbildung 12) vom Unterbrecherkontakt angesteuert werden können. Vielmehr muß man einen Treiber vom pnp-Typ vorschalten, was die Sache komplizierter – und teurer – macht.

Trotzdem soll hier eine solche Schaltung beschrieben werden, weil sie mit handelsüblichen Bauelementen relativ leicht aufgebaut werden kann. *Abbildung 13* zeigt die Schaltung.

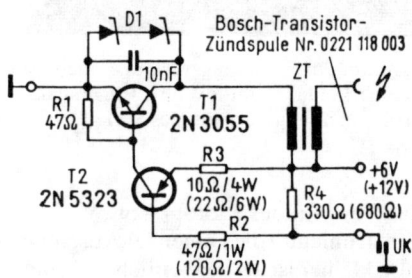

Abb. 13 Schaltung einer Transistor-Zündanlage

Verwendet wird eine handelsübliche Zündspule mit hohem Übersetzungsverhältnis für Transistor-Zündanlagen. Für den Schalttransistor eignet sich der preiswert erhältliche Typ 2 N 3055, häufig „Arbeitspferd der Elektronik" wegen seiner vielseitigen Verwendungsmöglichkeit genannt. Damit er vom Unterbrecherkontakt in richtiger Polarität angesteuert werden kann, wird ein pnp-Silizium-Transistor T_2 verwendet. Zugleich erfüllt dieser Transistor die

Funktion eines Treibers (Schaltverstärker; vgl. Folge 7, S. 141 ff.).

Bei geschlossenem Unterbrecherkontakt UK wird die Basis von T_2 gegenüber dem Emitter negativ; T_2 leitet. Über R_3 zieht Transistor T_1 Basisstrom und leitet ebenfalls. In der Zündspule baut sich das Magnetfeld auf. Im Zündzeitpunkt öffnet der Kontakt UK, die Basis von T_2 wird positiv und dieser sperrt. Da kein Basisstrom für T_1 mehr fließen kann, sperrt dieser ebenfalls und schaltet die Primärwicklung der Zündspule von der Betriebsspannung ab. Dabei entsteht, wie schon beschrieben, der Hochspannungsimpuls für den Zündfunken. R_4 sorgt für die erforderliche Ohmsche Belastung des Unterbrecherkontaktes.

Bei der empfohlenen Zündspule beträgt die Abschaltspannungsspitze noch rund 100 V. Für den Transistor 2 N 3055 ist aber nur U_{CEO} = 60 V zulässig. Parallel zur Kollektor-Emitter-Strecke werden deshalb zwei in Reihe geschaltete Zenerdioden angeordnet (z. B. ZL 24). Die Durchbruchspannung beider Dioden sollte zusammen 52 V keinesfalls überschreiten, um den Transistor nicht zu gefährden. Unter 40 V sollte man aber auch nicht gehen, weil dann die Zündenergie zu gering wird. Der parallel liegende Kondensator soll Schwingungen dämpfen.

Die Dioden D_1 und der Transistor T_1 müssen gekühlt werden. Sie können gemeinsam auf einem verrippten Alu-Kühlkörper von ausreichender Größe (ca. 120 × 75 mm) isoliert befestigt werden.

In naher Zukunft ist damit zu rechnen, daß speziell für Transistor-Zündanlagen *pnp-Silizium-Transistoren mit integrierter Zenerdiode* auf dem Markt angeboten werden. Der Aufbau einer Zündanlage vereinfacht sich dann wesentlich, da die zulässige Kollektor-Emitter-Spannung dann bei etwa 100 V liegen wird.

Elektronischer Drehzahlmesser

Von der Kraftstoffeinspritzung wissen wir, daß der zeitliche Abstand der Auslöseimpulse die Drehzahlinformation bereits enthält. Für die Zündimpulse gilt das gleiche. Zur Messung der Motordrehzahl bietet sich deshalb die Verwendung eines Gerätes an, daß aus den Zündimpulsen eine Anzeige gewinnt, die der Drehzahl entspricht. Solche Geräte nennt man *Zündungs-Drehzahlmesser*.
Im allgemeinen bestehen sie aus einer elektronischen

267

Schaltung und einem Drehspulinstrument, das in Umdrehungen pro Minute (U/min) geeicht ist. Die Zündimpulse an der Primärentwicklung der Zündspule triggern (steuern) dabei eine *monostabile Kippstufe*, die für jeden Zündimpuls eine Rechteckspannung konstanter Höhe und Dauer liefert. Diese Rechteckspannung könnte man elektronisch integrieren und das gewonnene drehzahlproportionale Gleichspannungssignal einem Drehspulmeßwerk zuführen. Das ist aufwendig und auch gar nicht nötig.

Bei richtiger Auslegung der Schaltung hat nämlich ein Drehspulinstrument die Eigenschaft, in einem weiten Frequenzbereich ein Rechtecksignal mechanisch zu integrieren; es zeigt dann den arithmetischen Mittelwert der Rechteckspannung an. Die Anzeige ist somit umgekehrt proportional dem zeitlichen Abstand der Zündimpulse. Damit vereinfacht sich die Schaltung wesentlich, denn wir benötigen jetzt nur noch eine Impulsformerschaltung, z. B. den *Mono-Flipflop*, wie eine monostabile Kippstufe auch genannt wird. *Abbildung 14* zeigt das Schema eines solchen Drehzahlmessers.

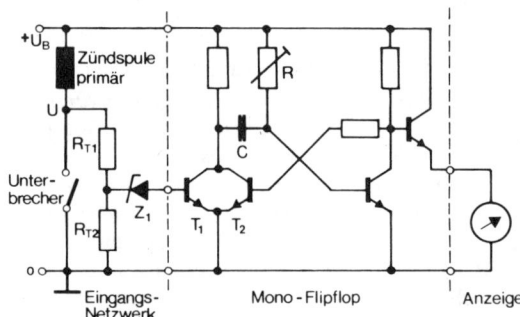

Abb. 14 Prinzipschaltung eines elektrischen Drehzahlmessers

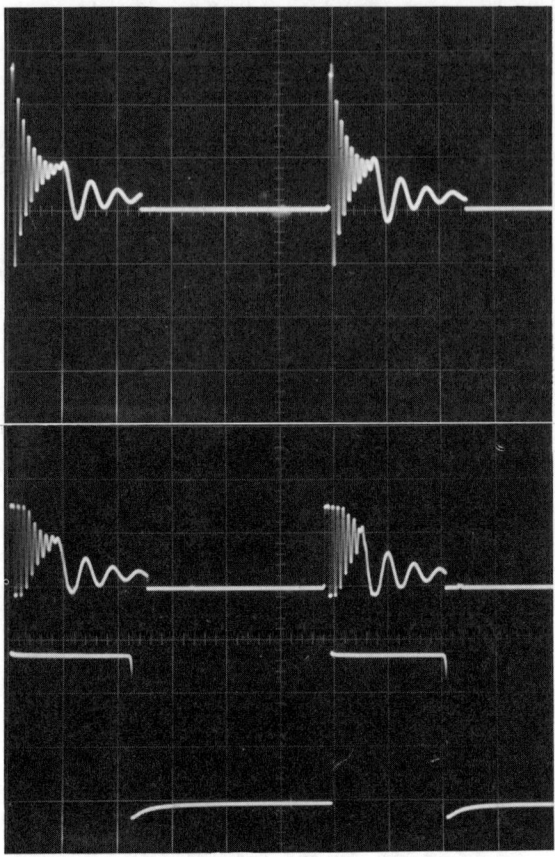

Abb. 15 Oszillogramm des Spannungsverlaufs; oben: am Unterbrecherkontakt, mitte: am Eingang des SAK 110, unten: am Ausgang des SAK 110

Die Widerstände R_{T1} und R_{T2} teilen die Spannung am Unterbrecherkontakt bzw. Schalttransistor (bei der TSZ) herunter. Die Zenerdiode Z_1 begrenzt die Eingangsspannung und läßt nur positive Halbwellen hindurch.

Diese schalten den Transistor T_1 des NOR-Gatters durch – die Schaltung kippt in den metastabilen Zustand, und nachfolgende Störimpulse können sie nicht mehr beeinflussen. Kondensator C und Widerstand R sind dabei die zeitbestimmenden Glieder der Kippstufe. Sie müssen so ausgelegt sein, daß

auch bei Höchstdrehzahl des Motors bzw. Vollausschlag des Meßinstrumentes die Dauer der Ausgangs-Rechteckimpulse kleiner ist als der zeitliche Abstand zwischen zwei Zündimpulsen.

In *Abbildung 15* sind die Verhältnisse am Oszillographen dargestellt.

Oben ist der Spannungsverlauf am Unterbrecherkontakt sichtbar, darunter die begrenzte Eingangsspannung der Kippstufe. Man sieht, daß nur die positiven Halbwellen auf den Eingang gelangen und auf ca. 7 V begrenzt werden. In Abbildung 15 unten ist die Ausgangsspannung der Kippstufe gezeigt, die zum Meßwerk gelangt.

Durch besondere Schaltungsmaßnahmen muß sichergestellt sein, daß Höhe und Dauer der Rechteckspannung unabhängig von Temperatur, Versorgungsspannung und zeitlicher Dauer der Eingangsimpulse sind, damit die Anzeige des Meßwerkes nicht verfälscht wird.

Diese Forderungen lassen sich auch mit konventionellen Schaltungen aus diskreten Bauelementen oder mit integrierten Standardbausteinen zufriedenstellend erfüllen. Neuerdings gibt es mit dem Typ SAK 110 aber eine integrierte Schaltung, die speziell für elektronische Drehzahlmesser entwickelt wurde, alle Anforderungen erfüllt und nur wenige äußere Bauelemente benötigt.

In *Abbildung 16* ist die Innenschaltung des SAK 110 mit den zugehörigen externen Bauelementen für einen Drehzahlmesser gezeigt.

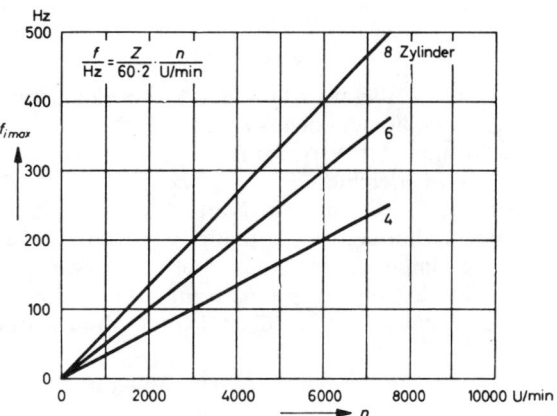

Abb. 17 Zusammenhang zwischen Kurbelwellendrehzahl und Zündfolgefrequenz

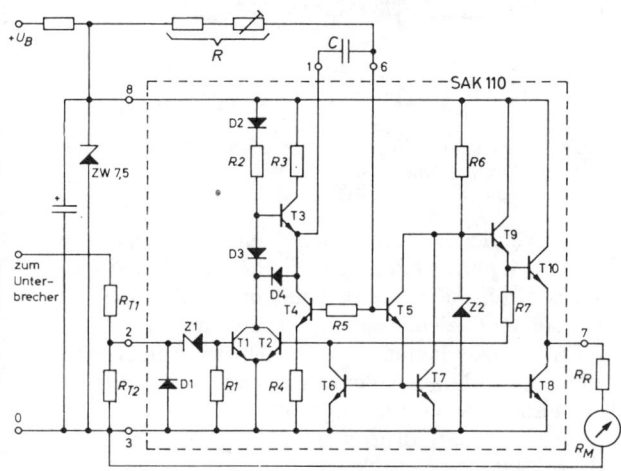

Abb. 16 Innenschaltung des SAK 110 mit den zugehörigen externen Bauelementen

Zündspule (bei Automobilen ist das die Regel) den Zusammenhang zwischen Kurbelwellendrehzahl und Zündfolgefrequenz.

Bei Zweitakt-Motoren ist die Zündfolgefrequenz doppelt so hoch. Für Vollausschlag des Meßwerkes wählt man zweckmäßigerweise ein Tastverhältnis der Kippstufen-Ausgangsspannung von 0,7. Das *Tastverhältnis* ist der Quotient zwischen Dauer des Rechteck-Ausgangsimpulses t_0 und zeitlichem Abstand zwischen zwei Impulsen T. Dann wird die Impulsdauer

Die gesamte Schaltung ist so ausgelegt, daß Schwankungen der Versorgungsspannung U_B von 11 bis 15 V und Temperaturänderungen zwischen -20 und $+65\,°C$ die Genauigkeit von $\pm 0,5\,\%$ nicht beeinflussen. Auch die Induktivität des Meßwerkes hat keinen Einfluß auf die Linearität, weil durch die Transistoren T 8 und T 10 ein kleiner Ausgangswiderstand der Schaltung erreicht wird.

Die Dimensionierung des *RC-Gliedes* (Kondensator C und Widerstand R) hängt von der Maximaldrehzahl n_{max} für Vollausschlag und der Zylinderzahl des Motors ab.

Abbildung 17 zeigt für verschiedene Zylinderzahlen von 4-Takt-Motoren mit Verteiler und einer

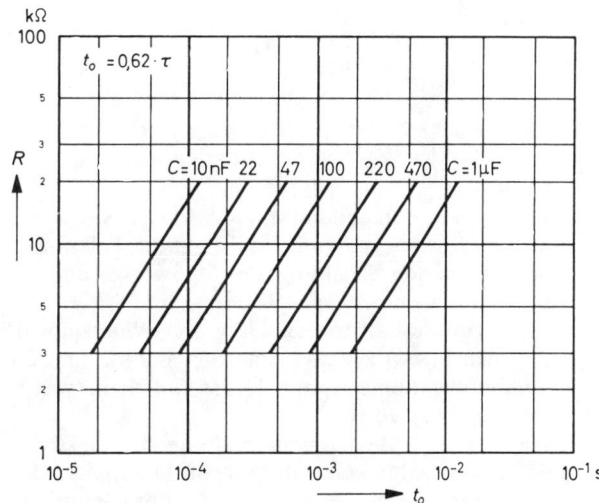

Abb. 18 Diagramm zur Auswahl des zeitbestimmenden RC-Gliedes

$$t_0 = 0.7 \cdot T = 0.7 \, \frac{1}{f_{i\,max}},$$

wobei $f_{i\,max}$ die aus Abbildung 17 abgelesene maximale Zündfolgefrequenz ist.

Die Auswahl der Werte für R und C wird durch *Abbildung 18* erleichtert.

Hier sind für verschiedene Werte des Kondensators C die zugehörigen Widerstände R in Abhängigkeit von der Impulsdauer t_0 dargestellt. Abbildung 18 liegt die Gleichung $t_0 = 0.62\,\tau$ zugrunde, wobei die Zeitkonstante $\tau = R \cdot C$ ist. Damit erhält man $t_0 = 0.62 \cdot R \cdot C$.

An einem *Beispiel* soll die Dimensionierung gezeigt werden:

Gesucht sind die Werte für R und C bei einem 4-Takt-4-Zylinder-Motor mit $n_{max} = 6000$ U/min.

Aus Abbildung 17 lesen wir ab: $f_{i\,max} = 200$ Hz.

Die Impulsdauer wird:

$$t_0 = 0.7 \, \frac{1}{f_{i\,max}} = \frac{0.7}{200\ \text{Hz}} = 0.0035\ \text{s} = 3.5\ \text{ms}.$$

Wir wählen einen Kondensator C $= 0.47\,\mu$F $= 470$ nF. Aus Abbildung 18 ergibt sich damit ein Widerstand R von ca. 10 kΩ.

Wer es genauer wissen will, kann auch rechnen:

Die Impulsdauer ist $t_0 = 0.62 \cdot R \cdot C$. Durch Umformung erhält man

$$R = \frac{t_0}{0.62 \cdot C}.$$

Wir setzen ein:

$$R = \frac{0.0035\ \text{s}}{0.62 \cdot 0.47\ \mu\text{F}} = 12\ \text{k}\Omega.$$

Für die integrierte Schaltung SAK 110 gilt, daß R zwischen 3 kΩ und 20 kΩ liegen soll. Entsprechend muß also der Wert für den Kondensator C gewählt werden.

Eine genaue Berechnung von R ist übrigens gar nicht notwendig, weil man mit R sehr gut die Toleranzen der integrierten Schaltung, des Meßwerkes und der übrigen Bauelemente ausgleichen kann.

Man wird deshalb zweckmäßig den Widerstand R in einen Festwiderstand mit z. B. 6,8 kΩ und ein Trimmpotentiometer mit 15 kΩ aufteilen, wie es *Abbildung 19* zeigt.

Hier ist auch die Gesamtschaltung des elektronischen Drehzahlmessers dargestellt. Die *Zenerdiode* ZW 7,5 stabilisiert die Batteriespannung vor; zusammen mit der in der integrierten Schaltung SAK 110 eingebauten Spannungsstabilisierung ergibt sich eine

praktisch von der Versorgungsspannung unabhängige Anzeige. Für das Meßwerk wird ein Drehspulinstrument mit 8 mA Endausschlag und einem Innenwiderstand von 170 Ω empfohlen. Zusammen mit dem dann benötigten Vorwiderstand von 270 Ω ist die Gesamtschaltung in einem weiten Bereich von der Umgebungstemperatur unabhängig.

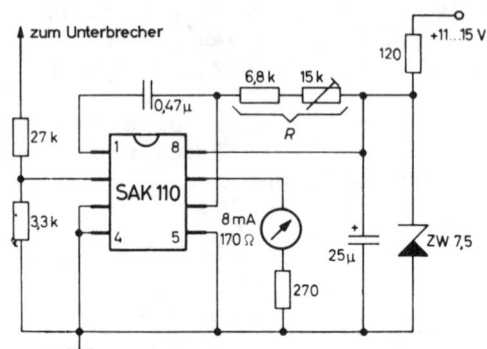

Abb. 19 Schaltbild eines mit dem SAK 110 aufgebauten Drehzahlmessers

Unter Verzicht auf optimalen Temperaturgang kann aber auch ohne weiteres ein im Handel leicht erhältliches Drehspulmeßwerk mit 1 mA Vollausschlag, ca. 100 Ω Gleichstromwiderstand und 240° Zeigerdrehwinkel benutzt werden. Durch je einen Parallel- und Reihenwiderstand wird dieses Instrument an die Schaltung angepaßt:

Gegeben ist ein Instrument mit $I_D = 1$ mA und $R_1 = 100\,\Omega$,

Gesucht wird der Parallelwiderstand R_2 und der Reihenwiderstand R_3, damit ein Strom $I_M = 8$ mA fließt und das Netzwerk einen Gesamtwiderstand $R_4 = 170\,\Omega$ besitzt.

Nach der Kirchhoffschen Regel verhalten sich bei Parallelschaltung von Widerständen die Ströme umgekehrt wie die Widerstände. Daraus folgt, wenn der Strom durch den zu bestimmenden Parallelwiderstand R_2 mit I_2 bezeichnet wird:

$$\frac{I_2}{I_D} = \frac{R_1}{R_2}.$$

Der Widerstand R_2 soll den nicht benötigten Strom am Meßwerk vorbeiführen; also ist

$$I_2 + I_D = I_M,$$

oder $I_2 = I_M - I_D = 8$ mA $- 1$ mA $= 7$ mA.

Durch R_2 müssen also 7 mA fließen. Für seine Größe ist noch die an ihm abfallende Spannung maßgebend, die gleich groß ist wie die Spannung am Meßwerk (siehe *Abb. 20*).

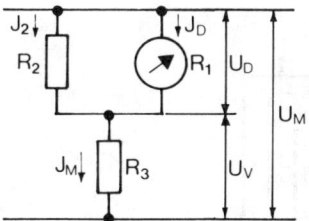

Abb. 20 Zur Anpassung des Meßwerkes an die Schaltung SAK 110

Aus Abbildung 20 kann man ablesen:

$$U_D = I_D \cdot R_1 = 1 \text{ mA} \cdot 100 \text{ }\Omega = 0{,}1 \text{ V}.$$

R_2 wird dann:

$$R_2 = \frac{U_D}{I_2} = \frac{0{,}1 \text{ V}}{7 \text{ mA}}$$

$$\approx 15 \text{ }\Omega \text{ (wegen der Normreihe)}.$$

Am Widerstand R_3 muß nun die Spannung abfallen, die sich aus der Differenz der Spannung am Meßwerk nach Abbildung 19 U_M und der Spannung U_D ergibt. Dazu müssen wir noch U_M ausrechnen:

$$U_M = I_M \cdot R_4 = 8 \text{ mA} \cdot 170 \text{ }\Omega = 1{,}36 \text{ V}.$$

Die Spannung an R_3 wird dann:

$$U_V = U_M - U_D = 1{,}36 \text{ V} - 0{,}1 \text{ V} = 1{,}26 \text{ V}.$$

Damit liegt die Größe von R_3 fest:

$$R_3 = \frac{U_V}{I_M} = \frac{1{,}26 \text{ V}}{8 \text{ mA}} = 158 \text{ }\Omega.$$

Zusammen mit dem schon in Abbildung 19 eingezeichneten Vorwiderstand von 270 Ω erhalten wir für den neuen Reihenwiderstand 158 + 170 = 428 Ω. Wegen der Normreihe wählen wir 430 Ω.
In *Abbildung 21* ist das Widerstandsnetzwerk für unser leicht zu beschaffendes Meßwerk noch einmal gezeichnet. Es wird zwischen Anschluß 7 des SAK 110 und Masse eingebaut.
Man *eicht* den Drehzahlmesser am besten so:
Wir verbinden das fertige Gerät mit einer brummfreien Versorgungsspannung von ca. 12 V (z. B. Autobatterie oder 3 Flachbatterien von je 4,5 V in Reihe). Auf den Eingang des SAK 110 (zwischen Anschluß 2 und Masse in den Abb. 16 und 19) ge-

ben wir die Impulse eines Rechteckgenerators mit einer Folgefrequenz von genau 200 Hz, einer Spannung von ca. 10 V und einer Impulsbreite von 0,5 bis 2,5 ms. Das Trimmpotentiometer in Abbildung 19 wird so eingestellt, daß das Meßwerk genau 6000 U/min bzw. Vollausschlag anzeigt.
Nicht jeder hat Zugang zu einem Rechteckgenerator. Dann kann man den Drehzahlmesser an die Zündspule eines Kraftfahrzeugs anschließen, das

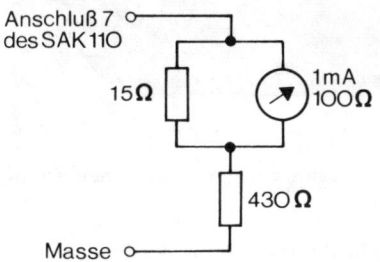

Abb. 21 Widerstandsnetzwerk zur Anpassung des Meßwerkes an die Schaltung SAK 110

bereits einen Drehzahlmesser besitzt. Zweckmäßigerweise entnimmt man dann auch die Stromversorgung aus dem Bordnetz, wobei der Drehzahlmesser an Klemme 15 (hinter dem Zündschalter) anzuschließen ist. Das Trimmpoti R muß dann so eingestellt werden, daß beide Drehzahlmesser den gleichen Wert anzeigen.
Solche Eichungen können im besten Fall die Genauigkeit des Vergleichsgerätes garantieren. Auch industriell gefertigte Rechteckgeneratoren haben mitunter erhebliche Frequenzfehler. Wer die Genauigkeit des beschriebenen Drehzahlmessers auch wirklich ausnutzen will, sollte die Folgefrequenz des Rechteckgenerators mit einem Digitalzähler kontrollieren.
Für „Edelbastler" gibt es noch eine andere Möglichkeit:
Die Frequenz des Wechselstromnetzes von 50 Hz wird mit einer Genauigkeit von 0,5 % und besser eingehalten. Aus einem Klingeltransformator erhält man durch Doppelweggleichrichtung eine Halbsinusschwingung von 100 Hz. Mit Hilfe einer einfachen Kippstufe, wie sie in der Literatur häufig beschrieben wird, lassen sich daraus Rechteckimpulse gewinnen. Die Eichung wird dann eben bei 3000 U/min vorgenommen.
Abbildung 22 zeigt ein Beispiel für den praktischen

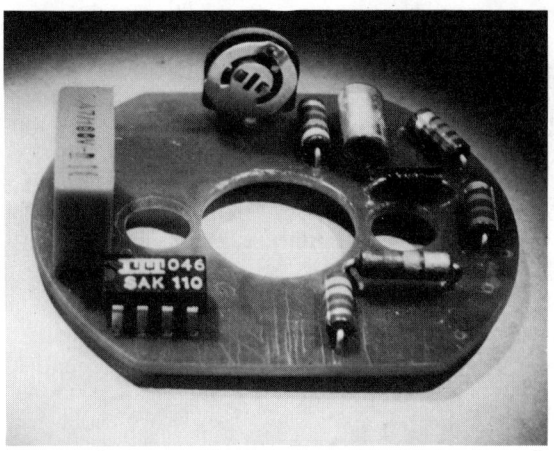

Abb. 22 Fertige Platine für einen elektronischen Drehzahlmesser

Aufbau eines Drehzahlmessers mit der integrierten Schaltung SAK 110. Damit die Schaltung vor Umwelteinflüssen geschützt wird, kann man sie in das Gehäuse des Meßwerkes mit einbauen. Außerdem verbessert das den Temperaturgang des Gerätes.

Integrierte Schaltungen sind vielseitig verwendbar

Für Fahrtrichtungsanzeiger und Warnblinkanlagen kennt man seit einigen Jahren elektronische Schaltungen, die den früher gebräuchlichen Hitzdraht-Blinkgebern und pneumatischen Gebern im Hinblick auf Betriebssicherheit und Einhaltung der vorgeschriebenen Blinkfrequenz überlegen sind. Sie werden zunehmend serienmäßig in Kraftfahrzeuge eingebaut.

Seit kurzer Zeit gibt es die integrierte Schaltung TAA 775 G. Sie enthält einen *astabilen Multivibrator*, dessen Frequenz mit einem äußeren RC-Glied zwischen wenigen Hz und etwa 20 kHz verändert werden kann.

Abbildung 23 zeigt das Anschlußschaltbild.

Der Multivibrator besitzt die beiden Oszillatoreingänge 5 und 6, an die das RC-Glied angeschlossen wird. Durch Anlegen einer Steuerspannung an den Anschluß 10 kann die Schaltfrequenz in Stufen zusätzlich geändert oder der Oszillator stillgesetzt werden. Dem Multivibrator nachgeschaltet ist ein Leistungstransistor, in dessen Kollektorkreis (Anschluß

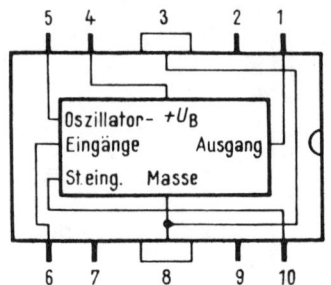

Abb. 23 Anschlußschaltbild des TAA 775 G

1) z. B. eine Relaiswicklung angeschlossen werden kann. Die notwendige Freilaufdiode ist gleich mit eingebaut.

Der Multivibrator besitzt eine eigene stabilisierte Spannungsversorgung, an deren Anschluß 4 die Betriebsspannung angelegt wird. Der Endtransistor wird über Relaiswicklung und Anschluß 1 direkt gespeist. *Abbildung 24* zeigt die vollständige Schaltung für eine kombinierte Richtungs- und Warnblinkanlage.

Das frequenzbestimmende Glied besteht aus dem Widerstand R_5 und dem Kondensator C_5. Beide sorgen für die in der Straßen-Verkehrs-Zulassungs-Ordnung geforderte Blinkfrequenz von etwa 85 pro Minute. Der Kondensator C_6 dämpft den Einfluß kurzzeitiger Spannungsänderungen und Störimpulse aus dem Bordnetz.

Der Wicklungswiderstand des Relais sollte 100 Ω betragen, der Kontakt (Arbeitskontakt!) wegen des Kaltwiderstandes der Blinkleuchten für eine Belastung von 10 A ausgelegt sein.

Beim Einschalten des Schalters S 1 (Richtungsblinken) oder des Schalters S 2 (Warnblinken) zieht das Relais sofort an, und das Blinken beginnt mit einer Hellphase, was für die Verkehrssicherheit sehr nützlich ist. Nach der durch R_5 und C_5 festgelegten Zeit fällt das Relais ab, und der Vorgang beginnt von neuem. Das Verhältnis von Hell- zu Dunkelphase entsprechend der Ein- und Ausschaltdauer der Leuchten liegt bei 0,45.

Fällt beim Richtungsblinken eine Leuchte aus, so fällt an R_1 nur eine halb so große Spannung ab. Diese bewirkt über den Steuereingang 10 eine Verdopplung der Blinkfrequenz und warnt dadurch den Fahrer.

Der Einbau dieses Blinkgebers in ein Kraftfahrzeug

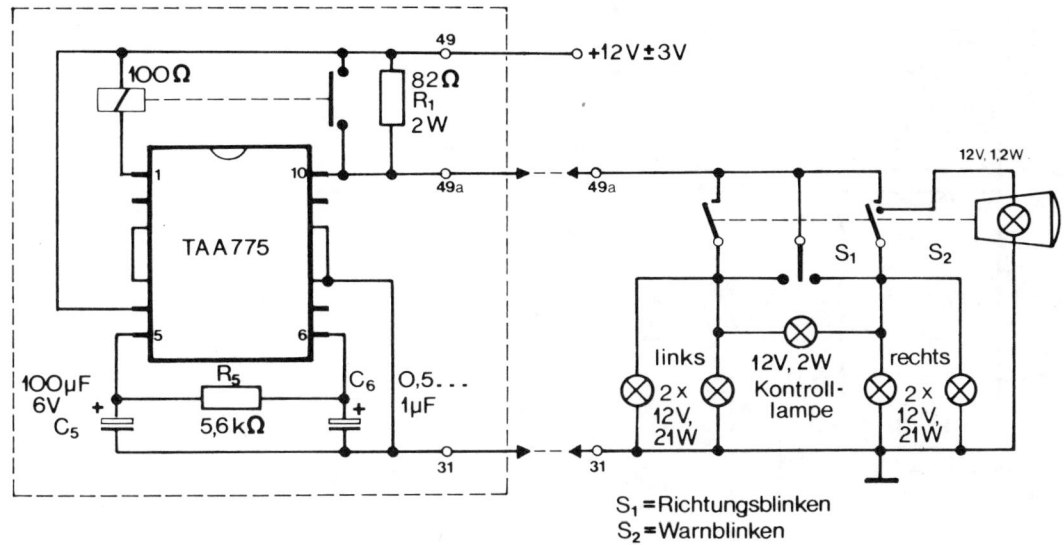

Abb. 24 Schaltbild einer kombinierten Richtungs- und Warnblinkanlage

bereitet keinerlei Schwierigkeiten. Die sonst üblichen Anschlüsse des serienmäßigen Blinkgebers, Klemme 49 (+ Batterie), Klemme 49a (Blinkerschalter) und Klemme 31 (Masse), können beibehalten werden.

Lediglich der Anschluß für die Kontrolleuchte weicht häufig von der in Abbildung 24 gezeigten ab. Dort wird sie zwischen die beiden Lampenkreise rechts und links angeschlossen und erhält ihre Masseverbindung über den sehr geringen Kaltwiderstand der nicht eingeschalteten Leuchten. Beim Warnblinken – wenn also beide Lampenkreise gleichzeitig eingeschaltet werden – blinkt diese Kontrolllampe dann nicht mit. Das stört insofern nicht, als nach den Vorschriften für Warnblinkanlagen diese eine eigene Kontrolle besitzen müssen. In Abbildung 24 ist sie eingezeichnet.

In vielen Fällen ist die Kontrollampe für das Richtungsblinken im Fahrzeug einpolig mit Masse verbunden. Der andere Pol führt dann zu einer eigenen Klemme im Blinkgeber, die meist mit K oder C bezeichnet wird. Will man diese Anschlußart der Kontrollampe beibehalten, weil z. B. die Masseverbindung im Instrumentengehäuse am Armaturenbrett schwer zu trennen ist, kann die Kontrolle auch an Klemme 49a angeschlossen werden. Bei eingeschalteter Zündung erhält sie dann über den Widerstand R_1 ständig einen geringen Strom. Erfahrungsgemäß stört das auch bei Dunkelheit nicht, weil die Kon

trollampe nur kaum sichtbar glimmt. Andere Nachteile ergeben sich nicht.

Keinesfalls darf die Masseverbindung (Klemme 31) vergessen werden, die an früheren Hitzdraht-Blinkgebern häufig fehlt und dort auch nicht notwendig war.

Die integrierte Schaltung TAA 775 G ist aber auch an anderen Stellen im Kraftfahrzeug vorteilhaft verwendbar.

Elektronischer Intervallschalter für den Scheibenwischer

Durch entsprechende Wahl des RC-Gliedes lassen sich Frequenz, Tastverhältnis, Einschalt- und Ausschaltdauer in weiten Grenzen beeinflussen. Ein typischer Anwendungsfall dafür ist der *Intervallschalter für den Scheibenwischer*.

Bei Nieselregen möchte man die Scheibenwischer nicht ununterbrochen arbeiten, sondern nur in Abständen von einigen Sekunden eine Wischbewegung durchführen und bis zur nächsten stillstehen lassen. Die Zeit zwischen zwei Wischbewegungen sollte darüber hinaus einstellbar sein.

Mit der integrierten Schaltung TAA 775 G läßt sich ein solcher Intervallschalter mit nur wenigen Bauelementen leicht aufbauen. Der Multivibrator wird

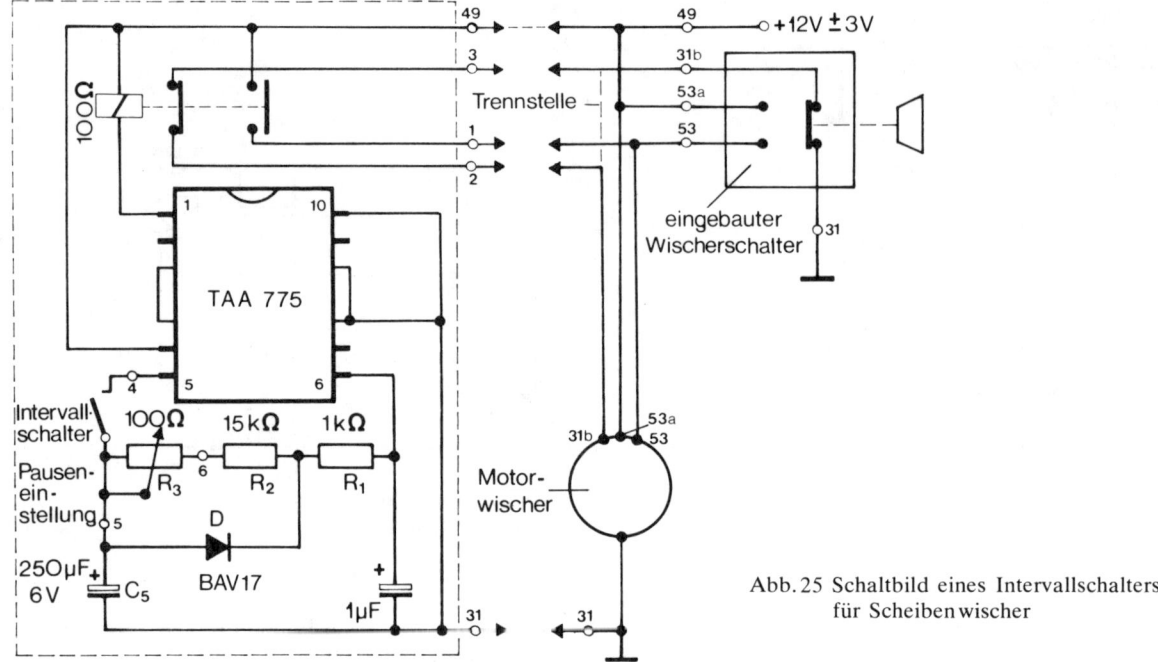

Abb. 25 Schaltbild eines Intervallschalters
für Scheibenwischer

dann mit fester Einschaltdauer und einstellbarer Pausendauer betrieben.

Abbildung 25 zeigt die vollständige Schaltung.

Das RC-Glied liegt wieder zwischen den Anschlüssen 5 und 6 der integrierten Schaltung. Der zeitbestimmende Kondensator C_5 wird über den Widerstand R_1 aufgeladen, wodurch die Einschaltdauer mit etwa 0,2 Sekunden festlegt. Reicht diese Zeit nicht aus, um den Scheibenwischer aus der Ruhelage zu bringen, kann R_1 auf 2 oder 3 kΩ erhöht werden. Dann verdoppelt oder verdreifacht sich die Einschaltdauer.

Für die Entladezeit des Kondensators C_5 ist die Reihenschaltung der Widerstände R_1 bis R_3 bestimmend, wobei R_2 und R_3 für den Aufladevorgang durch die Diode D unwirksam gemacht werden. Mit R_3 kann die Entladezeit und damit die Pausendauer zwischen etwa 4 und 20 Sekunden stufenlos verändert werden.

Die Relaiswicklung sollte auch hier einen Gleichstromwiderstand von 100 Ω besitzen; dafür braucht man einen Ruhe- und einen Arbeitskontakt, die mit etwa 5 A belastbar sein müssen.

274

Ein elektronischer Regler für Drehstromlichtmaschinen

In modernen Kraftfahrzeugen gibt es immer häufiger Drehstromlichtmaschinen. Sie können schon bei sehr niedrigen Motordrehzahlen (Leerlauf) hohe Ladeströme an die Batterie abgeben; sie sichern damit die Stromversorgung des Fahrzeuges auch im dichten Stadtverkehr. Darüber hinaus ist diese Lichtmaschine während der Lebensdauer des Fahrzeuges praktisch wartungsfrei.

Im festen Gehäuseteil der Maschine befindet sich die Drehstromwicklung. In ihr wird eine jeweils um 120° phasenverschobene Wechselspannung erzeugt und durch Siliziumdioden in Doppelwegschaltung gleichgerichtet. Die Erregerwicklung rotiert im Gehäuse; der Erregerstrom wird ihr durch praktisch verschleißfreie Schleifringe zugeführt.

Beim Anlassen des Fahrzeugmotors erfolgt die Erregung der Maschine über die Ladekontrollampe (*Abbildung 26* rechts).

Schon unterhalb der Leerlaufdrehzahl des Fahrzeugmotors erregt sich die Lichtmaschine selbst, indem die Spannung der Drehstromwicklung – gleichge-

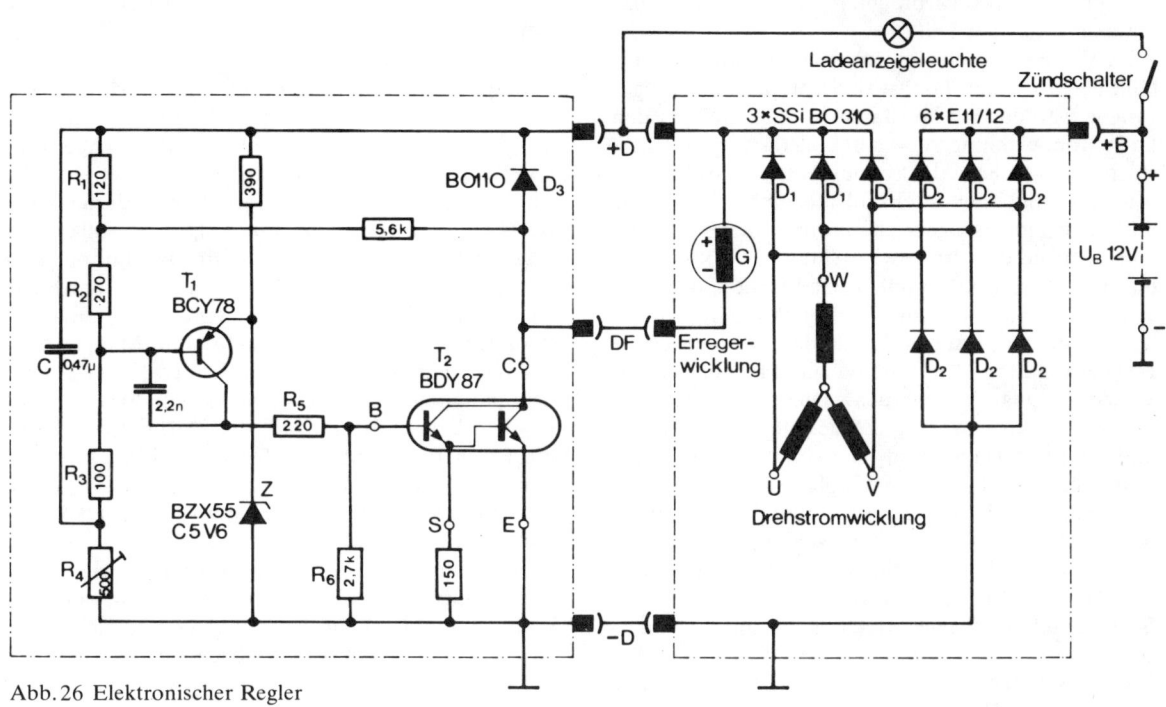

Abb. 26 Elektronischer Regler

richtet durch die drei Dioden D_1 in Einwegschaltung – über einen Spannungsregler der Erregerwicklung zugeführt wird.

Dieser Spannungsregler kann sehr einfach aufgebaut werden, weil er lediglich den Strom durch die Erregerwicklung (ca. 3 A) so steuern muß, daß am Ausgang der Maschine (Klemme + B) die Sollspannung von ca. 14 V zur Verfügung steht. Im Gegensatz zur bisher meist verwendeten Gleichstromlichtmaschine ist eine Strombegrenzung durch den Regler hier nicht erforderlich. Bei Drehstromlichtmaschinen kann der Innenwiderstand der Drehstromwicklungen so groß sein, daß durch ihn eine automatische Strombegrenzung erfolgt. Eine Überlastung der Maschine durch Kurzschluß wird damit praktisch ausgeschlossen.

Auch ein sogenannter Rückstromschalter ist im Gegensatz zu Geichstrommaschinen unnötig. Denn die bei Stillstand des Motors notwendige Trennung der Lichtmaschine von der Fahrzeugbatterie (damit sich diese nicht entlädt) geschieht hier durch die 6 Arbeitsdioden D_2. Durch entsprechende Polung

lassen sie Strom nur von der Lichtmaschine zur Fahrzeugbatterie fließen, nicht umgekehrt.

Wegen seiner einfachen Funktion wurde deshalb der Regler bei Drehstromlichtmaschinen meist als mechanischer Zweipunkt-Kontaktregler ausgeführt. Wie beim Unterbrecherkontakt wird allerdings auch hier oft die Grenze der Belastbarkeit erreicht; die Erregerwicklung stellt ja eine induktive Last dar. Und auch hier werden hohe Spannungsspitzen beim Abschalten erzeugt, die zum Kontaktabbrand führen.

Außerdem altert die Kontaktfeder, von deren Kraft die Nennspannung des Reglers und damit der Lichtmaschine abhängen, im Laufe der Zeit.

Ein elektronischer Zweipunktregler, der verschleiß- und alterungsfrei arbeitet, ist hier der ideale Ersatz für einen Kontaktregler.

Im linken Teil von Abbildung 26 ist ein solcher Regler dargestellt. Wichtig ist, daß er in der gezeigten Schaltung nur an Lichtmaschinen angeschlossen werden kann, deren Erregerwicklung einpolig nicht mit Masse, sondern mit Klemme + D der Lichtmaschine verbunden ist. Bei der Mehrzahl der auf dem deutschen Markt verbreiteten Drehstromlichtmaschinen ist das der Fall.

Zum Verständnis des Reglers soll kurz auf die Verhältnisse in einer Drehstromlichtmaschine eingegangen werden. Bei konstantem Magnetfeld in den Drehstromwicklungen – bei konstantem Erregerstrom also – würde die Spannung der Maschine etwa linear mit ihrer Drehzahl ansteigen. Sie würde außerdem mit steigendem entnommenem Strom entsprechend dem Innenwiderstand der Wicklungen und der Dioden D_2 abfallen. Damit die Ausgangsspannung an der Klemme + B unabhängig von Belastung und Drehzahl wird, muß der Strom durch die Erregerwicklung G und damit das Magnetfeld entsprechend geändert werden. Diese Aufgabe läßt sich mit einem sogenannten geschlossenen Regelkreis erfüllen. Dabei wird im Regler die Ausgangsspannung mit einer festen Vergleichsspannung verglichen. Sinkt die Ausgangsspannung (z. B. durch höhere Belastung der Lichtmaschine), so wird die Differenz zwischen ihr und der Vergleichsspannung kleiner. Der Regler schickt dann einen höheren Strom durch die Erregerwicklung, bis die Ausgangsspannung ihren Nennwert wieder erreicht hat. Bei Lichtmaschinen braucht dies aber nicht stufenlos zu erfolgen. Bei den Ansprüchen an die Genauigkeit der Lichtmaschinenspannung genügt es, wenn die Erregerwicklung in sehr kurzen Abständen aus- und eingeschaltet wird. Durch die ziemlich hohe Zeitkonstante des gesamten Kreises Lichtmaschine/Regler macht sich eine solche *„Zweipunktregelung"* nicht störend bemerkbar.

Der mittlere Erregerstrom wird verändert, indem der Schaltvorgang der Erregerwicklung mit hoher oder niedriger Frequenz erfolgt.

Als Schalttransistor wird eine sogenannte Darlingtonschaltung benutzt (siehe Kapitel „Der Transistor als Schalter", S. 141 ff.). Sie besteht aus einem Leistungstransistor mit einem im gemeinsamen Gehäuse integrierten Treiber. Da die Stromverstärkung des Darlington das Produkt der Stromverstärkung der Einzeltransistoren ist, wird der zum Aussteuern notwendige Basisstrom an Punkt B von T_2 (siehe Abb. 26) sehr gering. Er beträgt nur wenige mA. Der Istwert für den Regler ist die Spannung zwischen den Klemmen + D und − D der Lichtmaschine. Sie ist der Ausgangsspannung der Lichtmaschine an den Klemmen + B und − D praktisch gleich. Als Vergleichsspannung – auch Sollwert genannt – dient die Spannung der Zenerdiode Z. Sie hält das Spannungspotential an Emitter und damit auch an Basis vom Transistor T_1 konstant. In T_1 wird damit ein Vergleich zwischen Soll- und Istwert durchgeführt. Sinkt die Lichtmaschinenspannung unter 13,9 V, so schaltet der Transistor T_1 ein, weil damit seine Basis-Emitter-Spannung unter 0,6 V gesunken ist (die Änderung der Lichtmaschinenspannung wird ja über den Spannungsteiler R_1 bis R_4 seiner Basis zugeführt). Über R_5 wird nun der Darlington angesteuert, der die Erregerwicklung G an Masse schaltet. Wegen des jetzt fließenden Erregerstromes steigt die Spannung der Lichtmaschine. Sobald sie 14,1 V erreicht hat, sperrt T_1, und der Darlington schaltet die Erregerwicklung ab. Mit R_4 wird das Basispotential des Regeltransistors so eingestellt, daß die Lichtmaschinenspannung (gemessen an den Klemmen + B und − D) 14,0 V beträgt.

Eine Freilaufdiode D_3 sorgt auch hier wieder für den Schutz des Leistungstransistors vor den Abschaltspannungsspitzen der Erregerwicklung. Der Kondensator C hält solche störenden Einflüsse von der Basis des Transistors T_1 fern.

Beim Aufbau des Reglers ist auf gute Kühlung des Darlington zu achten. Ein verripter Kühlkörper mit den Abmessungen 100×50 mm, auf dem T_2 isoliert befestigt ist, dürfte genügen. Bei der Montage sind sehr heiße Stellen (z. B. über dem Auspuff) ohnehin zu meiden. Der ganze Regler kann direkt gegen einen Kontaktregler ausgetauscht werden. Die Anschlüsse sind gleich. Durch seinen maximalen Schaltstrom von 4,5 A ist der Regler auch für größere Lichtmaschinen (770 W) geeignet. Der negative Temperaturgang der Zenerdiode Z bedingt ein Absinken der Lichtmaschinenspannung bei steigenden Außentemperaturen. Das ist erwünscht, weil damit das Kochen der Kraftfahrzeugbatterie im Sommer vermindert wird. Andererseits ist im Winter eine höhere Batteriespannung nützlich.

*

Weiterführende Literatur findet sich im Anhang. Für dieses Kapitel gelten vor allem die Nummern 24, 29, 31, 33, 35, 37, 39, 54, 56

Anhang

Lösungen der Übungsaufgaben

Die richtigen Antworten sind gefunden, wenn Sie folgende Kästchen angekreuzt oder Lösungen notiert haben:

Kapitel	Aufgabe	Antwort	Vgl. dazu noch einmal folgende Seiten des Kapitels
1	1	c)	14
	2	a)	15
	3	b)	13, 15
	4	c)	17
	5	b)	28 ff.
	6	c)	17, 21
	7	c)	35
	8	b)	17
	9	a)	25
	10	a)	22 ff.
2	1	c)	49 f., 53 f.
	2	b)	49 f., 53 f.
	3	b)	50, 54 f.
	4	c)	41 f.
	5	a), b), c), da bei den gegebenen Werten die genaue Leistungsaufnahme des Widerstandes 1,44 W beträgt	42 f.
	6	b), da $R = \dfrac{12\,V}{6\,mA}$ $= 2\,k\Omega$	39 f.
	7	a), d), e)	40
	8	c), d), e)	44, 46
	9	c)	46
	10	c)	44, 49 f.

Kapitel	Aufgabe	Antwort	Vgl. dazu noch einmal folgende Seiten des Kapitels
	11	b)	51 f.
	12	a) : ab), b) : be)	47 f.
	13	d)	46 f.
	14	b), d)	50
	15	a), c)	55
	16	c)	53, 58
	17	b), c)	56 f.
	18	b), c)	58
	19	a), b), d)	59
	20	a): U, V (Volt) b): I, A (Ampere) c): R, Ω (Ohm) d): C, F (Farad) e): L, H (Henry) f): P, W (Watt)	41, 42, 44 f., 55
	21	3,15 kΩ = 3 150 Ω = 3 150 000 mΩ = 0,00315 MΩ	41
	22	47 nF = 47 000 pF = 0,047 µF = 0,000 047 mF = 0,000 000 047 F	46
	23	80 mH = 80 000 000 nH = 80 000 µH = 0,08 H	55
	24	a): 470 Ω ± 5 % b): 470 kΩ ± 20 %	42

I_1 = 150 µA
I_2 = 100 µA
U_2 = 0,68 V
U_1 = 11,32 V
R_1 = 75,5 kΩ
R_2 = 6,8 kΩ

8   130

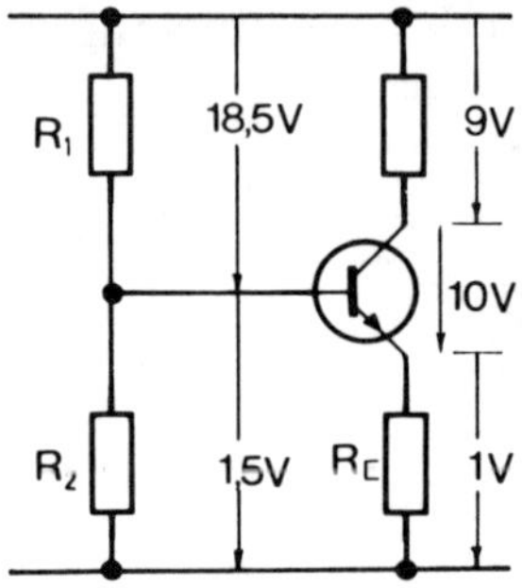

$$R_E = \frac{U_{REO}}{I_{CO} + I_{BO}} \approx \frac{1\ V}{50\ mA}$$
$$= 20\ \Omega$$

$$R_{CO} = \frac{U_{RCO}}{I_{CO}} = \frac{9\ V}{50\ mA}$$
$$= 180\ \Omega$$

$$R_1 = \frac{U_1}{I_Q + I_{BO}} = \frac{18,5\ V}{400\ A}$$
$$= 46,4\ k\Omega$$

$$R_2 = \frac{U_2}{I_Q} = \frac{1,5\ V}{300\ A} = 5\ k\Omega$$

$$P_V = U_{CE} \cdot I_C$$
$$= 10\ V \cdot 50\ mA$$
$$= 0,5\ W$$

(I_{BO} vernachlässigt)

9 $$V_U = \frac{V_P}{V_I} = \frac{10000}{250} = 40$$ 128

10 unten 129

Kapitel	Aufgabe	Antwort	Vgl. dazu noch einmal folgende Seiten des Kapitels
	11	$I_1 = \dfrac{U}{R_1} = \dfrac{0,5\ V}{50\ k\Omega}$ $= 0,01\ mA = 10\ \mu A$ $I_2 = \dfrac{U}{R_2} = \dfrac{0,5\ V}{5\ k}$ $= 0,1\ mA = 100\ \mu A$ $I_V = I_1 + I_2 = 110\ \mu A$	128
	12	$n = \dfrac{n_l}{10000\ Hz}$ $= \dfrac{10}{10000}\ s = 1\ ms$	136
7	1	a), c), e), f), h)	141
	2	a) positives Potential b) positives Potential	143 f.
	3	a) Pfeilspitze zur Basis hinweisend b) pnp-Typ c) nein	143 f.
	4	a), b), c)	145 f.
	5	b), c), d), e)	145 f.
	6	b)	146 f.
	7	b)	143 f.
	8	eine	143
	9	b)	144
	10	b)	145
	11	c), d)	146, 153
	12	c), d)	147 ff.
	13	b), denn $I = \dfrac{12\ V}{47\ \Omega} \approx 250\ mA$	148 f.
	14	d) bzw. a) und f), denn $I_B = \dfrac{I_C}{B} = \dfrac{100\ mA}{70}$ $= 1,4\ mA$	148 f.
	15	a), c)	146, 152 f.
	16	b), c); denn $P_{tot} = U_{CEsat} \cdot I_C$ $= 0,9\ V \cdot 800\ mA$ $= 720\ mW = 0,72\ W$	149 f., 152 f.
	17	c)	153 f.

Kapitel	Aufgabe	Antwort	Vgl. dazu noch einmal folgende Seiten des Kapitels
	18	c)	154
	19	b), d)	161 f.
	20	b)	160 f.
	21	c)	162 f.
8	1	b)	172
	2	c)	172
	3	c)	170
	4	a)	170 ff.
	5	a)	173
	6	c)	174
	7	b)	178
	8	c)	179
	9	b)	180
	10	c)	178
9	1	a), c)	90, 193
	2	d)	96, 221, 222
	3	a), b), d)	102, 123 ff., 193, 222 f.
	4	keine	191
	5	a), b), d)	204
	6	b)	194 f.
	7	a), b), d), e)	195, 197, 204
	8	d)	195, 196 f.
	9	a), c), d), e)	199 f., 200 f.
	10	keine	205 ff.
	11	c)	201 ff., 202
	12	a), b), c), d)	211 f.
10	1	a), b), f)	39 ff., 217
	2	a), b), e)	42, 217 f.
	3	a)	218
	4	b), c), d)	218
	5	a), b), d), g)	219
	6	a), d), e)	219, 220 f.
	7	c), d), e)	220 f.
	8	b), d), e)	220

Kapitel	Aufgabe	Antwort	Vgl. dazu noch einmal folgende Seiten des Kapitels	Kapitel	Aufgabe	Antwort	Vgl. dazu noch einmal folgende Seiten des Kapitels
	9	a), d)	222, 224 f.	11	1	d)	237, 251 f.
	10	a), b), c), d)	224		2	d), e)	227
	11	keine	225		3	c)	226 f.
	12	a), c), d), e), g)	227		4	b), d)	227
	13	c), f)	230		5	c), d)	239 ff.
	14	a), b), c), e), g)	232		6	c)	243 f., 251 f.
	15	a) sind zuzuordnen: die Bauelemente l), m), n), q), r), s) b) sind zuzuordnen: die Bauelemente k), o), p), t)	217		7	a), b), c), d)	227, 242 f.
					8	b), c), d)	238 f.
					9	b)	251
					10	c)	242 f.
	16	3wertig sind: Al, B, Ga, In 4wertig sind: Ge, C, Si, Sn 5wertig sind: Sb, As, P	222		11	c), d)	251
					12	b)	251 f.
					13	keine	239 f., 251 f.
					14	e)	251 f.
					15	keine	251

Literaturhinweise

(1) Adolph, G. u. a.: Naturwissenschaftliche Grundlagen der Elektrotechnik. Köln: Verlag H. Stam GmbH. 1970

(2) Arnold/Brandt: Fachkunde für Elektroberufe. Teil 3: Grundlagen der Halbleitertechnik und Bausteine für die Industrieelektronik. Stuttgart: Ernst Klett Verlag. 1969

(3) Beerens, A. C. J./Kerkhofs, A. W. N.: 101 Versuche mit dem Elektronen-Oszillograph. Hamburg: Philips Taschenbücherei. 1968

(4) Bergtold, Fritz: Elektronik-Schaltungen. München: Richard Pflaum-Verlag

(5) –: Transistoren in der industriellen Elektronik. Hamburg-Berlin: Decker's-Verlag, G. Schenck. 1963

(6) Birett, K.: Die Technologie der Herstellung von Halbleiterbauelementen. München: Siemens AG (Best.-Nr. 2-6300-286)

(7) Bitterlich, W.: Einführung in die Elektronik. Wien-New York: Springer Verlag. 1958

(8) Böger/Kähler/Weigt: Einführung in die Elektronik. Teil 1: Bauelemente und ihre Grundschaltungen. Köln: Verlag H. Stam GmbH. 1971

(9) Büscher, G.: Kleines Halbleiter-ABC. München: Franzis-Verlag (RPB-Nr. 134/35)

(10) Carter, H.: Kleine Oszillographenlehre. Hamburg: Philips Fachbücherei. 1968

(11) Cook, C. R.: Integrierte Schaltungen. Freiburg i. Br.: Intermetall (Best.-Nr. 6200-52-1 D)

(12) Czech, J.: Oszillographen-Meßtechnik. Berlin: Verlag für Radio-Foto-Kinotechnik. 1970

(13) Dietrich, B./M. Lehmann: Silizium-Epitaxie-Planar-Transistoren. Freiburg i. Br.: Intermetall (Best.-Nr. 6200-18-1 D)

(14) Dijck, J. G. R. van: Einführung in die Elektronenphysik. Hamburg: Philips Techn. Bibliothek. 1966

(15) Dohrendorf, H./H. Ullrich: Festkörperschaltkreise aus Silizium. Siemens-Zs 37 (1963), H. 7

(16) Doktor, F./J. Steinhauer: Digitale Elektronik in der Meßtechnik und der Datenverarbeitung. Bd. I/II. Hamburg: Philips-Fachbücher. 1970

(17) Donaubauer/Lucius/Negele: Rechenverstärker. Zs Elektronik. H. 6, H. 7 und H. 8. 1968

(18) Dosse, J.: Der Transistor. München: Oldenbourg-Verlag. 1962

(19) Edelbüttel/Wölfing: Einführung in die Elektronik. Teil 2: Kontaktlose Signalverarbeitung. Köln: Verlag H. Stam GmbH. 1970

(20) Elektronik. Industrie-, Rundfunk- und Fernsehelektronik. Bd. 2: Industrieelektronik. Wuppertal: Europa-Lehrmittel. 1970

(21) Fontaine, G.: Dioden und Transistoren. Bd. 1 und 2. Hamburg: Verlag Philips GmbH

(22) Gehring, K./K. Reiss/W. Spichall: Siemens-Nf-Verstärker TAA 111 und TAA 121 in integrierter Technik. Siemens Techn. Mitt. Halbleiter (Best.-Nr. 2-6300-122)

(23) Gelder/Hirschmann: Schaltungen mit Halbleiterbauelemente. Bd. 1–4. Hrsg.: Siemens AG. Berlin-München

(24) Glöckler, O./N. Rittmannsberger/H. Scholl: Weiterentwicklung der elektronisch gesteuerten Benzineinspritzung „Jetronik". Automobiltechnische Zeitschrift 73. Heft 4 (1971). S. 126–132

(25) Gruber, B.: Elektronik studiert und probiert. München: Richard Pflaum Verlag

(26) Häberle, H. O. u. a.: Elektronik – Industrie-Rundfunk- und Fernsehelektronik. Teil 1–3. Wuppertal: Verlag Europa-Lehrmittel. 1969/71

(27) Halbleiter – Datenbuch. München: Siemens AG. 1970/71

(28) Halbleiterlexikon (Telefunken-Fachbuch). München: Franzis-Verlag. 1965

(29) Halbleiter-Schaltbeispiele 1971/72, S. 163 bis 165. München: Siemens AG

(30) Hanke, G.: Schaltbeispiele für integrierte monolithische Schaltungen. Stuttgart-Botnang: Verlag Frech

(31) Hannausch, E.: Betriebssichere Transistor-Zündung. Funkschau 43, Heft 12 (1971). S. 386

(32) Heywang, F.: Kurze Einführung in die Atomphysik. Hamburg: Verlag Handwerk und Technik. 1968

(33) Höhn, W.: Integrierte Schaltung für elektronische Drehzahlmesser. Funkschau 43, Heft 8 (1971). S. 223–226

(34) Hoffmann/Stocker: Thyristor-Handbuch. Der Thyristor als Bauelement der Leistungselektronik. Berlin/Erlangen: Siemens-Schuckertwerke AG. 1965

(35) Integrierte Schaltungen für Sonderanwendungen. Freiburg i. Br.: Intermetall. 1971/72

(36) Intermetall (Hrsg.): Schaltbeispiele. Freiburg i. Br.: Deutsche ITT Industrie GmbH

(37) Ißler, J.: Batteriegespeiste Zündenergiequellen. Bosch Technische Berichte 1, Heft 5 (1966). S. 256–264

(38) Kleen, W. / W. Heywang: Halbleiterphysik. Siemens-Zs 28 (1968). S. 79–95

(39) Koch, E.: Anwendung einer integrierten Schaltung in der Kfz-Elektronik. Funkschau 43, Heft 8 (1971). S. 227–228

(40) Koschel, H.: Neuere Entwicklungen bei aktiven Halbleiterbauelementen mit ihren Anwendungen. Siemens AG (Best.-Nr. 1-6300-115)

(41) Kretzmann/Gerke/Kunz: Handbuch der Elektronik. Berlin: Verlag für Radio-Foto-Kinotechnik

(42) Limann, Otto: Elektronik ohne Balast. München: Franzis-Verlag

(43) Lindner, H.: Ströme, Felder, Elektronen. Köln: Aulis Verlag Deubner & Co. KG. 1970

(44) Marfeld, A. F.: Moderne Elektronik. Berlin: Safari-Verlag

(45) Mende, H. C.: Leitfaden der Transistortechnik. München: Franzis-Verlag

(46) Müser, H. A.: Einführung in die Halbleiterphysik. Darmstadt: Dr. Dietrich Steinkopf-Verlag. 1960

(47) New York Institute of Technology (Hrsg.): Die Grundlagen der Elektrizitätslehre. Ein programmiertes Lehrbuch in deutscher Sprache. München-Wien: Verlag R. Oldenbourg. 1969

(48) Operationsverstärkerbausteine auch für Nichtelektroniker. Radio-Mentor. H. 7, 1968

(49) Oppelt, Wolfgang: Nachrichtenformeln mit Anwendungsbeispielen. Köln: Verlag H. Stam GmbH. 1966

(50) Paul, R.: Transistoren, Physikalische Grundlagen und Eigenschaften. Braunschweig: Friedrich Vieweg & Sohn. 1965

(51) Radio-Praktiker-Bücherei (verschiedene Autoren): (Buchreihe über interessante Einzelthemen der Elektronik)

(52) Reiß, K.: Integrierte Digitalbausteine. München: Siemens AG. 1970

(53) Richter, Heinz: Praxis der Elektronik. Teil 1 bis 4. Stuttgart: Telekosmos-Verlag, Franckh'sche Verlagshandlung

(54) Rittmannsberger, N.: Eine elektronisch gesteuerte Benzineinspritzung. Elektrotechnische Zeitschrift B 22, Heft 2 (1970). S. 23–25

(55) Sabrowsky, Lothar: elektronik-baubücher heute und morgen

301/03: NF-Elektronik
304/06: Transistor- und Schaltverstärker
307/09: Elektronische Schranken und Wächter
310/12: Thyristor-Schalter und -Regler
313/15: Elektronische Hilfsgeräte für den Heim- und Werkstattgebrauch
München: Franzis-Verlag

(56) Scholl, H.: Elektronisch gesteuerte Benzineinspritzung – Weiterentwicklung der Jetronik. Bosch Technische Berichte 3, Heft 1 (1969). S. 3–14

(57) Schröder, G.: Elektrische Nachrichtentechnik. Bd. 2. Berlin: Verlag für Radio-Foto-Kinotechnik. 1964

(58) Seiler, K.: Physik und Technik der Halbleiter (Physik und Technik Bd. 7). Stuttgart: Wissenschaftliche Verlagsgesellschaft. 1964

(59) Shea, R. F.: Transistortechnik. Stuttgart: Berliner Union Verlag. [1]1960

(60) Spenke, E.: Elektronische Halbleiter. Heidelberg/Berlin: Verlag Julius Springer. 1965

(61) Steinbuch, Karl: Taschenbuch der Nachrichtenverarbeitung. Heidelberg/Berlin: Julius Springer-Verlag. 1967

(62) Stöckle, Heinrich: Halbleiterschaltungen – richtig dimensioniert. telecosmos-monographien. Stuttgart: Franckh'sche Verlagshandlung

(63) Sutaner, H.: Gedruckte Schaltungen. München: Franzis-Verlag (RPB Nr. 119/20)

(64) Sutaner, H.: Wie arbeite ich mit dem Elektronen-Oszillograph? München: Franzis-Verlag. 1967

(65) Swoboda: Thyristoren – Eigenschaften, Zündschaltungen und Anwendungsbeispiele. Stuttgart: Franckh'sche Verlagsbuchhandlung

(66) Tafel, H. J.; Passive Bauelemente der Nachrichtentechnik. Aachen: Verlag J. A. Mayer

(67) Topp-Buchreihe Elektronik (verschiedene Autoren): (Baubeschreibungen von über 1 000 elektronischen Schaltungen). Band 1 bis 17. Stuttgart: Verlag Frech

(68) Transistor, Der I/II. (Telefunken-Fachbücher) Ulm: AEG-Telefunken. 1964

(69) Transistor-Kompendium. Teil I: Grundlagen. Hamburg: Valvo GmbH. 1965

(70) Weber, W.: Einführung in die Methoden der Digitaltechnik (AEG-Handbuch, Bd. 6). 1969

(71) Wüstehube: Integrierte Halbleiterschaltungen. Hamburg: Valvo GmbH

Register